U0168437

DevOps持续万物

DevOps 组织能力成熟度评估

［荷］巴特·德·贝斯特（Bart de Best）◎著　　EXIN DevOps 翻译组◎译

清華大学出版社

北京

北京市版权局著作权合同登记号　图字：01-2023-0683

DevOps：ContinuousEverythingCopyright ©2022, Leonon Media
Author：Bart de Best
ISBN：9780190070724

本书中文简体字版由 Leonon Media 授权清华大学出版社。未经出版者书面许可，不得以任何方式复制或抄袭本书内容。

本书封面贴有清华大学出版社防伪标签，无标签者不得销售。
版权所有，侵权必究。举报：010-83470000，beiqinquan@tup.tsinghua.edu.cn。

图书在版编目（CIP）数据

DevOps 持续万物：DevOps 组织能力成熟度评估 /（荷）巴特·德·贝斯特 (Bart de Best) 著；EXIN DevOps 翻译组译 . —北京：清华大学出版社，2023.8

（数字化转型与创新管理丛书）

ISBN 978-7-302-62991-7

Ⅰ . ① D… Ⅱ . ①巴… ② E… Ⅲ . ①软件工程　Ⅳ . ① TP311.5

中国国家版本馆 CIP 数据核字 (2023) 第 037434 号

责任编辑：张立红
封面设计：蔡小波
版式设计：方加青
责任校对：赵伟玉　卢　嫣
责任印制：杨　艳

出版发行：清华大学出版社
　　　　　网　　　址：http://www.tup.com.cn，http://www.wqbook.com
　　　　　地　　　址：北京清华大学学研大厦 A 座　　　邮　　编：100084
　　　　　社 总 机：010-83470000　　　　　　　　　邮　　购：010-62786544
　　　　　投稿与读者服务：010-62776969，c-service@tup.tsinghua.edu.cn
　　　　　质 量 反 馈：010-62772015，zhiliang@tup.tsinghua.edu.cn
印 装 者：大厂回族自治县彩虹印刷有限公司
经　　销：全国新华书店
开　　本：185mm×260mm　　　　　**印　张：**28.75　**字　数：**647 千字
版　　次：2023 年 8 月第 1 版　　　　**印　次：**2023 年 8 月第 1 次印刷
定　　价：129.00 元

产品编号：097717-01

翻译委员名单

持续规划：郭　晨　　陈崇发

持续设计：梁　晶　　邱　实

持续测试：张　霖　　张海云

持续集成：周纪海

持续部署：周纪海

持续监控：周一帆

持续学习：闫　林　　问静园

持续评估：杜　巍　　张保珠

导言

　　软件生产中开发运维的结合，简言之 DevOps，一直是深化我们关于持续万物的知识的起点。这与 DevOps 概念中经常讨论的持续集成和持续部署（CI/CD）概念有关。DevOps 的各方面与"持续"这一概念，以及软件开发与管理周期中的各个步骤有关。

　　了解 DevOps 通常会使公司忙于对"旧"的开发和管理概念提供最佳解释。遗憾的是，在文献中或在大型互联网上都找不到明确阐述 DevOps 的方法。很快大众就发现 DevOps 是一个"哲学"，换句话说：没有严格的定义，可以用多种方式解释和填充。因此，公司通常会对这个概念感到很困惑。

　　一个显著的解决方案即将呈现在你面前，它是巴特·德·贝斯特在 DevOps 领域积累的知识和经验的一次阐述。DevOps 有很多秘密和挑战。与此概念相关的全方面的多维性和多样性使得我们很难理解 DevOps 概念的所有方面。

　　这本书非常详细地描述了 DevOps 的各个方面，其中包括从理论场景下的实际经验中提出的各种最佳做法。这种场景使我们能够将各个方面关联成一个整体。

　　在开发 DevOps 的各个方面，我们有幸与少数专业人士一起为巴特提供了支持。有了巴特的强力驱动，便有了一个完整支撑 DevOps 实践的最佳工具箱，尤其持续性是围绕 DevOps 各方面使用概念的坚实补充。快乐地翻阅这本书，凝思"持续万物"吧！

路易斯·范·赫曼博士（Dr. Louis van Hemmen）

序 言

这本书是我根据我对"持续万物"的经验编写的。此概念表示 DevOps 的两个（开发和运维）方面，即"持续"和"万物"。DevOps 的"持续"性主要反映在较高的交付频率和结果得到的快速反馈。"万物"则指以下事实，即不仅软件产品必须持续地交付，而且计算机领域的所有方面也都必须向此靠拢。因此，本书的重点是掌握信息提供过程中的变化，以实现业务流程的成果改进，从而实现业务目标。

这是我现在使用的最佳实践的缩影。鉴于 DevOps 发展速度之快，以及用最简明的文字说明如何处理所有事情，加深人们印象的需要，我决定保持这本书的灵活性。这意味着在本书中，我将简要地描述持续万物的每个方面。我在此分享我在担任顾问、培训员、教练和考官期间所获得的有关持续万物相关工作的重要见解。适当情况下我会标明我本人咨询过的资料来源。同时我认识到，这些最佳实践并不适用于所有的信息系统，而且这种方法只是一个缩影，可能会由于不断创新而过时。

我已经在荷兰的工厂资讯聚合网站上的文章中分享了我的很多经验，也将知识和技能转化成各种培训课程，这些内容可在地球系统科学数据共享平台上找到。

我要衷心感谢下列人士对本书的感人贡献以及他们的伟大协助！

·D.（Dennis）Boersen	Argis IT 顾问
·F.（Free）de Cloe	smartdocs.com
·J.A.E.（Jane）ten Have	
·DRL.J.G.T.（Luis）van Hemmen	BitAll B.V.
·J.W.（Jan-Willem）Hordijk	Digital&Transformation Manager Nordics TKE
·W.（Willem）Kok	Argis IT 顾问
·n（Niels）Talens	www.nielsteens.nl
·D.（Dennis）Wit	荷兰国际集团（ING）

我祝你在阅读这本书的时候能收获很多乐趣，最重要的是，可以在你自己的组织内应用持续万物。

如果你有任何问题或意见，请随时与我联系。如果你发现了缺点，请联系我（bartb@dbmetrics.nl），以便修订。

简 介

本章阐述了本书的目标，然后为目标群体命名，讨论了"持续万物"的背景，简要说明了每一部分所涵盖的内容，介绍了本书的结构和内容，最后提供附录和阅读指南。

一、目标

本书的主要目标是提供一个持续万物工具箱。本书讨论了八个关键的持续万物方面的领域。当然还有很多其他方面的领域，但本书中选择的领域是一个很好的基础。由于篇幅所限，领域的深度有限。这本书可供所有参与 DevOps 的人员参考。

二、目标群体

本书的目标群体都是 DevOps 团队中的成员，其中包括架构师、开发工程师、运维工程师、产品经理、Scrum master、敏捷教练以及用户组织的代表。当然，这本书也非常适用于通过 DevOps 方法参与创建信息供应的业务经理、流程所有者、流程经理等，以及不参与开发或管理的目标群体，包括质检员工和审计员，因为他们可以利用这本书来识别需要接受或控制的风险，也能确定价值流是否符合所要求的标准。

三、背景

这本书包含了各种方法和技巧，以持续的方式为持续万物提供事实基础。DevOps八字环概述了"持续万物"的各个关键方面，如图 0.1.1 所示。

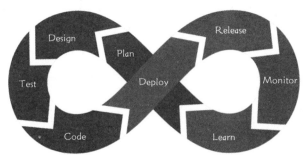

图 0.1.1　DevOps 八字环

DevOps 八字环概述了持续生产软件所需的阶段。因此，DevOps 八字环是定义持续万物（CE）概念的良好基础。CE 概念以持续执行的活动的形式描述 DevOps 八字环的所有阶段。表 0.1.1 显示了 DevOps 八字环与"持续万物"各阶段之间的关系。

表 0.1.1　持续万物各阶段

序号	开发	序号	运营
1	持续规划（Plan）	6	持续部署（Release）
2	持续设计（Design）	7	持续监控（Monitor）
3	持续测试（Test）	8	持续学习（Learn）
4	持续集成（Code）	9	持续审核（Audit）
5	持续部署（Deploy）	10	持续评估（Assessment）

DevOps 八字环中不包含持续审核（9）和持续评估（10），也不包含其他"持续"领域（如持续自动化和持续增长）。这是为了保持 DevOps 八字环清晰。

词语"持续"表示了 DevOps 团队内部工作的许多特征。第一，行动的频率高于传统的系统开发。这与建造和部署已经构建的东西有关。这可能体现在部署频率从分钟、小时到天不等。第二，"持续"是指工作的整体视角。例如，监控不限于生产环境，而是监控所有环境。第三，持续监控不仅对产品和服务进行监控，还对价值流乃至人们的知识和技能进行监控。这符合 ITIL 4 的人员、流程、合作伙伴和技术观点。第四，术语"持续"表示 DevOps 八字环的各个阶段相互关联。例如，"规划""设计""部署"和"监控"等中都使用了持续测试。

四、结构

这本书总结了以前出版的八本书，见表 0.1.2。

表 0.1.2　本书结构

第一部分	DevOps 持续规划
第二部分	DevOps 持续设计
第三部分	DevOps 持续测试
第四部分	DevOps 持续集成
第五部分	DevOps 持续部署
第六部分	DevOps 持续监控
第七部分	DevOps 持续学习
第八部分	DevOps 持续评估

1. 第一部分：DevOps 持续规划

持续规划是一种可以掌握信息提供过程中所做的变更，以实现业务流程的成果改进，从而实现有效的业务目标的方法。该方法针对多个层次，为每个层次提供敏捷规划技术，细化更高级别的计划。这样，就可以在战略、战术和运营层面上，以灵活的方式进行规划，从而尽可能减少开销，增多价值。

持续规划包括规划技术，如平衡计分卡、企业架构、产品愿景、路线图、单页史诗故事、产品积压管理、版本规划和迭代规划，并指出这些技术是如何相互联系的。

2. 第二部分：DevOps 持续设计

持续设计是一种方法，旨在让 DevOps 团队提前简要地思考信息系统的轮廓，并在敏捷项目（迭进设计）期间实现设计的发展。这可防止界面风险并保证基本的知识转移，以支持管理和遵守法律和法规。这些要素保证了组织的连续性。持续设计包括设计金字塔模型，其中定义了以下设计视图：业务、解决方案、设计、需求、测试和代码视图。持续设计涵盖了信息系统的整个生命周期。

前三个视图是在价值流图和用例等现代设计技术的基础上完成的。然而，持续设计有效应用的重点在于通过将设计集成到行为驱动开发和测试驱动开发以及持续文档来实现信息系统建设。

3. 第三部分：DevOps 持续测试

持续测试是一种旨在在软件开发过程中提供快速反馈的方法，该方法是在开始构建解决方案之前将"什么"和"如何"定义为测试用例。因此，需求、测试用例和验收标准的概念集成在一种方法中。本部分使用定义、业务案例、架构、设计和最佳实践定义了持续测试。本部分讨论的概念包括变更范式、理想测试金字塔、测试元数据、业务驱动开发、测试驱动开发、测试策略、测试技术、测试工具和单元测试用例在持续测试中的作用。

4. 第四部分：DevOps 持续集成

持续集成是一种全面的精益软件开发方法，旨在以增量和迭代的方式制造并投入生产持续软件，以减少浪费作为高度优先事项。由于功能可以提前投入生产，持续集成的增量和迭代方法使得快速反馈成为可能。这样做可以减少浪费，因为产品修正的速度更快，得益于错误发现得更早，而且可以更快解决。在定义、业务用例、架构、设计和最佳实践的基础上讨论持续集成。此处讨论的概念包括变更范式、持续集成的应用、储存库的使用、代码质量、绿色代码、绿色构建、重构、基于安全的开发和内置故障模式。

5. 第五部分：DevOps 持续部署

持续部署是一种全面的精益生产方法，旨在以增量和迭代方式部署和发布持续软件，其中上市时间和高质量至关重要。持续部署可实现快速反馈，因为在生产 CI/CD 安全管道的较早阶段就可以检测错误。更快的、更节约成本的修复行动可以减少浪费。在定义、业务用例、架构、设计和最佳实践的基础上讨论持续部署。此处讨论的概念包括变更范式、持续部署的应用、系统持续部署安排的分步计划以及允许进行循环部署的许多模式。

6. 第六部分：DevOps 持续监控

持续监控是一种控制核心价值流（业务流程）和赋能价值流来支持这些核心价值流的方法。持续监控不同于传统监控，因为重点在于改进成果和衡量价值流的整体范围，即 PPPT 的所有四个视角（People——人员、Process——流程、Partner——合作伙伴和 Technology——技术）的整个 CI/CD 安全流水线，这使得能够映射和消除价值流中的瓶颈。

使用持续监控层级模型中定义的监测功能来讨论持续监控。此层级模型对市场上可用的监控工具进行分类。本部分从定义、目标、度量属性、要求、示例和最佳实践等方面定义了每种监控原型，还指出了如何根据变更经理的范式和体系结构原则和模型设置持续监控。

7. 第七部分：DevOps 持续学习

持续学习是一种掌握实现组织战略所需能力的方法。为此，持续学习为人力资源管理提供了一种方法，可以逐步探讨能力的组织需求，并将这些需求转换为能力画像。此处定义的能力画像是在产生特定结果的某个 Bloom（Bloom's Taxonomy）级别上的知识、技能和行为集合，然后将能力画像合并为依次形成功能模式，这样就获得了一个敏捷的工作空间。持续学习是在持续学习模式的基础上进行讨论的，该模式可以逐步将价值链战略转化为员工的个人路线图。

本部分还介绍了如何根据变更经理的范式和架构原则与模型在组织中设置持续学习。

8. 第八部分：DevOps 持续评估

持续评估是一种旨在使 DevOps 团队在业务、开发、运营和安全领域不断发展知识和技能的方法。持续评估为 DevOps 团队提供了一个工具，使其了解发展现状以及后续步骤。

在商业案例、两种评估模型的体系结构和评估问卷的基础上，本部分对持续评估进行了讨论。DevOps 多维数据集模型基于这样的理念，即可以从一个多维数据集的六个不同角度来查看 DevOps，即"流程""反馈"和"持续学习""治理""流水线"和"质保"。DevOps CE 模型基于持续万物的视角："持续规划""持续设计""持续测试""持续集成""持续部署""持续监控""持续学习""持续评估"。

五、附录

附录包含重要信息，有助于更好地了解相关内容。

六、阅读指南

本书中的缩略词数量有限。但是，出现的术语以缩写的形式显示出来，以提高可读性。附录二列出了这些缩写。

目录

D
e
v
O
p
s
持
续
万
物

第一章
持续规划

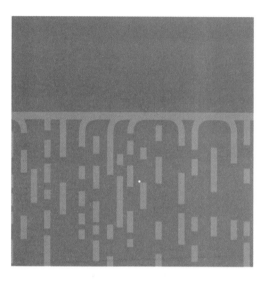

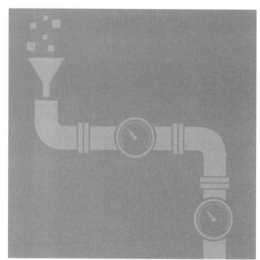

第一节　持续规划简介

一、目标

本章的目标是讲述持续规划的基本知识及应用持续万物这一领域的技巧和窍门。

二、定位

持续规划是持续万物概念的一个方面。"持续"一词是指规划敏捷项目里的多个方面。首先，必须持续进行规划，以控制敏捷项目。其次，敏捷项目还必须持续与需要实现的价值流目标一致。最后，持续规划的范围要明确。信息和通信技术服务所实现和管理的赋能价值流不仅必须包括在内，为业务流程提供实质内容的核心价值流还必须包括在内。这是开发、运营和安全的价值流。这些赋能价值流在 CI/CD 安全流水线的所有环境中使用，并包括人员、流程和技术（PPT）。核心价值流包括向客户交付业务服务所需的所有业务活动。

三、结构

本章介绍如何从组织策略的角度自上而下地塑造持续规划。在讨论这种方法之前，首先讨论持续规划的定义、基石和架构。在接下来的章节中会讨论后续步骤。

1. 基本概念和基本术语

本部分讨论持续规划的基本概念和基本术语。

2. 持续规划定义

持续规划有一个通用定义是很重要的。因此，本部分给出了定义，并讨论了敏捷项目中规划不足会产生的问题和可能的原因。

3. 持续规划基石

本部分讨论如何通过变更模式实现持续规划，将回答以下问题。

（1）持续规划的愿景是什么（愿景）？

（2）职责和权力是什么（权力）？

（3）如何应用持续规划（组织）？

（4）需要配置哪些人员和资源（资源）？

4. 持续规划架构

本部分介绍持续规划的架构原则和模型，其中模型包含价值路线图模型、持续规划模型和持续设计规划模型。

5. 持续规划设计

用持续规划设计定义持续规划价值流和用例图。

6. 持续规划模型

持续规划模型给出了持续规划价值流的实质。该模型建立在价值路线图的基础上，并给出了模型的最佳实践。

第二节　基本概念和基本术语

提要

（1）使用持续规划需要投入知识、技能、时间和资金，投资需要有回报。业务案例的持续规划在于准备核心价值流和使能价值流，有效地实现战略，这防止了局部优化和战略实现的延迟。

（2）持续规划与持续设计密切相关。

一、基本概念

本部分介绍持续规划的一些基本概念，包括价值路线图模型、持续规划模型、持续规划和设计模型。

1. 价值路线图模型

图 1.2.1 显示了价值路线图模型的简化形式。该模型的目的是建立组织策略与使能价值流的实现之间的关系。模型表明，在 Scrum 迭代之前有三个步骤需要完成。

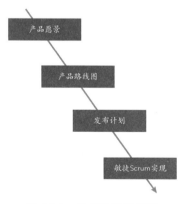

图 1.2.1　价值路线图模型

首先规划产品愿景，其中包括要实现的业务案例和负责人。其次按照时间顺序，拆分实现内容，形成产品路线图。这对市场营销非常重要，因为市场营销希望根据时间表描述产品的功能，以便向市场宣传。再次，使用版本规划描述下一个版本要交付的功能。最后，在敏捷 Scrum 内正常进行迭代，以交付功能。

2. 持续规划模型

图 1.2.2 显示了持续规划模型的简化版本。这个计划开始于平衡计分卡中定义的策略，平衡计分卡定义了如何改进结果；接下来，企业架构分析现状，以及应该如何改变现状才能实现战略，这是产品愿景的基础，它决定了创建新解决方案的业务案例。

根据产品愿景确定干系人，然后与他们一起，根据产品愿景拟定最重要的产品路线图。此路线图在计划方面过于粗略，无法作为迭代的输入。因此，在进行第一次迭代之前，还需要两个步骤。第一步是制订发布计划，说明即将发布的版本需要多少次迭代，以及每次迭代预计会有哪些功能；第二步是将功能细化为下一次迭代的可行的工作单元。

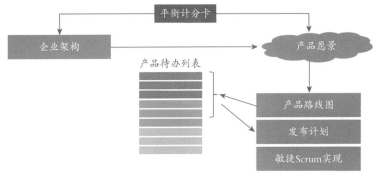

图 1.2.2　持续规划模型

3. 持续规划和设计模型

图 1.2.3 显示了持续规划和设计模型的简化版本。

左侧是以产品为基础的规划分解，分别是主题、史诗、特性和用户故事，它们按照自上而下、从大到小排序；右侧是可用作产品实现设计的对象。本书简要地描述了这个模型，在 *Best 2022CN* 一书中有更详细的描述。

图 1.2.3　持续规划和设计模型

二、基本术语

本部分定义与持续规划相关的基本术语。

1. 平衡计分卡

图 1.2.4 显示的是平衡计分卡。这是卡兰普（Kaplan）和诺顿（Norton）在 2004 年定义的战略管理工具"Kaplan2004"。1990 年，他们调查了财务状况良好的公司由于破产而很快从证券交易所消失的现象。

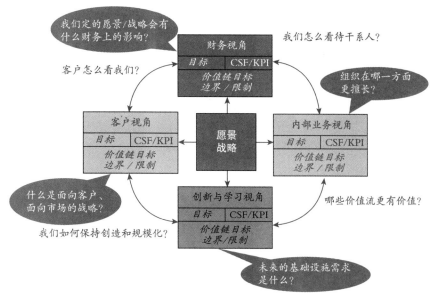

图 1.2.4　平衡计分卡

证券交易所的股票价值不足以确定一个组织的健康状况，除了财务指标，在确定组织的价值方面还有三个重要因素：生产过程的内部质量、创新能力和客户满意度。可以以计分卡的形式来描述这四个因素，即客户视角、财务视角、内部业务视角和创新与学习视角。计分卡内容以组织的愿景和战略为基础。

"平衡"一词表示为计分卡之间的纵向和横向关系。例如，组织的盈利能力由于对创新的投资而下降，客户满意度通过对内部组织的投资来提高。每个计分卡包括长远目标、措施、阶段目标和计划。平衡计分卡本质上是管理业绩指标的分类模型。

2. 企业架构

图 1.2.5 展示了企业架构模型。该模型旨在为组织战略的实现提供战略层面的指导方向。这个指导方向是在架构原则和架构模型的基础上给出的。实际上，这些都是一种要求和设计，既没有选择工具，也没有给出详细信息。例如，指导原则防止重复地创建解决方案以及把结构性的错误引入新的服务中，它还表明如何通过迁移路径从当前状态转到目标状态。

为确保指导方向完整，企业架构被划分为四个视图。四个视图显示在图 1.2.5 中，源自 Zachman 的企业架构模型。通过这些视图，我们可以看到架构是如何被呈现的。

业务架构为用户的组织设计提供方向；信息架构为用户提供组织工作所需要的信息；应用架构为新应用的设计和实现提供方向；基础设施架构为应用所需的基础设施的设计提供方向。

谁来做？做什么？如何做？这些是 Zachman 的企业架构模型的三个重要维度。将这些维度放置在企业架构模型中，可以指示具体视图的用途。

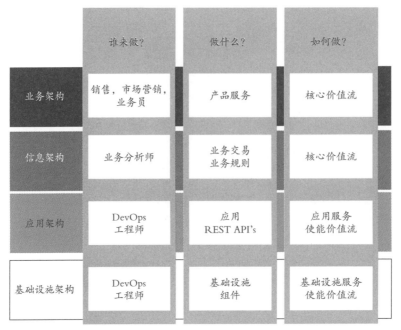

图 1.2.5　企业架构模型

3. 路线图

路线图是一种及时的规划。时间单位为季度，时间表由交付物的负责人提供。图1.2.6 显示了一个路线图模板。相关干系人在第一列中，要实现的产品特性在其右的四列中。这些产品特性以史诗的形式呈现。

相关干系人	Q1史诗	Q2史诗	Q3史诗	Q4史诗
发布计划	R1.0	R2.0	R3.0	

图 1.2.6　路线图模板

4. 规划对象

最著名的敏捷 Scrum 规划对象是特性、故事和任务，然而，主题和史诗也被当作规划对象使用，这些规划对象的大小没有明确定义。每个组织都必须确定自己的基准。一个主题可以被视为一年的规划目标，并且可以被为一个灵活项目的规模。但是规划目标很大，不能去做路线图。为此，必须将主题翻译成史诗。通常一个史诗会持续一个季度。史诗对于一个短期冲刺来说规模太大了，因此被转化成了特性。有些组织也将史诗翻译成故事。

某些组织将某个特性视为多次迭代的计划对象，而其他组织则选择不超过迭代一半时间的特性。每个人都把故事看成在迭代中计划的对象，还有许多组织会使用任务作为计划对象。任务的最长完成时间为两天，通常建议一天最佳。选择该选项是为了避免因对耗时超过一天的任务进行状态监控而造成浪费。表 1.2.1 描述了规划对象、引用以及时间范围。MVP 表示最小可行产品，它表示只交付对于目前而言最基本的功能集合，不包含额外的功能。

表 1.2.1　规划对象、引用以及时间范围

规划对象	引用	时间范围
主题	项目	最多一年
史诗	MVP	最多 1 个季度
特性	变更	不仅仅是一个迭代
故事	工作项	最多半个迭代
任务	工作项	最多一天

5. 价值链

1985 年，迈克尔·波特提出了价值链的概念，见图 1.2.7。波特认为，组织通过一系列与战略相关的活动为其客户创造价值，从左到右看，这些活动就像一连串的链条，为组织及其利益相关方创造相应的价值。根据波特的说法，公司的竞争优势来自其在一个或多个价值链活动中的战略选择。该价值链具有与价值流特征不同的若干特征。

价值链的特点有以下几方面。

（1）价值链被用作对业务战略的决策支持。因此，价值链可以在全公司范围内使用。

（2）价值链提供了生产链中价值生成的位置和不生成的位置。价值从左到右依次递增，每个步骤都依赖于上一个步骤（即链中左边的步骤）。

（3）价值链是线性的、可操作的，并会创建一个累计值，但价值链并不用于建模过程。

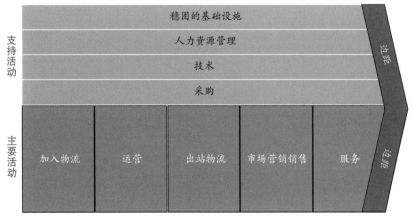

图 1.2.7　波特的价值链

6. 价值流

价值流这个概念没有明确的产生源头。有些组织应用了丰田生产系统（TPS）的做法，但是也没有将概念命名为丰田。价值流是一种可视化流程的工具，描述组织内一系列增加价值的活动。它描述了商品、服务或信息随时间流动而累加价值的过程。

尽管在概念上，价值流类似于价值链，但它们存在着重要的差异。这两个模型可按以下方式进行比较。

（1）价值链是一个决策支持工具，而价值流提供更详细级别的可视化。在价值链的一个步骤中，例如波特的价值链中的"服务"，可以识别多个价值流。

（2）与价值链一样，价值流是业务活动的线性表示，尽管是在不同的层次上。原则上不允许使用叉和环路，但对此没有严格的规定。

（3）价值流通常使用精益的指标，例如"交付时间""生产时间"和"完整性/精准性（%）"，而在价值链的级别并不常见到指标，但这并不是说价值链没有指标。人们将平衡计分卡分解为价值链和价值流是顺理成章的。

（4）与价值链不同的是，价值流可以把整个生产过程按步骤分解成分阶段的。

7. DVS，SVS，ISVS

在 ITIL 4 中，将服务价值系统（SVS）定义为服务组织提供实质内容的工具。SVS 的核心是服务价值链，可以定位在波特的价值链中"技术"层的支持活动，这是波特整个价值链的递归。这意味着在 SVS 中以服务价值链的形式复制了价值链的所有部分，如图 1.2.8 所示。

此递归并非新的形式，因为在 Looijen2011 中，此递归已被识别为递归原则。递归将业务流程（R）描绘成管理流程。与 SVS 类似，在 ISO 27001-2013 中定义为安全管理系统的信息安全价值系统（ISVS）也可以看作波特价值链的递归。对于定义了系统开发的价值流的开发价值系统（DVS）也是适用的。

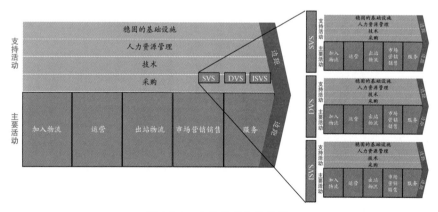

图 1.2.8　波特的递归价值链

此递归的另一个可视化效果如图 1.2.9 所示。

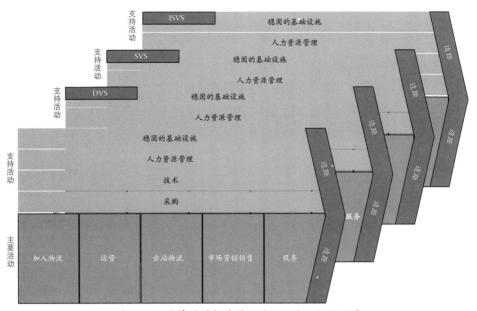

图 1.2.9　波特的递归价值链的另一个可视化效果

这两种可视化效果的不同之处在于，在图 1.2.9 中，假设价值链具有波特结构；而在 ITIL 4 中定义的 SVS 没有波特结构，因此更好的定义是如图 1.2.8 所示的 matruskas。

作为 ITIL 4 SVS 核心的服务价值链有一个运作模式，用作指明价值流的活动框架。服务价值链模型是静态的，在价值流通过它来共同创造和交付价值之前，它不提供价值。

8. SoR 和 SoE

测量价值流的方式有两种变体，即记录型系统（SoR）和交互型系统（SoE）。

SoR 是为客户提供价值的信息系统链。因为它有很多组成部分，所以监控难度大得多。SoR 主要用于银行和保险公司。

SoE 是一种不连锁或松散耦合的信息系统，这意味着监控是明确的。该应用程序通常出现在电子商务贸易公司中，如 AWS。图 1.2.10 描述了 SoR 和 SoE，并提供了示例应用。智能化系统显示为顶层，这些业务智能解决方案包括向用户提供信息这一方案。

图 1.2.10　SoR 和 SOE

第三节　持续规划定义

提要

（1）持续规划应被人们视为监控信息系统实现和调整的控制功能，以便以最有效和最高效的方式实现组织的战略，从而提高开发工程师的灵活性和运营工程师的稳定性。

（2）人们应将持续规划视为一种整体方法，以便观察哪些地方和什么时间可以进行最佳更改，从而最大限度地扩大业务成果。

一、背景

持续规划的目标是将组织的战略转化为 DevOps 团队的规划对象工作，以改进目标。规划不仅包括实现战略所需的产品，还包括价值流（流程）、人员（DevOps 工程师）以及知识和技能。这样规划就可以持续。规划为人员、流程和技术在实现改进目标方面提供了实质内容，规划的基本目标是提高成绩。

二、定义

本书对持续规划的定义是：持续规划侧重于将组织的战略持续和整体性转换为规划对象，这些对象构成 DevOps 团队的优先工作负荷，以实现改进目标，从而提高工作成果。

持续表示从大的规划对象到小的规划对象的高频率精炼，并持续校准战略实现的有效性和效率。整体性一词是指规划对象的范围。业务的核心价值流不仅需要调整，所有的使能价值流也需要检查。这些是开发、运营和安全的价值流。使能价值流是 CI/CD 安全流水线的控制，也必须适应所声明的变更目标，包括人员、流程和技术。

三、应用

"持续万物"的每个应用都必须基于业务案例。为此，本节以持续的方式提出规划方面的固有问题，预防或减少这些问题的措施构成了应用持续规划的业务案例。

1. 有待解决的问题

需要解决的问题及其解释见表 1.3.1。

表 1.3.1　使用规划工具时需要解决的问题及其解释

P#	问题	解释
P1	没有对该战略的实现进行监控	平衡计分卡或其他战略管理工具未连接到将战略转换为变更计划的计划周期
P2	该战略没有被架构师转换为现状、目标和迁移路径	在许多组织中,架构角色不再是有价值的。DevOps 团队本身必须通过解决方案架构为架构提供内容。这在一定程度上是凭借敏捷原则,即最佳架构由实现系统的 DevOps 工程师设计
P3	持续规划的任务、职责和权限尚未分配或分配不正确	产品所有者负责产品待办列表的维护,但在许多组织中,产品没有机会完成路线图以实现价值。在某些组织中,超过一个迭代的规划是不合理的期望
P4	持续规划与要实现的方案要求无关	规划对象必须能够关联到要实现的解决方案的功能分解上
P5	规划并未充分了解价值流的现状	如果不深入了解现状,就不可能洞察新信息系统与当前格局的变化或关联关系
P6	规划对象在多个工具中进行管理,不存在单一信息源	有无数工具可以支持 DevOps 团队,但是这些工具通常难以集成,因此工具中会存在多个重叠的功能

2. 原因

为找出上述问题的原因,我们可以从 5 个方面进行询问。例如,如果没有使用持续规划方法,可以从以下 5 个方面来确定原因。

(1)为什么没有实施持续规划?

因为对产品所有者在敏捷 Scrum 指南中的角色描述似乎已经充分了。

(2)为什么管理人员不需要一种持续的、整体的自上而下的规划方法?

因为在规划迭代时没有架构师在场,管理部门无法将战略转换为 DevOps 团队的工作量。

(3)为什么架构师不参与产品待办列表的编制?

因为这个角色在敏捷方法中没有明确定义。

(4)为什么架构的作用被低估?

因为 DevOps 团队认为他们比架构师更清楚自己需要什么。

(5)为什么 DevOps 团队认为他们应该并且能够自主地工作?

因为他们没有能力去理解他们的行为对信息系统链其他部分的影响。

这个问题的树形结构使得我们有可能找到问题的原因。我们必须先解决原因,然后才能解决表面问题。

第四节　持续规划基石

提要

（1）持续规划的应用需要通过自上而下和自下而上两种方式来实现。

（2）持续规划需要架构师的积极参与。

（3）持续规划的设计源于阐明为什么要做持续规划的愿景图。

（4）对持续规划的作用和必要性达成共识是非常重要的，这消除了敏捷项目中的许多争议，也是人们统一工作方法的基础。

（5）变更范式不仅有助于人们确定共同愿景，还有助于引入价值路线图、持续规划模型、规划与设计模型，以及明确这些模型的遵守率。

（6）如果尚未设计权力平衡的步骤，最好不要开始实施持续规划的最佳实践（组织设计）。

（7）持续规划通过加强组织左移的形成来获得快速反馈。

（8）每个组织都要依据这一部分描述的变更范式进行实践。

一、变更模式

变模范式如图 1.4.1 所示，以结构化方式来设计持续规划，从持续规划所须实现的愿景入手，以避免在毫无意义的辩论中浪费时间。以此为基础可以确定责任和权力在权力关系意义上的位置。愿景似乎是一个老生常谈的词，不适用于 DevOps 世界，但"猴王现象"（译者注：原文"monkey rock phenomenon"，指猴王因为站在石头上而被盲从）也适用于现代世界，这就是为什么权力平衡需要记录下来；然后展开讨论工作方式（WoW），最后是资源和人。图中右侧的箭头表示持续规划的理想设计。图中左侧的箭头表示在箭头所在的层发生争议时应该返回哪个级别。

因此，关于使用哪个工具（资源）的讨论不应该在这一层进行讨论，而应该作为问题提交给持续规划的负责人。如果对如何设计持续规划的价值流存在分歧，则必须回到持续规划的愿景。下面各部分将详细讨论其中的每一层级。

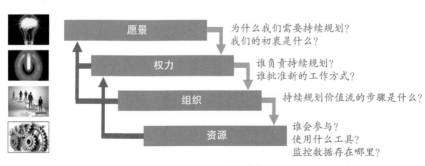

图 1.4.1　变更模式

二、愿景

图 1.4.2 显示了持续规划变更模式的愿景步骤。图中左侧（我们想要什么？）显示哪些方面共同构成持续规划的愿景，以避免图中右侧的负面现象（我们不想要什么？）出现，也就是说，图的右侧是持续规划的反模式。图 1.4.2 是与愿景相关的持续规划的变更模式。

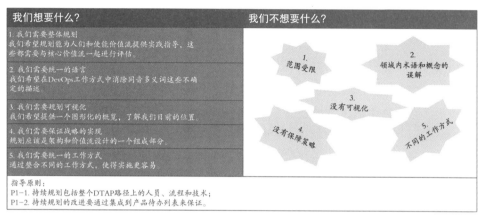

图 1.4.2　变更模式——愿景

1. 我们想要什么？

持续规划的愿景通常包括以下几个方面。

（1）范围

规划范围必须尽可能考虑全局，以避免规划中出现盲点。规划时不仅需要调整核心价值流，还需要调整使能价值流，即开发、运维和安全价值流；不仅要调整管理实践（流程），还必须调整执行管理实践的知识和技能（人）以及使用的应用和基础设施（技术），这包含 CI/CD 安全流水线的所有方面。

（2）语言

DevOps 世界里有很多同音和同义词。每个人都有自己的主题、史诗、特征和故事愿景的表达方法。为所有与规划相关的术语创建和共享术语表，可以帮助人们创建一种统一的语言。

（3）可视化

规划必须可视化，这样才能更好地指导大家。管理者可用雷达图来使目标的实现现状可视化，这也能激励员工。可视化的输出也可以通过自下到上最后聚合到史诗这一级。

（4）保证

持续规划的价值流定义了一系列的步骤，这些步骤将战略转换为 DevOps 工程师可以做的具体工作内容。

（5）统一的工作方式

实施变更需要时间和精力。如果有统一的规划工作方法，人们就更容易去设计规划对象。如果每个人都采用不同的工作方法，都有独特的工作日程，那么任务完成进度就会变慢。这种情况需要统一协调 DevOps 工程师的最佳实践。

2. 我们不想要什么？

确定什么不是持续规划的愿景，将有助于加强愿景。关于愿景的持续规划的典型反模式包括以下各点，导致持续规划的效率很低。这需要统一 DevOps 工程师的最佳实践。

（1）范围

许多组织在规划时只关注信息系统的生产环境，而且，仅由运维工程师来做设计和管理，他们将信息系统视为黑盒，不会对使能价值流和 CI/CD 流水线进行调整，对于非功能需求也是如此。

（2）语言

如果每个 DevOps 团队都用自己的术语来建立产品待办列表，那不仅无法统一语言，还会浪费很多钱。许多组织的规划都是零散的，没有人完全了解 DevOps 团队到底做得怎么样。DevOps 团队又期望能够自己安排工作计划。因此解决方案就是采用联合模式，规定一个最低要求，各个 DevOps 团队在此基础上可以使用自己的工作方法。

（3）可视化

可视化效果经常是支离破碎的，而且主要面向有限的专家小组。但是 DevOps 真正想要的是团队在整个公司范围内的绩效可视化。

（4）保证

DevOps 团队在战略实施方面并没有很好的经验，部分原因是通常战略不为人所知，没有被共享或所涉及的 DevOps 团队并不知道怎么实施。持续规划应该确保战略是可实现的。

（5）统一的工作方式

实施变更需要花费时间和精力。如果有统一的工作方法进行规划，则团队间更容易协调改进。如果每个人都采用不同的工作方法，其改动都独一无二，那么改进效果就非常有限，它需要共同协调架构师、产品负责人和 DevOps 工程师的最佳实践行为。

三、权力

图 1.4.3 显示了持续规划变更模式的权力级别，其结构与愿景一致。

图 1.4.3　变更模式——权力

1. 我们想要什么？

持续规划的权力级别通常包括以下几个方面。

（1）所有权

在 DevOps 中，所有权的归属是一件重要的事情。那么，持续规划的所有权属于谁？答案就在敏捷 Scrum 的基本原理中。肯·施瓦本（Ken Schwaber）说，Scrum master 不是开发流程的所有者。Scrum master 是一个教练，他必须让开发团队感觉是他们自己塑造了 Scrum 敏捷流程，而不是某个具体的个体负责开发流程。

在 SoE 中，这是一个很好的陈述。其典型应用的例子是在一个电子商务公司中，由于用于供用户输入信息的前端（界面逻辑）与后端（事务处理）的松耦合，DevOps 团队可以自主地对前端进行修改。CI/CD 安全流水线也可由 DevOps 团队自主选择。同时，DevOps 团队（包括产品所有者和 Scrum 主控人）还可以自行确定和控制产品待办列表。

但是，如果有数十个 DevOps 团队在前端应用上工作，那么需要在规划方面协调 DevOps 工作方式。尤其是当我们在讨论 SoR 时，规划方面的协调就显得更加重要了。SoR 是一种处理事务的信息系统，常见的有企业资源规划软件包（ERP）或财务报告系统。由于这些信息系统通常被包括在一系列信息处理系统中，因此，SoR 通常由多个 DevOps 团队开发、维护。这些团队要么按照业务分类，要么按照技术分类。

在这两种情况下，由于这些 DevOps 团队相互依赖，所以他们必须一起制定和完善规划，以便一起协调和应对工作，在这种情况下，一个明智的做法就是集中控制持续规划的所有权。这会使产出适用于所有 DevOps 团队的 DevOps 路线图成为可能。

（2）目标

持续规划的所有者需要有一个长远的计划，以确保持续规划一直按照计划进行。比如现在的目标是安排价值路线图的时间线、持续规划模型以及架构师和设计人员的从属关系，那么所有相关的 DevOps 团队，包括架构师和业务经理，都必须承诺实现这些目标。目标的实现有多种方式。在 Spotify 的模式中，使用了"委员会"这种方式。委员会是一种临时性的组织，用于更深入地探索一个主题。例如，我们可以建立一个持续规划委员会，每个 DevOps 团队在该委员会中派出一个代表参与深入研讨。而在 Safe® 中也有标准的机制，如实践工会中文（CoP）。另外，还可以通过项目群增量（PI）规划中的发布火车来确定持续规划的改进。

（3）RASCI

RASCI 是职责（Responsibility）、责任（Accountability）、支持（Supportive）、咨询（Consulted）和通知（Informed）五个词的首字母缩写。"R"负责跟踪结果（持续规划的目标）并向持续规划的所有者（"A"）报告。Scrum Master 通过指导开发团队来完成"R"的任务。"S"是高管之手。"C"任务可以被分配给在委员会或 CoP 中的主题专家（ME）。"I"主要需要了解质量检测的产品所有者。

RASCI 优于 RACI，因为在 RACI 中，"S"会合并到"R"中。因此，在责任和执行之间没有任何区别。RASCI 通常可以更快地确定，并能更好地了解谁在做什么。

RACI 通常被看作是一种过时的治理方式，因为随着 DevOps 时代的到来，整个控制方式都会发生变化。

考虑到目标的讨论情况很明显，在扩展 DevOps 团队时，肯定需要更多的职能和角色来决定如何安排目标。因此，这就是 Scrum、Spotify 和 SAFe 框架之间的特征差异。

（4）治理

战略的实现过程需要跟踪管理。也就是说，在实践中，路线图所有者与产品所有者需要有规律地检查一切是否符合治理计划，这通常是每季度至少一次。如果出现瓶颈，组织就必须考虑如何预防。

因为实施持续规划会对组织产生强烈的影响，所以往往还需要很多政治手段的帮助。因此，管理层必须对此有所认识并承诺提供支持。

（5）工作方式

持续规划需要对实现产品待办列表的 DevOps 团队的日常工作方式进行协调，例如协调 Scrum-of-Scrum 的次数或部分产品的交付。

2. 我们不想要什么？

以下是典型的关于权力平衡的持续规划反模式。

（1）所有权

一个明显的持续规划的所有权反模式是随意地更改迭代计划。许多 DevOps 团队的工作日程相当复杂，在这种情况下，自上而下地修改工作日程不是一个合理的方式。

（2）目标

许多组织没有为持续规划设定目标，产生了一种在控制函数中随机进行投资的情况。然而，这在萧条时期很快就被打破了，因为持续规划需要基于可靠的业务案例持续关注。

（3）RASCI

RASCI 最重要的事情是确保 DevOps 团队能够持续前行，这只能通过在组织中下沉持续规划来实现。

（4）治理

经常发生的情况是，越来越多的史诗被放置在路线图上，却没有按期实现。这说明史诗的规划出了问题，找到并消除持续规划价值流中的限制因素是非常重要的。

（5）业务需求

IT 驱动的规划监控是无效的。如果持续规划只是 IT 内部的活动，忽略与业务核心价值流的关联，那会导致规划改进的机会大大减少，所以必须建立起从使能价值流到核心价值流结果改进的桥梁。

四、组织

图 1.4.4 显示了持续规划变更模式中关于组织的步骤，其结构与愿景和权力相同。

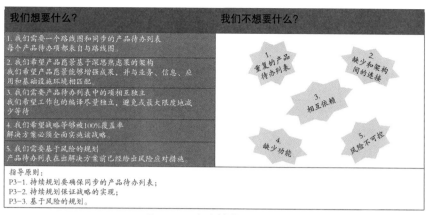

图 1.4.4　变更模式——组织

1. 我们想要什么?

持续规划的组织通常包括以下五点。

（1）路线图

战略的实现是由体系化的方法来确保的，在该体系内，各个产品待办列表要对齐，列表中包含用来实现某个主题的所有史诗。

（2）产品愿景

产品愿景不是规划的起点，而是战略和架构设计的基础。该架构是通过业务角度、信息角度、应用角度和基础设施角度分析现状（Ist）构成的，并在此基础上绘制出期望的状况（Soll）。通过分析现状和期望状态之间的差距，演进路径也会慢慢变得清晰，从而在各种场景中做出符合产品愿景的选择。

（3）独立性

最令人头疼的规划问题是交付的增量之间的依赖性。架构可以用分层架构对功能之间进行解耦，同时，规划也能通过解耦的方式来进行，从而可以采用增量的方式来交付价值，而不是实现整体的解决方案。

（4）范围

实行战略并不容易。战略通常并不是常见的。每位董事会成员都有自己的观点，战略的变化会越来越快，因此战略的敏捷设计非常重要。必须能够快速行动，快速调整所做的工作，才能够实现战略。此外，战略是必须能够全面实施的。

（5）基于风险的规划

架构展现产品的全貌，因此能够指出哪些风险需要控制。这些风险必须被转化为相应的对策，并被放入产品待办列表。例如可以使用多方面的身份验证来对抗被黑客攻击的风险。

2. 我们不想要什么?

以下是组织中典型的持续规划反模式。

（1）路线图

如果没有架构和中心路线图，许多组织会做重复的工作。路线图会提供更好的动态状态图。

（2）产品愿景

架构的缺失通常会导致发生意外的问题。"预先烹饪"过的产品愿景可以防止造成严重延时。

（3）独立性

如果 DevOps 团队之间没有相互协调，那么规划中很快就会出现障碍。一个 DevOps 团队的规划依赖于另一个团队来实现。只有从架构的角度来查看规划，才能充分防止出现这种情况。

（4）范围

如果制品的生命周期较长，则更改的意愿通常很低。因此，敏捷规划的解决方案要切实可行。协作工具用于支持文档，一次性文档被内容取代，这些都为快速调整战略提供了机会。

（5）基于风险的规划

无法早一点察觉到风险总是会让人失望，这会导致上市时间延迟。

五、资源

图 1.4.5 显示了持续规划的变更模式中的资源，其结构与愿景、权力和组织相同。

图 1.4.5　变更模式——资源

1. 我们想要什么?

持续规划的资源通常包括以下几点。

（1）集成规划知识

DevOps 工程师必须逐渐发展出能够持续适应不断变化的环境的能力，人力资源管理中心（HRM）应该支持这一要求，并且评估工程师具备哪些技能，不具备哪些技能。所培养的能力必须符合 HRM 政策以及与 DevOps 员工达成的协议。例如，如果 HRM 没有相关的政策，或者相关开发工程师的工作说明中没有提及运营工程师的技能，那开发工程师不能被强制学习 DevOps 工程师的技能。

（2）技能—矩阵

职能 / 角色和技能矩阵有助于了解可用技能的覆盖率，从而可以检查技能中是否存在差距。评估可以在这个过程中发挥出色的作用，因为评估问题与技能和职能 / 角色相关联。

（3）个人培养计划（PEPs）

PEPs 必须对 DevOps 工程师有激励作用。

2. 我们不想要什么？

下面是持续规划在人员和资源方面的典型反模式。

（1）集成规划知识

HRM 看不到持续万物和持续规划的价值，因此他们可能成为 DevOps 发展成熟的障碍，需要进行调整控制。与他们产生摩擦的原因很多，例如他们对 DevOps 工程师的发展有不同的看法。因此人力资源的管理政策必须与持续万物的策略或变更模式保持一致。

（2）技能—矩阵

随意地搜索一个免费的软件规划工具，用来规划产品待办列表可能很快见成效，但这也是一种浪费。我们还应考虑持续规划价值流和工具的集成。

（3）PEPs

在知识和技能方面为 DevOps 工程师制定具体的发展路径规划，应该被视为一种恩惠，而不是一种义务。通过这种定义，PEPs 可以成为 DevOps 工程师发展的积极激励因素。

第五节　持续规划架构

提要

（1）持续规划必须以平衡计分卡为起点，自上而下地设计。

（2）实现产品愿景需要来自架构的指导。

一、架构原则

本部分包含在变更模式的四个步骤中出现过的一些架构原则，并将这些原则划分为 PPT 三个方面，其中也有几个额外的原则作为补充。

1. 通用

除了针对 PPT 的某个方面的特定架构原则外，有一些通用的架构原则也适用于 PPT 的三个方面，见表 1.5.1。

表 1.5.1　PPT 通用的架构原则

P#	PR-PPT-001
原则	持续规划包含在整个开发、测试、验收、生产（DTAP）路径的 PPT
因素	划分持续规划的这一范围非常有必要，因为这三个方面共同创造价值
含义	持续规划需要了解业务领域（核心价值流）、软件生产（开发）以及在使能价值流中进行的软件管理（维护）
P#	PR-PPT-002
原则	持续规划的改进通过与产品待办事项列表的集成得到确保
因素	持续规划需要很多技能、方法和技巧，需要人们为此留出时间来安排。因此，将改进的点数与定期规划结合起来是明智的
含义	产品待办事项列表包含不同类型的规划对象

2. 人员

以下是持续规划中所识别出来的人员架构原则，见表 1.5.2。

表 1.5.2　人员架构原则

P#	PR-People-001
原则	人员的技能得到培训，并与个人培训计划挂钩
因素	设置和执行持续规划需要规划技能
含义	必须清点所需的规划技能，确立相关员工需要具备的规划技能，并在必要时使其得到培训或辅导
P#	PR-People-002
原则	持续规划与人力资源管理相结合
因素	这个结合对于员工能够获得合适的培训和辅导而言是必要的
含义	HRM 必须理解持续规划的重要性，并将持续规划包含在 DevOps 职能中。为此需要进行培训和辅导，这些主要针对产品负责人和敏捷教练，但是 DevOps 工程师也需要很好地了解规划的内容、方式和原因

3. 流程

以下是持续规划中所识别出来的流程架构原则，见表 1.5.3。

表 1.5.3　流程架构原则

P#	PR-Process-001
原则	持续规划基于 RASCI 的实践
因素	持续规划的生命周期包括任务、职责和权限，必须将其分配到相关的 DevOps 职能中
含义	必须明确了解任务、职责和权限的分配情况，例如，路线图和产品待办事项列表的负责人

P#	PR-Process-002
原则	持续规划必须有助于快速反馈
因素	通过从粗到细，将持续规划应用于规划对象，可以提供快速的反馈
含义	必须保持规划对象的分层结构，例如：主题、史诗、功能、用户故事
P#	PR-Process-003
原则	持续规划包含更多的规划级别，每个规划级别都有自己的周期
因素	这些主题、史诗、特性和用户故事都有各自的周期。每年做一次主题计划，每季度做一次史诗，特性跨迭代的计划以及用户故事在敏捷中每迭代做一次，在看板中也有很短的周期
含义	必须建立起规划对象的层次结构和批准规划的治理结构，毕竟，这与组织战略的实际情况有直接关系
P#	PR-Process-004
原则	持续规划需要持续进行，并需要负责人
因素	持续规划的生命周期必须分配给一个负责人，这对主题和史诗层面的生命周期而言尤其重要。规划对象的层级越高，决定就越有战略重要性
含义	必须分配负责人
P#	PR-Process-005
原则	持续规划提供成果改进
因素	使用持续规划应该尽可能快速有效地削弱核心价值流的边界或限制
含义	持续规划必须在路线图中提供足够的空间以应对技术债务和脆弱性，至少 10% 的工作内容须用于此，还有 10% 的工作内容必须用于提高 DevOps 工程师的知识和技能
P#	PR-Process-006
原则	持续规划将规划对象与基于明确语义的需求联系起来
因素	定义需求的方式有很多种，其中一种是明确的需求定义方式，例如 Gherkin 语言，使各级规划对象使用业务术语指出结果成为可能。Gherkin 语言是一种实现行为驱动开发（BDD）的语言
含义	必须获得使用 Gherkin 语言的经验
P#	PR-Process-007
原则	持续规划确保了战略的实现
因素	一个组织基于最高级的规划对象实现战略目标，比如主题和史诗。通过定义和构建 MVP，最重要的史诗被给予最高的优先级
含义	必须有支持这一战略的治理结构
P#	PR-Process-008
原则	持续规划确保产品待办事项列表是同步的

因素	该战略的实现是由架构方式保证的，通过架构方式使各种产品待办事项列表得到协调。路线图是一个载体，它包含了赋予主题以实质内容的史诗
含义	必须存在一种架构方式
P#	PR-Process-009
原则	基于风险的规划
因素	产品待办事项列表中包含了应对风险的对策
含义	必须进行风险分析

4. 技术

以下是持续规划中识别出来的技术架构原则，见表 1.5.4。

表 1.5.4　技术架构原则

P#	PR-Technology-001
原则	必须进行风险分析。持续规划应该使用有限数量的方法、技术和工具
因素	持续规划必须用有限数量的方法、技术和工具来管理，否则我们将需要花费大量时间学习使用这些方法、技术和工具
含义	组织中的规划方法必须明确无误，规划技术也需要相互兼容
P#	PR-Technology-002
原则	规划对象的统一存储
因素	应该只使用一个工具维护管理规划对象。可以有多个工具存储规划对象，但应只用一个工具进行管理，其余工具只作为一个副本
含义	工具之间需要用通信追踪规划对象的状态，例如 ServiceNow 和 TFS 之间的通信连接

5. 政策

持续规划中所做出的决定也需要保存记录，我们称其为政策，见表 1.5.5。

表 1.5.5　持续规划中的主题与政策

B#	主题	政策
BL-01	规划对象	所使用的规划对象分别是主题、史诗、特性、用户故事和任务
BL-02	主题	主题的范围涵盖一个或多个季度，包括一个以上的史诗
BL-03	史诗	史诗的范围涵盖一个季度，包含一个以上的功能
BL-04	特性	特性的范围包括一个或多个用户故事。特性通过 GWT 的形式描述了实现方案中的行为，其中包含多个用户故事
BL-05	用户故事	用户故事是业务故事或技术故事。业务故事描述要实现的功能。技术故事描述应用的组件或需要搭建的基础设施
BL-06	任务	任务是一个不超过一天的规划对象，它为业务故事或技术故事提供实质性的内容

二、架构模型

本部分使用了三种用于持续规划的架构模型：价值路线图模型、持续规划模型和规划设计模型。

1. 价值路线图模型

图 1.5.1 展示了价值路线图模型。

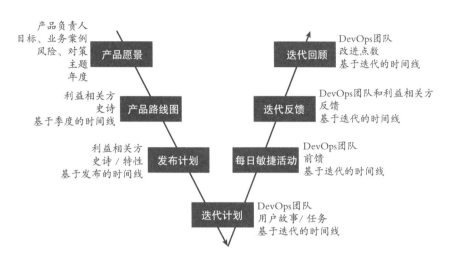

图 1.5.1　价值路线图模型

（1）产品愿景

该模型表明，敏捷项目应该以创造愿景为起点。愿景基于企业架构及其定义的产品组合。产品愿景包括愿景陈述和业务案例。业务案例基于风险分析，并包含针对风险的应对措施。

（2）产品路线图

分析出产品的利益相关方，并与利益相关方一起编写产品路线图。此路线图包括每个利益相关方在每季度中要完成的史诗。因此，对于每一个史诗，都有一个利益相关方作为所有者。

（3）发布规划

发布规划来自路线图，包括迭代计划中涵盖的史诗和功能，这些将在每个迭代中进行细化。

（4）迭代计划

迭代计划和敏捷流程规划一致，适用于价值路线图中的后续步骤。如果你听说过TMAP 中的 V 型模型，那你需要注意它不是一个 V 型模型，模型左侧和右侧之间的步骤没有任何关系。

2. 持续规划模型

图 1.5.2 展示了持续规划模型。

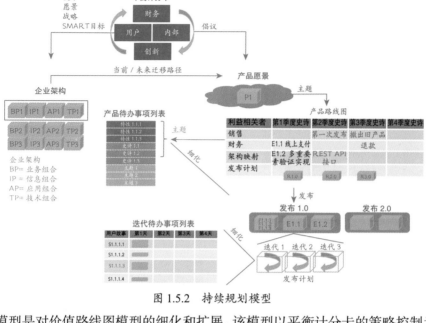

图 1.5.2　持续规划模型

该模型是对价值路线图模型的细化和扩展。该模型以平衡计分卡的策略控制为起点，平衡计分卡基于使命、愿景、战略和 SMART 目标。企业架构决定在业务、信息、应用和技术领域需要做出哪些改变才能实现这一战略。因此，架构原则和模型为产品愿景的发展指明了方向。这可创建防止在核心价值流或赋能价值流中造成瓶颈的解决方案。此转换必须是敏捷的，不能造成浪费。这就是为什么架构师和 DevOps 工程师之间的协作对于战略和 SMART 目标向领域内变化的转换很重要。接下来的步骤类似于价值路线图。

3. 规划设计模型

图 1.5.3 包含了产品待办事项列表的规划对象，即主题、史诗、特性和用户故事。对于每个规划对象，模型都呈现了与之相关的设计对象。这清楚地表明，*Best 2022CN*中描述的持续设计交付物与规划对象相符，因此被用作每一规划级别的必备条件。

4. 主题

主题在创造产品愿景的过程中被定义。确定系统上下文内容之后，可以按照价值流来确定产品的范围。对于每个核心价值流，模型都可以通过绘制价值流画布来了解在核心价值流中存在哪些边界和限制。

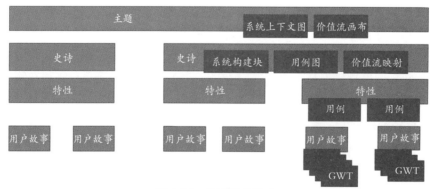

图 1.5.3　规划设计模式

D e v O p s 持 续 万 物

第六节 持续规划设计

提要

（1）价值流是使持续规划可视化的良好方式。

（2）最好使用用例图显示角色和用例之间的关系。

（3）用例给出详尽的描述，这些描述可以反映在两个层面上。

一、持续规划价值流

图 1.6.1 展示了持续规划的价值流。

图 1.6.1 持续规划的价值流

二、持续规划用例图

在图 1.6.2 中，持续规划的价值流已转换为用例图。角色、制品和存储已被添加其中。此视图的优点是可以显示更多的详细信息，帮助我们了解流程的进展。

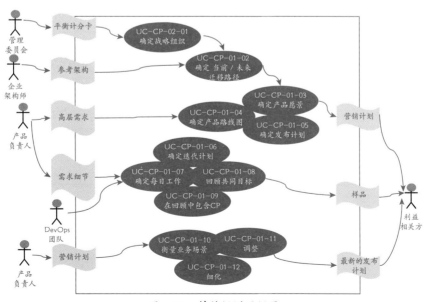

图 1.6.2 持续规划用例图

三、持续规划用例

表 1.6.1 是用例模板。表中左列是属性，中间列指示这一属性是否强制，右列是对属性含义的描述。

表 1.6.1　用例模板

属性	是否强制	描述		
ID	√	<Name>-UC<Nr>		
名称	√	用例的名称		
目标	√	用例的目的		
摘要	√	用例的简要说明		
前提条件		用例执行之前必须满足的条件		
成功时的结果	√	用例执行成功时的结果		
发生故障时的结果		用例未执行成功时的结果		
性能		适用于此用例的性能标准		
频率		以自定义的时间单位表示的用例执行频率		
参与者	√	用例的参与者		
触发条件	√	触发执行用例的事件		
场景（文本）	√	S#	参与者	步骤	描述
		1.	执行此步骤的人员	步骤	执行步骤的简要说明
场景上的偏差		S#	变量	步骤	描述
		1.	步骤的偏差	步骤	场景上的偏差
开放式问题		设计阶段的开放式问题		
规划	√	用例交付的截止日期		
优先级	√	用例的优先级		
超级用例		用例可以形成一个层级结构，在此用例之前执行的用例称为"超级用例"或"底层用例"		
交互		用户交互的描述、图片或设计模型		
关系		流程	……	
		系统构建块	……	
		……	……	

基于此模板，我们可以填写持续规划的用例图的每个用例模板，也可以选择为用例图里的所有用例填写一个模板。此选择取决于我们所期望的描述详细程度。本部分选择在用例图级别只使用一个用例。表 1.6.2 提供了持续规划用例模板的一个例子。

DevOps 持续万物

表 1.6.2 持续规划用例模板

属性	是否强制	描述			
ID	√	UCD-CP-01			
名称	√	UCD 持续规划			
目标	√	此用例的目标是以持续的方式确定更改计划,以便使价值流的目标长期可行			
摘要	√	目标架构是在业务战略和参考架构(当前/未来迁移路径)的基础上制定的。在此基础上提出业务案例的产品愿景。此愿景指导产品路线图,该路线图提供每个季度每个利益相关方的里程碑计划,进而可以制订发布计划,以指导迭代计划。价值流进一步遵循敏捷开发的步骤,以衡量是否满足了业务案例或以调整和细化规划产出为终点			
前提条件	√	需要定义使命、愿景和业务目标的战略			
成功时的结果	√	在成功执行持续规划周期时应有的交付结果如下: • 已定义的战略 • 已定义的产品架构 • 已定义的产品愿景 • 已定义的产品路线图 • 已定义的发布计划			
成功时的结果	√	• 已定义的迭代计划 • 已定义的日常工作 • 已定义的持续规划改进的领域			
发生故障时的结果	√	以下原因可能导致持续规划无法成功完成: • 没有战略,管理层对战略有分歧,或是战略变化太快 • 架构没有在指明方向上起到作用 • 路线图与营销策略不符			
性能	√	这些步骤的性能、战略和架构也是一样。性能以小时和天为周期去思考,而不是周和月			
频率	√	持续规划价值流的步骤有其自身的节奏,并且这些步骤的位置越处于后期,周期时间越长。第一步的周期是每年一次,第七步的周期则是每日一次			
参与者	√	管理层、企业架构师、产品负责人、DevOps 团队和利益相关者			
触发条件	√	待衡量目标的调整或用于实现目标的对象的调整			
场景(文本)	√	S#	参与者	步骤	描述
		1	执行董事会	确定战略组织	管理层在平衡计分卡中填充规定的任务、愿景和目标,在此基础上设计出一种策略来实现目标
		2	企业架构师	确定当前迁移路径	企业架构师是参考架构的负责人,概述未来三个层面的架构,以便将来能够以确定的和可持续的方式设计总结构。产品架构由此推导出来,通常在几天内发生。产品架构只在协作工具中对架构原则和模型进行概要说明
		3	产品负责人	确定产品愿景	产品所有者根据愿景声明和业务案例确定产品愿景。业务案例中包含风险分析,也包含对需要控制的风险的应对措施

属性	是否强制	描述		
场景（文本）		4	产品负责人	路线图	基于产品愿景，产品负责人与利益相关者基于需求（营销计划或内部需求）讨论产品路线图的高层要求。产品路线图包含要实现的功能的史诗，通过每季度的MVP展示
		5	产品负责人	发布计划	发布计划通过将史诗转换为接下来几个迭代的功能，使路线图更为具体
		6	DevOps团队	迭代计划	迭代计划通过敏捷开发实现，包括将功能转换为故事
		7	DevOps团队	日常工作	改进产品待办列表和迭代待办列表是一项持续的活动，可能需要占用团队10%的工作时间。因为迭代计划只包括两天的工作内容（任务），其他几天的任务必须每天拟定
		8	DevOps团队	审查目标	除了展示已实现的增量，还要展示路线图的状态和发布计划
		9	DevOps团队	回顾	在迭代回顾中，团队必须考量是否需要调整持续规划的方式
		10	产品负责人	衡量业务案例	产品负责人必须监测业务案例是不是正面的。或许不同的产品愿景可以产生更多的价值。在这种情况下，当前的路线图和产品待办事项列表可以结束了。它们最多会保持未结束的状态，以供事项完成和管理
		11	产品负责人	调整	当组织环境发生变化，产品负责人必须检查策略、架构、产品愿景等是否仍然有效
		12	DevOps团队	优化	史诗、特性和任务需要定期改进，成为更细致的规划对象
场景上的偏差		S#	变量	步骤	描述
开放式问题					
规划	√				
优先级	√				
超级用例					
交互					
关系					

第七节 持续规划模型

提要

（1）平衡计分卡在 ITIL 4 中作为一种服务价值链模型的形式使用，因此与价值链思维无缝配合。为了在平衡计分卡中可视化这一点，平衡计分卡的 SMART 目标现在已经与组织的价值链关联起来，而且其中的先决条件已被价值链的边界和限制所取代。

（2）规划中的每个层级都需要对更高和更低的规划层级进行一致性检查，以确保规划的一致性并防止出现分歧。

（3）规划中的每个层级都必须保持敏捷，因此需要具有灵活性，但规划中的每个层级也需要以实现战略和基本业务目标为基础。

一、导言

本部分将介绍持续规划模型的每个步骤，包括每个步骤的目的、所应用的模型、示例和最佳实践。作为提示，图 1.7.1 再次给出该模型。

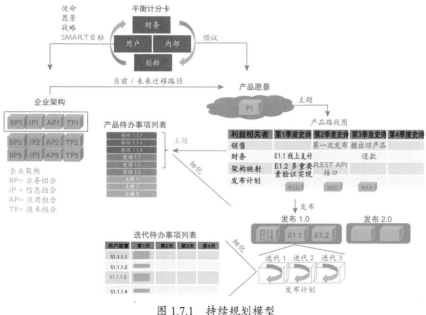

图 1.7.1 持续规划模型

二、平衡计分卡

持续规划的基石是平衡计分卡，如图 1.7.2 所示。平衡计分卡也可以选择不同的战略进行控制。

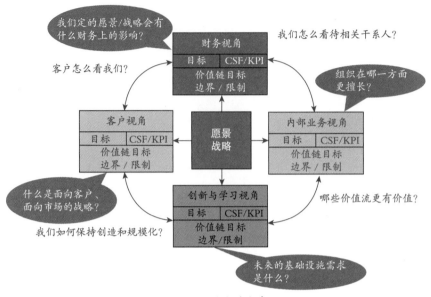

图 1.7.2　平衡计分卡

平衡计分卡的部分在图 1.2.4 的基础上添加了一些参考信息。

（1）SMART 目标已被价值链目标取代。价值链是一系列价值流的集合。因此，业务计分卡显式地控制价值流的聚合级别。CSF/KPI 保持不变，只是现在在价值链层面进行定义。

（2）在这一层级上还需要进行风险分析，以确定应采取哪些对策来控制价值链目标不被实现的风险。

（3）先决条件已被边界和限制所取代。边界和限制两个词来自精益六西格玛（Lean Six Sigma）分析。边界是阻止价值链 / 价值流目标实现的功能限制；限制是阻止价值链 / 价值流目标实现的性能限制。

（4）可以使用价值流画布的方式来决定这两个因素，但这并不排除需要在价值流层面识别边界和限制的必要性。

（5）"擅长哪些业务流程"已被"擅长哪些价值流"取代。

（6）"我们如何继续创造和增长价值"已被"我们如何继续创造和增长产出"取代。

平衡计分卡仅适用于一个价值链。因此，必须像波特的价值链那样，以递归方式来应用平衡计分卡。为此，必须将平衡计分卡从业务平衡计分卡级联到 SVS、DVS 和 ISVS 的平衡计分卡，如图 1.7.3 所示。这意味着我们必须为这些子价值链制定愿景和战略，作为业务平衡计分卡的延伸。这些子价值链的 CSF/KPI 必须与业务的 CSF/KPI 保持一致，这是业务/IT 保持一致的重点，也是产品待办事项列表、产品愿景和产品路线图支持业务的证明。

DevOps 持续万物

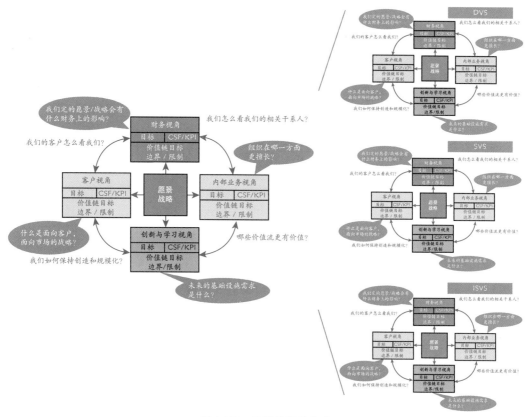

图 1.7.3　级联平衡计分卡

1.定义

平衡计分卡的目标是为组织的高层定义战略控制板，以实现愿景。

2.目标

平衡计分卡的目标是使董事会持续与关于战略的不同看法保持对齐。董事会成员对如何实现愿景往往有不同的看法，其中有很多原因，如经验、参考框架、兴趣等。

3.元素

组织的战略必须切实可行，要做到这一点，就必须确保该战略是具体和可衡量的。平衡计分卡的根基是从四种不同的角度填充四张卡片。以下是对卡片内每个元素的描述。

（1）方向

方向描述了这个角度内强调的内容。例如，财务角度的一个方向或目标是通过降低价值链的成本来增加利润。

（2）价值链目标

价值链目标指明对组成价值链的一组相关价值流的绩效预期。例如，通过在零售细分市场销售产品，在一年内使价值链产生的营业额增加 5%。

（3）CSF/KPI

CSF 是风险的有效对策，必须具有可测量性。例如，CSF 回购对于销售不足的风险非常重要，而一个基于标准的 KPI 可以是"20% 的销售额来自现有客户"。

（4）边界和限制

这些举措是确保实现价值链目标的措施，措施可以是解决瓶颈（限制）或区分产品范围，从而触及更广泛的目标群体（界限）。这些措施是一次性的，通过变更请求或项目得到实施。但是，由于价值链总会出现瓶颈，因此必须循环重复，进行边界和限制分析。

与服务组织实现业务一致性的最终方法是与用户一起调研如何通过服务为每个角度提供支持。因此，服务层面的经理可以使用平衡计分卡作为 SLA 规范的基础。例如，SLA 中可以包含来自用户计分卡中的 CSF/KPI。因此，服务层面的经理必须了解业务目标，并与用户讨论这些目标，以便根据这些目标设定 SLA 规范。

4. 示例

图 1.7.4 是一家电子产品制造公司平衡计分卡的示例。计分卡的方向（目标）是一致的，KSF 和相关的 KPI 和规范也是如此。平衡计分卡中包含的 CSF 构成一个层次结构，可以从中识别根源和效果之间的关系。例如，根据愿景，创新的目的是使产品具有可持续性。这种创新导致回购次数的增加。通过从内部价值流（内部角度）得出质量改进需求，改进了 TTM，从而促成了更高的用户满意度（用户角度）。由于回购次数和用户满意度的提高，用户忠诚度有所提高，营业额也会有所增加。两种措施都可以实现预期的利润增长。

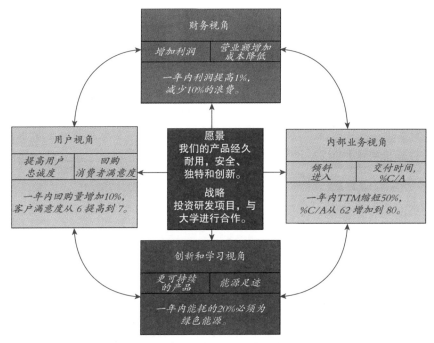

图 1.7.4 已完成的平衡计分卡示例

图 1.7.5 是一个简单的运营模型，可以让控制平衡计分卡具有可操作性。模型中的任务、愿景、战略和价值链目标是相同的。另外，价值链将被分解为一些价值流，这些

价值流被用于实现战略，进而实现价值链总目标。

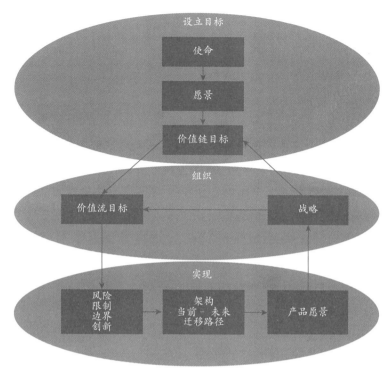

图 1.7.5　运营模型

只有在以下条件下才能实现价值流目标。

（1）目标没有实现的风险通过控制方式管理起来，进而制定对策，以减轻或消除这些风险，或接受这些风险。

（2）利用价值流画布的方式明确价值流最重要的性能瓶颈（限制）。如果这一瓶颈阻碍了价值流目标的实现，则必须找到解决方案来消除性能瓶颈。

（3）通过价值流画布的方式明确价值流的限制（边界），然后在价值流中进行功能性调整，以便能够处理更多不同的输入信息。

（4）过时的技术没有妨碍目标的实现，因此需要进行服务创新。

这四个先决条件需要我们从架构的角度去研究，以便找到一个解决办法。架构将指示当前的情况、所需的情况以及实现方式。

5. 最佳实践

在 21 世纪第一个十年中，对荷兰 150 名 ICT 经理的调查显示，超过 2/3 的经理仅从该组织的顶层获得财务指导。平衡计分卡中也不是四个方面，仅有财务这一个方面。在 21 世纪第二个十年，情况类似第一个十年，这可能是多种因素引起的，比如，高级管理层对财务以外的事项不感兴趣，以及服务组织不确定能在多大程度上可以向其他角度报告正在发生的事情。但 1/3 的组织表示，它们不仅仅关注财务。它们指出，平衡计分卡是级联的，其内容被用于 SLA 中。随着 ITIL 4 的到来，其结果至关重要，业务改进又有了希望——IT 一致性。

三、企业架构

1. 定义

企业架构以原则和模型为基础，给出了组织实现业务目标的方向。这里的"企业"一词是指通过原则和模式来制定方向的各种角度，即业务、信息和技术角度，其中技术角度包括应用和基础设施。最广义的企业架构还包括服务管理架构和安全架构。

2. 目标

企业架构的目标是确保业务目标的实现，为此，企业需要创建架构角度的原则和模型来决定当前的情况（IST）、理想的情况（SOLL）以及迁移路径是什么。这似乎非常复杂和困难，但可以以敏捷的方式设计敏捷的启动架构，使其随着开发增长渐渐成为完善的架构。只有在复杂的链式信息系统中，更少的新兴架构和更多的前置（在开发之前）架构才是更好的选择。

3. 示例

图 1.7.6 展示了一个企业架构模型的示例。顶部是由企业为终端用户提供的业务服务。业务以核心价值流或业务流程为代表。业务执行核心价值流的步骤体现在信息流中。ICT 服务支持核心价值流。这些服务由执行服务赋能的服务组织交付。ICT 服务基于应用和基础设施组件构建。服务组织使用通信工具、程序、文档、硬件和软件去实现这些赋能价值流。此架构图包含许多用于确保构造正确性和一致性的架构原则。

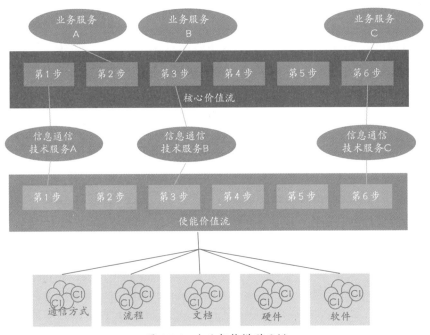

图 1.7.6 企业架构模型示例

4. 最佳实践

设计企业架构的最佳实践是使用构建块，构建块用在简单的图表中，以表示复杂的系统，是信息、应用和基础设施的分类模型。每个应用都有自己的板块。这样复杂的应用可以被归为构建块，并且这些构建块可以用于实现许多目的，例如：

- 在新版本中将变化的构建块分类，以便进行影响分析；
- 将具有风险的构建块分类，以支持风险分析会议；
- 需求、测试用例、软件配置等的分类；
- 确定哪些构建块引发了最多的事故；
- 确定测试用例的覆盖率；
- 确定哪些构建块导致了最大的 LT、PT 或 %C/A。

图 1.7.7 展示了系统构建块（SBB）示意图的基本模板。

（1）SBB 类型

SBB 有三种类型：信息（SBB-I）、应用（SBB-A）和技术（SBB-T），表示为"{I，A，T}"。

（2）SBB 名称

SBB 示意图具有唯一的名称，它可以是信息系统、应用或服务的名称。

（3）SBB 层级

默认情况下，SBB 示意图中有七个层级。这些层级具有唯一的名称，每个 SBB 种类的层级名称不同。

（4）SBB 构建块

每个 SBB 层级最多有 10 个构建块。每个层级都有不同的数目。

图 1.7.7 系统构建块模版

图 1.7.8 展示了咖啡服务 SBB-I 板块的示例。

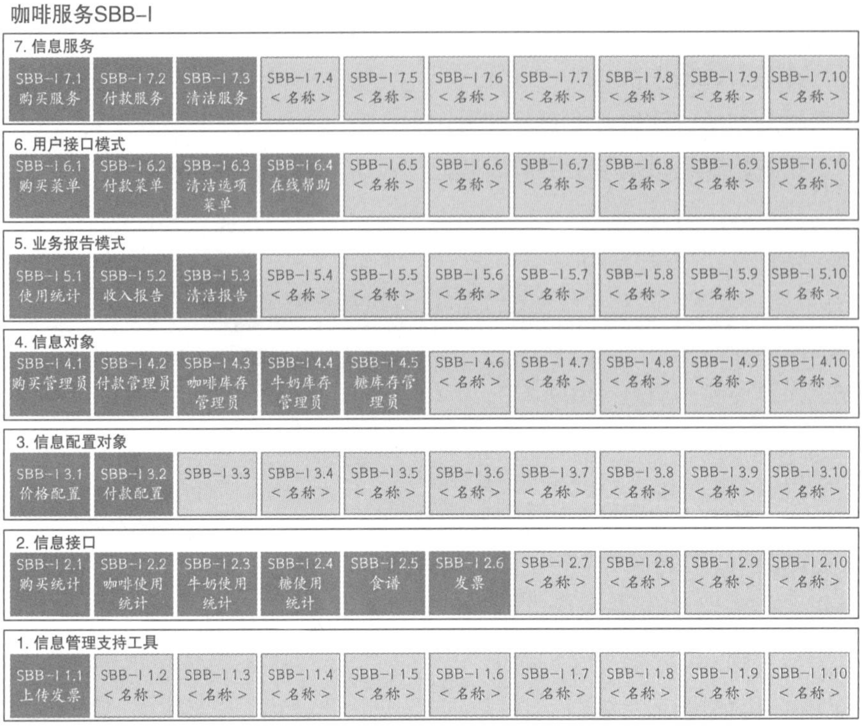

咖啡服务SBB-I

图 1.7.8　咖啡服务 SBB-I 板块示例

四、产品愿景

如果有新的产品、服务或者对产品或服务进行大规模调整的需要，那么应该先制定产品愿景。在图 1.5.1 中，产品愿景被标记为敏捷项目的起点。在图 1.7.5 中，产品愿景是运营模型中的最后一步。

1. 定义

产品愿景包括在项目基础上进行变更的业务案例的定义，包括风险分析和愿景声明。首先，识别从变更中受益的利益相关方，使他们参与交付产品愿景的决策。这些利益相关方在敏捷项目的进行过程中也要参与进来。

2. 目标

产品愿景的目标是澄清变更实现带来的附加值和风险，业务案例必须把风险考虑进去。

3. 示例

Layton2017 给出的一个愿景声明的例子如下。

为了（For）：×××（目标用户）。

谁（Who）：×××（需求）。

产品（The）：×××（产品名称）。

是一个（Is a）：×××（产品类别）。

是（That）：×××（产品优势、购买理由）。

不像（Unlike）：×××（竞争对手）。

我们的产品（Our product）：×××（差异化/价值主张）。

在举产品愿景的例子之前，需要简要表述一下案例。此案例涉及一家文档和书籍翻译公司。公司的目标是提高销售额，实现其目标的战略是在大客户中获得更大的市场份额。只有缩短翻译交付时间，才有可能做到这一点。为此，"翻译内容"这一价值流的目标已得到加强，交付时间必须缩短 9/10。通过对该价值流的分析，发现瓶颈是内容的上传时间。内容上传不能并行加载，并且需要手动操作。企业架构师制作了一个草图来提炼当前和未来的情况，并为并行内容上传创建自助服务的迁移路径。此更改涉及 PAAS 配置和处理内容的应用模块在云上的更改。此创新的产品愿景声明如下。

主题：加快内容翻译的交付时间。

为了：个人和公司。

谁：需要大量内容翻译的群体。

产品：内容翻译服务。

是一个：翻译服务。

是：使快速翻译内容成为可能。

不像：我们的竞争对手。

我们的产品：我们的产品能够并行加载许多内容文件，这会使我们的交付速度比竞争对手快很多倍。

4. 最佳实践

产品愿景最佳实践是将变更视为一个主题。主题是敏捷开发世界中存在的最大规划对象。一个具有战略性的委员会必须分析哪些主题在一年内最为重要。这是在敏捷项目组合分析的基础上确定的，在该分析中，项目之间进行相互比较。奥尔苏（Oirsouw）计分卡是一个示例。在此计分卡中，项目用积极和消极贡献进行评估。表 1.7.1 列出了奥尔苏计分卡的指标。

表 1.7.1 奥尔苏计分卡的指标

指标	+/-	类别	定义
价值			
ROI	+	投资回报率	投资回报率：收益率/投资率 ×100%
SM	+	战略匹配	战略匹配：项目与战略政策相关的程度
CA	+	竞争优势	竞争优势：项目有助于组织战略实现的程度。 此指标对政府机构并不重要。此指标应该回答的问题是"这个项目的执行结果对打败竞争对手会有多大好处？"
CR	+	竞争响应	竞争响应：项目失败导致竞争落后的程度。 在不输于竞争的情况下，投资可以延期多久？

指标	+/-	类别	定义
MI	+	管理信息	管理信息：信息生产或决定组织的主要流程和核心活动的程度。流程必须易于管理。信息规划项目是一个例子
			本指标为项目设定的要求是，所提供的信息应在战略、战术和运营层面提供指导选择
风险			
POR	-	项目或组织风险	项目或组织风险：组织能够承担变更，准备好迎接变更的程度。例如，风险在于项目的规模，即所涉业务流程、部门和雇员的规模。但是，管理承诺和良好的项目管理等也是本指标可以包含的方面
SA	+	战略性信息系统架构	战略性信息系统架构：提议的信息系统与该组织广泛使用的信息系统战略的对应程度。该项目是否符合既定的信息系统战略（预期的信息系统和系统组合/信息规划）？
DU	-	定义的不确定度	定义的不确定度：需要交付的信息系统的定义在多大程度上是固定信息规划和信息分析很好地解决了这些问题。本指标对项目目标的定义提出了很高的要求
TU	-	技术的不确定度	技术的不确定性：在技术条件满足成功完成项目的情况下，相应的技能达到什么程度？
IR	-	基础设施风险	基础设施风险：组织需要在组织领域为执行该项目创造条件的程度。本指标使对管理组织的影响可度量

许多组织发现很难确定项目的优先级，更不用说根据业务目标排序了。我们可以考虑使用奥尔苏计分卡的一种替代方案，见表 1.7.2。

表 1.7.2　奥尔苏计分卡替代方案

序号	替代方案	缺点
1	先到先得	• 错失商机的可能 • 弱化竞争时机 • 弱化竞争地位
2	最多和最好的资源给喊得最大声的人	政治权力的展示可能会误导管理层。最大的鼓动者也是最有战略意义的吗？
3	不定时将所有的项目停止，任何必须发生的事情都会发生	• 对有意义但没有立即产生利润的项目的撤资 • 短期增益，长期损耗
4	以委派改变管理	当变更管理流程的 CAB 由运营经理组成，可能会产生投资不足的问题。奥尔苏计分卡是公司高级管理层的工具，例如董事会成员
5	向用户委派、拨出预算，让他们决定	• 项目互相依赖 • 项目跨越多个部门 • 业务流程利益无须直接与商业利益相关联（相比级联 BSC）

DevOps 持续万物

从表 1.7.2 中我们可以清楚地看出，每个替代方案都有明显的缺点，不适用于奥尔苏计分卡。毕竟，这个计分卡的性能指标支持平衡计分卡的所有角度，并侧重于会在未来对四个角度产生影响的因素。因此，平衡计分卡和奥尔苏计分卡相互强化。表 1.7.3 提供了一个对奥尔苏计分卡的指标解释。

表 1.7.3　奥尔苏计分卡的指标解释

指标	条件	估值
价值		
ROI	•项目的效益必须用货币术语表示。不过，ITIL 3 除了 ROI，也认可投资价值（VOI） •并非所有利益都是直接的财务利益。间接利益也应该被考虑在内，但必须是可以衡量的	投资回收期的计算依据是： • ROI= 投资回报率 • PV= 当前价值 • ECR= 预期现金回报率 • IIR= 内部利率 • VOI= 投资价值 • VOI 是 Gartner 引入的，因为 PRI 中不包含"无形"的好处。ROI 是 VOI 的一部分
SM	•战略政策声明 •良好的组织目标定义 •项目目标必须明确	通过支持战略政策的达成，为组织增加价值的项目将获得最高的成绩
CA	•组织的流程说明 •ICT 对支持业务流程的说明	项目是在生产过程改进的基础上评分的，以便获得竞争优势，得到跟踪投资的项目能获得最高分数
CR	•必须有竞争压力 •必须在竞争者中处于有利位置 •项目的时间线必须易于估算	每个项目需要考量在竞争对手也意识到项目带来的优势之前领先多长时间
MI	•组织必须努力实现可衡量的目标 •项目必须有助于提供信息，以便指导目标实现	有助于提供对目标的衡量手段的项目得分最高，分为战略、战术和运营目标
POR	•清晰描述业务流程 •必须了解每个业务流程的人数 •必须了解哪些业务流程、哪些员工属于项目范围，以及他们的影响有哪些 •必须了解每个项目的员工和经理人数	•决定此类别的因素是项目的规模和复杂度 •规模：以参与、决策、咨询的形式参加项目的人数 •复杂度：包含的业务流程活动数量、实体数量
SA	•必须定义描述组织级架构原则和模型的参考架构 •必须为每个要被评分的项目编写项目启动架构（PSA），其中描述与参考架构间的偏差	•偏离架构原则和架构模型的数目导致分数的损失 •此信息系统与其他信息系统之间的大量联系也是一种风险。联系的增加意味着项目得分的降低
DU	•项目交付成果的定义 •项目定义 •功能设计 •实体关系图 •业务规则	不确定性的定义随分析的数量增加而减少，例如流程分析、功能分析和数据分析。这种分析的缺失就是项目评分的风险之一

指标	条件	估值
TU	·服务组合 ·应用产品组合 ·基础设施组合 ·描述每个服务或产品的可用能力的知识管理系统	缺乏服务、应用和基础设施能力是包含在本指标中的风险
IR	·和信息系统相关的管理功能的定义 ·信息系统建模方法	·信息系统无法连接到标准管理功能是一个评分的风险 ·不使用商定的建模方法会降低可管理性，对项目而言也是一个风险

表 1.7.4 展示了平衡计分卡与奥尔苏计分卡之间的关系。

表 1.7.4　BSC—战略性项目管理绩效指标

对比项	编号	奥尔苏计分卡绩效指标	BSC 视角			
			用户	财务	内部	创新
收益	ROI	投资回报率	否	是	否	否
	SM	战略匹配	是	否	是	是
	CA	竞争优势	是	否	是	是
	CR	竞争响应	是	否	是	是
	MI	管理信息	否	否	是	否
	POR	项目或组织风险	否	否	是	否
	SA	战略性信息系统架构	否	否	是	否
收益	DU	定义的不确定度	否	否	是	否
	TU	技术的不确定度	否	否	是	否
	IR	基础设施风险	否	否	是	否

　　表 1.7.5 给出了奥尔苏计分卡的五个项目间进行比较的示例。对于每个绩效指标，都基于一个特定公式计算得分（S）。权重因子（F）也基于战略进行了选择，最后对每个绩效指标计算出价值（W）。如果绩效指标为负值，例如定义有不确定性，则权重因子为负值。这些数值的总和在最后一列。此表说明项目 P5 的贡献最大，P4 的贡献最小。

D e v O p s 持 续 万 物

表 1.7.5　奥尔苏计分卡的应用示例

	ROI			SM			CA			CR			MI			POR			SA			DU			TU			IR			总和
	S	F	W	S	F	W	S	F	W	S	F	W	S	F	W	S	F	W	S	F	W	S	F	W	S	F	W	S	F	W	
P1	1	1	1	3	1	3	5	1	5	2	1	2	5	1	5	1	1	1	5	1	5	5	1	5	4	1	4	5	1	5	6
P2	1	1	1	4	1	4	4	1	4	4	1	4	4	1	4	1	1	1	3	1	3	5	1	5	3	1	3	2	1	2	9
P3	2	1	2	5	1	5	5	1	5	0	1	0	5	1	5	0	1	0	3	1	3	3	1	3	3	1	3	4	1	4	10
P4	5	1	5	0	1	0	0	1	0	3	1	3	0	1	0	5	1	5	0	1	0	3	1	3	3	1	3	2	1	2	-5
P5	4	1	4	4	1	4	4	1	4	3	1	3	4	1	4	0	1	0	3	1	3	2	1	2	3	1	3	4	1	4	13

五、路线图

从产品愿景到发布规划的转换需要路线图的帮助。

1. 定义

路线图是对产品愿景的利益相关者已经命名和批准的大量功能进行的季度规划，从主题到史诗层面对产品愿景进行细化。

2. 目标

路线图必须向业务提供一个以一个季度为最大时限的时间段里的史诗规模的可交付的功能的预测，由此决定并商定实现的优先级。

3. 示例

表 1.7.6 是一个路线图的示例。第七节"产品愿景"中定义的主题"加速内容翻译的交付时间"在这里被细化为前两个季度的史诗，为每个利益相关方指明了必须交付的MVP。

表 1.7.6　路线图示例

利益相关者	Q1 MVP	Q2 MVP	Q3 MVP	Q4 MVP
市场营销	样品	启动	—	—
开发	为并行加载功能创建构架	调整 PAAS 配置	—	—
财务	定制支付系统	调整费用结构	—	—

4. 最佳实践

一个史诗的重点报告可以用来计划 MVP。它是一个定义了史诗的价值创造的简单表格，见表 1.7.7。

表 1.7.7　史诗重点报告模板

主题	主题名称
史诗名称	史诗负责人：通常是产品负责人
史诗描述： • 一些描述史诗的要点，比如列举出史诗的特征 • 提供 RAG（红色、琥珀色、绿色）编码可以指示需要多少工作量实现史诗	范围： • 包含客户、用户和赞助商等参与本次 MVP 的利益相关者 • 指出此 MVP 需要哪些价值流 • 明确哪些方面不在此 MVP 的范围内
业务假设：指出价值流的预期成果改进是什么	主要指标： • 哪些 KPI 可用于衡量改进的结果 • 这是为了在数据的基础上估算优势。保持优势是一种期望，而不是一种保证或承诺
非功能需求：适用哪些质量标准，如可用性百分比、CIA 评级、以及性能和精益指标，如 LT、PT 和 %C/A 等	风险：未（完全/正确地）实现本史诗可能会带来哪些风险？
验收标准：可用于衡量史诗实现的有效性的功能性验收标准列表	应对风险的对策：消除或降低风险的可能对策是什么？
参与的用户和品牌：指出引入本史诗将给哪一方带来利益或不利	

六、产品待办事项列表

产品的待办事项列表是以来自产品愿景的主题和路线图确定的史诗为基础的。

1. 定义

产品待办事项列表是构成一个或多个敏捷团队工作量并由产品负责人分配的有序规划对象列表。

2. 目标

如果要使完成的工作可视化，那么产品待办事项列表是一种实现可视化的极佳方法。

3. 示例

许多管理产品待办事项列表的工具有非常丰富的用户交互，所有工具都使用了一组规划对象进行一对多的相互关联。每个规划对象都有元数据去具体描述规划对象是什么。常用的是下列元数据：

- 对象名称
- 对象类型
- 负责人对象
- 故事点
- 状态
- 相关迭代

- 子对象
- 分配给谁
- 与储存库对象的关系
- 与设计对象的关系
- 与一个或多个构建块的关系

4. 最佳实践

（1）内容

产品待办事项列表包含下列对象：

- 主题
- 史诗
- 特性
- 故事
- 事件
- 例行工作

主题是时限为一年的规划对象，被划分为实现时长为一个季度的史诗。特性是需要更多迭代才能实现的功能，也有些组织使用实现时间不会超过一个迭代的较小特性。因此，特性的大小可以选择。故事是在迭代计划中排在迭代待办事项列表里最高优先级的最小对象。事件通常不在产品待办事项列表里，而是位于服务台工具中，该工具和 DevOps 工程师用于规划的工具连接到一起（例如 Jira）。最后，例行工作是应 DevOps 工程师的要求需要改进的对象，主要是为了提高生产过程的有效性和效率。

（2）优先级

顺序通常基于产品负责人制定的功能优先级以及需要达到的质量来确定。优先级通常基于指示只涉及业务价值的价值相对权重的故事点来确定，还可能基于公式，该公式使用指示功能和质量实现重要性的技术故事点。在后一种情况下，优先级取决于最高业务价值故事点和最低技术故事点。

七、发布计划

根据产品待办事项列表和路线图，我们可以了解未来要向用户交付的产品，并记录在发布计划中。

1. 定义

发布计划是对将要交付或修改的新服务或产品的预测。

2. 目标

发布计划的目标是让业务了解要交付的功能和质量的成果目标。

3. 示例

图 1.7.9 再次展示了持续规划的概貌，以发布计划为重点。据此，发布计划以迭代

的形式展现,其中包含准备发布的路线图要素。迭代的内容产生于已确定要发布的产品或服务。发布内容由路线图和产品待办事项列表这两个来源确定。理想情况下,版本规划与路线图的 MVP 规划并行。两者之间是否为一对一的关系由包含史诗和功能实际状态的产品待办事项列表决定。

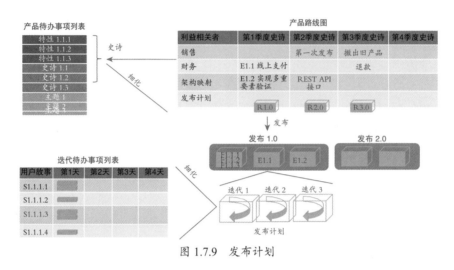

图 1.7.9　发布计划

4. 最佳实践

发布计划的一个重要环节是部署计划。与发布计划不同,部署计划并非旨在向用户发布功能,而是在不发布的情况下指出哪一部分现成的产品已经投入生产,使更多的团队具有相同的部署节奏,以协调测试时刻、测试数据等事项。

八、迭代计划

迭代计划是持续规划的最后一步。迭代待办事项列表的内容来自产品待办事项列表,开发团队用于决定每日的工作。

1. 定义

迭代计划是一个敏捷开发的事件,它确定新迭代的工作量。

2. 目标

迭代计划的目标是定义产品需要实现的新增量,包括以下四方面。

- 要达到的迭代目标
- 从产品待办事项列表中选出的故事和功能
- 此增量必须满足的验收标准
- 未来两天的任务清单

3. 示例

表 1.7.8 给出了包含迭代计划的看板示例。看板展示出迭代编号和迭代目标。迭代待办事项列表在左边显示。理想情况下,在一段时间内,所有人都在一起处理同一个故事,这种方式称为"单件流"。

表 1.7.8　迭代计划的看板示例

团队 A 迭代待办事项列表 迭代 35 迭代目标：实现内容上传功能			
迭代待办事项列表	**待办**	**进行中**	**完成**
故事 1	任务 3	任务 2	任务 1
故事 2			
故事 3			
故事 4			

迭代待办事项列表和产品待办事项列表每天都是改进的。因此，任务不是在迭代计划中为整个迭代创建的。经验丰富的敏捷团队会忽略重复的任务。

下列元数据通常用于故事和任务：

- 对象名称
- 对象类型
- 负责人对象
- 计划日
- 状态
- 相关迭代
- 父对象（故事或功能）
- 子对象（任务）
- 分配人员
- 与储存库对象的关系

4. 最佳实践

（1）规划

为一个月（约四周）的迭代做迭代计划需要花费一天的时间。时间段随迭代长短发生变化。因此对于为期两周的迭代，迭代计划只需要半天。

迭代计划分为上午计划和下午计划两部分。在上午，从产品待办事项列表中检索出一组需要实现的规划对象。产品负责人在此指明优先级，他可能需要将较大的对象细化为较小的对象，例如，史诗可能需要细化为特性，特性可能需要将特征细化为故事。这一过程被称为"细化"。但是，敏捷开发事件不会仅专注于细化。细化是每天进行的持续活动。如果一切顺利，在迭代待办事项列表中选择细化对象不会耗费太多时间。然后，基于选定的一组对象，迭代目标会被定义出来，并被写在迭代计划板上（通常是看板）。

重要的是，开发团队自己决定下一个迭代计划的最大工作量，而不是被强制的。为此，开发团队（不包括产品负责人和敏捷教练）使用一个产能计量，称为"速率"。速率表示团队可以处理的内容，这可以用合适的小时或故事点来衡量。开发团队不应承诺超过 80% 的速率。

新的开发团队在第一个迭代应该只承担不超过预期速率的40%，在第二个迭代达到60%，在第三个迭代达到80%。一开始降低速率是有必要的，因为在一个刚启动的团队里，每个人都必须先熟悉彼此，并确定工作方式。

在挑选和确定目标结束后，产品待办事项列表里的对象在下午被细化为将在随后两天内执行的任务。故事的验收标准也在此定义，这是产品负责人的任务。验收标准在迭代中被用作对工作成果的验收。因此，这不是迭代回顾会议上的活动。

（2）定义完成

对所实现的产品和服务的验收是基于产品负责人的验收标准进行的。此外，迭代计划必须把定义完成（DoD）中设定的要求考虑在内。定义完成由四个部分组成，如图1.7.10所示。

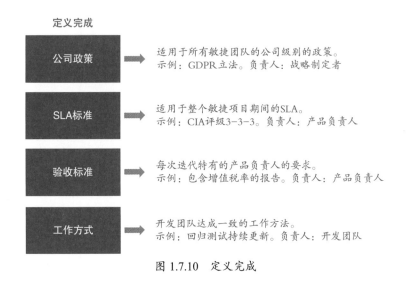

图 1.7.10　定义完成

例如，在定义完成的SLA标准部分中，如果某些调整需要进行性能压力测试，则必须为此规划时间，以迭代中能够包含的内容为代价。

一次迭代通常为期两周，性能压力测试可能需要3天，相当于速率的30%。在决定迭代计划的内容时，定义完成的其他部分也必须以类似的方式被包含在内。

第二章
持 续 设 计

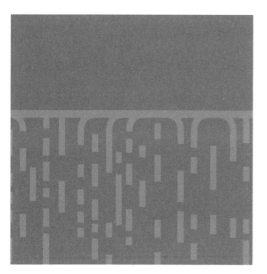

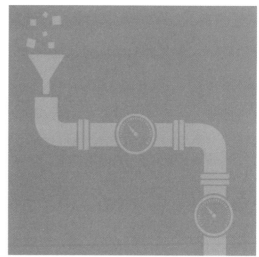

第一节　持续设计简介

阅读指南

本节介绍持续设计的目标、定位和结构。

一、目标

本节的目标是提供持续设计的基本知识以及应用"持续万物"的技巧。

二、定位

持续设计是"持续万物"概念中的一个方面。持续设计是一种敏捷的信息系统设计方式，它能在正确的时间定义信息系统的行为、功能和质量。DevOps Lemniscate 八字环的所有方面都与持续设计有直接或间接的关系，因为它是整体设计的。这意味着持续设计既与信息系统（技术）和生产过程（流程）有关，也与知识和技能（人）有关。因此，持续设计给出了一种新的 PPT 设计。

近年来，许多组织质疑信息系统的设计。将信息系统的信息捆绑起来并让所有利益相关者参与进来的传统做法被敏捷的工作方式和三人组开发策略视为已经过时的理念。这个策略意味着要从业务、开发和测试三个方面提前考虑一个要构建的增量。这样就能更好地解决"怎么做"和"做什么"的问题，并就这个增量"完成"的定义达成共识。但是，这忽略了设计的另一个经典原则，即设计旨在进行知识传递、支持服务管理以及遵守法律法规。

从服务管理的角度来看，DevOps 在世界内的发展是非常重要的且值得关注的。有的组织需要大量设计工作的瀑布式项目。但也有组织认为，仅使用用户故事并不是最佳解决方案，某种形式的设计确实是必要的。因此，系统开发的世界再次进入平衡状态。

当然，问题是，所有类型的信息系统是否都应该采用同样的工作结构。随着 Gartner BI 模型的到来，必须明确区分 SoR 和 SoE 这两种信息系统。除了 SoE 之外，现在人们还谈论智能系统（SoI）。图 2.1.1 提供了三种信息系统（SoR、SoE 和 SoI）之间的关系概况。

（1）SoR

SoR 是后台办公室的信息系统，完成财务、物流、库存和 HRM 任务。这些系统由政府监管，必须满足多种法律和监管要求，例如税务机关、荷兰银行（DNB）和荷兰金融市场管理局（AFM）的要求。此外，《萨班斯·奥克斯利法案》和《通用数据保护条例（GDPR）》也是证明信息系统设计合法化的依据。财务信息系统还必须符合会计的一般信息技术控制（GITC），以便在年度账户获得签名。这意味着，除了其他事项外，还需要设计表明财务数据如何生成，以及不同信息系统的接口是什么。一般而言，这些信息系统是信息系统链的一部分。因为这些系统需要一个深思熟虑的方法，因此需要一个设计。

（2）SoE

SoE 旨在为消费者提供销售渠道，尤其是网络商店和智能手机的应用。这些应用程序很容易提供新发布、版本和补丁。这些信息系统通常不是产业链的组成部分，而是产业链的终点。

这些通常也是关于敏捷和 DevOps 出版物中的例子。对于这些信息系统而言，显然事先经过考虑的设计（前置设计）是不太必要的，通常它们可以用一个成长中的设计（新兴设计）来满足需求。对这些 SoE 而言，拥有更多的用户故事确实是有用的。更重要的是，用户故事通常放在迭代的待办列表中，并在迭代完成后归档。而且，单个用户故事并不能形成对信息系统的可访问描述。因此仍然需要一种设计，帮助提供对信息系统的功能、质量和操作的概述和洞见。

（3）智能系统

此外，还有商业智能（BI）解决方案，具体指报告、数据分析工具等。适用于 SoE 的也同样适用于 SoR，但是更容易被修改。

图 2.1.1　SoR、SoE 和 SoI（来自结果公司 HSO）

（4）持续设计的必要性

为了获得和保持对信息系统的概述和洞见，我们需要的不仅仅是一套用户故事，而是要对 SoR、SoE 和 SoI 进行持续设计。否则，它们就无法及时且正确地认识到适应和扩展信息系统的风险和影响。

然而，必须防止设计破坏生产过程的敏捷性。这意味着设计必须是增量设计和迭代设计（持续设计），必须事先定义设计的程度，从大量的 SoR 转移到更少的 SoE，以及几乎没有的 SoI。但有了 SoR，设计可以分为更前置（提前）和新兴（迭代）定义的层级。为了解释这一点，本书首先讨论将持续设计划分为若干层级（视角）的持续设计金字塔，然后详细地解释每个视角。

三、结构

本章包括六个塑造持续设计的视角。在讨论之前，首先阐述了持续设计的定义、锚定和架构等。

1. 基本概念和基本术语

本部分讨论了基本概念和基本术语。

2. 持续设计定义

有一个关于持续设计的共同定义是很重要的。因此，本部分界定了这个概念，并讨论了信息系统设计不当产生的问题和可能出现问题的原因。

3. 持续设计基石

本部分讨论如何通过变更模式来确定持续设计。

主要回答以下问题：

（1）持续设计的愿景是什么（愿景）？

（2）职责和权限是什么（权力）？

（3）如何应用持续设计（组织）？

（4）需要哪些人员和资源（资源）？

4. 持续设计架构

本部分介绍持续设计的架构原则和架构模型。其中，架构模型涉及持续设计金字塔模型和持续设计规划模型。

5. 持续设计的设计

持续设计的设计定义了持续设计价值流和用例图。

6. 业务视图

业务视图包括基于系统上下文图和价值流画布模型的业务流程说明。

7. 解决方案视图

解决方案视图包括对信息系统的概要描述以及信息系统与业务流程和利益相关者是如何关联的。为此，本部分使用了三个模型，即用例图、系统构建块和价值流映射。

8. 设计视图

设计视图基于用例。

9. 需求视图

需求视图使用行为驱动开发（BDD）方法来描述信息系统的行为。

10. 测试视图

测试视图是持续设计的一部分，因为在这个层面上，技术规格是在单元测试用例层面上确定，使用测试驱动开发（TDD）。

11. 编码视图

编码视图也是持续设计的一部分，在这个级别上决定了如何对技术需求（单元测试用例）进行编程。基于源代码以及部署流水线的所有其他交付物，诸如基础设施即代码、测试用例、部署脚本、日志文件等，都可以使用专用的工具生成应用设计。这意味着文档是被持续创建和维护的，所以也称为"持续文档化"。

12. Assuritas 中的持续设计

本部分以 Assuritas 为例，讲解持续设计的应用。

第二节　基本概念和基本术语

提要

（1）持续设计由抽象性不同的层次组成。

（2）通过使用分层持续设计，可以实现细节上的差异。

（3）持续设计中的层结构可用于划分持续设计的所有权。

一、基本概念

本部分介绍与持续设计相关的基本概念，即持续设计金字塔和非持续设计金字塔。

1. 持续设计金字塔

这本书从六个视角强调了持续设计的概念，见图 2.2.1。

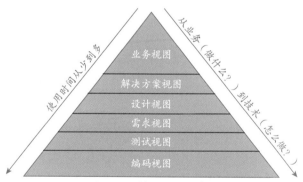

图 2.2.1　持续设计金字塔

- 业务视图
- 解决方案视图
- 设计视图
- 需求视图

- 测试视图
- 编码视图

2. 非持续设计金字塔

图 2.2.2 显示了持续设计金字塔的反模式（即所谓的非持续设计金字塔）。反模式描述了无效的持续设计是怎样的。例如，一个经典的模式是逐渐形成一种持续设计，而其反模式则是一次性编写持续设计。再如，持续设计的一种反模式是瀑布设计。描述这些反模式是为了更清楚地表达持续设计的意图。

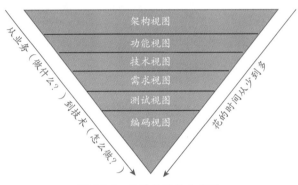

图 2.2.2　非持续设计金字塔

在非持续设计金字塔中，大量的时间和精力被投入初步阶段的架构、功能设计和技术设计。需求主要描述信息系统的功能，而不是操作（行为）。测试对设计的贡献很小，而且源代码不能用于创建一个应用程序设计。

二、基本术语

本部分提供了与持续设计相关的基本术语的定义，并简要地讨论了成熟度模型的选择和自我发展的问题。

1. 业务视图

业务视图在系统上下文图和价值流画布模型的基础上用业务术语定义信息系统。系统上下文图描述了信息系统中涉及或不涉及的业务价值流的分界。确认利益相关者之后，他们的信息供应和需求计划也会被定义出来。信息交换是信息系统所支持的价值流的一个标志。价值流画布模型包括对价值流中的步骤进行建模，并找出这些价值流的边界和限制，以改善业务成果。

业务视图回答了以下问题：

（1）谁是利益相关者？

（2）有哪些基本流程？

（3）信息系统的输入和输出流是什么？

（4）流的定义是什么？

（5）什么是用例？

2. 解决方案视图

解决方案视图是基于业务视图的信息系统草图。本视图通过详细说明价值流和用例图来描述业务与信息系统之间的关系。除了价值流的步骤外，这些用例图还包括所涉及的角色和数据收集。此外，从信息、应用和基础设施三方面，信息系统的构建部分被确认下来，也用于用例图。最后，价值流与 DevOps 团队相关。对每个 DevOps 团队来说，他们提供的应用程序、基础设施构建部分以及使用的工具都会被放在概述中。

解决方案视图回答了以下问题：

（1）利益相关方如何与用例互动？

（2）信息系统识别哪些应用组件？

（3）解决方案的构建部分是什么？

（4）解决方案在企业级架构中是什么样子？

（5）从业务到源代码的设计层是什么？

（6）每个用例的精益六西格玛关键性能指标是多少？

3. 设计视图

设计视图为每个步骤创建一个用例说明，以便详细说明用例图。设计视图回答了以下两个问题：

（1）需要构建哪些内容？

（2）执行的步骤顺序是什么？

4. 需求视图

用例丰富了需求定义，形式为 Given-When-Then，以 Gherkin 语言声明。

需求视图回答了以下两个问题：

（1）信息系统的必要功能和质量是什么？

（2）用例对信息系统的行为要求是什么？

5. 测试视图

需求被转化为测试用例，尤其是支持 TDD 的单元测试用例，而不是对信息系统进行技术设计。

测试试图回答了以下问题：

（1）应如何建立信息系统？

（2）对 DoD 有哪些技术要求？

6. 代码视图

代码视图侧重于用源代码的编写方式。通过在源代码中引入标记，从而使用工具生成应用文档。

代码视图回答了以下问题：

（1）已做出哪些实现的选择？

（2）信息系统有哪些功能？

（3）系统执行过程中遵循哪些路径？

（4）在定义的功能中使用了哪些数据？

第三节　持续设计定义

提要

（1）持续设计应被视为风险管理，例如不转移知识的风险。

（2）"设计"一词有负面的含义，但这并不意味着不需要任何设计。

（3）持续设计必须被看作是一种整体方法，用来保护与 PPT 三个方面相关的所有知识。

一、背景

持续设计的目标应该是提高业务成果。这可以通过在期望的行为、功能和质量方面向信息系统的利益相关者提供更快的反馈来实现。这种改进的实际衡量标准是更快的上市时间和满足业务需求的服务质量。

二、定义

持续设计是一种全面的增量式迭代方法，旨在为信息系统、价值流以及知识和技能概况（PPT）的实现或调整及时提出要求，以便就支持和改善其业务价值流的行为、功能和服务质量向利益相关者提供更快的反馈。

三、应用

"持续万物"的每个应用都必须基于业务案例。为此，本部分描述了以持续方式进行设计的定型问题。这些问题隐含了使用持续设计的业务案例。

1. 有待解决的问题

有待解决的问题列于表 2.3.1。

表 2.3.1　使用持续设计的常见问题

P#	问题	解释
P1	慢速反馈	利益相关者通过生产环境中的结果才能得到第一次反馈
P2	难以琢磨的设计	这些设计有几百页厚，不能给人留下很好的印象，可视化程度不高
P3	审批设计的等待时间	设计是只有在获得批准后才能使用的制品，然而，这会导致实施延迟
P4	无概览	用户故事太多，以至于没有人能对应用有一个概览

P#	问题	解释
P5	无可追溯性	不清楚是谁为系统设置了哪些需求或愿望
P6	决策没有记录	无法洞悉所做的选择
P7	无设计管理	设计没有被管理
P8	使用的工具很复杂	设计管理只能由主题专家进行，因为使用的工具太复杂

2. 根本原因

找出问题的原因可以使用"五个为什么"。例如，如果（完全）不存在持续设计方法，则可以确定以下"五个为什么"。

（1）为什么我们没有实施持续设计？

因为没有人要求设计。

（2）为什么不需要设计？

因为设计具有负面的含义，被视为浪费。

（3）为什么设计被视为浪费？

因为 DevOps 工程师不知道如何以敏捷的方式逐步迭代地开发设计（新兴设计）。

（4）为什么不存在这种观点？

因为没有人对塑造持续设计负责，也没有人知道新兴设计的优势。

（5）为什么没有人对持续设计负责？

因为设计并不被视为需要控制知识转移风险的对策。

第四节　持续设计基石

提要

（1）持续设计的应用需要自上而下的驱动方法和自下而上的驱动实施。

（2）对通过持续设计发现的改进的控制最好是通过一个路线图来设计，其中改进的要点可以放在技术债的待办列表上。

（3）持续设计的塑造始于表达为什么需要持续设计的愿景。

（4）人们对持续设计的有用性和必要性有共同的理解是很重要的，这可以避免敏捷项目中的许多讨论，是统一工作方法的基础。

（5）变更范式不仅有助于建立一个共同的愿景，还有助于引入持续设计金字塔并遵循这一方法。

（6）如果没有设计好权力平衡的步骤，则无法开始持续设计的最佳实践（组织设计）。

（7）持续设计加强了一个追求快速反馈的左移组织的形成。

（8）每个组织都必须为持续设计的变更范式提供实质性的内容。

本节首先讨论可用于实施 DevOps 持续设计的变更模式。为此，变更模式包括四个步骤：首先是愿景，反映了持续设计的愿景，还包括应用持续设计的业务案例；然后是权力平衡，其中要注意持续设计的所有权，也要注意任务、职责和权限；接下来是组织和资源两个步骤，组织是实现持续设计的最佳实践，资源用于描述人员和工具方面。

一、变更模式

如图 2.4.1 所示，变更模式为以结构化的方式设计持续设计提供了指导，从持续设计所需实现的愿景入手，可防止在毫无意义的争论中浪费时间。以此为基础可以确定责任和权力在权力共享上的位置。权力共享似乎是一个老生常谈的词，不适合 DevOps 的世界，但"猴王现象"也适用于现代世界，这就是为什么记录权力的平衡是好的实践。随后可以充实工作方式，最后是资源和人员。

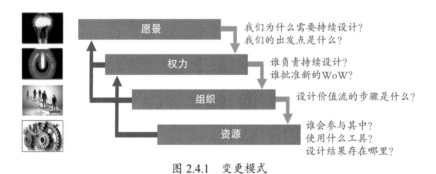

图 2.4.1　变更模式

图 2.4.1 中右侧的箭头表示持续设计的理想设计。左侧的箭头表示在箭头所在的层发生争议时返回哪一层。因此，关于使用哪个工具（资源）的讨论不应该在这一层进行，而应该作为一个问题提交给持续设计的所有者。如果对如何设计持续设计的价值流存在分歧，则应重提持续设计的愿景。以下部分将详细介绍每一层。

二、愿景

图 2.4.2 显示了持续设计变更模式的愿景步骤。图的左侧（我们想要什么？）指出哪些方面共同组成愿景，为持续设计提供了实质性的内容，以防止位于图右侧的负面现象（我们不想要什么？）的出现。所以图的右侧是持续设计的反模式。下面是与愿景相关的持续设计的指导原则。

我们想要什么?	我们不想要什么?

我们想要什么?
1. 我们需要快速反馈
我们希望获得基于敏捷设计的快速反馈。
2. 我们需要新兴设计
我们希望将产品的待办列表部分和相关设计进行从粗到细的迭代。
3. 我们需要追踪
在开发过程中,我们希望从需求到解决方案的可追踪性。
4. 我们需要一个涵盖了PPT三个方面的设计
我们将完整的应用、基础设施(技术)、价值流、OTAP街道(流程)以及知识和技能概况(人员)纳入设计范围。

我们不想要什么?
1. 慢速反馈
2. 瀑布式设计
3. 可追踪的缺陷
4. 有限范围的设计

指导原则:
P1-1. 持续设计必须有助于快速反馈;
P1-2. 设计是针对当前需求的详细设计,也是针对未来的抽象设计;
P1-3. 生产环境的每一个变化都可以追溯到一个需求;
P1-4. 设计包括整个DTAP路径上的人员,流程和技术。

图 2.4.2　变更模式——愿景

1. 我们想要什么?

持续设计的愿景通常包括以下几个方面。

（1）快速反馈

持续设计中的一部分是在前期设计,一部分是在迭代期间设计。业务视图和解决方案视图是非常抽象的,因此不会发生变化。这些视图是在主题和史诗层面进行设计的。反馈是快速的,因为它建立了信息系统的框架。其他视图是在每次迭代中更新的,因此快速反馈也是可能的。

（2）新兴设计

金字塔视图提供了设计的更多细节。这就是为什么金字塔交付物的实现是一个从粗到细的过程。这与产品待办列表的细化（完善）相关联。

（3）可追踪性

模型由带有标识符的对象组成。这些对象通过添加元数据相互引用。一个示例标识一个用例标识符（ID）,该标识符在各种模型中进行使用,在需求视图中也被作为元数据添加。这保证了客户需求与所生产软件之间的可追踪性。此外,每个对象都需要元数据,用于指示谁在什么时候改变了什么。元数据也被称为审计领域的审计跟踪。

（4）PPT

持续设计必须包括 ICT 服务、底层应用和基础架构组件的完整生命周期,并且包括对生产过程的要求,如工具和 ICT 服务的管理。这可以类比于汽车的设计、工厂的建造和管理汽车的车库。

2. 我们不想要什么?

确定什么不是持续设计的愿景可以进一步增强愿景。持续设计的典型反模式包括以下几个方面。

（1）快速反馈

如果没有及时设计,那么就会有反馈延迟,因为只有事后才清楚实现的东西是否满足了隐含的期望。如果只使用一种浮现式设计,那么每个增量都有一个快速反馈。然而,在构造、界面、非功能性需求等领域中仍会有延迟反馈。这些方面都包含在持续设计中。

（2）新兴设计

瀑布设计是持续设计的一种反模式，因为它形成了一套僵化的需求，业务的变化以及 DevOps 工程师的新见解和市场的发展没有被考虑在内。

（3）可追踪性

由于对象是独立的，并且与通过元数据生成的软件无关，因此不能保证可追踪性。

（4）人员、流程与技术

仅仅对 ICT 服务的生命周期进行部分设计，在 ICT 服务的生产流程和管理方面会出现意外和缺陷的支出。

三、权力

图 2.4.3 显示了持续设计变更模式的权力级别，其结构与愿景一致。

图 2.4.3　变更模式——权力

1. 我们想要什么?

持续设计的权力通常包括以下几个方面。

（1）所有权

如果在 DevOps 中只讨论一件事，那就是所有权。在这个语境下就是持续设计的所有权。肯·施瓦本说，敏捷教练不是敏捷框架内开发流程的所有者。敏捷教练是一个教练，他必须让开发团队感觉到是他们自己塑造了敏捷框架的流程，这是一个完全不同的方面，与这个流程只有一个所有者的事实是完全不同的。

在 SoE 中，这是一个很好的陈述。SoE 的一个典型用途是电子商务公司，在公司中，松耦合的前端应用允许用户（相当自主地）录入交易或提供信息。鉴于此前端（交互逻辑）与后端（事务处理）的松散耦合，DevOps 团队也相当自主地对前端做了很多更改。CI/CD 安全流水线可由 DevOps 团队选择。这使得 DevOps 的成熟度可以被自主地确定和控制。

但是，如果在前端应用上，有数十个 DevOps 团队那么协调 DevOps 之间的工作方式将更高效和有效。这一点更适用于 SoR。典型的例子是 ERP 或财务报告系统。这些信息系统通常包含在链式的信息处理系统中。因此，SoR 通常由更多的划分为业务或技术的 DevOps 团队设计。这些 DevOps 团队相互依赖，必须共同起草持续设计。因此，在 DevOps 团队间集中分配持续设计的所有权是更明智的做法。这还可以帮助制定出适用于所有 DevOps 团队的持续设计路线图，但是应由 DevOps 工程师共同决定改进的优先级以及解决方案的选择。

由于持续设计分为多个层级，你也可以选择在一个或多个层级上划分所有权。这样一来，在正确的级别上分配所有权就更加容易。理想情况下，组织内对持续设计的所有权分配将尽可能低。这也符合加尔布莱斯的不确定性降低原则。这个原则意味着 DevOps 团队应该能够尽可能自主地运作，而不依赖于外部来进行持续设计。

持续设计实施的一个具体方面是设计的管治。这不必委托给持续设计的所有者，最好在组织中分配得尽可能低。同样，金字塔的分层也帮助区分持续设计中的批准。

（2）目标

持续设计的所有者确保持续设计的路线图，指示 DevOps 逐渐成熟的路线。例如，目标可以是推出持续设计模板的时间线、使用的工具等。在已建立的持续设计能力和尚未完善的持续设计最佳实践的基础上，DevOps 的工作方式设定了改进目标，包括持续设计理念的调整、改进被发现的缺陷。

目标必须由所有参与的 DevOps 团队承担。这可以有多种组织方式。在 Spotify 模型中，使用了术语"公会"。公会是一种临时的组织形式，用来深入探究某个主题。例如，可以为持续设计成立一个公会，每个 DevOps 团队有一名代表。在 Safe® 内，同样也有例如 CoP 的标准机制。另外，还可以通 PI 规划中的敏捷发布火车来确定持续设计的改进。

（3）RASCI

RASCI 是"职责、责任、支持、咨询和通知"五个词的首字母缩写。"R"负责跟踪结果（持续计划目标）并向持续计划的所有者"A"报告。Scrum master 可以通过指导开发团队来完成"R"的任务。"S"是高管之手。"C"可以分配给联合在公会或 CoP 中的 ME。"I"主要是需要了解质量检测的产品所有者。

RASCI 优于 RACI，因为在 RACI 中，"S"会合并到"R"中，结果导致在责任和执行之间没有任何区别。RASCI 通常可以更快地做决定，更好地了解每个人的工作。RASCI 的使用通常被看作是一种过时的管治方式，因为整个控制系统将随着 DevOps 的到来而发生变化。

鉴于以上关于目标的讨论，很明显，在扩展 DevOps 团队时，肯定需要更多的职能和角色去决定事情如何安排。因此，这就是敏捷 Scrum、Spotify 和 SAFe 框架之间的特征差异。

（4）治理

一个良好的持续设计能够识别改进的重点并将其置于产品待办事项。然后，

DevOps 工程师可以在每个迭代中用 10% 的工作量来解决部分技术负债。最后，他们选择一个或多个内容去改进，与其他产品待办事项相同。唯一的区别是，在这种情况下，DevOps 工程师会优先考虑做出改进，此外，在改进的同时，需要使其他 DevOps 团队获得变更的好处。

（5）业务需求

成长需要付出时间和金钱。金钱来自业务。常年的积累必须为自己付出代价。这就是为什么获得来自业务的认同是很重要的。此外，成熟度本身也是目的。这是为了改善业务成果，从而缩短进入市场的时间和提升服务质量。

2. 我们不想要什么？

以下几点是典型的关于权力平衡的持续设计反模式。

（1）所有权

承担持续设计所有权的一种反模式是，上下游里的每个 DevOps 团队使用自己的方法。投入的精力会丢失。这是一种形式上的浪费。否认标准化的必要性也是没有取得改进的一个原因。发展成上下游进行工作的 DevOps 团队不是一条健康的路径。DevOps 团队越是扎根，就越不愿意使他们的工作方式标准化。

（2）目标

如果组织认识到成熟度的重要性，并且成熟度也能带来商业利益，例如成熟度可以起到作用的认证或投标，那么很有可能持续设计的应用和要实现的成果都将有一个严格的目标。这些目标落在 DevOps 团队中的 DevOps 工程师肩上。在最坏的情况下，DevOps 工程师被培训如何处理独立的审计员对他们的测试。但是，这会产生背道而驰的效果，因为成熟度主要是 DevOps 工程师的行为效应，是不能被强加的。结果便是 DevOps 工程师产生了厌恶情绪，导致了更差的表现。持续设计的目标以及间接性的 DevOps 工程师的成熟度必须牢牢地绑定。

（3）RASCI

RASCI 的重要之处就在于确保 DevOps 团队有进展。只有在组织中设计出持续设计的层级后，才能实现这一点。

因此，反模式是 QA 部门执行测试来对付 DevOps 团队。测试的结果需要由 DevOps 团队自己呈现才能避免这种影响，因为所呈现的内容是自制的且得到批准的。

（4）管治

如果改进的内容没得到协调，团队间的工作方式就会有很大分歧。这正是需要避免的。因此，改进的实施必须得到管治。简单的分配改进任务以及互相学习就可以为其他 DevOps 团队节省大量时间和精力。

（5）业务需求

ICT 驱动的持续设计不够高效。必须针对推进业务价值流的成果改进架起一座桥梁。理想情况下，业务价值流和服务管理及安全管理都是持续设计的一部分。要是将持续设计设置为单独的简仓，就很难达成结果改进。

四、组织

图 2.4.4 显示了持续设计变更模式的组织步骤。其结构与愿景和权力相同。

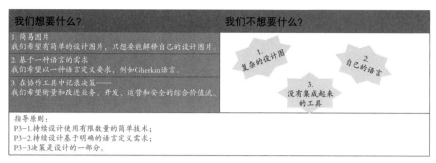

图 2.4.4　变更模式——组织

1. 我们想要什么?

持续设计的组织通常包括以下几个方面。

（1）简易图片

近年来，人们对设计技术和交付的产品的复杂性提出了很多批评。通常人们必须学习一门课程才能掌握这种技术。在持续设计金字塔中，目标一直包括那些因为可以很快学会而成为交流愿景的绝佳基础的产品。

（2）基于一种语言的需求

持续设计可以用 Gherkin 语言编写需求。这给人们提供了一种简单但结构化的方式与需求，可供业务人员阅读和理解。这种语言成为自动测试的基础。

（3）协作工具

设计的所有图片都可以记录在协作工具中，例如 Confluence。因此所有敏捷团队成员都有权限调整文字和图片。部分原因是制作图片很容易学习，直接调整图片和文字的门槛很低，不必使用审查意见和更正的方式。

2. 我们不想要什么?

就组织而言，以下是典型的持续设计反模式。

（1）简易图片

一种反模式是基于方法和技术的设计，使用这些方法和技术需要大量的时间来创建和维护模型。这些模型理解起来也很复杂，意味着必须为它们招聘专家。

（2）基于语言的要求

一个反例是每个 DevOps 团队可以自行决定是否应用需求以及如何应用这些需求。工具的选择也不是固定的。最后，对于需求和测试用例之间的关系没有约定，更不用说需求的生命周期管理了。

（3）协作工具

与集中决策相反的是在各种工具中记录决策，如 MS Word 和 MS Excel 等。更糟糕的是，设计只能由专家来修改。

五、资源

图 2.4.5 显示了持续设计的变更模式的资源步骤，其结构与愿景、权力、组织相同。

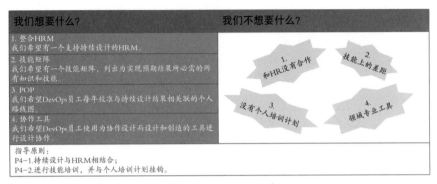

图 2.4.5　变更模式——资源

1. 我们想要什么?

持续设计的资源通常包括以下几个方面。

（1）整合 HRM

DevOps 工程师的发展在每个组织中都有覆盖的地方，例如直线经理或 HRM 经理。重要的是，要有 DevOps 工程师在任务方面的简介，以便明确他们在持续设计中扮演的角色。从特定的业务分析师角色到 E 型 DevOps 工程师，持续设计的任务可能各不相同。通过在现有的工作简介上描述持续设计，可以确定简介之间的哪些地方存在差距，并可以有意识地选择谁做什么工作。

（2）技能矩阵

技能矩阵是功能、角色和任务与所需技能的概述。通过定义持续设计所需的技能，可以丰富现有技能矩阵，也可以测试哪些人拥有这些技能以及技能达到什么程度。

（3）PEPs

在整合 HRM 和技能矩阵的基础上，可以制订 PEPs。

（4）协作工具

创建持续设计的一个重要条件是通过工具协作。优先考虑那些使协作成为可能并能集成到 CI/CD 流水线工具的协作工具。

2. 我们不想要什么?

下面是持续设计在资源方面典型的反模式。

（1）整合 HRM

整合 HRM 的反模式是，没有对能力发展进行指导，这样就很难进行培训。因此个人改进必须在工作现场主动进行。

（2）技能矩阵

没有技能矩阵往往会导致技能出现差距，而这些差距并没有被明确识别出。但是，结果是显而易见的。然后次优方案不止一次地被应用，无法有效地、高效地弥补技能上的差距。

（3）PEPs

缺乏 PEPs 很快就会导致员工的积极性下降和离职。培训预算较低的 PEPs 也是一个打击员工积极性的因素。

（4）协作工具

MS Office 可以快速产生结果，但不能保证未来。我们的目的是实现持续设计自动化。将持续设计分散到不同 DevOps 团队使用的更多工具上也是一种反模式，这种自由似乎是一种现代方法，但缺点是产生大量浪费，特别是在 SoR 环境中。

六、瀑布设计与持续设计的比较

瀑布设计和持续设计有很大的区别，表 2.4.1 提供了这些差异的概览。

表 2.4.1　瀑布设计和持续设计之间的区别

瀑布设计	持续设计
反馈缓慢	每次迭代进行反馈
瀑布设计很难理解	持续设计由简单的板块组成
审批需要排队	由敏捷团队审批
由于有很多单独的用户故事，所以没有概述	可在主题、史诗、特性和故事上展示持续设计交付成果
需求隐藏在超过 200 页纸的文档里	需求基于一种语言进行组织
缺乏从概念到价值的可追溯性	可追溯性基于元数据
决策被遗忘或未知	决策记录在协作工具中
未进行设计管理	持续设计是在每个迭代进行阐述和维护的
设计是"镀金"的	持续设计是 "勉强足够"的
仅供专家使用的专家工具	仅使用所有人都可以访问的协作工具

为了表明瀑布设计与持续设计之间的差异，图 2.4.6 总结了基于持续设计金字塔的变更模式，图 2.4.7 总结了瀑布设计的方法。

1. 愿景瀑布方法

（1）反馈

使用瀑布设计，反馈不快，因为金字塔中的所有步骤都必须完成。

（2）纪律

设计被看作是一个需要特定学科领域参与的可交付成果，只能由具有特定知识的人起草。这不仅适用于设计本身，也适用于非持续设计金字塔的每一层。

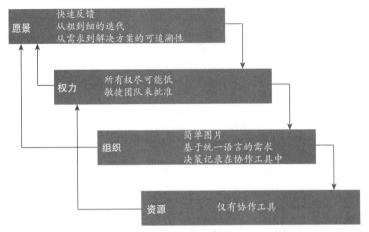

图 2.4.6　基于持续设计金字塔的变更模式

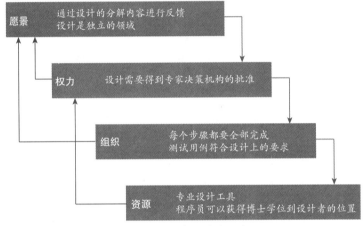

图 2.4.7　瀑布设计的方法

2. 权力瀑布法

决策机构。设计的所有权集中在一个确保标准化的质量部门。

3. 组织瀑布方法

（1）完整步骤

完全走完这些步骤可以达到严密而一致的控制效果。整体反馈是非常缓慢的，因为只有在设计完成后才会有东西可交付。

（2）测试

未使用测试驱动开发。因此，在建立了信息系统之后才编写测试用例，以证明信息系统已按照设计实现。

4. 资源瀑布方法

（1）工具

只有在接受了全面的教育和背景知识之后，才能使用这些工具。一个设计工具的模块通常也被划分为所涉及的专业领域。

（2）功能

创造设计被视为设计师的工作。设计师是一个比程序员更有名誉的职位。程序员可以提升到设计师的位置。

第五节　持续设计架构

提要

（1）持续设计金字塔提供构成设计的组件的分类。

（2）基于"持续设计金字塔"的设计在不同的抽象层上描述了一个的信息系统，它也遵循产品待办列表的细化过程。

（3）持续设计金字塔的各层为来自多个利益相关者对信息系统的观点提供了实质内容。

（4）通过使用持续设计金字塔，可以满足敏捷方法的常用特征。

阅读指南：

本节描述持续设计的架构原则和持续设计架构模型，即持续设计金字塔模型和持续设计规划模型。

一、架构原则

在变更模式的四个步骤中出现了许多架构原则，本部分将介绍这些内容。为了组织这些原则，我们将它们划分 PPT。

1. 通用

除了针对 PPT 某一个方面的特定架构原则外，还有涵盖 PPT 三个方面的架构原则，见表 2.5.1。

表 2.5.1　PPT 通用的架构原则

P#	PR-PPT-001
原则	持续设计包括整个 DTAP 路径的 PPT
因素	持续设计的这一范围是必要的，因为这三个方面共同创造了价值
含义	持续设计需要软件生成（开发）和运营领域的知识

2. 人员

以下人员架构原则在持续设计中得到认可，见表 2.5.2。

表 2.5.2　人员架构原则

P#	PR-People-001
原则	技能得到培训,并与 PEPs 计划挂钩
因素	良好的持续设计需要技能
含义	必须记录所需的技能,必须确定相关员工具备这些技能,并在必要时对他们进行培训或辅导
P#	PR-People-002
原则	持续设计与 HRM 相结合
因素	这种集成对于为员工提供正确的培训和辅导是必要的
含义	HRM 必须了解持续设计的重要性

3. 流程

以下流程架构原则在持续设计中得到认可,见表 2.5.3。

表 2.5.3　流程架构原则

P#	PR-Process-001
原则	持续设计基于纯粹的 RASCI 分配
因素	持续设计的生命周期包括任务、职责和权限,需要映射这些内容
含义	必须明确任务、职责和权限的分配情况。一个例子是持续设计是否必须得到批准,如果必须,由谁批准
P#	PR-Process-002
原则	持续设计必须有助于快速反馈
因素	通过使用一个新出现的设计,有可能只在合适的时候详细说明某些要求
含义	必须提前全面了解解决方案,并定期调整持续设计
P#	PR-Process-003
原则	持续设计需要近细远粗
因素	敏捷理念需要一种增量的迭代方法,同样适用于持续设计
含义	持续设计必须是一个可以成长并得到维护的有生命的对象
P#	PR-Process-004
原则	生产环境的每一个变化都可以追溯到需求
因素	这一原则的重要性在于证明在生产环境中的应用是按要求做的
含义	必须识别生成过程中的每个对象并应用版本控制。ID 之间的关系必须是可记录的。需要识别对象的分类模型以及对这些对象及其在资源库中的关系的管理。例如,需求、测试用例、源代码文件和已投入生产环境的对象之间的关系
P#	PR-Process-005
原则	持续设计必须持续进行,并需要负责人
因素	必须为持续设计分配有负责人的生命周期

DevOps 持续万物

含义	必须分配所有权
P#	PR-Process-006
原则	持续设计提供成果改进
因素	使用持续设计应引导业务价值流的限制边界的减少
含义	持续设计必须指明解决方案与业务价值流之间的关系，指明如何交付附加价值
P#	PR-Process-007
原则	持续设计基于明确的语言定义需求
因素	可以通过多种方式来定义要求。明确定义需求的方法（例如使用 Gherkin 语言）使得持续设计一致
含义	必须在使用 Gherkin 语言的过程中获得经验
P#	PR-Process-008
原则	决策是持续设计的一部分
因素	决策往往会被遗忘，因此在持续设计或解决方案实现过程中仍然会犯错误
含义	必须对决策进行记录，并予以维护；也必须使用这些决策，否则记录就是浪费。一个例子是测试在交付迭代时是否遵守了决策

4. 技术

以下技术架构原则在持续设计中得到认可，见表 2.5.4。

表 2.5.4　技术架构原则

P#	PR-Technology-001
原则	持续设计使用数量有限的简单技术
因素	持续设计必须能够以数量有限的方法和技术完成，否则必须花费大量时间学习使用方法和技术
含义	可以使用的方法和技术的数量是有限的

二、 架构模型

本书采用了两种架构模型，即持续设计金字塔模型（如图 2.5.1 所示）和持续设计规划模型（如图 2.5.2 所示）。

持续设计金字塔模型包含可交付的结果和需要解答的问题。

有各种原因可以使这个金字塔具有实质性的内容，并将其定义为敏捷设计的框架。

以下考虑因素在构建持续设计金字塔中发挥了重要作用。

（1）持续设计与敏捷改进（主题、史诗、特性、用户故事、任务）相关联，应该有一个从粗到细的近似值。持续设计金字塔通过层状结构使其具有实质性的意义。

（2）有更多的可交付成果可实现多层次的持续设计。需要对这些可交付成果进行分类，以界定差距。这些层次表明了这种分类。

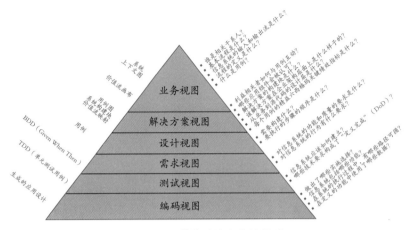

图 2.5.1　持续设计金字塔模型

（3）多个利益相关者参与持续设计。每个类型的干系人必须在一个或多个层次中得到体现。这些层次的选择既涉及业务，也涉及 IT。

（4）各层应能够可视化，由于设计详细程度不同，工作量会从上到下增加，这是由金字塔形状实现的。

（5）模型不仅必须表达持续设计的功能和质量，还必须表达信息系统的运行，这体现在通过 BDD 方法完成的需求视图中。

2. 持续设计规划模型

图 2.5.2 包含了产品待办列表的规划对象，即主题、史诗、特性和用户故事。对于这些规划对象中的每个对象，都可以在该规划级别上显示来自持续设计金字塔的持续设计对象。

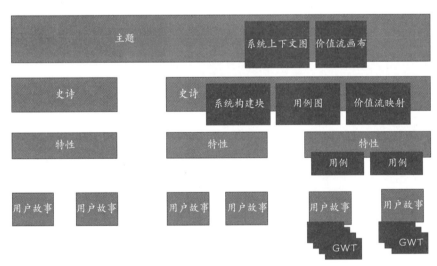

图 2.5.2　持续设计规划模型

这清楚地表明，持续设计的分解能支持产品待办列表的规划对象。后续章节将介绍持续设计交付物。缩写"GWT"代表"Given-When-Then"，这是一种用于描述需求的格式。

第六节 持续设计设计

提要

价值流是可视化持续设计的一种很好的方法。

要显示角色和用例之间的关系，最好使用用例图。

最详细的描述是"用例"。这个描述可分为两个级别显示。

阅读指南

持续设计的目的是快速了解要执行的步骤。这开始于定义一个仅包含步骤的快乐流的价值流，详情可以用用例图的形式设计，用例描述是更详细的、描述步骤的理想方法。

一、持续设计价值流

图 2.6.1 显示了持续设计价值流的步骤。

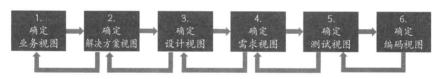

图 2.6.1 持续设计价值流的步骤

二、持续设计用例图

在图 2.6.2 中，持续设计的价值流被转换为用例图。角色、制品和储存库已添加到其中。此视图的优点是可以显示更多的详细信息，帮助人了解流程进展情况。

三、持续设计用例

表 2.6.1 显示了用例的模板。表中左列是属性。中间列指示属性是不是强制性的。右列是对属性含义的简要说明。

表 2.6.1 用例模板

属性	是否强制	描述
ID	√	\<Name\>-UC\<Nr\>
名称	√	用例的名称
目标	√	用例的目的

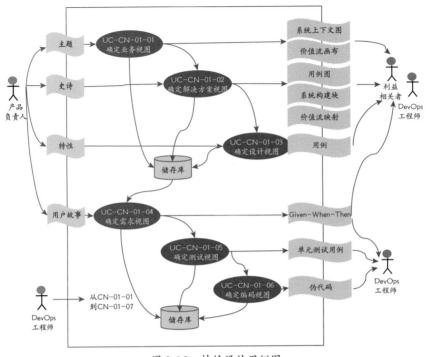

图 2.6.2 持续设计用例图

属性	是否强制	描述			
摘要	√	关于用例的简要说明			
前提条件		用例执行之前必须满足的条件			
成功时的结果	√	用例执行成功时的结果			
发生故障时的结果		用例执行失败时的结果			
性能		适用于此用例的性能标准			
频率	√	执行用例的频率，以选择的时间单位表示			
参与者	√	用例涉及的参与者			
触发条件		触发执行此用例的事件是什么			
场景（文本）	√	S#	参与者	步骤	描述
		1.	执行此步骤的人员	步骤	关于如何执行步骤的简要说明
场景上的偏差		S#	变量	步骤	描述
		1.	步骤偏差	步骤	与场景的偏差
开放式问题		与场景的偏差			
规划	√	用例交付的截止日期			
优先级	√	用例的优先级			
超级用例		用例可以形成一个层次结构。在此用例执行之前的用例称为"超级用例"或"基本用例"			
交互		用户交互的描述、图片或设计模型			

属性	是否强制	描述	
关系		流程	……
		系统构建模块	……
		……	……

基于此模板,可以为持续设计用例图的每个用例填写模板。还可以为一个用例图的所有用例只填写一次模板,这个选择取决于我们想要描述的详细程度。本书在用例图级别使用一个案例。表 2.6.2 是持续设计用例模板的示例。

表 2.6.2 持续设计用例模板

属性	是否强制	描述
ID	√	UCD-CN-01
名称	√	UCD 持续设计
目标	√	本用例旨在持续确定客户的需求,以便以可追溯的方式将其转换为解决方案
摘要	√	根据产品待办列表的规划对象,持续设计对象根据"持续设计金字塔"逐层创建。规划对象的触发器是创建新的或修改的产品待办列表的其中一项
前提条件	√	存在包含规划对象的产品待办列表
成功时的结果	√	在成功的持续设计价值流中交付的结果如下: (1)业务视图 • 系统上下文图 • 价值流画布 (2)解决方案视图 • 用例图 • 系统构建模块 • 价值流映射 (3)设计视图 • 用例 (4)需求视图 • 以 Given-When-Then 格式描述的需求 (5)测试视图 • 单元测试用例
		代码视图: • 源代码标记
发生故障时的结果	√	以下原因可能导致未成功完成"持续设计": • 可追溯性因未关联持续设计制品而中断 • 创建持续设计制品时出错 • 在分解过程中出现翻译错误 • 持续设计制品没有版本化,所以信息系统的构建使用了错误的版本 • 由于缺乏时间、重组、预算削减、缺乏创造和维护知识等许多可能的原因,持续设计被中断 • 持续设计结果不被接受为事实或相关 • 没有就改进持续设计的路线图达成一致意见,因此持续设计的质量不符合 DevOps 工程师的期望 • 未承诺对持续设计(如使用工具)的更改

属性	是否强制	描述			
性能	√	在实践中，任何持续设计制品都可以在一小时内制成。如果这需要更长的时间，那么就会存在不确定性，尤其有必要深入探讨这一点，因为该部分中的信息系统肯定会包含基本错误，对于较高海拔尤其如此			
频率	√	根据产品待办列表的每一项进行调整			
参与者	√	产品所有者、DevOps 工程师和利益相关者			
触发条件	√	有一个评估任务			
场景（文本）	√	**S#**	**执行人**	**步骤**	**描述**
		1 个	产品所有者 DevOps 工程师	业务视图	产品所有者通知 DevOps 团队存在新主题或修改的主题。在此基础上，首先绘制了系统上下文图。这用于构建价值流画布模型。在此基础上，获得诸如必须消除或减轻的限制和边界等高层次要求
		2	产品所有者 DevOps 工程师	解决方案视图	在解决方案视图中，基于系统上下文图模型和价值流映射的主题被转换为史诗，并为下一个 MVP 构成一个史诗概要。基于这些制品，在解决方案视图中创建用例图，以详细说明价值流。系统构建模块分析用于提供包含在用例图表中的构建块。最后，进行价值流映射分析以获得价值流、构建块、DevOps 团队和工具之间的关系
		3	产品所有者 DevOps 工程师	设计视图	用例是根据 Epic one pagers 起草或调整的
		4	产品所有者 DevOps 工程师	需求视图	用例以 Given-When-Then 的需求形式被具体化
		5	DevOps 工程师	测试视图	DevOps 团队使用测试驱动开发将 GWT 需求转换为单元测试用例
		6	DevOps 工程师	代码视图	单元测试用例用于编写源代码。源代码提供了标记，以便能够在此基础上生成文档
场景上的偏差		S#	变量	步骤	描述
开放式问题					
规划	√				
优先级	√				

属性	是否强制	描述		
超级用例				
交互				
关系			......	
			......	

第七节　业务视图

提要

（1）系统上下文图描述了利益相关者与信息系统之间的互动。

（2）价值流画布模型概述了信息系统实现的价值创造过程。这样，业务流程中的所有步骤都在这个过程中被识别出来。

一、导言

在图 2.7.1 中，业务视图在"持续设计金字塔"的顶部。此视图是持续设计的起点，它产生的结果会增加价值，并为解决方案视图提供实践基础。

图 2.7.1　业务视图

此视图的交付内容为：

- 系统上下文图
- 价值流画布

二、系统上下文图

本部分讨论目标、内容、要回答的问题、模板、提示和技巧，以及系统上下文图的示例说明。

1. 目标

系统上下文图的目标是：

- 确定信息系统的范围
- 确定利益相关者
- 确定基本的输入和输出流

（1）范围

这一范围通过说明利益相关者是谁，以及利益相关者和信息系统之间存在哪些输入和输出流来确定。

（2）利益相关者

信息系统的利益相关者都对信息系统感兴趣。信息系统为输入的信息或商品提供一个答案（即输出）。

（3）流

输入和输出流提供了在信息系统中进行信息处理的情况，也很好地点明了在价值流画布中标识的价值流。

2. 内容

系统上下文图的内容包括：

- 中间圆圈表示信息系统
- 实体或参与者（entities or actors）表示利益相关者
- 信息或货物的输入流
- 信息或货物的输出流
- 范围定义
- 价值流的标示

3. 要回答的问题

要回答的问题有：

- 信息系统的利益相关者是谁？
- 哪些是基本价值流？
- 信息系统的输入和输出是什么？

4. 模板

图 2.7.2 显示了系统上下文图的模板。

图的中心是信息系统的名称，有时也被称为"由信息系统提供的服务"。矩形表示参与者或实体的利益相关者（Stakehdders）。输入和输出流应使用箭头描述。

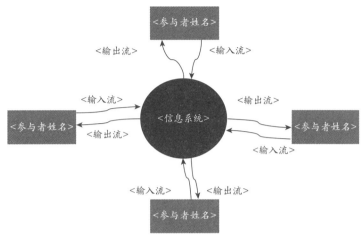

图 2.7.2　系统上下文图模板

5. 提示和技巧

（1）拟定

在实践中，组织往往并不了解利益相关者和流程。做这样的展示是非常有指导意义的。这种展示花不了一个小时，但对引入领域专家（SME）或一小部分利益相关方参与讨论是非常有用的。SME 通常是负责或管理这个流程的人。

业务架构师或业务信息管理人员也知道应该如何画这样的流程。

（2）风险和影响分析

这个图也可用于风险和影响分析。由于图中显示了相关人员是如何沟通的，因此我们可以立即明确哪些人应该被告知或哪些人应该向其咨询变更。

（3）数据模型

流程是标识在数据模型中的记录哪些信息的第一步。

（4）价值流画布

这些流程是对信息系统相关的价值流的初步探索。

（5）工具

最好能够利用协作工具来设计这些系统上下文图。Visio 或 PowerPoint 往往只能产出在组织中游离的独立对象。而通过将图包含在 Confluence 等协作工具中，每个人都可以根据自己的看法来调整它。协作工具的版本管理工具也被允许调整变更。

6. 举例

图 2.7.3 显示了一个系统上下文图的示例。这是一个咖啡服务的系统上下文图示例。

（1）利益相关者

在这种情况下，有四个利益相关者。管理层是其中一个利益相关方，他们必须做出为员工（喝咖啡的人）提供咖啡服务的决定。他们还要负责签署合同，根据咖啡消费情况来支付咖啡服务费用（付费）。供应商也是一个利益相关方，因为要在租赁的机器上安装、配置和管理咖啡服务。如果机器发生事故或损坏，损坏报告会自动发给供应商，以便他们快速、适当地采取补救措施。

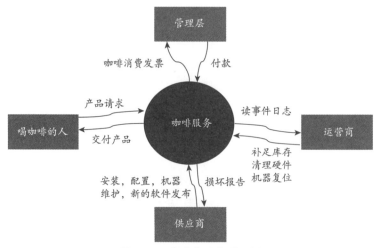

图 2.7.3　系统上下文图示例

　　运营商也是一个利益相关方。在这种情况下，公司租赁了咖啡机，由公司里一个员工来负责。这个员工负责咖啡豆的补充（补充），不时地清洁机器。如果发生问题，操作员通过咖啡机的用户界面读取事件日志，然后执行一些简单的管理任务，例如重置咖啡机（重置机器）。最重要的利益相关者是喝咖啡的人，即使用租赁咖啡机的公司雇员。喝咖啡的人发出产品请求，然后收到咖啡。

　　（2）信息系统

　　根据对咖啡服务利益相关者的描述，对于咖啡机的很多信息我们已经很清楚了。看上去对与咖啡服务的消费一直保持最新。咖啡机还能够与供应商在线连接。此外，在咖啡机中还有一个有用户界面的维护模块。

　　为咖啡服务绘制系统上下文图能够提供一个清晰的画面并明确信息系统中关于谁想要什么的定义。然而，它也产生了许多问题，这些问题只能通过更深入地了解咖啡服务来回答，而这正是系统上下文图的目的。它仅充分提供回答该级别持续设计问题的信息。

三、价值流画布

本部分讨论目标、内容、要回答的问题、模板、提示和技巧以及价值流画布的示例。

1. 目标
价值流画布的目标是：

（1）描述价值流

（2）设计主题级别

2. 内容
价值流画布的内容是：

（1）元数据

◆ 价值流的触发

- ◆ 价值流的第一步和最后一步
- ◆ 价值流的执行频率
  （2）当前状态
- ◆ 价值流的当前步骤
  （3）未来状态
- ◆ 价值流未来的步骤
  （4）边界和限制
- ◆ 边界
- • 价值流的边界，什么在里面，什么不在
- ◆ 限制
- • 价值流执行中的一些限制如前置时间、处理时间、准确度和完整性等
  （5）改进项目
- ◆ 可以通过改进什么来扩大边界或减小限制

3. 要回答的问题

回答的问题有：

（1）价值流的定义是什么？

（2）价值流中的步骤是什么（用例）？

4. 模板

价值流画布的模板如图 2.7.4 所示。

图 2.7.4　价值流画布模板

（1）价值流

价值流的名称位于左上方。这个名字应该包含在从开始到结束的整个价值流中。

（2）触发

每个价值流都由一个实际事件触发。这不是价值流的第一步，而是触发要执行的价值流的第一步的事件。

（3）第一或最后一步

确定价值流的范围很重要，因为通常存在价值流链条。这就是为什么确定价值流的第一步和最后一步是非常重要的。

（4）需求速率

通过价值流来实现需求是个很重要的部分，因为这还可以决定实施改进的业务案例。这是在使用精益六西格玛进行瓶颈分析的基础上进行的。精益六西格玛性能指标可以添加到需求速率中，但也可以在稍后的用例这个级别再确定。这些指标如下。

- 前置时间（LT）

这是价值流的平均前置时间。

- 处理时间（PT）

这是实现价值流所需的平均时间。

- 完成百分比 / 准确度（%C/A）

这是交付产品的完整性和准确度的百分比。这并不涉及所交付产品的质量，而是涉及中间步骤的质量，因此给出了价值流本身的"第一次正确"交付的概念。

（5）当前状态

当前状态表示业务流程的步骤。这些实际上是稍后将详述的用例。在价值流中可以使用分支，但是，价值流应该保持简单，最多有 20 到 25 个步骤。

（6）边界和限制

每个信息系统都必须有明确的边界，这可以通过限定信息系统的输入来实现。此外，还有 LT 和 PT 或 %C/A 的限制。这些限制和边界可能改进价值流。

（7）改进项

通过边界和限制可以识别改进点。

这些改进点是产品待办列表的输入，改进工作可作为主题、史诗、特性或故事放在产品待办列表中。

（8）未来状态

如果改进导致当前状态的调整，那么就要在价值流中画出未来状态中的变化来实现改进。

5. 提示和技巧

（1）确定价值流

确定价值流需要从系统上下文图开始。系统上下文图定义了利益相关方以及输入流和输出流。价值流将这些输入流和输出流与从输入到输出的转换步骤连接起来。其他输入也可以使用，例如商业画布模型，其中描述了公司提供给某个细分市场的价值主张。

（2）层次结构

将所有的价值流都放在一张图中是个不错的选择，这会创建一个总概览。此外，也可以为每个价值流制定单独的价值流画布模型。

（3）软件开发流程

尽管上下文不同，软件开发流程也就是业务流程。它并不是使用信息系统的过程，而是创建和维护信息系统的过程。然而，价值流画布模型很适合用来设计软件开发流程。

6. 举例

图 2.7.5 显示了一个价值流画布模型的示例。这是关于咖啡服务的。示例中包含一些错误，这是为了实现学习效果而设置的。

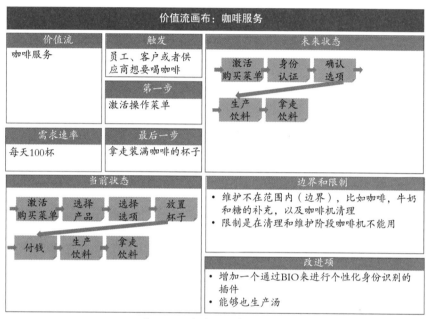

图 2.7.5　价值流画布模型示例

（1）价值流名称

价值流的名称是"咖啡服务"。然而，问题是，这是不是一个有效的名词。热水也许也可以。问题在于公司员工的需求是否仅限于咖啡。例如，改进项里还有对汤的需求。

（2）触发

触发点是员工、客户或者供应商想要喝咖啡。

（3）第一 / 最后一步

第一步是激活咖啡机菜单。显然，它进入了某种"睡眠模式"，需要激活。最后一步是拿去装满咖啡的杯子。

（4）需求速率

需求速率显示为每天 100 杯，不区分咖啡的类型。

（5）当前状态

当前状态显示了一些重要的方面，例如付钱。放置杯子也是一个相关的方面。问题是，如果没有放入咖啡杯，会发生什么情况？但是，这样的详细信息在此时还并不重要。

（6）边界和限制

边界和限制显示并不是所有的方面都被建模了，例如，维护方面可以包含在单独的价值流中。可用性的限制也可能导致价值流的调整或诸如第二个咖啡机的替代方案，这必须在改进项中指出来。

（7）改进项

改进项并不处理限制，这本身就很奇怪，本应在边界中就声明只提供咖啡。基于生物识别的个性化不在限制范围内，这也不正确，应该有类似"在进入订单时没有选择应用个性化的选项"的东西。

（8）未来状态

未来状态表明，咖啡机能够在生物识别的基础上向被识别的消费者提供一个缺省的顺序。

第八节　解决方案视图

提要

（1）"解决方案视图"通常是将"做什么"和"怎么做"联系起来。

（2）信息系统的构建块构成了一种通用性语言，可用于所有学科，这就是持续设计、敏捷测试管理和敏捷系统开发。这通过将构建块作为元数据添加到系统开发过程的所有工件来实现。

一、简介

图 2.8.1 显示了解决方案视图在"持续设计金字塔"中的位置。这一层将业务需求转化为信息系统的构建块。这一层的交付物有自己附加的价值，并用于解决方案视图的实践。

此视图的交付内容为：

- 用例图
- 系统构建块
- 价值流映射

二、用例图

本部分讨论用例图的目标、内容、要回答的问题、模板、提示和技巧以及示例说明

图 2.8.1 解决方案视图

1. 目标

用例图的目标是：

- 解释信息系统的功能
- 从源头到目的地的价值流的可视化
- 在史诗级来描述信息系统
- 定义 MVP

2. 内容

用例图的内容为：

- 利益相关者，也叫实体或者参与者
- 信息和 / 或货物的输入流
- 信息和 / 或货物的输出流
- 用例
- 系统构建块

3. 要回答的问题

- 利益相关方如何与用例互动？
- 使用哪些应用组件？

4. 基础模板

图 2.8.2 给出了用例图的基础模板。

（1）参与者

参与者是那些与信息系统互动的人。参与者源自系统上下文图。不过，系统上下文图中的相关干系人可以根据需求进一步细化，比如登录、输入信息或检索信息。对于设计而言，参与者非常重要，因为他们也是稍后出现在持续设计中的需求的来源。除了人，参与者也可以是其他信息系统。

（2）用例

用例来自价值流。价值流画布中的用例需要进一步的细化。不是所有的箭头都需要绘制。例如，在图2.8.2中仅绘制了输入。还可以在"用例"之间绘制箭头。有些设计者选择将输入参与者绘制在图表左侧，输出参与者绘制在图表右侧。

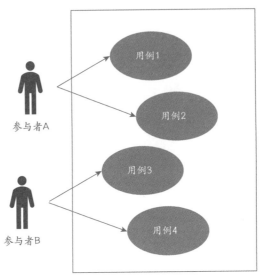

图 2.8.2　用例图的基础模板

5. 包含用例的模板

在图2.8.3中，用例图的模板扩展了一个包含用例。包含用例是用来简化复杂的用例，也可以将常见操作分开放在多个用例中。

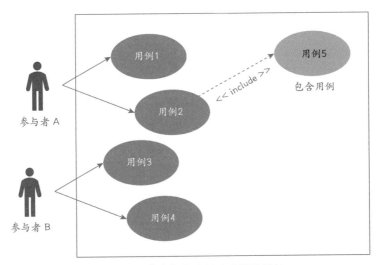

图 2.8.3　带有包含用例的用例图模板

6. 带有扩展用例的模板

在图2.8.4中，用例图的模板扩展了一个扩展用例。扩展用例可用于描述用例的可

DevOps 持续万物

选行为，例如在线帮助函数可以被有选择地调用。

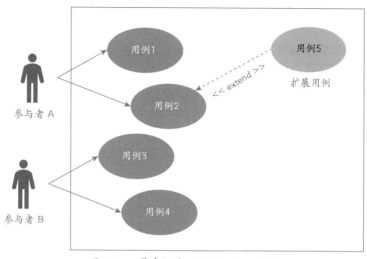

图 2.8.4　带有扩展用例的用例图模板

7. 提示和技巧

（1）增值价值

用例图也称为行为图，因为它们描述了一组由信息系统与其利益相关者协作执行的动作（用例），目的是让用例为利益相关方带来价值。

（2）参与者

参与者是持续设计的重点。找到参与者的一种方法是查看组织的功能区。

归根结底，该信息系统被组织中的员工所使用，所有员工的总和可在工作分类系统中找到。

另一种方法是填写 16 宫格模型（表 2.8.1）并映射信息系统及其功能区。通过为每个单元指明信息系统中涉及的员工，就可以很好地了解参与者。例如，在单元格 9 中，通常有最终用户输入事务。单元格 5 通常包含要求报告业务结果的经理。单元格 1 通常留给想要从信息系统获得控制数据的管理团队，例如趋势分析。前台和后台组成信息组织来为信息系统用户提供服务。但是，他们使用信息系统来支持业务。因此，必须在信息系统中建立一个管理设施，例如分配权利和配置参数。业务和管理功能都必须设计，因此也是持续设计的一部分。

表 2.8.1　16 宫格模型

	业务	前台	后台	供应商
战略	1	2	3	4
战术	5	6	7	8
实施	9	10	11	12
创新	13	14	15	16

（3）信息系统模块

信息系统（应用）必须分解，以便一方面保持总览，另一方面能够单独调节小的部分。用例和信息系统组件之间的同步是非常重要的。因此，用例必须能在源代码中直接追溯到，反之亦然，一组源代码文件必须与一个用例相关，这提高了产品流程的透明度和可追溯性。

（4）软件开发流程

与价值流画布模型一样，用例图模型也可用于设计软件开发流程。在该图中，应用模块的结构（包括用例和扩展用例）已经被清晰化，并且可以与信息系统的构建块建立关系。虽然后者不是用例图的标准部分，但二者契合得很好。在 16 宫格模型中，这是创新层。

8. 举例

用例图示例如图 2.8.5 所示，这解释了喝咖啡的人购买咖啡服务的过程。

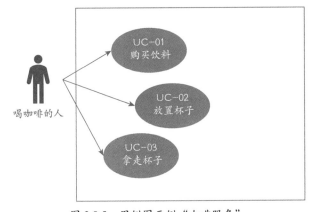

图 2.8.5　用例图示例"咖啡服务"

此示例将在下文进一步详述。

三、系统构建块

本部分讨论目标、内容、要回答的问题、模板、提示和技巧，以及系统构建块示例。

1. 目标

系统构建块图的目标在于：

- 实现信息系统运行的可视化
- 功能到实现的转换
- 定义可用来进行对象分类的通用元数据集合
- 用于提示风险和影响

（1）可视化

描述信息系统的组件可以明确最终产品的外观。但是，它是一个非常抽象的表示，并不是每个人都能很容易理解。因此，每个构建块具有良好的解释以及更多人参与构建块是非常重要的。

（2）转化

持续设计必须将业务愿景转化为信息系统。这种转化进行得越快，将越早获得反馈，就越有机会对持续设计进行调整。

（3）元数据

要实现的信息系统的构建块指示该系统将如何建立及如何工作。

2. 内容

系统构建块图的内容是：

- 信息系统的名称
- 图层
- 构建块

3. 需要回答的问题

- 什么是信息构建块？
- 什么是应用构建块？
- 什么是技术（基础设施）构建块？

4.SBB 模板—通用

图 2.8.6 显示了 SBB 的基本模板。

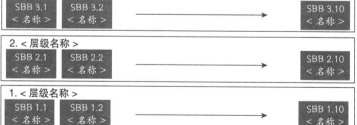

图 2.8.6　SBB 模板——通用

（1）SBB 类型

SBB 有三种类型：信息（SBB-I）、应用（SBB-A）和技术（SBB-T）。这由"{I，

A，T}"表示。

（2）SBB 名称

SBB 图具有唯一的名称，可以是信息系统、应用或服务的名称。

（3）SBB 层数

默认情况下，一个 SBB 图有 7 层。这些层各自具有唯一的名称。根据 SBB 类型的不同，每一层的名称也不同。

（4）SBB 构建块

每个 SBB 层最多有 10 个构建块。它们都有唯一的数字。

5. 提示和技巧——SBB

（1）SBB 图的数量

原则上，系统构建块也可以选择简单的 SBB 图。这似乎更简单、更清晰，尤其在基础设施完全虚拟化并置于（私有）云中时更有意义。对于许多人来说，很难理解 SBB-I 和 SBB-A 图之间的差异。尽管如此，还是推荐实践三种构建框图。SBB-I 图可以更清晰地表现信息的管理、信息对象、应用对象。在区分业务信息分析师和应用开发人员时尤其重要。

SBB-T 图也有自己的业务案例。尽管服务是虚拟化的，但还是要指出哪些基础设施服务对应用很重要。在使用 Amazon Web Services（AWS）云服务时，许多人认为进入云是一种解脱，因为一切都不会出差错。没有什么比这种理解更离谱了。很多风险的产生都与没有正确使用云服务或完全没有使用云提供的重要云服务有很大关系。

例如，AWS 的云服务包含数千个可供选择的服务，我们必须正确设置这些服务，避免效率损失和质量（性能、容量、安全性、可用性和持续性）损失。例子中包括选择监控服务类型和设置确保跨区域的持续性。定义基础架构的构建块强调如何解释选择哪些构建块。当然，它也适用于可能永远不会让第三方承担最终责任的组织。

（2）SBB 层的数量

为了在 1 张 A4 大小的纸上能表示出 SBB 图，必须限制层的数量，这样我们就能一眼看到所有构建块。这就是 7 层与 10 个构建基块的实践来历。允许例外，但应仔细考虑。一个典型的例外是数据 / 应用接口（SBB-I 和 SBB-A）。

但是，报告（SBB-I）和用户界面（SBB-I）也在快速增加。在这种情况下，最好使用模式。模式是一组具有相同特征的对象，如报表、用户界面或数据 / 应用接口；具有类似的架构、功能、行为、质量、风险和影响，例如数据项用户界面或统计报表。模式在实践中很有效。

在 IT 行业之外使用模式的一个例子是建筑行业。构成房屋有很多模式，例如屋顶模式。每种形状（俯仰屋顶、圆顶屋顶、平顶屋顶等）都有自己的建筑结构、特殊质量的建筑材料和功能要求。报告模式也是如此，但这也适用于信息和通信技术（ICT）和信息提供组成部分的（非功能性需求）的架构构建。

（3）SBB 名称

信息系统不止一个应用，在信息系统中，PPT 都包含在其中，而不包含在应用中。

应用程序只是程序逻辑，没有信息管理和基础设施管理，没有人员和资源组合的组织设计。理想情况下，SBB 图采用服务名称对面向服务的思维和工作很公平，比应用程序名称更广泛。

6.SBB 模板——信息

图 2.8.7 显示了 SBB-I 图的模板。它基于图 2.8.7 所示的模板。SBB-I 图中定义了名称、层和构建块等内容。SBB-I 图和 SBB-I 构建块的名称是唯一的。但是，层的名称是通用的，并适用于所有信息系统。

图 2.8.7　SBB 模板——信息

（1）信息管理支持工具

执行信息管理需要工具，它可以识别两种类型的工具。第一种类型的工具是用于对诸如业务规则编辑器之类的信息进行运营管理的工具。第二类工具是管理报告和业务规则等逻辑的工具。

（2）信息接口

信息系统中需要的所有数据不是通过用户界面输入的，而是通过这一层输入的。这涉及注入 CRM 系统的客户数据或 ERP 系统的财务数据。

（3）信息配置对象

第 5 层描述了信息系统在信息管理层的适应能力。例如，业务规则、完整性规则、权限、信息监控机构等。

（4）信息对象

第4层描述了信息服务所使用的信息系统的功能。这可能涉及使用技术术语的各种构建块，如"创建 / 更新场景""执行组合分析"或"岗位数据分层"，它们是信息系统特有的功能。

（5）业务报告模式

第3层包括为用户或最终用户报告的信息。因此，报告与业务程序和用于这一信息系统的信息服务有关。

（6）用户接口模式

SBB-I 图的第2层包含的构建块用来描述与信息系统用户的接口。这些通常用于登录、输入或更改数据的交互界面。指定报告参数的界面也属于此层。

（7）信息服务

SBB-I 图从最上层开始，通过这些信息服务定义信息系统的范围。我们必须明确区分信息服务和应用服务。信息服务纯粹是信息的输入、处理、存储、提供和管理，应用服务用来支持信息服务。输入需要定义与其他信息系统的用户界面（第6层）和信息接口（第2层）；处理需要诸如在信息对象（第4层）中定义的业务规则之类的逻辑；存储需要某些信息对象（第4层），例如实体关系图（ERD）。信息可以通过用户界面（第6层）或报告（第5层）在线提供。

信息的管理，比如主数据调整，可以通过配置对象（第3层）或专门以此为目的工具（第1层）来完成。

所以，第7层上的信息服务是下面6层提供的功能组合。

7. 提示和技巧——SBB-I

（1）信息管理支持工具

如果信息管理和应用管理是不同的世界，那么工具和权力的划分往往就变成一场战争。

二者都主张具有使用工具的权利，例如，信息管理可以使用数据库工具，也可以是为应用管理保留的工具。一个简单的区分规则是，通过部署流水线从开发、测试或验收环境传输到生产环境的所有设备都属于应用管理领域。

（2）信息接口

除了数据外，数据结构的版本在这些构建块中也非常重要。确保数据结构的版本也是版本控制工具的一部分。

（3）信息配置对象

业务逻辑的变化不仅包括业务规则本身，还包括这些规则的版本。确保规则的版本也是版本控制工具的一部分。

（4）信息对象

该层被认为是实践时最困难的一层。信息系统逻辑的划分在信息和应用级别上是统一的（SBB-I/SBB-A 级别）。因此，最好同时定义这些层。然而，SBB-I 层是

D e v O p s 持 续 万 物

用业务术语来描述，而 SBB-A 层是用应用逻辑来描述。例如，在 IT 领域，我们谈论的是引擎，例如流动性风险引擎（计算机），而从信息的角度来看，这于流动性风险计算相关。

一个简单的比喻是乘火车旅行。票务服务、运输服务以信息服务的形式表示业务功能；机车和货车代表应用服务，铁路、铁路桥梁、高架桥和电源代表技术（基础设施）服务；乘客、售票员和司机是参与者。

（5）业务报告模式

就像第 6 层一样，在第 5 层常常也需要快速切换到报告模式。当然，在报告中，这个数字似乎是无限的。在报告级别，可以通过查看他们支持的信息服务或信息服务的使用方式来找到模式。例如，报告可分为管理报告、质量保证报告、信息提供报告、业务例外报告、使用报告等。

（6）用户界面模式

在实践中，用户界面（如显示屏幕）的数量可能会达到数百个。但是，如果查看用户界面的架构及其工作方式，可以快速观察到其实只有有限数量的模式。通过查看用户界面，我们可以识别模式。例如，根据如何使用对用户界面进行分类：输入、修改、在线检索、报告、配置、导入、报告、管理等。通常，模式内用户界面更改的风险和影响是相同的。

（7）信息服务

价值流画布模型的价值流为识别信息系统的服务提供了良好的基础。建议尽可能将持续设计金字塔的各层对象相互连接。在架构世界中，面向服务的思维和工作是常识。因此，组织的结构通常是以服务架构的形式来画的。例如，在 Archimate 图中将业务服务、信息服务、应用服务和基础设施服务在不同的层显示，其中也包括相关流程。这个 Archimate 图必须与持续设计金字塔中的模型相匹配。

SBB-I 图为信息管理层提供了详细的内容。这通常与业务管理层合并。而业务管理层的输入就是业务流程使用的信息服务，这个信息服务以组织向最终用户提供业务服务的形式生成并输出。因此，第 7 层的 SBB-I 构建块也可以来自信息架构图。如有必要，这些服务可由组织生产的物理产品取代。

8.SBB 模板——应用

图 2.8.8 显示了 SBB-A 图的模板。

（1）应用管理支持工具

应用管理的执行需要工具。有两种类型的支持工具：第一类工具是诸如应用监控工具之类的应用操作管理工具；第二类工具是逻辑管理工具，如应用程序接口的提取、转换和加载（ETL）设置。

（2）应用接口

应用所需的所有数据和未通过应用程序界面输入的数据都是通过这一层实现的。这涉及接口文件、消息队列、API 链接、门户等。

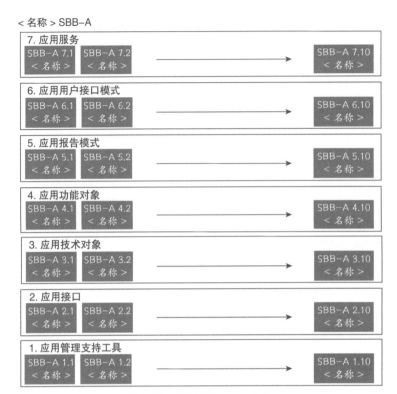

图 2.8.8　SBB 模板——应用

（3）应用技术对象

第 3 层描述了技术对象。此层是可选的，但通常对应用开发和管理是非常有用的，因为所选的应用架构通常包括专家组件，如 Net. 应用或来自 Laravel 的 PHP 框架。它们是通用术语，不是应用专属，但也与应用架构相关。

（4）应用功能对象

第 4 层描述用于应用服务的应用功能。这涉及使用各种技术术语的构建块，例如"场景引擎""组合分析引擎"或"分层引擎"。它们是应用程序独有的功能，通常从 SBB-I 图的第 4 层推断出来，并代表实现业务逻辑所需的应用逻辑的划分选择。

支持相同信息服务的两种相互竞争的应用程序可能具有完全不同的功能术语和格式。解决方案架构师需要选择如何实施。例如，Topdesktop 在 Configuration Management DataBase 中实现"配置管理"信息服务的选择与实现 ServiceNow 选择有很大的不同。两者都基于信息技术基础设施库（ITIL），并且支持使用相同信息服务的相同 ITIL 过程。但是，由于功能并不相同，因此存在不同的构建块。

（5）应用报告模式

第 5 层包括给管理员的应用报告。所以，报告与应用管理也相关。

（6）应用用户接口模式

SBB-A 图的第 6 层包含描述应用界面的构建块。这些可以是应用，也可以是 HTML 页面，同时还包括应用管理界面，例如配置技术参数、从事件日志请求事件、重启应用等。

（7）应用服务

SBB-A 图从顶端开始，根据应用服务定义应用领域的范围。应用服务是一些应用功能包括输入、处理、存储、提供和管理信息。

信息的输入需要应用程序中以 App 或 HTML 页面（第6层）的形式提供，还需要逻辑将前端连接到应用组件（第3层），例如通过 RESTAPI（第4层）。其他应用的输入也可能是输入，例如经由 FTPS、消息队列、RESTAPI 等（第2层）的输入。应用中信息的处理需要诸如发动机或计算函数（第4层）之类的逻辑。存储需要将逻辑数据模型转换为物理数据模型（第4层），物理数据模型用于在数据库（第3层）中创建表、索引和触发器。

可以在线提供（第6层）或通过报告提供（第5层）。产生报告这个过程通常需要从业务到应用对象的转换工具（第1层）。

管理信息（例如调整主数据）也可以作为功能（第4层）内置到应用中。标准工具也是可以的，但它们属于 SBB-I 图。因此，第7层的应用服务是由下面6层提供的功能组合。

9. 提示和技巧——SBB-A

（1）应用管理支持工具

许多敏捷团队表示，他们可以选择自己的工具，这是一项敏捷原则。但是，如果存在形成 SoR 链的应用链，则使用特定配置的特定工具是不可行的。很多时间和精力都投入重复造轮子上，导致无效、低效、工作重复、大量额外协调和接口等。使用三层法也许更好。第1层的工具是一些常见的工具，如产品待办列表管理工具和部署流水线工具；第2层是按应用类型来选择的工具集；第3层则可以自由选择。这不仅避免了大量的时间损失，还避免了质量损失。

（2）应用接口

通过分析信息接口，能够找出应用所需要的技术链接。

（3）应用技术对象

有时会区分技术应用管理和功能应用管理。技术应用管理相关的软件不包含业务逻辑，也被称为系统软件。

（4）应用功能对象

应用功能与价值流和组成价值流的用例强相关。因此，如果仅在一个构建块上显示用例，就会更清晰。

（5）应用报告模式

应用报告可以从技术信息导出。这些信息不会通过应用程序接口在线提供，而是通过报告提供给管理员。

（6）应用用户接口模式

必须针对信息的类型分别管理。业务相关信息位于 SBB-I 图中，技术信息来自 SBB-A 图。技术信息包括设置、事件、权限、使用统计等，这些也形成了模式。实现应用接口的技术组件在第3层中。

（7）应用服务

实现应用服务的第一步是将信息服务转换为应用服务。应用的功能组件是应用服务的良好指标。

10.SBB 模板－技术

图 2.8.9 显示了 SBB-T 图的模板。此图标识应用程序功能所需的基础设施服务。之所以选择"技术"一词而不是"基础设施"，是想避免出现两个 SBB-I。

图 2.8.9　SBB 模板——技术

（1）基础设施管理工具和流水线工具

执行基础架构管理需要工具。它可以识别两种类型的工具：第一种类型的工具是基础设施运营管理工具，如基础设施监控工具以及包括基础设施代码（IaC）的工具。第二种类型的工具是用于管理部署流水线的工具。

（2）网络服务

第 6 层是物理网络。这包括网络分段、入侵检测服务、DMZ 服务、域名系统（DNS）服务和加密服务等服务。

（3）通信服务

第 5 层描述了从基础架构实现通信的方式。OSI 模型的各层上存在各种通信选项，可能的通信服务包括应用通信（XML/SOAP、RESTAPI）、数据库通信（TSQL、P/SQL 等）、文件传输通信（FTP）、消息队列通信、API 呼叫、Web 通信（HTTP/HTML）和网络通信（TCP/IP）。

（4）平台服务

第4层介绍应用需要运行的基本功能，如操作系统（Linux、Unix、Windows、MacOS 等）、身份验证和授权服务（RBAC 服务、LDAP 服务等）、虚拟机服务、容器服务（例如 Docker Enterprise）、扩展和负载均衡服务等。

（5）数据存储服务

第3层包括数据的存储。它可以存储许多类型的数据，例如业务交易、内容、文档、账户数据、证书等。在云中，可以购买来自 AWS 和 Azure 的 SQL 和 non-SQL 数据库，但账户数据通常存储在 Active Directory 等工具的数据库中。

（6）应用设施服务

第6层包含技术应用功能，可从基础设施管理到应用管理实现这些功能，从而使功能的开发和管理在应用管理之外。一个例子是搜索引擎。其他例子包括个性化、搜索工具、Web 内容管理、文档管理和其他标准服务。例如，常用的软件包是 sharepoint。

（7）基础设施服务

基础设施服务支持应用服务。SBB-T 图的每一层都是为应用提供的服务。

11. 提示和技巧—SBB-T

（1）基础设施管理工具和流水线工具

组织中越来越多地使用"一次性交付流水线"策略。这也可以在云中购买。但是，仍有许多传统系统无法与此协调。在工具和工作方法方面，还有很多选择需要我们自己理解。

（2）网络服务

与平台即服务（PaaS）服务相比，基础设施即服务（IaaS）更被认为是一个可以委托给云提供商的黑盒子。这一层也包括一些需要识别和控制的风险区域，并且可以在这方面做出各种选择。

（3）通信服务

与数据存储服务类似，通信服务与另一个服务绑定。在这里还是建议继续保留这一层，因为存在与通信服务相关联的许多风险和影响。

（4）平台服务

常见的错误是将 PaaS 视为黑盒，由供应商根据客户的意愿和要求交付。其实这其中还要做很多选择，这一层的构建块简化了这个流程。例如，建议与云代理一起确定哪些服务和云服务的配置最好。

（5）数据存储服务

数据存储通常是另一个构建块的一部分。例如，账户通过平台服务进行管理。虽然可以考虑省略此层，但保持这一点非常重要，因为很多风险和影响都与数据有关，这些数据可以用来对构建块元素进行分类。

（6）应用设施服务

确保构建块的名称和产品无关。产品经常被用来和其他产品交换。出现这种情况时，就得不断调整构建块的名称。构建块可以作为诸如需求、测试用例、软件配置项等各种对象的标签。这就是为什么一个和产品无关的名字更符合未来的需求。

（7）基础设施服务

SBB-T 的层是通用的，在实际应用中不需要任何自适应。

12. SBB-I、SBB-A、SBB-T 案例

在图 2.8.10、图 2.8.11 和图 2.8.12 中，分别给出了咖啡服务的 SBB-I、SBB-A 和 SBB-T 图示。若要实现咖啡服务的所有价值流，必须有这些组成部分。

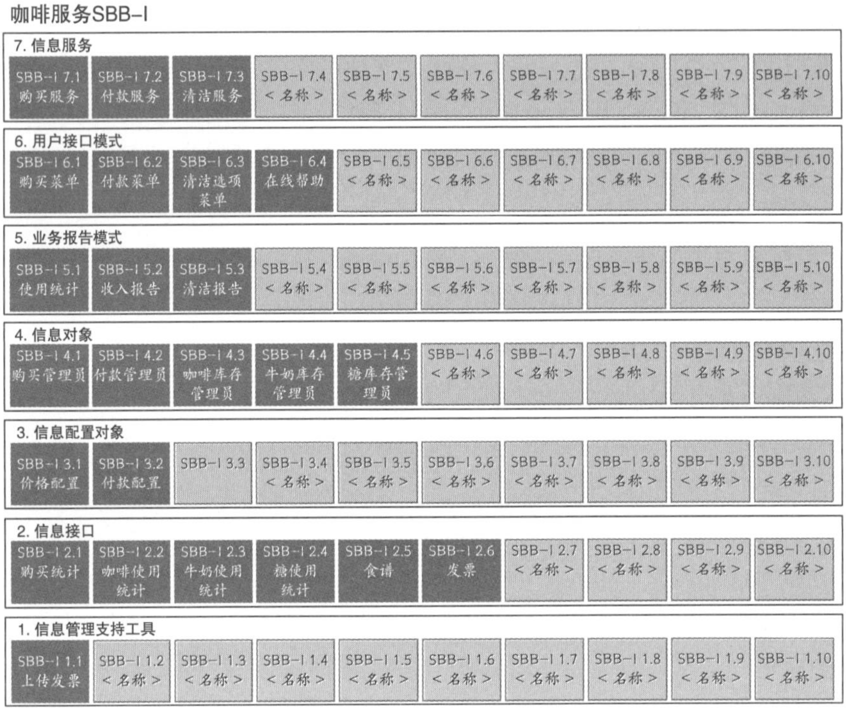

图 2.8.10　咖啡服务 SBB-I

在这里有几点意见：改进的点还没有包括在构建块（添加汤和添加生物测定方法）中；包括维修服务，但只给出了一个价值流示例——"咖啡饮品"。

四、价值流映射

价值流映射是一个或多个价值流上的构建块的愿景。但是，它也可以在用例图和用例级别进行映射。愿景并不意味着以价值流、用例图或者用例的形式把一个或多个构建模块分配给持续设计中定义的功能。愿景的附加价值在于：确定功能和能够提供信息的构建块之间的关系，从功能到实现进行一种转换；确定每个功能的构建块反映了变更或创新的范围；根据构建块定义的范围，还可以对系统无法满足非功能性需求或质量要求的情况初步进行风险评估；构建块可以用来确定价值流、用例图和用例的完整性。毕竟，每一构建块都必须在某个地方使用。

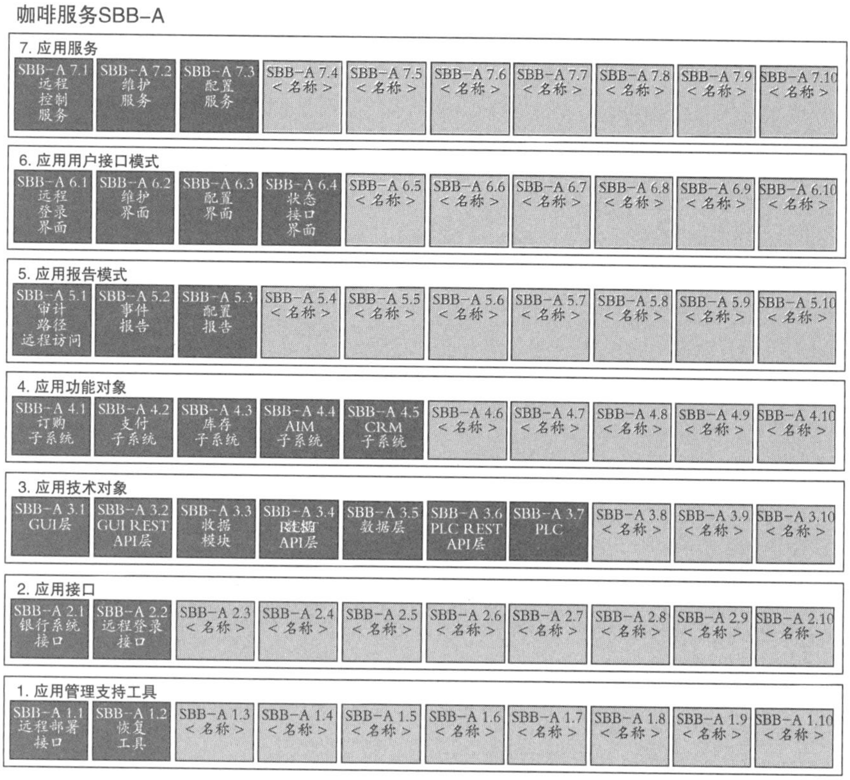

咖啡服务SBB-A

7. 应用服务

SBB-A 7.1 远程控制服务	SBB-A 7.2 维护服务	SBB-A 7.3 配置服务	SBB-A 7.4 <名称>	SBB-A 7.5 <名称>	SBB-A 7.6 <名称>	SBB-A 7.7 <名称>	SBB-A 7.8 <名称>	SBB-A 7.9 <名称>	SBB-A 7.10 <名称>

6. 应用用户接口模式

SBB-A 6.1 远程登录界面	SBB-A 6.2 维护界面	SBB-A 6.3 配置界面	SBB-A 6.4 状态接口界面	SBB-A 6.5 <名称>	SBB-A 6.6 <名称>	SBB-A 6.7 <名称>	SBB-A 6.8 <名称>	SBB-A 6.9 <名称>	SBB-A 6.10 <名称>

5. 应用报告模式

SBB-A 5.1 审计路径远程访问	SBB-A 5.2 事件报告	SBB-A 5.3 配置报告	SBB-A 5.4 <名称>	SBB-A 5.5 <名称>	SBB-A 5.6 <名称>	SBB-A 5.7 <名称>	SBB-A 5.8 <名称>	SBB-A 5.9 <名称>	SBB-A 5.10 <名称>

4. 应用功能对象

SBB-A 4.1 订购子系统	SBB-A 4.2 支付子系统	SBB-A 4.3 库存子系统	SBB-A 4.4 AIM子系统	SBB-A 4.5 CRM子系统	SBB-A 4.6 <名称>	SBB-A 4.7 <名称>	SBB-A 4.8 <名称>	SBB-A 4.9 <名称>	SBB-A 4.10 <名称>

3. 应用技术对象

SBB-A 3.1 GUI层	SBB-A 3.2 GUI REST API层	SBB-A 3.3 收据模块	SBB-A 3.4 日志 REST API层	SBB-A 3.5 数据层	SBB-A 3.6 PLC REST API层	SBB-A 3.7 PLC	SBB-A 3.8 <名称>	SBB-A 3.9 <名称>	SBB-A 3.10 <名称>

2. 应用接口

SBB-A 2.1 银行系统接口	SBB-A 2.2 远程登录接口	SBB-A 2.3 <名称>	SBB-A 2.4 <名称>	SBB-A 2.5 <名称>	SBB-A 2.6 <名称>	SBB-A 2.7 <名称>	SBB-A 2.8 <名称>	SBB-A 2.9 <名称>	SBB-A 2.10 <名称>

1. 应用管理支持工具

SBB-A 1.1 远程部署接口	SBB-A 1.2 恢复工具	SBB-A 1.3 <名称>	SBB-A 1.4 <名称>	SBB-A 1.5 <名称>	SBB-A 1.6 <名称>	SBB-A 1.7 <名称>	SBB-A 1.8 <名称>	SBB-A 1.9 <名称>	SBB-A 1.10 <名称>

图 2.8.11　咖啡服务 SBB-A

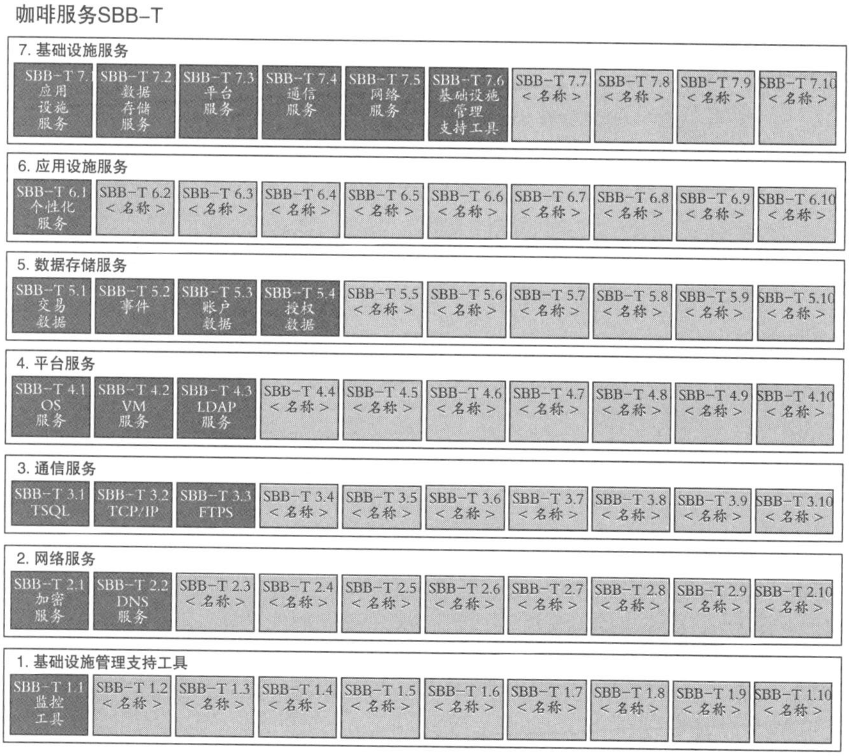

咖啡服务SBB-T

7. 基础设施服务

SBB-T 7.1 应用设施服务	SBB-T 7.2 数据存储服务	SBB-T 7.3 平台服务	SBB-T 7.4 通信服务	SBB-T 7.5 网络服务	SBB-T 7.6 基础设施管理支持工具	SBB-T 7.7 <名称>	SBB-T 7.8 <名称>	SBB-T 7.9 <名称>	SBB-T 7.10 <名称>

6. 应用设施服务

SBB-T 6.1 个性化服务	SBB-T 6.2 <名称>	SBB-T 6.3 <名称>	SBB-T 6.4 <名称>	SBB-T 6.5 <名称>	SBB-T 6.6 <名称>	SBB-T 6.7 <名称>	SBB-T 6.8 <名称>	SBB-T 6.9 <名称>	SBB-T 6.10 <名称>

5. 数据存储服务

SBB-T 5.1 交易数据	SBB-T 5.2 事件	SBB-T 5.3 账户数据	SBB-T 5.4 授权数据	SBB-T 5.5 <名称>	SBB-T 5.6 <名称>	SBB-T 5.7 <名称>	SBB-T 5.8 <名称>	SBB-T 5.9 <名称>	SBB-T 5.10 <名称>

4. 平台服务

SBB-T 4.1 OS服务	SBB-T 4.2 VM服务	SBB-T 4.3 LDAP服务	SBB-T 4.4 <名称>	SBB-T 4.5 <名称>	SBB-T 4.6 <名称>	SBB-T 4.7 <名称>	SBB-T 4.8 <名称>	SBB-T 4.9 <名称>	SBB-T 4.10 <名称>

3. 通信服务

SBB-T 3.1 TSQL	SBB-T 3.2 TCP/IP	SBB-T 3.3 FTPS	SBB-T 3.4 <名称>	SBB-T 3.5 <名称>	SBB-T 3.6 <名称>	SBB-T 3.7 <名称>	SBB-T 3.8 <名称>	SBB-T 3.9 <名称>	SBB-T 3.10 <名称>

2. 网络服务

SBB-T 2.1 加密服务	SBB-T 2.2 DNS服务	SBB-T 2.3 <名称>	SBB-T 2.4 <名称>	SBB-T 2.5 <名称>	SBB-T 2.6 <名称>	SBB-T 2.7 <名称>	SBB-T 2.8 <名称>	SBB-T 2.9 <名称>	SBB-T 2.10 <名称>

1. 基础设施管理支持工具

SBB-T 1.1 监控工具	SBB-T 1.2 <名称>	SBB-T 1.3 <名称>	SBB-T 1.4 <名称>	SBB-T 1.5 <名称>	SBB-T 1.6 <名称>	SBB-T 1.7 <名称>	SBB-T 1.8 <名称>	SBB-T 1.9 <名称>	SBB-T 1.10 <名称>

图 2.8.12　咖啡服务 SBB-T

1. 目标

价值流映射的目标是：

- 将价值流与信息系统的构建块联系起来
- 建立构建块与开发和管理信息系统的团队之间的关系
- 建立团队与部署流水线之间的关系

2. 内容

价值流映射的内容包括：

- 价值流中的步骤
- 系统构建块
- 团队
- 部署流水线

3. 需要回答的问题

- 这个解决方案在企业级架构下是什么样子？
- 适用哪些精益六西格玛绩效指标？
- 哪些用例使用哪些构建块？
- 哪些构建块由哪些团队开发和管理？
- 哪些团队在部署流水线中使用哪些工具？

4. 模板

图 2.8.13 显示了一个值流图的模板。模板中使用工具组合时要尽可能减少工具功能的重叠。

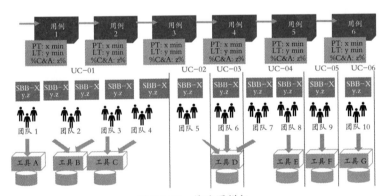

图 2.8.13　值流图模板

5. 提示和技巧

价值流映射旨在提供信息系统架构层之间的概览。这能概述和洞察事物一致性。一个重要的应用是确定价值流的瓶颈。为此，应确定每个用例的精益六西格玛性能指标，即前导时间（LT）、处理时间（PT）以及 %C/A。

LT 是用例或完整价值流的开始和结束时间之间的差值；PT 是实际花费的时间；LT 和 PT 之间的差别是在等待处理时产生的浪费。这些都是可能的改进点。但是，PT 也包含诸如手动任务之类的浪费。%C/A 指示了第一次（第一次正确）未正确交付的位置。

这显然不是最终的质量，而是一个步骤必须再次执行的次数。

还有累积性能指标显示 LT 或 PT 的总和。这可以让我们在更高层（例如价值流）来分析性能。此外，可以通过将各个值相乘来确定累计 %C/A。通过查看用构建块描述的用例，可以确定信息系统中哪些部分可以改进，哪些团队应该对此采取行动。

6. 案例

如图 2.8.14 所示价值流映射的例子，构建块显示构建块 ID 和构建块名称。这里有一些局限，因为 SBB-I、SBB-A 和 SBB-T 的构建块都可以参与。图 2.8.15 中显示的另一种方法只显示设备 ID。

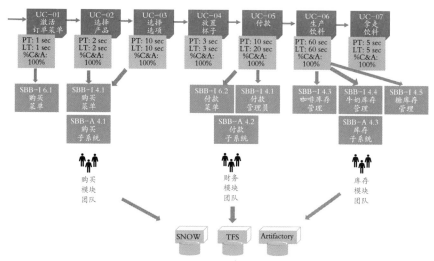

图 2.8.14　示例 1：咖啡服务的价值流映射

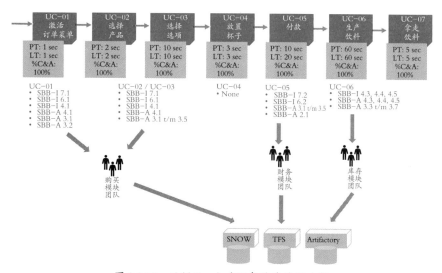

图 2.8.15　示例 2：咖啡服务的价值流映射

第九节　设计视图

提要

（1）用户故事无法提供概览和透视，而用例可以在这个方面提供一些指导。

（2）用例可以有不同的执行路径，我们称之为场景。

（3）用例应该是独立于产品流程存储库中的需求、测试用例、软件项等。

一、简介

在图 2.9.1 中，显示了设计视图在持续设计金字塔中的位置。这一层是将用例图转换为信息系统的用例。

图 2.9.1　设计视图

这一层的交付内容是用例。下面是这本书中使用的用例定义：用例是一种行为分类器，它指定了由一个或多个主体执行的有用功能的完整单元，在与一个或多个参与者的协作中，该用例作用于这些主体，所有用例共同生成可观测的结果，这个结果对每个主体的参与者或利益相关者产生价值。

如果在持续设计方面有所谓的常识，那就是用例。这可能是因为用例仅用到一个通用的格式（UML）来描述一组相关联的用户故事。UML 是统一建模语言的简称，是一种建模语言，用于对信息系统进行面向对象的分析和设计。用例包括用例描述和用例场景。

用例描述的定义：用例描述的是参与者（或用户类别）之间的交互，以实现价值可见目标。用例描述所提供的元素必须比简单的用户与系统交互的序列更多。

用例场景定义：用例表示启用或放弃目标所需的操作。一个用例有多个路径，任何用户在任何时候都可以采用。用例场景是通过用例的单个路径。

二、用例

本部分讨论目标、内容、要回答的问题、模板、提示和技巧，以及用例的示例。

1. 目标

使用用例的目标是：

- 定义运行服务的步骤
- 为相关的用户故事创建上下文
- 支持产品待办列表的细化，从史诗到特性的拆分

（1）步骤

用例描述了为业务提供增值所必须遵循的步骤。这些步骤都是在故事或任务级别。

（2）上下文用户故事

经常听到的抱怨是，用户故事可以很好地确定需要构建的内容，但无法对系统的整体功能提供概述和洞察。用户故事不是解决此问题的适当工具。而这就是持续设计的核心：提供概述和洞察，以便能够更好地做出下一步选择。

（3）分解

优化产品待办列表平均需要敏捷团队 10% 的时间，主要是反映要获得的成果是什么。遵循的步骤有主题、史诗、特性、（用户）故事和可选任务。实际上，敏捷团队正在着手对需要实现的功能和技术进行设计。如果在持续设计的基础上以结构化方式执行此操作，则可显著缩短时间。特别是用例，简直是完美的用户故事生成器。

2. 内容

用例包括两个部分：

- 用例描述
- 用例场景

在用例定义中，下列属性很重要。

- 行为：信息系统是如何运作的？
- 功能：需要采取哪些行动？
- 参与者：谁执行这些动作？
- 主题：涉及哪些对象（构建块）？
- 价值：业务增加了什么价值？

（1）用例描述

- ID
- ◎ 名称

- ◎ 唯一编号
- • 元数据
- ◎ 目标
- ◎ 摘要
- ◎ 假设
- ◎ 初始值
- ◎ 频率
- ◎ 参考资料
- • 质量
- ◎ 前置条件
- ◎ 后置条件

（2）用例场景

- • 主要成功场景
- ◎ 图形化的步骤概述
- ◎ 步骤描述
- • 扩展
- ◎ 步骤
- ◎ 错误编号
- ◎ 错误
- ◎ 补救行动

3. 需要回答的问题

设计视图中需要回答的问题是：

- • 需要构建哪些内容？
- • 执行步骤的顺序是什么？

4. 用例描述模板

表 2.9.1 显示了用例描述模板。表中左列是属性。中间列指示是否必须输入属性。左列是对属性含义的简要描述。

表 2.9.1　用例描述模板

属性	是否必须 输入属性	描述
ID	√	< 名称 >-UC<No.>
名称	√	用例的名称
目标	√	用例的目标
摘要	√	关于用例的简要说明
前提条件		用例执行之前必须满足的条件
成功结果	√	用例执行成功时的结果

属性	是否必须输入属性	描述			
失败结果		用例未执行成功时的结果			
性能		适用于此用例的性能标准			
频率		执行用例的频率，以选择的时间单位表示			
参与者	√	在此用例中扮演角色的参与者			
触发	√	触发执行此用例的事件			
场景（文字描述）	√	S#	参与者	SBB	描述
		1.	执行此步骤的人员	SBB-T 的 SBB-A 的 SBB-I	关于如何执行步骤的简要说明
场景的变化		步骤	变量	SBB	描述
		1.	步骤偏差	SBB-T 的 SBB-A 的 SBB-I	与场景的偏差
开放式问题		设计阶段的开放式问题			
规划	√	此用例的交付截止日期是什么？			
优先级	√	用例的优先级			
上级用例（Super Use Case）		用例可以形成一个层次结构。在执行当前用例前应当先执行的的用例称为上级用例或基础用例			
接口		用户接口的描述、图片或原型			
关系		流程	……		
		系统构建块	……		
		……	……		

5. 用例描述的提示和技巧

（1）大小

用例描述最多有 2 到 3 个 A4 页面。否则，用例可能过于复杂，无法代表一项功能。用例太大可以分开来做。

（2）文档

用例描述不要记录在 Word 文档中，最好使用协作工具，例如 Confluence。当然，这些工具在元数据、存储库以及与部署流水线中其他工具的链接方面的功能并不强大。如果确实需要，最好自己构建一个工具来定义用例描述，然后在数据模型中对数据进行结构化。

（3）版本控制

用例描述也要进行维护。因此，好的版本管理是必要的。如果在工具中定义了用例描述，将 XML 导到存储库（例如 TFS）中就可以实现版本管理了。

（4）关系

与其在用例描述中捕获关系，还不如在工具中执行此操作。如果将用例描述记录在存储库中，则可以轻松建立与相关功能、需求、测试用例和软件配置项或基线的关系。

（5）频率

除了频率外，还可以在用例描述中记录 LT、PT 和 %C/A 性能指标。

6. 用例描述示例

表 2.9.2 给出了用例描述的示例。

表 2.9.2　用例描述示例

主题	是否必须输入属性	描述
属性	√	UC-06
名称	√	饮料付费
目标	√	本用例的目标是为预定的饮料付费
摘要	√	喝咖啡人点了一杯咖啡，付费后放好杯子，获得咖啡
前提条件		喝咖啡人点了一杯咖啡，并放好杯子
成功结果	√	付了钱后，咖啡机开始生产
错误结果		• 喝咖啡人还没付钱 • 喝咖啡人收到了已支付现金的退款 • 如果是电子支付，未从提供的卡中扣除该金额 • 喝咖啡人收到了关于交易凭条和如何解决问题的信息 • 咖啡机返回到选择菜单
性能		订单的 LT 为 101 秒 订单的 PT 为 94 秒 %C/A 为 100%
频率		每天都有数以百计的订单
参与者	√	在此用例中的参与者有喝咖啡人、咖啡机和可选的金融机构
触发	√	付款的触发点是喝咖啡人在显示订单的屏幕上确认付款

场景 （文字描述）	√	S#	参与者	SBB	描述
		1.	咖啡机	SBB-I 6.2	显示付款菜单。 咖啡机显示付款菜单
		2.	喝咖啡的人	SBB-I 6.2	提供支付卡。 喝咖啡人提供支付卡
		3.	喝咖啡的人	SBB-I 6.2	确认金额。 喝咖啡人确认所选订单的金额
		4.	咖啡机	SBB-I 4.2 SBB-A 4.2	预定交易。 咖啡机在内部发布交易
		5.	咖啡机	SBB-A 2.1	连接。 咖啡机与支付卡相关联的银行系统接口建立连接
		6.	喝咖啡的人	SBB-A 2.1	输入 PIN 码。 喝咖啡人输入 PIN 码

主题	是否必须输入属性	描述			
场景（文字描述）		7.	银行系统	SBB-A 2.1	执行交易。银行系统通过银行系统接口将从喝咖啡人的账户转入咖啡机账户并确认提取金额
		8.	喝咖啡的人	SBB-I 4.2 SBB-A 4.2	确认交易。咖啡机在内部成功地完成交易，并向喝咖啡人指示交易成功并启动饮料的生产
场景变化		S#	变量	SBB	描述
		2a	现金付款	SBB-I 6.2	喝咖啡人用现金付钱。下一步转到第3步
		3a	无确认	SBB-I 6.2	喝咖啡人没有确认付款金额或超过输入确认的时间。下一步转到第8a步
		4a	无预订交易	SBB-A 4.2	由于内部故障，导致交易失败。下一步转到第8a步
		5a	无连接	SBB-A 2.1	无法建立与银行系统接口的连接。下一步是第8a步
		6a	错误的PIN代码	SBB-A 2.1	喝咖啡人输入了错误的PIN码，交易被拒绝。下一步是第8a步
		7a	余额太低	SBB-A 2.1	喝咖啡人的账户余额太少了，交易被拒绝。下一步是第8a步
		8a	交易拒绝	SBB-I 4.2 SBB-A 4.2	咖啡机弹出交易被拒绝的错误消息，向喝咖啡人显示他的交易被拒绝
开放式问题		对和银行系统的连接都有哪些要求？			
规划	√	下一个迭代			
优先级	√	最高优先级			
上级用例		用例 04，放置杯子			
接口					
关系		流程	事件管理		
		SBB	此用例中未显示 SBB-T 构建块		

7. 用例场景模板

场景是用例执行步骤的一个例子。因此，用例场景模板实际上是用例描述模板的一个可视化效果。图 2.9.2 显示了用例场景模板。该模板包含一个开始和结束图标，图标之间的方块是一个场景要流经的部分。用例场景中也可能有分支，因此必须在用例描述中指明可变因素。

8. 用例场景的提示和技巧

用例的定义中用用例描述非常有价值。然而，在演示中用例场景更适用。图形化显示是个不错的选择，而且许多人处理图形信息的速度比处理文本的速度要快很多。但是，用例描述仍旧很有用。

9. 用例场景示例

图 2.9.3 显示了 UC-06 的两个用例场景示例。第一个（UC-06-SC01）表示通过银行卡成功支付订单的场景；第二个（UC-06-SC02）显示相同用例 UC-06 的以现金付款的场景。两个场景的不同是 UC-06-SC01 使用银行系统接口，而 UC-06-SC02 不使用。

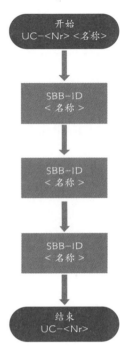

图 2.9.2 用例场景模板

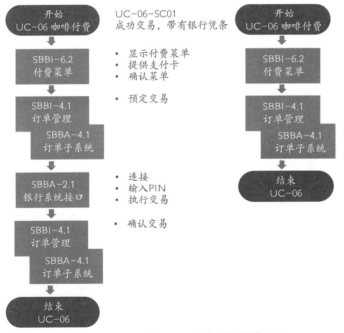

图 2.9.3 两个用例场景示例

第十节 需求视图

提要

（1）需求必须有自己的生命周期，从而也可以进行管理。

（2）除了主题、史诗、特性和故事这些对象之外，在信息系统实现的规划中需求也被定义为一个独立的对象。

（3）需求必须有版本号，并被归入版本管理系统。

（4）需求应该存储在软件开发流程中的仓库。

一、简介

图 2.10.1 显示了需求视图在持续设计金字塔中的位置。此需求视图层可解决如何将用例转换为需求的问题。

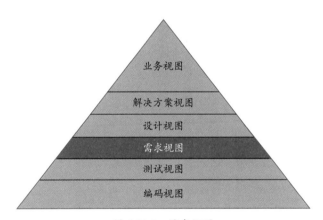

图 2.10.1　需求视图

该层的交付内容是需求。在敏捷软件开发的世界中，主题、史诗、特性和故事可以写成"我是……想要……所以……"形式的需求。但是，这有两个缺点。第一，主题、史诗、特性和故事的主要作用更像是要完成工作的占位符。如果各个级别的需求都用这个格式，那么在完成之后，主题、史诗、特性和故事都被关闭，在信息系统的管理系统中不再使用。因此，大多数面向敏捷的组织中的需求都是临时对象，仅仅显示出边际附加值。第二个缺点是需求详细的级别。"我是……想要……所以……"只反映了要实现的内容中"What"部分，很少表现"How"部分。

1.BDD

将需求作为具有自己生命周期的单独对象使用是一种好方法。该方法也用于行为驱动开发。在这种方法中，我信在编写软件之前，首先描述了信息系统的行为。Gherkin是一种被广泛使用的语言，用来编写需求。格式很简单，但很规范。语言规范就可以使用此格式的需求来创建测试框架，例如使用 Cucumber 工具。本部分介绍如何在持续设计中应用 BDD。

2. 什么是 BDD？

BDD 是有以下特征。

（1）BDD 是一个以测试为核心的软件开发过程。

（2）BDD 是测试驱动开发（TDD）的衍生产物。

（3）BDD 需求可以作为产品需求、验收标准和测试用例。

（4）BDD 促进了测试左移（在开发过程中将测试前移）。

3. 什么是 Gherkin？

（1）Gherkin 是最常用、最简单的编程语言之一，用于编写正式的行为规范。它将行为描述为 "Given-When-Then" 的场景。

（2）Gherkin 官方语言是 Cucumber 维持的。Cucumber 是最常用的 BDD 自动化框架之一。

（3）Gherkin 语言的代码包含在所谓的特性文件中。这是一个具有扩展名 ".feature" 的文本文件。

（4）特性文件是：

- 对产品负责人来说是需求
- 对开发者来说是验收标准
- 对测试人员来说是测试用例
- 对自动化人员来说是程序脚本
- 对其他干系人来说是需求描述

（5）行为通过定义实例来标识。

（6）使用自动化工具，可以轻松地将场景转换为自动化测试用例。

二、BDD

本部分讨论 BDD 的目标、内容、需要回答的问题、模板、提示和技巧，以及 BDD 特性文件的举例说明。

1. 目标

BDD 的目标如下：

- 以需求的形式定义服务的行为
- 使用结构化格式定义需求
- 尽可能对需求进行自动化测试

DevOps 持 续 万 物

2. 内容

BDD 方法是以 Gherkin 语言定义需求，其格式就是所谓的 "Given-When-Then" 格式。

表 2.10.1　关键字及其描述

关键字	描述
Given ＜条件＞	• 这里描述前提条件（初始状态或上下文） • 测试产品是否处于所需状态 • 可以进行参数化
When ＜事件被触发＞	• 这一句描述触发信息系统行为的事件 • 可以进行参数化
Then ＜预期结果＞	这一句描述信息系统在触发后的行为
And	可以为 Given，When 和 Then 增加额外的步骤
But	功能与 "And" 相同，但更易于阅读。"But" 可与 "And" 互换

3. 需要回答的问题

在 "需求视图" 中要回答以下问题：

• 信息系统的必要功能和质量是什么？
• 对信息系统的行为有什么要求？

4. 模板

BDD 的模板本质上是 Gherkin 语言的语法。

```
Feature: <feature name>
As a<Role>, I want to <NFR> So That <rationale>
Background:
 " " "

Only one background per feature section
 " " "

Given <some initial state>
And <some initial state>
@search @stock
Scenario Outline: <name>
Given…<start>…
When…<processed>…
Then…<in stock>
Example: <name>
|start|processed|in stock |
||<value>|<value>|<value>|
```

5. 提示和技巧

BDD 方法需要掌握 Gherkin 语言。学习该语言通常需要几个小时，但学习以这种格式描述各种要求，并让所有敏捷团队成员实际使用这种语言需要更长时间。

6. 举例

下框包含了一个 Gherkin 功能文件的示例。

```
Feature: Drink coffee
As a thirsty employee
I want to be able to choose a coffee product and the
options milk and sugar
So that I can enjoy my drink and not be thirsty anymore.
Background:
Given that the coffee machine is on
And the coffee machine is not in cleaning mode
And there is no error message on the screen
Scenario: Choose coffee product
Given  the screen is in sleep mode
When  I activate the display
And  I choose the <Product>
Then  the coffee machine shows a selection menu with
<Opties> that apply are on my chosen product
Example data:
|ID|Product|Options            |SBB      |
|1 |Coffee |Milk, Sugar, Strong|SBB-I 6.1|
Scenario: Choose coffee options
Given  I have chosen the <Product>
And  I see a selection screen for relevant <Options>
When I click my <Options>
And  I press Enter
Then the coffee machine shows the payment menu
Example Data:
|ID|Product|Options                     |SBB      |
|1 |Coffee |Milk（1）、Sugar（2）、Strong（5）|SBB-I 6.1|
```

DevOps 持续万物

第十一节　测试视图

提要

（1）测试用例是"持续设计"的一部分，因为它们是从"做什么"到"如何做"的转换。

（2）根据定义的需求生成测试用例不仅节省了大量时间，而且提高了代码的质量。

（3）将测试用例用被测试的源代码的语言编写起来非常有用，这样测试也变成了编程。

（4）测试用例还必须使用版本控制工具进行管理。

（5）测试用例的执行是部署流水线的一部分。

一、简介

图 2.11.1 中显示了测试视图在持续设计金字塔中的位置，这一层是将需求转换为测试用例。

图 2.11.1　测试视图

这一层的交付内容是测试用例。多年来，测试一直被视为编程后的一项活动。从经验来看大约 50% 的时间用于测试，其中大部分时间都花费在最后验收环境中的开发上。随着敏捷工作的到来，思维和工作方式发生了显著的变化。第一，引入了测试左移，这将部署流水线中测试工作前移到开发环境中；第二，重点转向单元测试，而不是功能和用户验收测试。

在 eXtreme Programming（XP）中，单元测试也被提升为测试驱动开发，在编写源代码之前必须先写单元测试。这最后一步非常重要，因为它将从"做什么"转换为"如何做"。本质上，这就是技术设计落地。此外，作为 TDD 的后续行动，产生了 BDD 理念，将需求、测试用例和验收标准合并起来。

基于 Gherkin 特性文件，测试用例可以在测试框架中生成。

通过在部署流水线中嵌入这种测试自动化，也能够在流水线中进行版本管理和控制。用户故事的验收依赖于测试用例的执行成功。

二、测试驱动开发

本节讨论了目标、内容、要回答的问题、模板、提示和技巧，并给出了一个 TDD 学习方法的示例。

1. 目标

测试驱动开发的目标是：

- 将"做什么"转换为"如何做"
- 在尽可能的底层描述源代码的行为
- 强迫程序员在开始编码之前思考并验证方案
- 为需求提供真正的 DoD（用户故事 /GWT）
- 创建敏捷应用文档基础（持续文档化）

2. 内容

TDD 的内容包括：

- 测试框架
- 测试用例
- 测试数据集

（1）测试框架

测试框架是一个应用，其唯一目的是测试另一个应用。测试框架主要包含单元测试用例来测试应用的底层逻辑。理想情况下，测试框架可以基于 BDD 的工具（如 Cucumber）创建，该工具将 Gherkin 语言转换为测试框架，这个框架中有已经准备好的单元测试案例模板，包括测试数据。

（2）测试用例

TDD 主要关注单元测试用例。在测试左移的组织中，希望至少 80% 的测试工作在单元测试级别上执行，从而使至少 80% 的缺陷已经在开发环境中被发现。

3. 需要回答的问题

- 应如何构建信息系统？
- 什么样的技术需求可以构成 DoD？

4. 模板

标准测试框架可以基于 Gherkin 语言生成。但在更底层，该框架还需要制定单元测试的模板。通常，单元测试用例使用与源代码相同的编程语言编写。一个例子是 Python 测试用例的编写方式。

（1）单元测试模块

Python 提供单元测试模块，可用于定义和运行测试用例。

（2）创建单元测试用例子类

测试方法是用 Python 语言编写单元测试用例。为了允许在 Python 单元测试模块中重用预定义方法，在测试文件中要先创建一个子类。

（3）创建单元测试用例方法

子类定义后，跟测试方法的定义，并通过执行 Self.Assert 函数来执行测试方法。

（4）命令行

模板中的最后一个命令是能够在命令行工具中交互运行脚本。结果可以即时显示在屏幕上，如下框所示。

```
import unit test
class<testclass>(<subclass name>):
def<testmethod>(self):
<self.sert>(<function>、<value>)
if__name__=='__main___':
unit test.main()
```

（5）前置条件和后置条件

执行单元测试用例时，还可以设置执行的前置条件和后置条件。为此，可以将 setUp() 和 tearDown() 函数添加到源代码中。

5. 提示和技巧

确保测试用例是受版本控制的。测试用例可以是源代码的一部分，可以单独保存在测试文件中，也可以保存在测试工具库中。在任何情况下，测试用例都需要进行版本控制。

6. 示例

完整的模板示例如下框所示。本示例定义三个单元测试用例，以便大家正确使用字符串。

（1）单元测试模块

Python 单元测试模块包括用于定义和执行单元测试用例的丰富测试工具集，这些内容通过 import 声明导入。

```
import unittest
Class TestStringMethods (unitter.TestCase) :
def test_upper(self): self.sertEqual ('foo'.upper( ), 'FOO')
def test_isupper (self) :
self.sertTrue ('FOO'.isupper( )SelfFalse ('Foo'.isupper( )))
def test_split (self) : s= 'hello world'
self.sertEqual (s.split), 【'helo', 'world'】)
# 检查当分隔符不是带有 Self.AssertRaes (TypeError) 的字符串时
s.split 失败:
s.split (2) if__name_== '__main_':
unitter.main ( )
```

（2）创建单元测试用例子类

单元测试用例用语句 unitst.TestCase 声明来创建。单元测试用例是具有测试字符串方法的性质的对象。此方法包含测试字符串函数的功能。

（3）创建单元测试用例方法

单元测试用例是通过定义方法创建的。然后这些方法用 self.Assert 方法调用。self.Assert 是单元测试模块的一部分，使用 self.Assert 方法可以测试是否获得预期结果。

第十二节　编码视图

提要

（1）文档即代码，可以从纯 ASCII 文本文件生成应用文档。

（2）将纯 ASCII 文本文件包含在源代码库中，允许集成版本管理。

（3）生成的应用文档可自动测试其完整性和正确性。

（4）工具可以基于源代码和二进制文件生成应用文档。

（5）实施持续文档流程的文档生成器必须集成到部署流水线，以防止随意创建和维护文档。

（6）源代码，以及生产过程中使用的所有静态和动态信息，都应被视为文档生成器的输入。

（7）为了生产有意义的应用文档集，源代码必须满足多个特征。

DevOps 持续万物

一、简介

在图 2.12.1 中显示编码视图在持续设计金字塔中的位置。这一层是测试用例到源代码的转换。

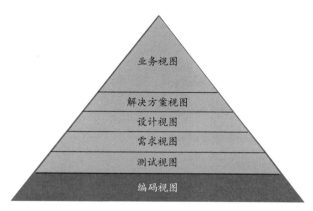

图 2.12.1　编码视图

这一层的交付内容是源代码文件。有许多开发人员表示他们的源代码也是文档。从持续设计金字塔的角度来看，这种说法是不准确的。如果基于持续设计金字塔来实施，则源代码并不能提供持续设计中出现的概览和洞见。但是对于源代码就是文档的声明中也有一些事实，即源代码中函数、类、微服务或其他对象的操作有关的信息也是应用的一部分。从这个层面上来看，不写单独的文档就是非常明智的做法。如果源代码包含在文档中，那么它就是持续设计的一部分。

（1）代码即文档

在敏捷世界中，源代码在部署流水线中用于自动生成应用文档。但在这种情况下，不仅源代码被视为文档生成器的输入，而且需求（Gherkin 特性文件）、单元测试用例、基础设施脚本、配置文件甚至日志文件都会算在输入内。文档生成器使用代码的结构生成标准文档集，还可以包含源代码中的注释（评论）。此外，给文档生成器添加控制信息可以改进文档。

（2）文档即代码

一种完全不同的方法是从纯 ASCII 文本文件生成文档。文本文件可通过工具转换为各种输出格式的完整文档，即 wiki 文档。这也被称为"文档即代码"，因为 ASCII 文件以与源代码相同的方式显示。

（3）持续文档化

两种形式的文档也有重叠。例如，文档即代码，源代码也可以包含在 ASCII 文本文件中。使用部署流水线自动生成文档称为持续文档化，可以通过流水线中的工具自动创建和更新文档。此外，所有源文件都存储在库中。本节介绍持续文档化的工作原理。

二、持续文档化

本部分讨论目标、内容、要回答的问题、概念以及关于持续文档概念的提示和技巧。

1. 目标

持续文档化的目标是:

- 保持文档最新
- 减少浪费(文档上的时间节省)
- 向各个干系人解释应用如何工作
- 通过在代码中写入详细解释来传递知识,使其包含在文档生成器中

2. 内容

文档生成器可以使用以下资源:

- 应用的源代码
- 基础设施的源代码(基础设施即代码)
- 增加控制信息或文档块
- 特性文件(BDD/Gherkin)
- 单元测试用例(TDD)
- 日志文件

3. 要回答的问题

(1)选择哪一种实现方式?

- 是否考虑过其他方案?
- 方案是什么?
- 有哪些考虑因素?

(2)如何分解功能?

- 应用程序包含哪些功能或模块?
- 定义了哪些类 / 子类?
- 信息系统包括哪些微服务?

(3)系统执行过程中遵循哪些路径?

- 应用程序的执行可以采用不同的方式,主要的路径是什么?

(4)定义函数中使用了哪些数据?

- 有关于这个的概述吗?

4. 模板

市场上有无数的文档生成器。这些工具的供应商通过提供格式化设施来改进最终产品。例如,供应商可以以控制命令的形式来实现。当然,如果源文件是结构化的,工具生成器就容易得多。此外,模板可以帮助文档生成器促进文档的生成,并对了解模板的人更加透明。

基本特性

基本特征表明每个敏捷团队可以将什么作为提高生成文档质量的最低 DoD:

- 一切即代码
- 整洁代码

- 模块化编程

- 注释

持续文档反模式是：

- Word 文档

- 后补文档

- 存储库中很大的 readme.md 文件

- 无意义的注释——"没有帮助的短语"

- 无法理解的文字——"草率的引用"

- 将编程和文档分开

（1）一切即代码

文档并非完全基于应用的源代码，还包括基础设施的源代码（基础设施即代码（IaC））。Gherkin 语言也是代码（特性文件），可以看作是文档。实际上，部署流水线中使用的所有对象都是持续文档的基础，包括测试用例（TDD）、部署脚本甚至部署流水线工具的日志文件。

（2）整洁代码

源代码必须满足整洁代码要求：

- 易懂

◎ 代码流必须易于观察和理解

◎ 对象之间的协作必须显而易见

◎ 变量和表达式的目的必须使用有意义的名字，显得清晰明了

◎ 通过注释明确类、函数或微服务这些对象的目的

- 方便定制化

◎ 函数的大小必须小，最好不大于一张 A4 纸

◎ 必须定义对象的行为（BDD）

◎ TDD 已被使用

（3）模块化

应用程序应包含小的功能单元（类、功能、微服务等），这使得程序能够以细粒度的方式识别功能。

（4）注释

源代码必须包含注释（评论）。应用程序生成器也支持一些特定的控制信息来引导文档生成的方向。

高级功能

如果我们更深入地了解"持续文档"，可以学习到一些更高级的特性来帮助改进源代码的结构：

- 整洁架构

- 领域驱动开发（DDD）

（1）整洁架构

整洁架构是一种严格定义四层架构的方法，为源代码的结构提供方向。

- 企业业务规则（实体）
- 应用业务规则（用例）
- 接口适配器（控制器、演示者、网关）
- 框架和驱动程序（设备、Web、DB、UI、外部接口）

（2）DDD

一种适合敏捷工作的方法是 DDD 方法。以下原则是这种方法的核心。

- 关注核心领域
- 通过与领域专家和经验丰富的软件工程师合作来探索模型
- 在已定义的上下文中使用明确的语言

5. 提示和技巧

持续文档化只有在没有人为干预的情况下在流水线中生成，才是可持续的。这意味着必须有事件触发自动执行。第一个重要的触发点是提交代码到代码库中，第二个触发点是将源代码部署到生产环境中。第三个触发点（部署）比第一个（提交）更重要，因为它让用户可以看到信息系统的该持续功能。

6. 示例

本部分给出一些可以生成文档的工具示例，还给出了一个注释的示例，注释让应用文档的生成稍显复杂，但却是一种可以提高质量的方法。

工具

可帮助持续文档化的工具包括 MKdocs、DocSphinx、JavaDoc、Cookicuter、Templafy、GitHub、doxygen、ASCIIdoc 和 GhostDoc 等。

GitHub

如果使用 GitHub 流程，则必须在提交消息中包含文档。pull 请求的概述注释应该描述通用功能是什么。

header 注释

下面的注释例子是以实际为基础的。这是一本书《思考 Python》（Downey，2015）里关于 Python 编程的练习。这些练习使用 BDD 和 TDD 来实现递增和迭代。下面是 circle 函数的 header。header 包含：

- 关于源代码文件的元数据
- 函数的目标
- 函数的需求集
- 开发过程
- 伪代码

DevOps 持续万物

写 header 看上去是额外的开销。确实如此，但它也提供了许多好处，比起写 header 所需的时间，这样花费时间更少。

（1）元数据

元数据通常也由存储库生成和维护。在这个示例中，没有存储库。

（2）目标

编写函数的目的是分析圆与矩形之间的图形关系。这些需求在四个用户故事中被定义。因此目标的描述在特性级别。

（3）需求

目标首先被转换为结构化的文本（用户故事和 GWT），以明确目标是什么。

实践中通过用户的提问使需求更清晰。用户的自然语言并不像用户故事和 GWT 那样结构化。然而经验中发现几乎每一次 Python 任务都没有明确的目标。那么，如果在编写第一个类和函数之前都思考一下目的是什么，那就可以节省大量时间，甚至可以防止产生不想要的结果。

（4）流程

流程非常重要，因为它决定了代码是如何写出来的。这对同事非常重要，因为它给予了他们遇到问题时如何快速尝试解决的思维。问题定义和解决方法尤其重要。问题通常有多种解决方案。选择的解决方案对维护至关重要。

（5）伪代码

编写伪代码很重要，因为它清楚地说明了函数的逻辑。这也给编程提供了一个方向。

（6）阶段

在伪代码写入后，我们很容易确定函数的步骤（增量）。每个步骤包括编写单元测试案例，然后构建源代码并测试单元测试案例。每个阶段的源代码通常都要被检查后才到存储库。这样，编程实际上就变成了写代码，因为已经确定了逻辑是如何工作的。这也决定了代码的文档。源代码中的注释和有意义的命名仍是必要的。最后，我们还可以查看文档生成器可包含的额外标记或文档代码，如图 2.12.2 所示。

脚本注释

下面是使用 Qt 样式的 C++ 代码中脚本注释的脚本示例，如图 2.12.3 所示。

图 2.12.4 给出了将表 2.12.2 中的代码转换为文档中使用 doygen 的部分结果。

```
###########################################################################
# File name     = Python exercise 15.1b
# Version       = v1.0
# Date          = 26 December 2018
# Author        = Bart de Best
# --------------------------------------------------------------------------
# Goal:
# Write a function named rect_in_circle that takes a Circle and a Rectangle
# and returns True if the Rectangle lies entirely in or on the boundary of the
# circle (US-02).
###########################################################################
# Requirement:
# US-01: AS a mathematics
#        I WANT to have a function that analyses circles
#        SO THAT I can tell whether a given rectangle lies entirely in or on
#        the boundary of the circle.
#
# GWT-01-01: GIVEN the fact that I have defined a class called Circle and a
#            class called Rect
#            AND I have instantiated the circle with a centre at (150,100) and
#                radius (75)
#            AND I have instantiated the rect
#            WHEN I invoke the 'rect_in_circle' function with a the
#                instantiated circle
#            AND a given rect
#            THEN the function returns True if the rect lays completely in the
#                circle
#            AND the function returns False if the rect lays partly in or
#                outside the circle
```

```
###########################################################################
# Development Process: Write this function incrementally
#
#          Problem1: How do I know that a rect is in or on a given circle
#
#          Solution: If the distance of the centre of the circle and the
#                    corner of the box is larger than the radius of the
#                    circle, the box is outside the circle
#                    If this is not the case the box is complete inside / on
#                    the circle or partly inside the circle.
#
#                    The points found by the hight, and width of the box must
#                    also be smaller than the radius of the circle
###########################################################################
# Pseudocode:
#                    1. Create a skeleton function that takes a circle and
#                       rect as parameters
#                    2. Add the logic to determine whether the rect is in the
#                       circle
#                    3. Determine whether the corner of the rect is within or
#                       on the circle
#                    4. Determine whether the hight of the rect is within or
#                       on the circle
#                    5. Determine whether the width of the rect is within or
#                       on the circle
#                    6. Determine whether the opposite corner is within or on
#                       the circle
#
#          Phase 1: Create the skeleton function
#          Phase 2: Reuse the code written for exercise paragraph 15.2
###########################################################################
```

图 2.12.2　Python header 注释示例

```
//!  A test class.
/*!
  A more elaborate class description.
*/

class QTstyle_Test
{
  public:

    //! An enum.
    /*! More detailed enum description. */
    enum TEnum {
                  TVal1, /*!< Enum value TVal1. */
                  TVal2, /*!< Enum value TVal2. */
                  TVal3  /*!< Enum value TVal3. */
                }
```

```
        //! Enum pointer.
        /*! Details. */
        *enumPtr,
        //! Enum variable.
        /*! Details. */
        enumVar;

    //! A constructor.
    /*!
      A more elaborate description of the constructor.
    */
    QTstyle_Test();

    //! A destructor.
    /*!
      A more elaborate description of the destructor.
    */
  ~QTstyle_Test();

    //! A normal member taking two arguments and returning an integer value.
    /*!
      \param a an integer argument.
      \param s a constant character pointer.
      \return The test results
      \sa QTstyle_Test(), ~QTstyle_Test(), testMeToo() and publicVar()
    */
    int testMe(int a,const char *s);

    //! A pure virtual member.
    /*!
      \sa testMe()
      \param c1 the first argument.
      \param c2 the second argument.
    */
    virtual void testMeToo(char c1,char c2) = 0;

    //! A public variable.
    /*!
      Details.
    */
    int publicVar;

    //! A function variable.
    /*!
      Details.
    */
    int (*handler)(int a,int b);
};
```

图 2.12.3 C++Qt 样式脚本注释示例

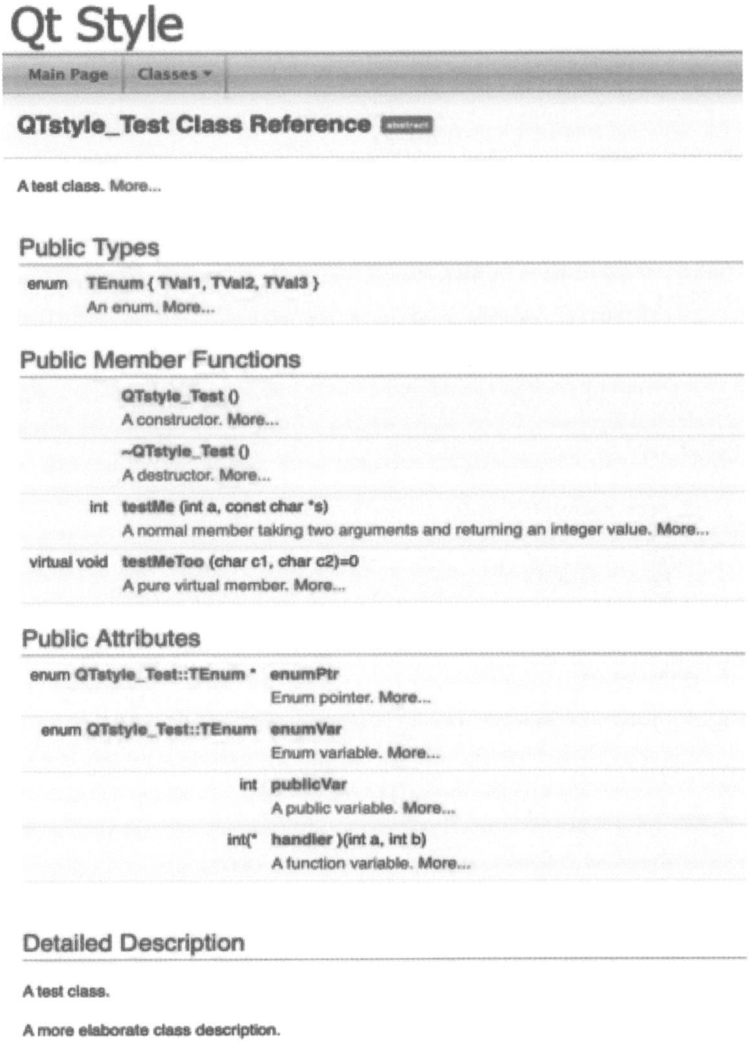

图 2.12.4　由 doxygen 产生的应用文档

第十三节　在 Assuritas 中持续设计

提要

（1）每个组织的持续设计金字塔可以不同，但核心思想（原则）往往是相同的。

（2）架构这个角色在每个组织中具有不同的含义，但能够向前看，展望未来始终是全面持续设计所必需的一项能力。

一、Assuritas

该部分介绍案例中这个正在进行组织左移的公司，这意味着在开发过程中就需要投入大量精力进行快速反馈（快速反馈）。公司不仅要在验收环境或生产环境中发现问题，更重要的是要在开发环境中发现问题。该公司为此使用了 DevOps 的最佳实践。

1. 组织

这个公司是一个虚构的公司，名为 Assuritas。如有雷同，纯属巧合。Assuritas 是一家在线提供 7×24h 保险的保险公司。除了自己的一些标签，Assuritas 还拥有代理其他保险公司标签的授权书。

2. 愿景

传统上，Assuritas 为大型公司提供服务，为多达上万人购买大型保险。但是，Assuritas 的愿景并不止于此，公司认为未来几年，这种情况会发生巨大变化。越来越多的人开始独立工作，而不是从事有酬工作，会有越来越多的网络组织利用那些减轻自营职业者负担的社区。Assuritas 希望能接触到这两个目标群体，并为他们提供有针对性的保险服务。

3. 目标

目前在荷兰为自营职业者和社区提供保险服务的保险公司中，Assuritas 位居第四。它的目标是在两年内成为市场领先者。

4. 策略

要接触这两个目标群体并非易事，公司必须亲自拜访自营职业者，同时社区的变化非常频繁。于是 Assuritas 决定与这些目标群体周围的组织进行合作。例如，Assuritas 和一些与自营职业者、行政机构、工会等有联系的中介机构建立了伙伴关系，对于这些关系，Assuritas 还在集团合同的基础上给出非常有竞争力的价格。如果他们招募一群自营职业者一起登记参单，将为每个额外的参与者再提供一个折扣。

5. 现状

Assuritas 目前的商业模式主要是针对大公司的，为此提供了一个 Web 服务来帮助制定政策。其他形式的交流仅限在上班时间通过电话进行。前台使用后台存储和管理的数据。

最终，Assuritas 有 20 个已使用多年的核心应用程序，应用程序主要面向批次活动。前、后台之间的连接是通过一个中间层来实现的，这个中间层通过使用后台执行的冗余业务规则，尽可能多地验证前台的业务请求。交易一般在夜间处理。当前组织广泛使用标准化流程，说明这些职务多年来没有变化，其重点是现有应用程序所需的知识和技能，项目也是瀑布式管理。Ist 情况下的组织管理可以定性为尚未经过左移过渡的传统服务组织。这意味着反馈机制非常慢。大多数功能缺陷只能在验收环境中的验收测试中发现。

6. 理想情况

对于自营职业者和社区这个市场来说，提供 7×24h 的接近实时服务是必须的，这需要大刀阔斧的改革。目前正在考虑使用多渠道的概念，也就是采用多种投保方式，例如通过 Web 服务器、聊天、电子邮件、电话、移动端 App 等方式，甚至通过邮寄方式等。这些渠道同样可以用于处理客户问题、服务请求、变更、事件、问候和投诉。

除了为客户提供的前台功能外，Assuritas 还通过与后台直接连接来提供接近实时的验证来处理在线业务交易。新组织将广泛使用 DevOps 最佳实践，需要的人员也是 E 型人才。这意味着每个人都必须具有多种专业知识，适应多个方向。理想情况下的组织管理可以定性为左移组织。这就意味着反馈机制非常快。功能测试已经在以业务驱动开发为核心的开发环节完成。这种变化旨在提高 DevOps 团队自身的创新能力。

7. 迁移路径

Assuritas 预测到将 20 个单体架构的后台系统转换为在线系统时将会面临许多问题。除了旧功能之外，还要为两个新的目标群体建立一系列新的功能。随着时间的推移，这些旧系统应该在新的世界中慢慢消失。

在老的体系中，有 200 名员工服务顾客。这包括基础设施管理、应用管理和功能管理。为了避免重复记录，所有系统都必须通过数据湖同步它的事务。例如，如果某人注册为新的自营职业者，那么必须检查该客户是否在旧系统中已经存在。

为了完成两年的目标，新系统和数据湖的建立需要尽快完成，所以 Assuritas 选择了 Business DevOps（简称 BusDevOps）方法。目前 1000 万欧元的资金已到位。Assuritas 要在 6 个月内招聘 100 名专家，他们分别在 12 个 BusDevOps 团队中工作，以尽可能扁平的组织结构用迭代增量的方式塑造新的蓝图。新应用将基于一个内部私有云 Assuritas Private Cloud（APC）。

对于老系统，Assuritas 决定将现有的瀑布方法转换为 DevOps 方法。旧组织必须在两年内沿着一条较好的迁移路径转换到 DevOps。要使现有组织更容易迁移到新组织，需要一定的学习成本。因此，Assuritas 有意识地在旧系统上进行创新，以便一边学习旧系统，一边为现有组织提供良好的支持。

新世界终将会逐渐取代旧世界，因此新组织必须具有可扩展性。为此，Assuritas 应用了 Spotify 模型。旧世界和新世界应该为公司和私人市场服务。为此目的，他们各自组成两个部落，一个为商业市场，一个为私人市场。部落是指拥有相同工作区域的 DevOps 团队。

二、持续设计

Assuritas 选择了基于变更模式来实施重要的变革。它涉及新组织引入持续设计的工作方法，在可能的情况下对老组织也适用。很快大家就会发现仅仅是用户故事还不足以构成敏捷所需要的文档。

每个有印象的人都还记得我们需要一个参考架构，一个在史诗级别的设计和一个在特性级别的设计。我们把这些文档称为 ESA 和 FSA。但其他所有人都想知道业务案例是什么，应该包括什么，应该由谁来做，批准如何进行，批准是否始终必要，以及所有这些是否真的是敏捷的（Agile）。

1. 问题

为了达成敏捷文档方法，公司召开了一个启动研讨会，参与者包括架构师、业务分析师和DevOps工程师。DevOps教练请研讨会的利益相关方帮助建立BeMORe模型（变更范式）。首先收集了关于FSA的问题。如图2.13.1所示，在BeMORe模型上描述了这些内容。

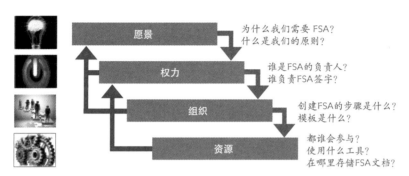

图 2.13.1　Assuritas 的 FSA 的 BeMore 模式

2. FSA 愿景

应用FSA的愿景如图2.13.2所示。在启动过程中，参与者会被问到必须满足哪些条件才能在Feature级别获得一个可行的设计，结果如图2.13.2所示。他们还被问到FSA设计可能会有什么问题。图2.13.2右边的蓝色星体标明了一些问题。最后，对有限指导原则中的条件和风险进行了总结，这些均包含在图2.13.2的底部。

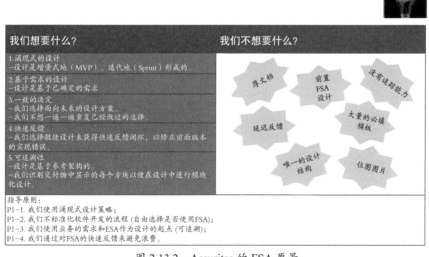

图 2.13.2　Assuritas 的 FSA 愿景

除了这些架构原则之外，还可以构想一下对FSA的预期。这在图2.13.3以模型的形式显示了当前状态以及未来状态。

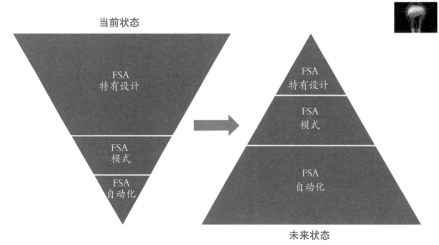

图 2.13.3　Assuritas 当前状态以及未来状态

（1）FSA 设计

在 Assuritas，每种设计都是独一无二的，而且花费了大量的时间和金钱。设计数量必须减少，现有设计必须简化，并提供相同的结构，可以用 FSA 模式来生成 FSA 设计（FSAAuto）。

（2）FSA 模式

例行要做的工作就是浪费，对于那些要不断重复使用的设计部件也一样。在模式中把确定的东西清晰地定义出来，就可以消除大量浪费。

（3）FSA 自动化

设计实际上可以用代码自动生成。只要在代码中内置足够的标签，就可以又快又好地在一定程度上生成设计。

图 2.13.3 显示了 FSA 特有设计、FSA 模式和 FSA 自动化之间的关系。左图为 Assuritas 的当前状态，右图为 Assuritas 的未来状态。三种文档方法的面积反映了它们在设计中的权重。因此，要更多地使用模式和文档自动化，减少使用独特的 FSA 设计。

3. FSA 权力

图 2.13.4 显示了 Assuritas 对相关利益相关方在有关 FSA 的决策过程中的期望。公司更依赖系统工程师主管（最资深的 DevOps 工程师）来批准设计，而不是架构师或设计师。由此可见，决策取决于 DevOps 团队。但是，架构师要基于 ESA 来对 FSA 进行核查，这保证了架构与开发之间有一致性。在此过程中，架构师和系统工程师之间可以进行讨论。这些会在某个组织内分配，在这里就是 DevOps 团队。

利益相关者尤其不想要的是必须向其提交设计的决策机构。因此，他们没有变更咨询委员会（CAB）或批准柜台。

图 2.13.4　Assuritas 的 FSA 权力

4. FSA 组织

FSA 组织步骤描述了达成 FSA 的工作方法。图 2.13.5 显示了 Assuritas 希望在组织方面进行的实践以及避免的问题。

FSA 不是一个独立的文档。图 2.13.6 显示了 Assuritas 在用的设计文档的连贯性。设计是基于业务需要的。最佳实践是将这些需求定义为独立对象，让它们可以包含在共享代码库中。例如，将每个服务的需求保存在 Git 的电子表格中，并对电子表格及其中描述的需求进行版本控制。

要区别两类设计：第一类是由架构师准备的架构设计，即参考架构和史诗设计（史诗解决方案 ESA）；第二类是由开发工程师和运营工程师准备的设计（功能解决方案方法 FSA）。参考架构描述了整个目标，适用于整个组织和所有信息系统。史诗式设计是从参考架构中衍生的一个项目中最初始的架构。

史诗设计描述了一种解决方案的架构。虽然史诗架构是面向服务的，但它也描述了产品最重要的方面。架构和设计之间的联系在于史诗设计和特性设计之间的关系。

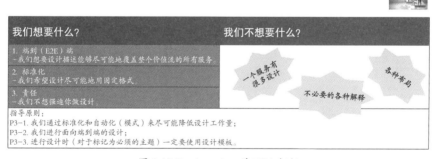

图 2.13.5　Assuritas 的 FSA 组织

史诗设计定义了用例模型，并提供了该用例模型的每个用例定义。特性设计提供用例的说明，并将其转换为解决方案中涉及的模块。史诗设计和特性设计都是面向服务的，用来描述端到端服务。在特性设计中尽可能多地使用模式。特性设计主要关注功能需求，而模式可以将其转换成实现技术。

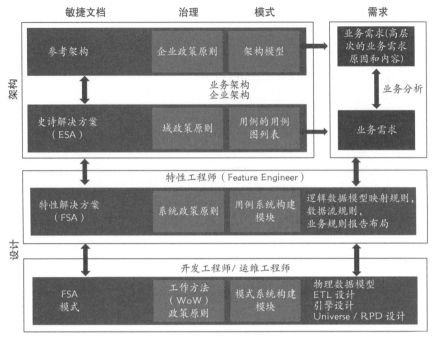

图 2.13.6　在 Assuritas 实现持续设计

对于 Assuritas 来说，定义一个参考架构和史诗设计非常重要。增长模式必须提供一个相互关联的一致的信息系统链条，这意味着设计的上层定义就是参考架构的形式。这可以很好地与涌现式设计方法结合进行史诗设计和特性设计。通过与现有组织和系统建立关系，可以重复利用现有的设计和解决方案。

图 2.13.7 概述了组成 FSA 的主题，只有斜体字主题是必需的解决方案。

图 2.13.7　FSA 模板

图 2.13.8 概述了 Assuritas 从 FSA 到代码的步骤。

第一步是描述用例图表中包括的用例，然后，在用例中补充特性级别的用户故事。

这些用户故事构成功能需求和非功能需求。这两种需求的行为通过包含 BDD 场景的 BDD 特性文件来描述。对于每个 BDD，编写基于 TDD 声明的一个或多个测试函数。

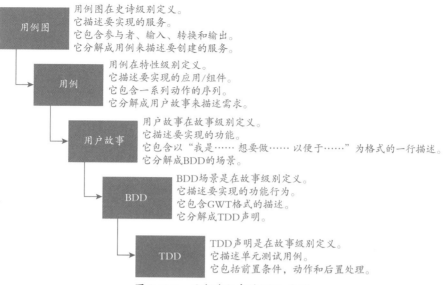

图 2.13.8　开发过程中的 FSA 使用

5. FSA 资源

FSA 资源描述了达成 FSA 所需要的角色和工具。图 2.13.9 显示了 Assuritas 实施中要做的方面以及应该避免的方面。

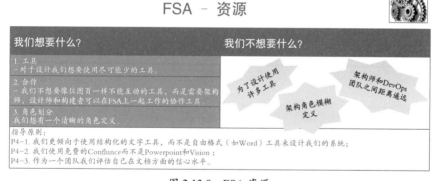

图 2.13.9　FSA 资源

标明企业架构师和领域架构师与 DevOps 团队该如何合作在 Assuritas 花费了很多时间。最后认为 DevOps 团队的系统工程师主管是应用架构师。他将协调服务之间的架构，这些服务由 DevOps 团队和领域架构师以及其他所需的 DevOps 团队一起实现。

第三章
持续测试

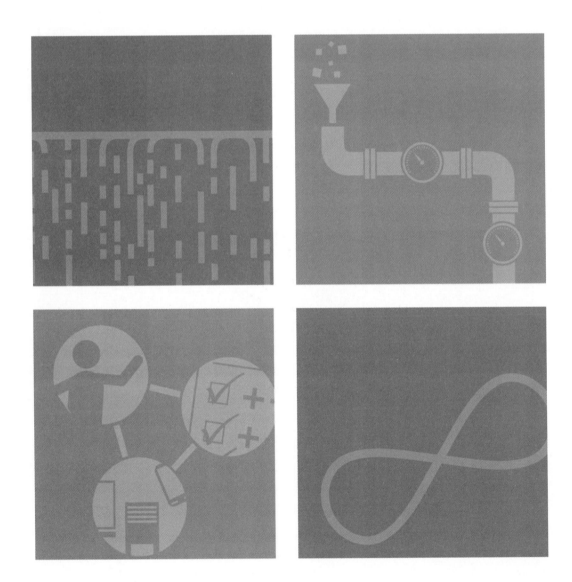

第一节　持续测试简介

一、目标

本章的目标是提供有关持续测试的基本知识以及持续测试应用方面的提示和技巧。

二、定位

数十年来，全球出现了用数百种编程语言编写的各种信息系统。随着 DevOps 的应用越来越广泛，与没有 DevOps 的时候相比，程序员究竟如何测试一个应用程序成为一个新问题。这个问题的答案也是本书一部分内容的基础。但是，这个问题没有标准的答案，因为 DevOps 不是一种方法或方法论，也不存在权威的定义，只有描述性的概念。因此，多数人理解的 DevOps 愿景，都是基于专家在 DevOps 出版物里提出的他们关于 Devops 定位的看法。

为了构建起持续测试的框架，本书认为 DevOps 持续测试出现在八字环的"代码开发"阶段之前，因为持续测试的基础是 TDD，所以这意味着先有测试用例，再有代码开发（以增量和迭代的方式出现）。"持续"一词是指测试要贯穿 DevOps 八字环的所有阶段，并且覆盖 PPT 三个方面。

因此，持续测试实际上包括八字环的所有步骤。

（1）在持续计划阶段，持续测试包括基于就绪标准的核对计划。

（2）在持续设计阶段，持续测试包括检查计划与设计之间的一致性。

（3）在持续集成阶段，持续测试包括检查代码的功能和质量，以及与规划和文档（需求）的一致性程度。

（4）在持续部署阶段，持续测试包括验收测部分。

（5）持续监控和持续测试则可以相辅相成，监控设施可以帮助判断测试中的某些条件是否已经达到。监控设施本身也需要持续测试。

（6）即使是持续学习阶段，持续测试也可以用于处理以下两者之间的关系：基于回顾结果进行产品待办列表优化；对新方法或新技术应用的有效性或效率的验证。

因此，持续测试是一种整体性方法，它对 DevOps 八字环的各个阶段都进行质量测试。

三、结构

本部分介绍如何从组织级策略角度设计自上而下的持续测试。在讨论具体方法之前，首先讨论了持续测试的定义、原则和架构，以及在后续小节中需要遵循的步骤。

1. 基本概念和基本术语

- 什么是测试管理?
- 什么是 CI/CD 安全流水线?
- 测试和检查的区别是什么?
- 什么是测试类型?
- 什么是测试策略?
- 什么是持续集成（CI）?
- 什么是持续部署（CD）?
- 什么是部署? 什么是发布?

2. 持续测试定义

- 持续测试的定义是什么?
- 持续测试解决哪些问题?
- 可能有哪些原因导致这些问题?

3. 持续测试的基础

- 如何通过变更模式来找到持续测试的基础?
- ◎ 持续测试的愿景是什么（愿景）?
- ◎ 持续测试的职责和权力是什么（权力）?
- ◎ 如何实施持续测试（组织）?
- ◎ 需要哪些人员技能和资源（资源）?

4. 持续测试架构

- 快速反馈和延迟反馈是什么?
- 理想测试金字塔在其中扮演什么角色?
- 测试类型与产品待办列表项的类型之间有什么关系?
- 测试不同类型的对象都要使用哪些测试类型?
- 不同的测试技术与哪些测试类型相关?
- 不同的测试工具适合哪些测试类型?

5. 持续测试设计

- 如何在价值流中可视化持续测试?
- 持续测试的用例图是什么样?
- 用例如何能够帮助丰富持续测试?

6. 持续测试最佳实践

- 什么是 BDD?
- 什么是 TDD?
- 单元测试有哪些实用的策略?

- 通用测试策略什么样？
- 持续测试最佳实践有哪些？

第二节　基本概念和基本术语

提要

（1）持续测试将需求、验收标准和测试用例的概念集成在一个统一的方法中，从而防止浪费。

（2）持续测试是一种整体方法，即测试从人员、流程和技术三个方面贯穿整个软件生命周期（从需求到生产）。

（3）持续测试本质上是进行测试管理的一种模式，该模式大幅度减少了由于先前刻板的测试方法（一些反模式）所引起的浪费。

一、基础概念

本部分介绍与持续测试相关的"测试管理"和"CI/CD 安全流水线"的概念。

1. 测试管理

持续测试的理论基础主要来自于经典的测试管理领域。该领域包括测试和检查软件和硬件的功能和质量，以确定这些产品符合测试库中定义的标准，从而确保 SLA 规范。为了有效地进行测试和检查，就需要定义测试策略，策略中选择要使用的测试类型和测试技术。

2. CI/CD 安全流水线

CI/CD 安全流水线集成了一系列软件和硬件，能够以安全的方式将软件从开发环境推送到生产环境。这里有两个方面至关重要：一是持续集成（CI），关注软件开发流程；二是持续部署（CD），关注部署和发布。

二、基本术语

本部分阐述了与持续测试相关的基本概念。

1. 测试与检查

早在 1979 年，贝姆（Boehm）就对软件缺陷造成的修复成本进行了研究。结果表明，修正设计缺陷的成本是修复成品缺陷的成本的 1/16。确定设计中是否存在缺陷称为检查，确定成品是否存在缺陷称为测试。

例如，对于一个设计的测试，包括检查产品从价值流分解为用例图的一致性，或者检查从用例图分解到用例的一致性，亦或检查按照 Gherkin 格式对用例进行细化形成需求的一致性。

例如，测试已实现的产品是否存在缺陷就属于功能验收测试（FAT）。诚然，不同的测试类型在修复成本上也有较大的变数。例如，单元测试在开发过程的早期进行，修复成本较低，而 FAT 则成本更高，因为此时产品已经完全成型了。

2. 测试基础

测试基础定义了功能需求和质量需求的一组对象。测试的主要工作就是检查关于这些对象的一致性。测试就是指检查已实现的产品是否符合在测试基础中定义的需求。

3. 测试类型

测试管理中包含了各种测试类型，但是在实践中，程序员之间对这些术语的理解似乎有很大的差异。这导致各种测试类型的应用方式也大相径庭。所以在组织内明确定义这些术语非常重要，本节的定义都基于实践而来。

（1）黑盒测试

黑盒测试是对内部功能未知的被测对象进行测试的方法，例如功能验收测试。

（2）白盒测试

白盒测试是对已知内部功能的被测试对象进行测试的方法，例如单元测试。

（3）单元测试

单元测试用于对应用程序的最小部分进行测试，具有以下特点。

- 测试对象通常是功能。例如计算项目价格的增值税金额
- 单元测试是白盒测试
- 单元测试以被测对象的开发语言编写
- 单元测试在开发环境中进行
- 单元测试不包括指向外部资源的链接，例如数据库管理系统、文件系统、邮件链接或其他外部资源

单个对象的所有单元测试都可以在 5 分钟内完成。

（4）模块测试

模块测试用于测试应用模块，具有以下特点。

- 测试对象是应用的一部分，即一个模块
- 模块测试通常是白盒测试，基于对模块内容的了解，单独测试应用的一小部分。可以通过图形用户界面（GUI）调用模块，也可以通过 REST API 进行
- 模块测试在开发环境中进行

（5）系统集成测试

系统集成测试用于测试应用内各模块之间的协作，具有以下特点。

- 测试对象由两个或多个模块组成
- 系统集成测试是白盒测试，基于对模块内容的了解，测试模块间的连接
- 系统集成测试在开发环境中进行

（6）系统测试

系统测试用于测试应用。系统测试的特点如下。

- 测试对象是完整的应用
- 系统测试是黑盒测试，通过 GUI 或 REST API 等应用的正式界面和接口进行测试
- 在开发环境中进行的系统测试称为系统预测试，在测试环境中进行测的系统测试才是系统测试。系统预测试是指个别程序员在开发环境中尽可能多执行系统测试的内容，但正式的系统测试仍然要在测试环境中执行

（7）功能验收测试

功能验收测试用于证明应用程序符合测试要求定义的功能和质量需求。功能验收测试具有以下特点。

- 测试对象是完整的应用
- 功能验收测试是黑盒测试，通过 GUI 或 REST API 等应用的正式接口进行测试
- 功能验收测试可以在开发或测试环境中进行预测试，也可以作为正式的验收测试在验收环境中进行

（8）用户验收测试

用户验收测试旨在从使用的角度证明应用程序测试要求中定义的需求。用户接受测试具有以下特点。

- 测试对象是完整的应用
- 用户验收测试是黑盒测试，通过 GUI 或 REST API 等应用程序的正式接口进行测试
- 用户验收测试可以在开发或测试环境中进行预测试，也可以在验收环境中进行正式的验收测试

（9）性能压力测试

性能压力测试旨在证明应用满足测试基础中定义的性能需求。性能压力测试具有以下特点。

- 测试对象是完整的应用
- 性能压力测试是黑盒测试，通过 GUI、REST API、报表或文件导出等应用程序的正式接口进行测试
- 性能压力测试通常选择特定事务，并对这些事务进行组合，以模拟应用的实际使用场景
- 性能压力测试使用不同数量的并发用户来考察系统的性能

（10）安全验收测试

安全验收测试旨在证明应用符合测试基础中定义的安全需求。安全验收测试有以下特点。

- 测试对象是完整的应用
- 安全验收测试是黑盒测试，通过 GUI、REST API、报表或文件导出等应用程序的正式接口进行测试
- 安全验收测试通常基于安全策略和机密性、完整性和可访问性（CIA）矩阵，CIA 矩阵定义了对象、风险以及对策

- 安全验收测试的例子包括 SQL 注入测试、认证测试、授权测试、渗透测试等

（11）生产验收测试

生产验收测试旨在验证应用满足测试基础中定义的生产需求，可以进行投产。生产验收测试有以下特点。

- 测试对象是完整的应用
- 生产验收测试是黑盒测试，对所支持的功能进行测试
- 生产验收测试通常包含辅助功能，例如监控功能、备份和恢复、回滚功能等

4. 测试策略

对被测对象进行所有方面的测试是不现实的，也是不高效的。我们需要对风险进行分析，以便更有目的地决定测试类型、测试技术、测试的深度和资源的利用。

5. 持续集成

持续集成是指开发人员在一天中多次将工作成果合并到共享主干的活动。格雷迪•布区在 1991 年使用了这个词。持续集成的目的是确保即使很多开发人员并行开发，软件产品仍然能保持可用。

6. 持续部署

持续部署是在生产环境中持续交付解决方案。这里要注意区分持续交付和持续部署，前者需要额外手动推送到生产环境。

7. 部署

部署是在环境中生成制品的操作。这并不意味着用户可以使用生成的对象，因为我们通过尽快把更新通过 DTAP 路径推送到下一个环境，从而确定当前改动是否正确。

8. 发布

发布是指将功能开放给生产环境中的用户。

第三节　持续测试定义

提要

（1）持续测试将需求、测试用例和验收标准以统一的方式集成在一起，从而防止浪费。

（2）持续测试是一种整体方法，即测试贯穿于整个软件生命周期（从需求到生产），应用于人员、流程和技术。

（3）持续测试本质上是一种测试管理的应用模式，该模式大幅减少了由于传统刻板的测试方法（反模式）所引起的浪费。

一、背景

测试管理领域已存在几十年了，该领域的技能和管理知识也同样适用于 DevOps 的领域。然而，在持续测试理念下进一步钻研这些知识和技能至关重要。其原因就在于"持续"这个理念。这个理念包括两个重要特征，即 CI/CD 安全流水线以及 PPT。

CI/CD 安全流水线既指明了持续测试的范围，即从需求到生产的全过程，也指明了适用的测试类型，即软件生命周期环境中的所有测试类型。

除了范围因素外，持续测试在精益理念的应用也独树一帜。它通过快速反馈方法节省了大量的时间和金钱。快速反馈的基础在于，在持续测试概念中，至少 80% 的缺陷要从开发环境中识别出来。该模式的实现方式是，在开发之前就编写测试用例。这种方法在持续测试中称为 TDD。

二、定义

持续测试是一种全面的精益测试方法，旨在软件开发过程中提供快速反馈，以防止或减少浪费。持续测试的定义重点在于术语"整体（范围）"和"精益（减少浪费）"。

"整体"指的是持续测试的范围，即 CI/CD 安全流水线和 PPT。快速反馈通过 TDD 实现，在开始构建解决方案之前，需要将"测试什么"和"如何测试"的问题提前定义好。

减少浪费不仅是整体上预防服务缺陷的结果，也是 TDD 的结果，因为大部分缺陷在开发环境中已经解决了。而且，通过将需求、测试用例和验收标准整合在一起，也可以减少浪费。

三、应用

"持续万物"的每个实践都必须基于业务案例。为此，本节通过概述 DevOps/敏捷 Scrum 方法中测试管理的经典问题及其根本原因，从而形成了 DevOps 的业务案例。

1. 待解决的问题

待解决问题如下表 3.3.1。

表 3.3.1　测试中的常见问题

P#	问题	解释
P1	缺少快速反馈	大多数缺陷没能在开发环境中被识别出来
P2	缺少测试架构，或者即使有，也未使用	没有测试类型、测试对象和测试技术的矩阵来改进测试管理
P3	缺少基于风险的测试	风险登记没有成为 DoD 的一部分

P#	问题	解释
P4	缺少对测试覆盖率的管理	DoD 没有对测试覆盖率的要求
P5	没有使用 SBB 对测试用例进行分类	测试用例不分类
P6	缺少良好的回归测试基础	每次测试都重新写一套新的测试用例
P7	缺少测试语言	语言中存在歧义（由于没有统一标准的术语，导致测试用例描述可以理解成不同的意思）
P8	缺少持续测试负责人，没有人牵头	测试技能没有办法提高

2. 根因分析

"五个为什么"是一种被广泛使用的找出问题原因的方法。例如，对于测试管理，可以追问五次"为什么"。

（1）为什么我们有这些测试管理问题？

因为我们没有持续测试路线图。

（2）为什么我们没有持续测试路线图？

因为我们对持续测试路线图不够重视。

（3）为什么我们对持续测试路线图不够重视？

因为持续测试的责任人不明确。

（4）为什么持续测试责任人不明确？

因为没有人愿意负责持续测试的所有权。

（5）为什么没有人负责持续测试？

因为管理层没有鼓励大家对此负责。

利用"为什么"的树形结构来分析这些问题，就很可能找到产生问题的根本原因。只有解决了深层问题，问题的表象才能迎刃而解。

第四节　持续测试基石

提要

（1）持续测试的实践需要自上而下的驱动和自下而上的执行。

（2）持续测试最好通过一个路线图来控制，这样可以将工作任务安排进技术债待办列表中。

（3）设计持续测试首先要确立愿景，说明为什么需要持续测试。

（4）如果权力没有很好的平衡，不建议实施持续测试的最佳实践（比如组织的设计）。

（5）选用工具需要整体思考，而且选定的工具会集成并反复使用，形成一套工具组合，所以选择测试工具最好有架构师的参与。

（6）持续测试需要组织左移来力求达到快速反馈。

本节首先讨论可用于实施 DevOps 持续测试的变更模式。变更模式包括四个步骤：首先是反映持续测试愿景的"愿景"环节和业务案例；其次讨论权力平衡，这里既要关注持续测试的所有权，也要关注任务、职责和授权；最后是讨论组织和资源两个步骤。组织描述执行持续测试的最佳实践，资源描述人力和工具方面。

一、变更模式

变更模式提供了一种结构化的持续测试设计方法，从持续测试需要实现的愿景入手，防止在毫无意义的辩论上浪费时间。以此为基础可以确定责任和权力在权力关系意义上的位置。这似乎是一个老生常谈的词，不适用于 DevOps 的世界，但现代的世界也有猴王现象。这就是为什么权力平衡需要记录下来。然后才能展开 WoW 的讨论，最后是资源和人员。如图 3.4.1 所示。

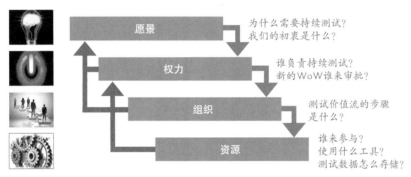

图 3.4.1　变更模式

图中右侧的箭头表示持续测试的理想设计。图中左侧的箭头表示在箭头所在的层发生争议时退回到哪个级别。因此，关于使用哪个工具（资源）不应该在这一层进行讨论，而应该作为一个问题提交给持续测试的负责人。

如果在如何形成持续测试的价值流方面存在分歧，则必须回退到持续测试的愿景。下面各部分将详细讨论其中的每一层。

二、愿景

图 3.4.2 显示了持续测试变更模式的愿景步骤。图中左侧部分（我们想要什么？）表示哪些方面共同构成愿景，指导持续测试的实践，以避免发生图中右侧部分的负面现象（我们不想要什么？）。也就是说，图中右侧的部分是持续测试的反模式。下面是与愿景相关的持续测试的指导原则。

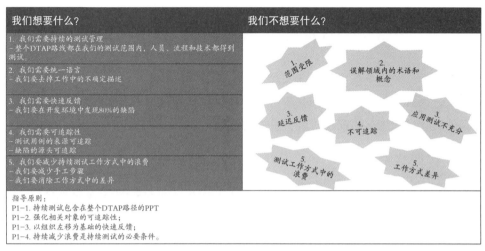

图 3.4.2　变更模式——愿景

1. 我们想要什么？

持续测试的愿景通常包括以下几点。

（1）范围

测试范围必须尽可能考虑全局，以减少浪费。不仅要包括应用程序和基础设施（技术），还需要包括开发人员和管理员（人员）的知识和技能，以及业务、开发、运营和信息安全（业务和 DevOps 流程）的价值流。

（2）语言

在测试领域里有很多同义词和近义词。例如，单元测试用例就有很多种说法，从端到端测试到一段独立的源代码片段的测试都可能被称为单元测试。

（3）快速反馈

缺陷到了开发环境之外才被发现是一种浪费，因为修复工作必须提交到另一个环境进行。缺陷在 CI/CD 安全流水线中被发现得越晚，修复的成本就越高。

（4）可追踪性

一个成熟的软件开发过程具有可追踪溯源的特性。这既适用于测试用例（需求），也适用于缺陷（部署），需要高度的自动化和元数据。

（5）减少浪费

实现高覆盖率测试所需的时间和成本是测试中重要的限制因素。覆盖率是已完成测试的功能和需要测试的数量的百分比。这也可以用已测试的软件配置项百分比表示。通过去除持续测试中的手动步骤，可以大大降低成本（时间／金钱）。

相对而言，自动化诸如回归测试等可以实现这个目的。回归测试是那些用于验证未修改的对象仍符合需求的必要的测试。不同的工作方式也会导致浪费，因为要不断地重复设计轮子。

2. 我们不想要什么？

持续测试的愿景的典型反模式包括以下几点。

（1）范围受限

缺乏整体方案的测试导致测试覆盖不完整，结果遗漏了缺陷。

（2）术语误解

IT 领域中，无论从事什么业务的人员都会在标准、方法和技术的理解上存在差异，这是行业内长期存在的常态。因此很有必要使用一个明确的概念框架，至少在一个组织内部需要如此。测试类型的定义就是术语的一个重要方面。当使用某种测试类型时，我们必须有明确的记录并正确应用，以防止浪费。测试类型是具有特定属性的测试形式，例如系统测试的目的是确定整个应用的功能操作，用户验收测试的目的是确定应用的行为是否符合用户的需求。

（3）延迟反馈

延迟反馈和快速反馈这两种反馈形式在测试世界中的意义截然不同。快速反馈意味着组织左移，其中"左"是指开发环境，也就是新功能或更改功能的起点。延迟反馈则意味着组织右移，其中"右"是生产环境，也就是新功能或功能变更的终点。组织左移的目标是通过开发环境中的单元测试用例找到至少 80% 的缺陷。而组织右移则尽可能减少花在测试上的时间，从而保障应用上市的时间。所以这就要求在生产环境中要比用户更快地发现并解决缺陷，并且业务不会受到缺陷带来的影响。组织左移和组织右移都有存在的必要，持续测试需要组织左移的存在。

（4）不可追踪

确定事故是否是由于测试不足所导致的，往往需要花费大量时间。如果导致事故的对象和版本已经确定，则应该很容易确定针对这个对象和版本的测试用例是否有漏洞。如果找到了这些测试用例，并且这些测试用例都正确地执行了，那就必须检查相应的需求是否正确。为此，测试用例必须有元数据和需求对应。这看似需要花费大量时间和使用大量元数据，但是在持续测试中，自动化降低了这部分工作量。

（5）浪费

浪费主要来自手动任务和文档，例如体量很大的主测试计划。持续测试更倾向于无纸化的原则，例如测试计划数字化，并且测试用例最好用和应用程序相同的编程语言编写。它们与源代码存储在同一存储库中。应用程序代表对业务价值流的支持，失败的测试会造成浪费。浪费的另一个来源是软件开发者任意使用他们自己觉得舒服的工作方式，而这往往也导致大量的浪费。工作方法通常会影响交付的产品。想象一下，不使用单元测试用例，没有迭代和增量开发，源代码中不使用注释（说明），源代码在 Header 不标明找到源代码的步骤，等等。只要满足上市时间要求，似乎所有这些方面似乎都与软件开发人员无关。

但是，情况正好相反。软件经常要用几十年，而一个员工为同一个组织工作的平均时间只有 7 年。这意味着软件会由很多软件开发人员和管理员按照定义创建和管理。

工作方法是否明确也直接或间接地影响测试的效果和效率。这就是为什么持续测试在提交（commit）源代码时也非常关注自动化测试编码规范。这些测试严格遵守编码规范和工作方式，以确保源代码都是以相对统一的方式编写的。在这种大环境下，备受尊重的顶级软件开发人员通常对编写源代码有非常严格的要求。查看和修改他们的源代码通常都令人感到愉悦。而那些初级程序员写的源代码没有人能修改得了，也不会有人想要修改他们的源代码，其他人经常是必须完全重写代码才能解决其中的缺陷或者改善性能。

三、权力

图 3.4.3 显示了持续测试变更模式的权力平衡，其结构与愿景部分一致。

图 3.4.3　变更模式——权力

1. 我们想要什么？

持续测试的权力平衡通常包括以下几个方面。

（1）所有权

DevOps 首先要明确所有权，由谁来确定持续测试的工作方式。答案很简单，就在敏捷的基本原理里。

肯·施瓦本写到，在敏捷框架内，敏捷教练是开发流程的负责人。敏捷教练是一个教练，他必须让开发团队觉得是他们自己塑造了敏捷流程，而不是这个流程只有一个负责人。

在 SoE 中，这是一个很好的陈述。SoE 是一种有人机交互界面的信息系统。SoE 的一个典型应用领域是电子商务，其中松耦合（充分自治）的应用使用户可以完成交易或提交信息。由于前端（接口逻辑）与后端（事务处理）的松散耦合，开发团队对前端进行修改也相当自主，CI/CD 安全流水线也可由团队来选择。

但是，如果有数十个开发团队在开发前端应用，那么将 CI/CD 安全流水线作为一种服务提供给开发团队将会更高效。这不仅使 CI/CD 标准化，也使持续测试标准化。在这种情况下，许多 Scrum master 关注的范围缩小，甚至不再负责敏捷 Scrum 流程，也就不再负责其中的持续测试。毕竟，Scrum master 不再负责决定在 CI/CD 安全流水线中使用什么自动化测试工具，编码规范检查也嵌入到 CI/CD 安全流水线中。因此 Scrum 团队为了保持步调一致，就需要集中控制流程的所有权。

集中式流程所有权不仅适用于 SoE 场景，也适用于 SoR 场景。SoR 是一种处理事务的信息系统。典型的例子是 ERP 或财务报告系统。这些信息系统通常包括在一系列信息处理系统中，因此，SoR 的设计和开发团队通常根据业务或技术划分成很多小团队。无论根据什么划分团队，这些开发团队在持续测试方面相互依赖。同样，对于 SoR 开发团队的 Scrum master 来说，他无法负责他指导的团队的敏捷 Scrum 流程。

这就是为什么要定义持续测试的集中所有权。所有权可以作为角色或作为职能分配给组织中的某个人，这个角色或职能也可以轮换。当然，持续测试的所有者也可以把持续测试需要建立和检查的内容分配给不同的人，使每个人都积极参与构建流程的过程。这意味着强指导原则与自下而上设计最佳实践相结合，形成统一的工作方式。

（2）目标

持续测试负责人确保持续测试有路线图。与应用程序的路线图一样，此路线图包含季度时间表和目标。每个季度要实现的史诗是基于持续测试的目标来定义和实现的。

所有参与开发的团队都必须承诺达成这一目标，组织的方式可以多种多样。在 Spotify 模型中，使用了"委员会"这一术语。委员会是一种临时的组织形式，为了更深入地探索某个主题而组建。例如，每个 DevOps 团队可以派一名代表组成持续测试委员会。在 Safe® 里，还有诸如 CoP 这样的标准机制。还可以通过 PI 规划中的敏捷发布火车来确定持续测试的改进。

理想情况下，持续测试的设计目标和由此产生的史诗应该建立在持续测试评估的基础上。此评估必须主要由开发人员进行，这样他们就可以识别出需要哪些改进，并按优先级排序。理想情况下，持续测试评估是个人对路线图中所包含的持续测试领域能力的衡量。

要想设定成熟度达标的标准，就需要将每个开发团队的持续测试评估合并为跨团队分数，继而衍生出持续测试的目标。这取决于路线图中持续测试的目标是如何制定的。在既定目标的基础上，将选定的史诗放进技术债待办事项列表，并细化为特征、故事和任务。

（3）RASCI

RASCI 是责任、责任、支持、咨询和告知的首字母缩写。"R"负责跟踪结果（持续测试的目标）是否达成，并向持续测试负责人（"A"）报告。所有开发团队都致力于实现持续测试的目标。Scrum master 指导开发团队，充当了"R"的角色。"S"是执行者，这些都来自开发团队。"C"的角色可以由委员会或 CoP 中的 SME 来担任，"I"主要是产品负责人，他们需要对质量检查和测试有所了解。

RASCI 优于 RACI，因为在 RACI 缩写中，"S"会合并到"R"中，导致责任和执行混为一谈。RASCI 通常决策更快，并能更好地了解谁在做什么，但是由于整个控制系统随着敏捷的到来已经发生了改变，因此使用 RASCI 经常被认为是一种过时的治理方式。

根据对于目标的论述，很明显，在开发团队扩张时，确实需要更多的职能和角色来决定如何安排各项事务。所以这就构成了敏捷、Spotify 和 SAFe 框架之间的特征差异。

（4）治理

在 DevOps 中，开发者常常花费大量时间和精力来创建和维护一些"泰迪熊"（译者注：指的是那些巨大但是没有实质用途的东西）。这些项目耗费了大量的时间，却几乎没有创造出任何价值。而且由于缺乏信息交换，这实际相当于每个人都是孤立的，所以就需要专注目标，明确 RASCI 和合理利用资源。这不会减少改进的动力和热情。我们所需要做的就是为创新指明方向，用冠军行为（知识分享者）取代自我英雄行为（知识占有者）。

（5）架构

DevOps 的引入对架构领域产生了很大的影响，也因此产生了持续测试。然而，架构并没有消失。对于 SoR 信息系统，有些架构仍需要预先设计（用于构建软件）。这是因为这些信息系统必须彼此稳定衔接。在 SoE 信息系统中，更多新架构是在迭代期间完成设计的，由于系统的松耦合也使得这种方式成为可能。

在讨论持续测试的所有权时我们就曾经提到过，对于 SoE 和 SoR 信息系统都有必要集中所有权。这也适用于持续测试的架构。创建 DevOps 架构师等角色或功能是一个好主意。然后，他也将加入持续测试 CoP 或委员会，通过设定持续测试架构原则和模型来指导持续测试的设计。DevOps 架构师不做工具和技术的决定，而是为一些问题指引方向，比如这些工具和技术未来如何协作，并为组织选择工具组合和推荐架构。

2. 我们不想要什么？

以下是持续测试中权力平衡方面的典型反模式。

（1）缺乏所有权

在许多组织中，许多开发人员认为创建持续测试只是一个人的事，这个过程需要经过大量的尝试和错误，因此可能耗费大量的时间，会影响进度（工作精力）。这是一种以自我为中心的想法，会导致个人英雄主义、自我封闭或浪费。因此必须防止在重复的不必要的难题上浪费宝贵的创新时间。同时，必须整合各种力量（知识和专业知识）。只有对当前状态、所需的技能和实现目标的方式达成共识，才能做到这一点。这需要协作、承诺目标和路线图。

（2）目标缺失

持续测试经常由于缺乏激励而陷入困境。除了所有权，还需要承诺改进。一个很好的做法是创造一个技术债待办事项列表，列出需要改进的部分。最后，即使仅仅是为了让开发团队实施他们自己选择的改进措施，也必须让他们有所有权、目标和治理。

（3）任务、责任和权力的不平衡

单靠自己开发工具不仅浪费时间，而且开销巨大。在许多组织中，这就是 DevOps 工作的起点。几十个 DevOps 团队选择自己的测试工具和工作方式。随着时间的推移，很容易就会发现大量资金重复投入，DevOps 团队之间缺乏沟通。因此，为设计有效的持续测试，对任务、责任和权力进行更多投入显得尤其重要。

（4）缺乏指导

如果缺乏所有权、目标和任务，责任和权力将导致被海量的技术债淹没。目标和时间表可以自下而上来设定和承诺，但需要有自主权，并且需要有教练的指导。

（5）发展不平衡

正如在任务、职责和权力中所讨论的那样，独狼式开发者的时代已经过去了。I 型人才（个人英雄）正在让位于 E 型人才（专家团队）。"知识拥有权力"让位于"知识共享丰富"。这包含了技术债待办事项列表和持续测试创新路线图的共同所有权的成熟行为。

四、组织

图 3.4.4 显示了持续测试变更模式的组织步骤，其结构与愿景和权力关系相同。

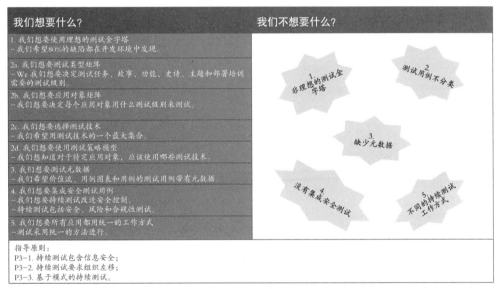

图 3.4.4　变更模式——组织

1. 我们想要什么？

持续测试的组织方面通常包括以下几个方面。

（1）理想的测试金字塔

在 DTAP 路经中阐述过理想的测试金字塔显示测试类型的比例，目的是通过单元测试用例找出 80% 的缺陷。这可以节省 DTAP 路经中后续环节的修复工作。

（2a）测试类型矩阵

持续测试中只涉及了有限的几个测试类型，例如单元测试和系统测试。这些测试类型并不适用于所有产品待办事列表项（PBI）。这就需要为不同的 PBI 选择不同的测试类型。

（2b）应用程序对象矩阵

应用程序对象以及系统软件和基础设施等其他对象可以根据数据模型、业务规则、GUI 对象、REST API 等特征进行分类，这些应用对象需要各自的测试类型。首次尝试创建每个应用程序对象的测试模式时，可以把应用程序对象和测试类型都放在矩阵中进行设计。

（2c）测试方法选择

测试技术不下百十种，最好能一次就选对测试技术，避免因为反复学习导致测试技术、知识和技能掌握的深度不够。而且，并非所有的测试技术都同样有价值。

（2d）测试策略模式

通过建立测试技术和应用程序对象的矩阵，可以建立全面的测试策略。每个应用程序对象测试模式都可以包含这样的测试策略。

（3）测试元数据

测试用例用于测试和检查。测试是验证是否满足功能和质量需求，也验证是否实现了利益相关者的期望。为了确定这一点，测试用例必须考虑 Given-When-Then 描述，以及用例、用例图和价值流等设计制品。

（4）信息安全测试用例

信息系统的测试不仅要面向全栈（从硬件到用户界面的所有层面），而且必须满足信息系统的质量要求。这需要持续测试与信息安全管理（持续安全）的集成。信息安全管理的重要性在于测试风险（控制）的对策，并能提供证据证明其可控。

（5）统一的工作方式

手动执行测试的成本非常高，因此就需要自动化测试，但自动化测试本身并不是目的。使用不同的工具测试同一个应用程序对象类型也是浪费，而相同的测试工具以不同的方式使用还是浪费。不幸的是，DevOps 浪费了许多时间和精力去重复造轮子，而导致没有时间去做其他的创新。因此，尽管统一的工作方式似乎背离了敏捷所提倡的对个体的关注，但它仍然很重要。

2. 我们不想要什么?

以下是持续测试中组织方面典型的反模式。

（1）非理想的测试金字塔

过去常见的做法是，只有当功能经理在验收环境中进行 FAT 时，才会发现信息系统中的大多数错误。这也被称为非理想的测试金字塔，因为在开发环境中只执行少数测试用例，导致延迟反馈。

（2）测试用例不分类

必须对测试用例进行管理，最好按测试类型管理。这样不仅便于查找测试用例，而且还可以提高测试用例的质量。归根结底，相同测试类型的测试用例具有共同的特点，也使用相同的测试工具。

（3）缺少元数据

不对测试用例分类和使用不同的工作方式直接导致缺少元数据。然而，元数据是使测试用例可追踪的必要条件，只有使用元数据，才能达到诸如将缺陷追踪到相关测试用例，或将测试用例追踪到它们所基于的需求这样的效果。

（4）未集成安全测试用例

安全风险不应指派给单独的部门，而是让开发工程师负责安全风险管理以及测试和实施。

（5）持续测试工作方法不一致

工作方法不一致，就很难按照持续测试的方式工作。自动化测试用例有助于降低多样性，但预先商定统一的工作方法仍然很重要。

五、资源

图 3.4.5 中显示了持续测试的变更模式的资源步骤，其结构与愿景、权力和组织的结构相同。

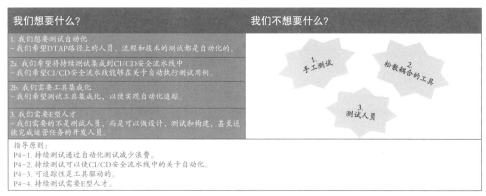

图 3.4.5　变更模式——资源

1. 我们想要什么?

持续测试的资源方面通常包括以下几个方面。

（1）自动化测试

持续测试通过减少测试价值流中的浪费来创造价值。这主要是通过使用自动化测试来实现的。因此自动化测试本身不是目的，必须有使用测试工具的业务用例。这些工具还通过使用架构原则和模型来满足架构需求。

（2a）集成 CI/CD 安全流水线

DevOps 组织的基本原则是只能有一条 CI/CD 安全流水线，这不仅是出于一致性的考虑，也是因为测试必须遵循的节奏和链路。多条 CI/CD 安全流水线的成本也高得超乎想象。而且，开发和管理 CI/CD 安全流水线很容易耗费人力，如果每个人都这么干，成本就变得高昂。将持续测试集成进 CI/CD 安全流水线，通过统一使用 CI/CD 就能够很好地协作。

（2b）工具集成

在小而美的工具（一个工具只把一个功能做到极致）还是大而全的工具（一个工具包含所有功能）之间做出明确的选择，是一件非常重要的事。越来越多的组织想把小而美的工具集成在一起形成大而全的工具，却为此付出了惨痛的代价。这些工具的架构通常都不一致，更不用说各个工具供应商都有自己的发展路线。另一方面，集成工具通常成本都很高，而具体某方面的效果还不如小而美的工具。因此，在选择一款将来会长期使用的 CI/CD 安全流水线时，必须从架构的角度来考虑。通常为了节省大量冗余的工作，CI/CD 安全流水线都是 DevOps 团队的必备服务。

（3）E 型人才

在 DevOps 团队中，我们不会讨论测试人员，而是讨论开发人员。进一步的追求就是具备多种专业技能的 E 型人才，而不是一专多能的 T 型人才。而那些凭借某一方面知识有恃无恐的 I 型人才将被排斥。

2. 我们不想要什么?

下面是持续测试中资源方面典型的反模式。

（1）手动测试

执行手动测试用例不仅耗时而且还容易出错，这需要严格的限制。尤其是测试价值流中的等待时间将会减少产出。

（2）松散耦合的工具

测试价值流关注能支持测试用例生命周期的工具。但是测试用例不是孤立的对象。测试用例与需求、对象的版本控制、对象本身以及 CI/CD 安全流水线都相关，因此不应当割裂使用工具。

（3）测试人员

持续测试需要能够参与设计、构建和测试的 E 型人才，而不是只能做对象测试的 I 型人才。知识领域的整合使得持续测试更符合敏捷的要求，因为这样可以避免测试用例中的重复，而且自然而然地提高了可追溯性。

第五节　持续测试架构

提要

（1）持续测试可实现快速反馈。

（2）理想情况下，80% 的缺陷可以通过单元测试（理想测试金字塔）在开发环境中发现。

（3）快速反馈的反模式是延迟反馈，也就是大部分缺陷在验收环境中发现（非理想的测试金字塔）。

阅读指南

本章开篇介绍了基于理想型测试金字塔的快速反馈概念，而后阐述了其反模式：基于非理想型测试金字塔的延迟反馈。进而，文章论述了测试类型矩阵，这有助于形成理想测试金字塔。而后，文章阐明了测试类型如何应用于测试对象。接下来文章指出，测试技术矩阵在确定哪些测试技术可以与哪些测试类型一起使用方面发挥着重要作用。进一步来看，测试对象矩阵是一种方便的工具，用于确定哪些测试对象可以使用哪个测试类型以及针对哪个产品待办列表项（PBI）进行测试。最后，通过填写测试工具矩阵，人们便可以根据测试类型和产品待办项确定应用哪些测试工具。

一、架构原则

许多架构原则是从变更模式的四个步骤中衍生出来的。本章将从 PPT 三个方面讲述这些内容。

1. 概述

除了针对每个 PPT 类别分别存在的架构原则以外，也有一些架构原则同时涵盖了 PPT 的三个方面，见表 3.5.1。

表 3.5.1　PPT 通用的架构原则

P#	PR-PPT-001
原则	CT 包括整个 DTAP 路径的人员、流程和技术
因素	在 CI/CD 安全流水线的每个步骤以及 PPT 的每个方面都需要持续测试。所以想要实现对测试的预期管控，这种整体的测试方案便势在必行
含义	不仅要测试生产的对象（技术），还必须测试业务价值流和服务管理间的交互。这需要了解价值流（过程）。除了过程外，对于与对象相关联的人也要有足够的了解。这包括管理对象（人）所需的知识和技能
P#	PR-PPT-002
原则	架构的原则和模型适用于持续测试的设计和实现
因素	要建立一个稳定、灵活、高效且有效的持续测试方法，就必须建立确定的方向
含义	DevOps 团队应该具备架构的核心能力，或者至少参与其中
P#	PR-PPT-003
原则	持续测试会带来持续的改进效果
因素	因为能够进行快速反馈，所以服务上线的时间（time-to-market）也变得更快
含义	持续测试必须能够进行持续分析，从而进行持续改进

2. 人员

表 3.5.2 是持续测试中人员的架构原则。

表 3.5.2　人员架构原则

P#	PR-People-001
原则	持续测试需要 E 型人才
因素	持续测试最好由 E 型人才来实施。这样一来，他们在测试管理、开发和运维方面的专业知识便可以应用到测试用例的整个生命周期中。这就避免了移交问题，也减少了等待时间
含义	对 DevOps 工程师的要求需要更广泛

3. 流程

表 3.5.3 是持续测试中流程的架构原则。

表 3.5.3　流程架构原则

P#	PR-Process-001
原则	加强相关对象的可追踪性
因素	变更管理不仅对于事件和问题的管理至关重要，而且对于生产流程的审核也非常重要
含义	对于生成的对象必须配有元数据。这需要对元数据有良好地定义并监控其合规性。最后要注意的一点是，为了确保合规，业务案例的可追踪性必须对每个人都清晰可见
P#	PR-Process-002
原则	一个左移的组织是快速反馈的基石
因素	需求偏差的快速反馈，需要在生成过程的流程中内置一些关卡，以便在生成过程中尽早发现大多数的错误
含义	这意味着开发工程师自己牵头并确保使用 TDD 作为 BDD 的扩展
P#	PR-Process-003
原则	持续测试通过持续减少浪费来实现
因素	提供快速反馈也需要自动化测试，手工测试便属于浪费。此外，将需求、验收标准和测试用例看成分别独立的对象也被视为浪费。对于 FAT 测试用例，这三者显然可以合并为一个对象
含义	减少浪费意味着 DevOps 工程师需要更好地了解自己的生产过程，以便识别其中的浪费
P#	PR-Process-004
原则	持续测试基于路线图演进
因素	基于 DevOps 工程师的最佳实践，持续测试可以系统化地逐步走向成熟
含义	路线图体现了当前状态和理想状态，而路线图上的里程碑则为如何从当前状态迈入理想状态提供了实质性的内容
P#	PR-Process-005
原则	持续测试的基础是 RASCI 分配
因素	持续测试中，不仅执行任务（S）、职责（R）、最终责任（A）都需要确定，还必须确定哪些人需要参与咨询（C），哪些需要被通知（I）

含义	任务、职责和权限的记录对持续测试也很重要
P#	PR-Process-006
原则	持续测试包括信息安全需求
因素	需求可以按类型分成功能需求和非功能需求。安全性是一种非功能需求
含义	DevOps 工程师要对创建或维护的解决方案的安全性方面有所了解
P#	PR-Process-007
原则	持续测试需要左移型组织
因素	持续测试最重要的一点应用是需要将测试工作所从验收环境转移到开发环境
含义	该原则的含义是，FAT 和 UAT 测试用例都已经自动化，并且在开发环境中执行过，而且最好是与具有业务知识的人员一起执行的
P#	PR-Process-008
原则	基于模式的持续测试
因素	通过识别模式，人们可以定义用于生成测试用例的模板
含义	基于模式的持续测试需要识别和应用模式的能力。这样一来，创建测试用例所花的人力就减少了

4. 技术

表 3.5.4 是持续测试中技术方面的架构原则。

表 3.5.4　技术架构原则

P#	PR-Technology-001
原则	追踪性是工具驱动的
因素	能够跟踪谁发起了哪些更改以及生产环境中事件的来源都需要使用工具
含义	要使用这些工具，必须使用正确的元数据
P#	PR-Technology-002
原则	持续测试要将 CI/CD 安全流水线中的环节自动化
因素	为了能够测试左移，持续测试需要了解手动测试的用例是否可以自动化。不仅开发环境中的测试用例需要自动化，CI/CD 安全流水线中的关卡也要实现自动化
含义	应用自动化测试用例意味着管理这些测试用例
P#	PR-Technology-003
原则	持续测试通过自动化测试活动减少浪费
因素	应识别手动任务并实现自动化
含义	单一的、重复性的工作减少了。虽然，DevOps 工程师可能会觉得这对就业是一种威胁。不过大家应该明确，自动化的宗旨是帮助 DevOps 员工，而不是把他们的工作抢走

二、快速反馈和延迟反馈

1. 快速反馈

开发过程都会出错。但是，问题是多久可以发现这些错误。发现得越快，造成的损失就越少。快速反馈表示需要快速发现和纠正误差。这可以通过将 CI/CD 安全流水线中反馈位置向"左"移动来实现。这也称为"左移"。如果可以在 CI/CD 安全流水线中尽早的发现问题，那么该组织则是"左移"型组织。

图 3.5.1 显示理想的测试金字塔。该模型的目标是在 CI/CD 安全流水线中提供快速反馈。通过强调开发环境中的 TDD 和单元测试的结合来加快这种反馈，这种结合也构成了回归测试的基础。在开发环境中执行针对业务需求（Given-When-Then）的测试用例能够从业务角度提供快速反馈。将 TDD 与自动化单元测试结合使用，可检测出开发环境中 80% 的缺陷，从而获得快速反馈。这基于短周期的分支，避免分支合并的噩梦。

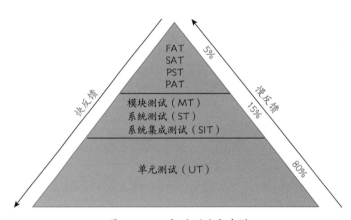

图 3.5.1　理想的测试金字塔

模块测试（MT）、系统测试（ST）和系统集成测试（SIT）也可以在开发环境中运行。这些测试类型可以检测出 15% 的缺陷，也可以自动化执行。FAT、安全验收测试（SAT）和生产验收测试（PAT）等验收测试在验收环境中执行。但是，基于 Given-When-Then 模式需求的 MT、ST 和 SIT 测试用例已经涵盖了 FAT 的主要测试范围。因此，已经快速获取了最重要的反馈。在可能的情况下，应该努力地减少不同测试类型中的重复测试用例。性能压力测试（PST）包括在用户数增加时并发（同时）用户的测试。这也间接地实施了负载测试。

2. 延迟反馈

理想测试金字塔的反模式是非理想的测试金字塔。功能包括：

- 反馈非常晚
- 无自动化测试用例，只有手动测试用例（浪费）
- 大多数缺陷出现在验收或生产环境中

图 3.5.2 显示了非理想测试金字塔的图像。

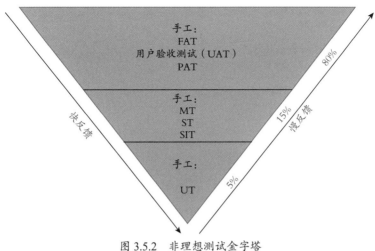

图 3.5.2 　非理想测试金字塔

三、测试类型矩阵

实现理想测试金字塔的最简单的方法之一就是使用测试类型矩阵，在 PBI 中标识测试类型的应用。为此，本部分提供测试类型矩阵的定义、要控制的风险、反模式和理想模式以及示例。

1. 定义

测试类型矩阵提供了一个总概述来描述产品待办列表和迭代待办列表中要测试对象要使用的测试类型。

2. 风险

可以通过测试类型矩阵帮助控制的风险为：

- R1. 并未考虑使用所有测试类型
- R2. 并不是所有的测试类型都有很好的定义
- R3. 并非所有的产品 / 迭代待办项都使用正确的测试类型进行测试
- R4. 如何对待办项目进行测试没有共识

3. 反模式

在许多组织中，对于 CI/CD 安全部署流水线所采用的测试类型，并没有全局性分析。因此，风险控制并不理想。

4. 模式

如果将测试类型置于竖列，将 PBI 置于横行来绘制表格的话，就可以很好地描绘出测试类型矩阵模式。以每个横行竖行连接的小格为基础来看二者否存在关联，那么就可以通过既有关系判断出以上关系是否在测试策略范围内。表 3.5.5 显示了这种模式的一个模板实例。

表 3.5.5 测试类型矩阵模板

测试类型 /PBI	UT	MT	ST	SIT	FAT	UAT	PST	SAT	PAT
任务									
故事									
特性									
史诗									
主题									
部署培训									

5. 举例

如表 3.5.6 所示测试类型矩阵的模板。没有意义的关系是灰色的。有意义的关系以深篮色或浅蓝色显示。浅蓝色关系也被标记为"是",深蓝色关系的标记为"否"。

表 3.5.6 测试类型矩阵示例

测试类型 /PBI	UT	MT	ST	SIT	FAT	UAT	PST	SAT	PAT.
任务	是	否	否	否	否	NA.	是	否	否
故事	否	是	是	否	是	NA.	是	是	否
特性	否	否	是	是	是	NA.	是	是	是
史诗	NA.	NA.	NA.	NA.	NA.	NA.	NA.	NA.	NA.
主题	NA.	NA.	NA.	NA.	NA.	NA.	NA.	NA.	NA.
部署培训	否	是	是	是	是	NA.	是	是	是

四、测试技术矩阵

如果每个迭代都要确认一遍哪种测试技术最适合某种测试类型,那效率会很低。并且新学一种测试技术也是需要时间的。因此,最好提前达成共识然后定期审查。为此,本部分提供测试技术矩阵的定义、要控制的风险、反模式和理想模式以及示例。

1. 定义

测试技术矩阵提供了一系列测试技巧综述。这些测试技巧与产品待办项及迭代待办项中要测试的计划的对象以及测试类型密切相关。

2. 风险

可以通过测试技术矩阵控制的风险为:

- R1. 未将全部测试技巧纳入考虑使用的范围
- R2. 未充分测试所有测试类型
- R3. 未充分测试产品待办项

3. 反模式

在实践中，许多时间通常只花费在 Happy Path 的测试上，以确定所有声明的功能是否都被实现了。这通常是在错误猜测的基础上进行的。随着 TDD 和 BDD 的到来，这一点发生了很大的变化。然而却始终鲜有人注意主动选择测试技术。

4. 模式

对于选定测试技术，我们可以使用测试类型列来扩展，如表 3.5.7 所示。

表 3.5.7　测试技术矩阵模板

测试技术	用途	重要性	UT	MT	ST	SIT	FAT	UAT	PST	SAT	PAT

5. 示例

表 3.5.8 诠释了模板测试技术矩阵。白色显示无意义的关系。深蓝色（高）、浅蓝色（中）和灰色（低）显示有意义的关系。颜色表示测试技术在 DevOps 团队中适应的优先级。

表 3.5.8　测试技术矩阵示例

测试技术 .	用途	重要性	UT	MT	SIT	ST	FAT	UAT	PST	SAT	PAT
辅助功能测试	在 ST 级别，可以对残疾人进行用户友好度测试	中			低	低					
断言测试	在 UT 级别，在源代码中可以包含断言测试用例	中	低								
API测试	API 在模块级别。API 应该开始集成测试	高中			低	低					

五、测试对象矩阵

测试类型用于测试特定 PBI 的对象。了解哪类对象、哪些测试类型以及哪些产品待办项最适合组合在一起，非常有用。组织或者软件包可以选择如何组合，同时组织中的特定应用也可以决定如何组合。

1. 定义

测试对象矩阵提供了用于某些测试对象的测试类型和 PBI 的总概述。

2. 风险

使用测试对象矩阵可控制的风险为：

- R1. 采用了不合适的测试类型进行测试
- R2. 在为测试对象选择正确的测试类型时消耗大量时间
- R3. 测试的覆盖率低于预期
- R4. 测试策略设置不正确

3. 反模式

很多开发人员并不了测试对象可搭配多种测试类型。通常他们只知道几种测试类型。

于是，这几种有限的测试类型被快速应用。从而，所有类型的测试对象都通常被集中在一起，比如所有测试均采用同一个测试类型。

4. 模式

表 3.5.5 给出了一个测试对象矩阵模板的例子。每个单元格可包含多个测试对象。

表 3.5.5　测试对象矩阵

测试类型 / PBI	UT	MT	SIT	ST	FAT	UAT	PST	SAT	PAT
任务		-	-	-	-	-		-	
故事	-		-	-	-	-		-	
特性	-	-							
史诗	-	-	-				-	-	-
主题	-	-	-			-	-	-	-

5. 举例

表 3.5.6 显示了基于 Laravel/PHP 框架构建的应用的已完成测试对象矩阵的示例。每个单元格可包含多个测试对象。

表 3.5.6　测试对象矩阵示例

测试类型 /PBI	UT	MT	SIT	ST	FAT	UAT	PST	SAT	PAT
任务	Laravel 对象（查看、控制器，模型）	-	-	-	-	-	Laravel 对象（查看、控制器，模型）	OATH2 模块	IaC 脚本，事件日志

测试类型/PBI	UT	MT	SIT	ST	FAT	UAT	PST	SAT	PAT
故事	-	Laravel 模块（REST API）	-	-	Laravel 模块	-	Laravel 模块（REST API）	-	监控
特性	-	-	更多 Laravel 模块	应用	GUI REST API 报告导出 XLS	GUI	GUI REST API	GUI	E2E 监控
史诗	-	-	-	应用	连锁	-	-	-	-
主题	-	-	-	应用	连锁	-	-	-	-

六、测试工具矩阵

测试工具用于测试特定测试类型和特定 PBI 下的测试对象。测试工具和测试类型之间并非完全适用。而且，测试对象规模大小也并非总是适应 PBI。

1. 定义

测试工具矩阵提供了用于某些测试类型和 PBI 的测试工具的总概述。

2. 风险

测试工具矩阵可控制的风险为：

- R1. 测试工具不适用于测试类型
- R2. 在为某个测试选定测试工具时耗费时间

3. 反模式

在指定测试待办项和测试类型下，不止一次地使用错误工具或从不使用工具。

4. 模式

表 3.5.7 给出了测试工具矩阵模板的示例。每个单元格可包含更多测试对象。

表 3.5.7 测试工具模式

测试类型/PBI	UT	MT	SIT	ST	FAT	UAT	PST	SAT	PAT
任务									
故事									
特性									
史诗									
主题									

5. 举例

表 3.5.8 显示了基于 Laravel/PHP 框架构建的应用的已完成测试工具矩阵的示例。每个单元可包含多个测试工具。

表 3.5.8　测试工具示例

测试类型 /PBI	UT	MT	SIT	ST	FAT	UAT	PST	SAT	PAT
任务	PHP 单位测试 QA 测试 GIT Hub								
故事		PHP 单元测试 Cypress							
特性									
史诗									
主题									

第六节　持续测试设计

提要

（1）价值流是实现持续测试可视化的好方法。

（2）要显示角色和用例之间的关系，最好使用"用例图"。

（3）最详细的描述是用例描述。用例描述可分为两个级别。

持续测试的设计旨在快速深入应执行的步骤。最初的持续测试设计价值流定义只包含快乐流及步骤。细节以用例图的形式给出，最后，在用例说明中更详细地描述步骤。

一、持续测试价值流

图 3.6.1 显示了持续测试价值流。图 3.6.2 解释了此价值流中的步骤。

（1）测试基础

第一步是建立测试基础。测试基础包括设计交付物，如价值流、用例图、用例和以 Gherkin 语言或用户故事格式编写的需求。测试基础用于验收实现的功能。SoR 的测试库一开始可能有相当大的体量，而 SoE 的测试库会随着应用的创建而逐步迭代增长。

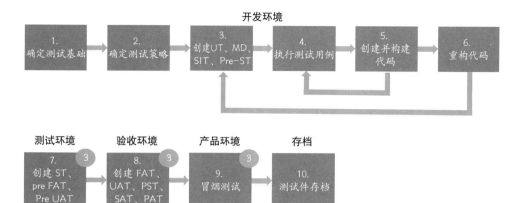

图 3.6.1　持续测试的价值流

（2）测试策略

第二步是选择要采用的测试类型、深度和资源。在传统的测试管理方法中，测试策略属于测试整体计划的一部分。而持续测试不再编写测试主体计划，但还是保留了测试主体计划的核心内容，即基于构建块图像的风险分析、对策和测试策略来检验对策的有效性。

（3）测试驱动开发

根据测试策略，对每个对象类型执行以下流程。

创建对象：

1. Do 一直到所有对象类型完成：

a. 创建相关测试类型的测试用例 (3)

b. Do 在开发环境中执行测试用例直到成功：

o 执行测试用例 (4)

o 构建或修改对象 (5)

o 构建对象 (5)

End Do

c. 重构对象 (6)

End Do

d. Do 在测试和验收环境中执行测试用例直到成功：

o 执行用例 (7) and (8)

o 如果有缺陷，回到步骤 3

End Do

e. Do 在生产环境中执行测试用例直到成功：

o 执行测试用例 (9)

o 如果有缺陷，回到步骤 3

End Do

在开发环境中至少要执行以下测试：

• 单元测试

• 模块测试

- 系统集成测试
- 预系统测试

有些要求更高的组织会在开发环境中运行更多的测试类型。本质上，持续测试的原则就是在开发环境中执行尽可能多的测试类型。

二、持续测试用例图

在图 3.6.2 中，持续测试的价值流已转换为用例图。

角色、制品和存储已经添加到其中。此视图的优点是可以显示更多详细信息，有助于了解流程的进展。浅蓝色表示其他价值流内的生成过程步骤。

这个图没有显示所有的箭头，例如，来自价值流的循环没有显示。各组织可以设计自己的用例图，因为每个组织使用不同的测试类型，并且各自处于不同的成熟度等级，重要的是对所有 DevOps 团队的预期必须明确。

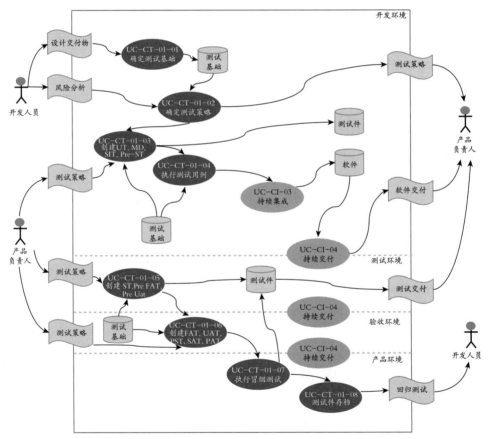

图 3.6.2　持续测试用例图

三、持续测试用例

表 3.6.1 显示了一个用例的模板。左列是属性。中间列指示是否必须输入属性。右列是对属性的简要说明。

表 3.6.1　用例模板

属性	√	描述			
ID	√	ID			
名称	√	用例的名称			
目标	√	用例的目标			
摘要	√	关于用例的简要说明			
前提条件		必须在用例执行之前满足的条件			
成功结果	√	用例执行成功时的结果			
失败结果		用例执行失败时的结果			
性能		适用于此用例的性能标准			
频率		以特定时间单位表示的用例的执行频率			
执行者	√	此用例中的执行者			
触发条件	√	触发执行此用例的事件是什么			
场景 （文字描述）	√	S#	参与者	步骤	描述
		1.	执行此步骤的人员	步骤	关于如何执行步骤的简要说明
场景变化		S#	变量	停止	描述
		1.	步骤偏差	步骤	与场景的偏差
开放式问题		设计阶段的开放式问题			
计划	√	此用例的交付截止日期是多少？			
优先级	√	用例的优先级			
上级用例		用例可以构成层次结构。在执行此用例前需要执行的用例称为上级用例或基本用例			
接口		用户界面的描述、图像或模拟			
关系		流程	……		
		系统构建块	……		
		……	……		

　　基于此模板，可以为持续测试用例图的每个用例填写模板，还可以一次性为用例图的所有用例填写模板，这都取决于需要达到的粒度。本书使用了一个用例图层面上的用例。表 3.6.2 展示了一个填好的用例模板。

表 3.6.2　持续测试用例

属性	√	描述
ID	√	UCD-CT-01
名称	√	UCD 持续测试
目标	√	测试和检查应用是否符合测试基础中的需求
摘要	√	持续测试包括编写和检查测试基础，制定用于以增量和迭代方式测试应用的测试策略。 这包括基于 TDD 在开发环境中对软件进行白盒测试，还包括测试 CD/CD 安全流水线的其他环境控制，这主要是黑盒测试。 最后，在周期的结末尾将测试件存档，便于回归测试。 软件和测试件一起增长。此外必须注意的是，每个实际的更新（功能、模块、应用）都通过 CI/CD 安全流水线部署并转换成功能变化的。 但是，功能的发布需要测试整个测试库
前提条件	√	前提条件是应用程序（新引入的）设计
成功结果	√	持续测试周期的结果是应用程序是否满足需求的结论，发现不符合需求的缺陷
失败结果	√	持续测试失败是指，有一个或多个测试用例没有执行，因此不知道是否符合需求
性能	√	开发环境中的构建和测试周期不应超过 5 分钟。测试和验收环境中的测试周期可能需要更长的时间
频率	√	持续测试周期的执行频率是每天几次
执行者	√	此用例图的执行者是执行设计、测试、构建和运营角色的 DevOps 工程师
触发条件	√	此用例图输出的触发条件是是测试库被更新。然后按照持续测试周期内的周期执行

		步骤	参与者	步骤	描述
情景（文字描述）	√	02-01	开发工程师	确定测试基础（O）	收集新增的或修改的价值流、用例图、用例和需求，作出标识，并确定哪些对象用作测试基础（测试对象/测试框架）
		02-02	开发工程师	确定测试策略（O）	确定每个测试对象/测试框架要使用的测试类型
		02-03	开发工程师	创建 UT、MD、SIT、Pre-ST（O）	在一个周期中，TDD 步骤 02-03、02-04 和 02-05 用于指定功能（增量）的单元测试用例。增量构建直到 02-06 中代码的重构为止。此时，开关设置为"关闭"时可以触发增量部署。这时如果有新的增量（功能、模块和整个应用），可以再开启一个周期
		02-04	开发工程师	执行测试用例（O）	此步骤涉及增量测试

情景（文字描述）	√	-	开发工程师	持续集成（O）	价值流中增加新代码或修改价值流中的现有代码。编译后，测试目标代码（CT 步骤）。最后，对源代码进行重构并再次测试（CT 步骤），之后进行部署（CD 步骤）
		-	开发工程师	持续交付（O）	在此价值流中，目标代码从一个环境转移到另一个环境。环境管理也属于持续交付的一部分
		02-05	开发工程师	创建 ST、Pre-FAT、Pre Hole（T）	随着增量越来越多，可以根据 ST、Pre FAT 和 Pre UAT 测试用例在测试环境中进行测试。但这并不能取代的正式验收
		02-06	开发工程师	创建 FAT、UAT、PST、SAT、PAT（A）	这些测试用例就是在验收环境中执行的正式验收测试
		02-07	运营工程师	冒烟测试（P）	在生产环境中测试所需的最小测试用例集，以确定是否一切正常
		02-08	运营工程师	测试件存档（-）	测试用例可能在回归测试中重复使用。因此测试用例必须妥善保存（版本化）

		S#	变量	步骤	描述
场景变化					
开放式问题					
规划	√				
优先级	√				
上级用例					
接口					
关系		…			…
		…			…
		…			…

第七节 持续测试最佳实践

提要

（1）BDD 描述要实现的系统的行为。而且比功能描述更完善，因为行为描述不仅包含做什么，还有为什么。

（2）TDD 得在编写第一行源代码语之前先仔细考虑，这样能提高效率。

一、行为驱动开发

BDD 是描述在编写前信息系统行为的一种语言。Gherkin 是一种广泛用于描述需求的语言，其格式很简单而且规范。正因其规范，所以可以这种格式的需求可以用来创建测试的框架，例如使用 Cucumber 工具。

以下描述了 BDD 的特征：

- BDD 源于 TDD 的面向测试的软件开发过程
- Gherkin 是编写行为场景的领域专用语言
- 这是一种简单的编程语言，"代码"写入功能文件（具有扩展名".feature"的文本文件）中
- Gherkin 的官方语言标准由 Cucumber 维护，Cucumber 是 BDD 最常用的自动化框架之一
- 根据一个示例规范标识行为
- 它既可以作为产品（开发前）的需求 / 验收标准，也可以作为测试用例（开发后）。
- Gherkin 是最常用于编写正式行为规范的语言之一，它允许在 Given-When-Then 的场景中定义应用的期望行为
- 使用自动化工具，场景可以轻松转换为自动化测试用例

1. 定义

BDD 是在编写钱描述信息系统行为的一种语言。

2. 风险

需要控制的风险为：

- R1. 描述该功能时没有指出行为，这可能导致完全不符合要求的解决方案
- R2. 这些要求难以或不可能集成进敏捷方法
- R3. 软件测试无法直接追溯到需求定义

3. 反模式

相比 BDD，尽管明确记录是必须的，但是很多组织并没有这么做。它们常用电子表格记录需求，因为不是结构化的文档，所以很难访问。

4. 模式

Cucumber 以 Gherkin 语言的形式解释 BDD，这是一种严格规范的结构化方法。表 3.7.1 为 Gherkin 关键字。

表 3.7.1　Gherkin 关键字

关键字	描述
Given ＜条件＞	这一行描述前提条件（初始状态或上下文）。 测试产品是否处于期望状态。 "Given"关键字可进行参数化
When ＜事件被触发＞	这一行描述触发信息系统行为的事件。 "When"关键字可进行参数化
Then ＜预期结果＞	这一行描述触发后信息系统显示的行为
And	Given-When-Then 之外需要追加的步骤
But	功能与 "And" 相同，但可能更易于理解。"But" 可与 "And" 等效

下框包括 Gherkin 功能文件的示例。

功能：喝咖啡

作为一个口渴的员工

我想选择一种咖啡，还可以选牛奶和糖

这样我就可以尽情享受饮料，不再口渴了。

背景：

Given：咖啡机开了

And：咖啡机不是在清洁模式下

And：屏幕上没有错误信息

场景：选择咖啡产品

Given：屏幕处于睡眠模式

When：我打开显示屏

And：我选择＜产品＞

Then：咖啡机将显示供我选择的产品，上面的带有＜选项＞的选择

示例数据：

| ID | 产品 | 选项 | SBB |

| 1 | 咖啡 | 牛奶，糖，特浓 | SBB-I6.1 |

场景：选择咖啡选项

Given：我选择了＜产品＞

And：我看到相关＜选项＞的选择屏幕

When：我点击＜选项＞

And：确认键

Then：咖啡机显示付款菜单

示例数据：

| ID | 产品 | 选项 | SBB |

| 1 | 咖啡 | 牛奶（1）、糖（2）、特浓（5） | SBB-I6.1 |

二、测试驱动开发

TDD 是一种基于测试的软件开发方法，编码软件之前开发测试用例，并提出了一种增量迭代的软件开发方法。

TDD 方法的特征是：

- 将"做什么"转换为"怎么做"
- 减少源代码行为描述中的技术概念
- 在开始编码之前，强制开发工程师考虑并验证解决方案
- 为灵活应用文档（持续文档）奠定基础

1. 定义

TDD 是一种基于测试的增量迭代软件开发方法。

2. 风险

TDD 所管理的风险为：

- 始终关注测试，测试用例在源代码开发之前首先完成
- 测试用例以源代码的语言编程，所以执行速度快
- 测试用例与源代码一起保存在共享的源代码存储库中
- 测试成为开发过程的一部分

3. 反模式

TDD 的反模式是将测试和开发分离为具有独立能力的独立团队。此外，开发后再测试也是 TDD 的一种反模式。

4. 模式

TDD 的实现包括以下步骤：

（1）编写（最初失败）的测试用例，定义期望改进或新功能；

（2）运行所有测试并查看新测试是否失败；

（3）然后编写通过该测试的最小代码量；

（4）运行所有测试并查看新测试是否失败，如果测试用例失败，则必须完成步骤 3，否则执行步骤 5；

（5）依照验收标准重构代码。

单元测试用例的模板包含在下框中。

```
导入单元测试
class<testclass>（<subclass name>）：
def<测试方法>（本身）：
<self.sert>（<function>、<value>）
如果 __name__ == '__main__'：
unit test.main（）
```

5. 举例

下框是一个完整的示例示例定义了三个单元测试用例，验证字符串使用是否正确。

> 导入单元测试
>
> Class TestStringMethod（单元测试 .TestCase）：
>
> def test_upper（self）：self.sertEqual（'foo '.upper（）, 'FOO '）
>
> def test_isupper（self）：
>
> self.AssertTrue（'foo '.isupper（）self.AssertFalse（'foo '.isupper（））
>
> def test_split（self）：s= 'hello world '
>
> self.sertEqual（s.split）, 【'helo ', 'world '】）
>
> #检查当分隔符不是带有 Self.AssertRaes（TypeError）的字符串时 s.split 失败：
>
> s.split（2）if__name__== '__main_ '：
>
> unit test.main（）

三、单元测试策略

根据相关政策（决定）界定单元测试的概念是很重要的。

1. 定义

单元测试策略决定单元测试是什么，以及如何使用单元测试。

2. 风险

需要控制的风险为：

- 单元测试策略中的分歧会导致无效或低效的开发过程
- 源代码必须以统一的方式编写，以便交接和维护

3. 反模式

单元测试策略的反模式会导致开发人员关于单元测试的意见不一致。例如，有些程序员不写单元测试，还有人则认为它是回归测试的基础。

4. 模式

单元测试策略的模式具有以下特征：

- 测试对象是函数或相当于函数体量的对象
- 单元测试是白盒测试
- 单元测试用和要测试的对象相同的语言编写
- 单元测试在开发环境中进行
- 单元测试不包括指向外部资源的链接，例如数据库管理系统、文件系统、邮件链接或其他外部资源
- 1 个对象的所有单元测试都可以在 5 分钟内执行

5. 举例

图 3.7.1 显示了单元测试的图片。

図 3.7.1 测试单元示例

四、通用测试策略

测试策略考虑已知的需要控制的风险，这会带来更高的测试效率和有效性，意味着测试的最佳方式。测试策略要根据每个产品的待办事项来制定，并在每个 sprint 中细化。但也可以建立基于已知的模式制定通用测试策略。

1. 定义

通用测试策略通过将测试技术矩阵映射到测试类型矩阵，展示出组织内使用的测试技术的整体概述。

2. 风险

采用通用测试策略可以控制以下风险：

- R1. 不了解每个测试类型和待办项目需要考虑的基本测试技术
- R2. 由于时间紧张而导致没有选择测试策略，或选择了不适当的测试策略

3. 反模式

在实践中，敏捷领域近几十年来开发的最佳实践往往不被重视，就比如不使用测试策略。仅仅使用 BDD 或 TDD 是不够的。

4. 模式

去除掉浪费后的测试策略依然很有用。将前面讨论过的测试类型矩阵与测试技术矩

阵结合起来，就是达成通用测试策略的极佳方法。

表 3.7.5　测试策略模板

测试类型 / 待办事项列表项	UT	MT	ST	SIT	FAT	UAT	PST	SAT	PAT
任务									
故事									
功能									
测试类型 / 待办事项列表项	UT	MT	ST	SIT	FAT	UAT	PST	SAT	PAT
史诗									
主题									
部署火车									

5. 举例

表 3.7.6 提供了测试策略的模板的解释。

表 3.7.6　测试策略示例

测试类型 /Backlog 项	UT	MT
任务	• 分支测试 • 代码驱动测试 • 错误处理测试 • 回路测试 • 异常测试 • 静态测试	-
故事	-	• API 测试 • 错误处理测试 • 接口测试 • 异常测试
功能	-	-
史诗	-	-
主题	• 分支测试 • 代码驱动测试 • 错误处理测试 • 回路测试 • 异常测试 • 静态测试	-
部署火车		• API 测试 • 错误处理测试 • 接口测试 • 异常测试

五、其他

本部分最后讨论了一些常用的概念。我们将花少量篇幅讨论这些问题。

1. 代码评审

（1）定义

术语代码评审是指在提交源代码时，由程序员同事检查源代码，又叫同行审查。

（2）风险

代码评审控制的风险是程序员误以为错误的构造是最佳实践并加以学习。如果程序员不愿意接受编程风格的更改，这种风险就会增加。

（3）反模式

代码评审的反模式是不检查源代码，这样会发生很多失误，而且不能互相学习，源代码的质量通常也不高。

（4）模式

一个典型的例子是 Git 工具的拉动 - 请求机制。

2. 结对编程

（1）定义

结对编程是指总是由两个程序员结合在一起进行编程。其中一个程序员为驱动（编码器），另一个程序员为导（导向器）。

（2）风险

结对编程针对的风险是单个的程序员在解决方案上花费太多的时间。结对编程可以管理的第二个风险是知识和技能转移太低。结对编程可以控制的第三个风险是代码质量差。

（3）反模式

结对编程的反模式是程序员在一个问题上花了 10 倍的时间，得到的解决方案却还是错的。如果程序员没有发现他的错误做法，并且一直在尝试使系统符合预期的行为，那么这种情况就会更严重。

（4）模式

配对编程只须额外耗费 10% 的精力，就能大幅提高源代码的质量，而且还能传授知识和技能。

3. 自动化测试

（1）定义

传统的测试是一项人工活动，自动化测试是指通过自动执行测试用例，从而消除浪费的情况。自动化测试通常用编写测试对象的语言编写。

（2）风险

自动化测试控制的风险是测试花费了太多的时间，这会对程序员造成压力，他们希望可以减少花在测试上的时间。

（3）反模式

自动化测试的反模式是手工测试，通常只在用户验收环境中进行手工测试。

（4）模式

TDD 是一种典型的自动化测试，在 TDD 中，在提交源代码时自动执行单元测试用例。

4. 测试模式

（1）定义

测试模式是运行测试时采用的模式。该模式具有以下特征：

- 类似的被测试对象
- 测试对象的同类操作
- 使用相同的测试类型

（2）风险

测试模式管理的风险是，忘记了之前的测试里出现过的情况。由于在测试模式中复用已有代码，因此也可以降低浪费的风险。

（3）反模式

测试模式的反模式始终是重新设计测试用例。

（4）模式

测试模式的一个典型方式是在表格中做记录。这方面的测试几乎完全相同。另一种测试模式是菜单项的 PEN 测试或用户界面测试。

第四章
持续集成

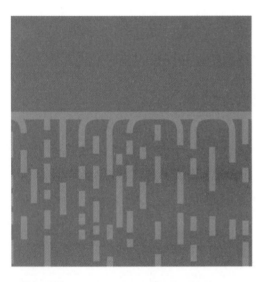
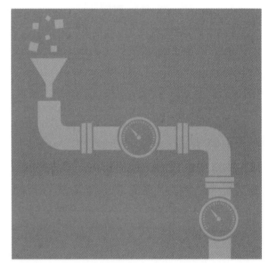

第一节　持续集成简介

一、目标

本章的目标是提供有关持续集成的基础知识，以及应用"持续万物"这方面的应用建议和技巧。

二、定位

因为持续测试是基于 TDD，所以在 DevOps 八字环中的测试环节的下一个阶段显示的是持续集成。这个概念意味着需要先编写测试用例，然后再进行（增量和迭代地）编程。"持续"一词是指增量和迭代地开发软件，创建一"连串"的代码，通过 CI/CD 安全的流水线持续转化到生产环境。

DevOps 八字环的所有环节都具有敏捷性和持续性，因此持续集成也是一种敏捷方式，用以促进代码的创建。在"持续万物"中，将定义持续的方方面面，例如持续审计。为了简单起见，有些方面没有被包含在 DevOps 八字环中。

DevOps 八字环的各个方面都与持续集成有直接或间接的关系：
- 在持续规划阶段，定义了接下来迭代中要开发的项目
- 在持续设计阶段，该设计被扩展 / 适用于要发布的软件
- 在持续测试阶段，编写了用来测试源代码的测试用例
- 持续部署是将代码以二进制的形式传输到其他环境的手段
- 持续监控还包括开发环境的监控，并且也是 DevOps 工程师在监控设施推出之前对其进行调整和测试工作的一部分
- 持续学习被持续集成用于教授新的编程和验证已经学习的内容

三、结构

本章介绍如何从组织的战略角度自上而下地构建持续集成。在讨论这种方法之前，首先讨论了持续集成的定义、基石和体系结构。在接下来的几个章节中，都是按照以下结构组织的。

1. 基本概念和基本术语
（1）有哪些基本概念？
（2）基本术语是什么？

2. 持续集成的定义

（1）持续集成的定义是什么？

（2）哪些问题需要解决？

（3）可能的起因是什么？

3. 持续集成的基石

如何通过变更模式确定持续集成的基石？

（1）持续集成的愿景（愿景）是什么？

（2）职责和权限（权力）是什么？

（3）如何应用持续集成（组织）？

（4）需要具备哪些特质的人员和资源（资源）？

4. 持续集成的架构

（1）架构模型是什么样子？

- 存储库的结构？
- 识别并管理风险？
- CI/CD 安全流水线的建设

（2）架构的原则是什么？

- 持续集成
- 基于主干的开发？
- 分支策略？
- 共享所有权还是代码？
- 共享代码存储库？
- 基于安全的开发？
- 构建失败模式？
- IaC？

5. 持续集成的设计

（1）如何在价值流中可视化持续集成？

（2）持续集成的用例图是什么？

（3）如何充实持续集成的用例？

6. 持续集成最佳实践

（1）开发

- 持续集成有哪些开发策略？
- 什么时候瀑布式方法比敏捷式方法更好？
- 最常见的分支策略是什么？
- 正确和不正确的持续集成应用是什么？

（2）存储库

- 集中式或分布式环境的优势各是什么？

- 共享所有权或代码是什么？
- 什么是共享代码库？
- 哪些是有用的存储库工具？
- Git 是如何工作的？

（3）代码质量

- 通过哪些步骤实现持续集成？
- 什么是好代码？
- 什么是编码标准？
- 什么是标准、规则和准则？
- 什么是绿色编码？
- 什么是绿色构建？
- 什么是重构？
- 为什么要使用改善？
- 什么是基于安全的开发？
- 构建失败模式的原则是什么？

（4）创新

- 基础设施即代码的原则是什么？
- 何时可以进行低代码或无代码的编程？

第二节　基本概念和基本术语

提要

（1）持续集成取决于需求、验收标准和测试用例的质量。DevOps 工程师必须密切参与这些制品的创建。

（2）持续集成是 DevOps 八字环的引擎，并决定了周期的节奏。

一、基本概念

在本部分中，我们将介绍许多与持续集成相关的基本概念，即"编程"和"敏捷编程"的概念。

1. 编程

持续集成的主要概念是如何通过专业的编程将软件很好地进行集成。该解决方案采用一种编程语言编写，并编写出源代码文件。该编程语言包含从信息（输入）到期望结果（输出）的过程。输入和输出可通过多种方式格式化。通常将结果记录在数据库中，以便在之后的某个日期访问它们。

每种编程语言都有自己的语言元素词汇。通常通过在框架中提供编程语言来提供访问数据库或图形用户界面的标准功能（图形用户界面＝GUI）。这通常意味着需要几个月甚至更长时间才能掌握一门编程语言。源代码逻辑不能简单地由计算机处理，因此必须将其转换为其他格式，如图4.2.1所示。

此处识别了两种形式，即机器语言和字节码。机器语言是一种可以由计算机的CPU执行的语言。它基于0和1两个数字，可以写成十六进制的文件。

包含机器语言的对象也叫做可执行文件，其文件类型为".exe"。字节码不能由CPU处理，必须有一台虚拟机可以读取字节码，并将其转换为CPU的指令，其中的一个例子就是Java虚拟机（JVM）。

D
e
v
O
p
s

持

续

万

物

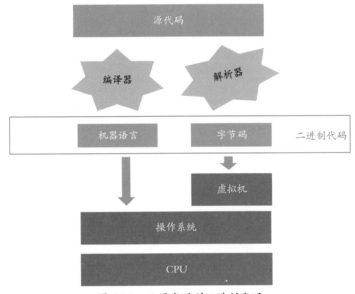

图4.2.1　从源代码到二进制代码

2. 应用

应用程序是一组为问题提供解决方案的编程逻辑。经过深思熟虑的应用的结构对于快速构建解决方案和管理应用非常重要。这意味着解决问题的备选方案、达成解决方案的过程（步骤）和每一步的伪代码都必须事先经过仔细考虑。提前思考可以节省很多时间。

3. 敏捷编程

敏捷编程是指增量和迭代地编程。在图4.2.2中，通过创建四个版本的源代码并将其保存，表示代码是按四个步骤（增量）进行交付的。因此，增量编程意味着按步骤进行编写的解决方案，这使得DevOps工程师可以在持续构建功能之前充分测试每个步骤。

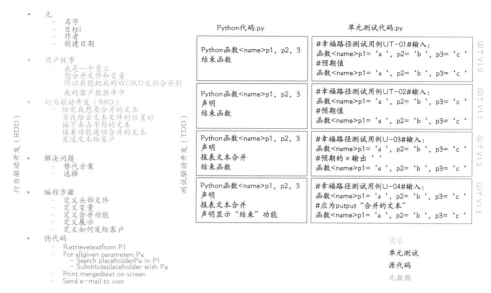

图 4.2.2　构建一个解决方案

除了增量构建功能外，进一步开发更多功能的应用也是增量开发的形式。不是一步一步地开发一个功能，而是一个功能一个功能地扩展应用。功能的合并也是递增开发，并且也尽快提供了测试的解决方案。

迭代是指有节奏地构建解决方案。如图 4.2.3 所示，节奏是以计划、执行、检查和行动为一个周期进行维护的韵律。"计划"定义了要执行的工作，以及验收的标准。"执行"是基于测试用例编写的程序。"检查"是基于验收标准的验证检查，以及在周期结束时判断是否达到了预期目标。"行动"是根据已获知内容的调整方法。在迭代中，增量编程在"do phase"阶段中执行。

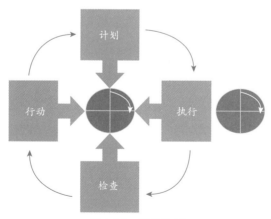

图 4.2.3　敏捷编程

迭代地编程在"执行"阶段逐步进行。比如，在"执行"的阶段也会发生"计划—做—检查"。例如，每天安排当天要做的工作，包括测试和编程（按这种顺序），然后通过检验验收标准和"行动"进行"检查"和纠正被发现的缺陷。

二、基本术语

本节定义了与持续集成相关的基本术语（图 4.2.4）。

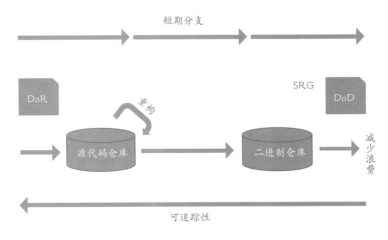

图 4.2.4 持续集成的基本术语

1. 版本控制

改写和开发源代码会带来风险，而且可能会丢失代码。这种丢失可能是由于意外删除或覆盖文件造成的，也有可能是变更后，DevOps 工程师更愿意回到调整之初，但这已经不再可能了。

防止这种源代码丢失的机制是版本控制。这需要有关版本管理的协议以及一个可以实现自动化的良好工具。版本控制的理念是，用户需要登录，并且每次需要进行编辑时，版本管理工具都会复制当前版本并使用新版本号发布文件。除了保护源代码安全之外，版本控制还提供了其他功能，比如能够多人同时在同一代码上工作。这是敏捷开发的前提条件，因为版本控制是创建不同分支的基础，因此可以快速开发和测试源代码的新版本，而无须相互干扰。

2. 签入和签出

可以使用版本管理工具请求对源码文件进行编辑，这被称为签出。这需要身份验证和授权。源代码被编辑后，该工具对其提供了新的版本。这意味着我们可以始终返回到前一个甚至更早的版本。编辑后，更新后的版本可以通过签入的方式放回版本管理工具中。目前，最广泛使用的版本控制工具是 Git。在 Git 中，有关于拉（签出）和推（签入）的讨论。

3. DoR 和 DoD

对源代码的要求我们在 DoR（就绪定义）和 DoD 中进行规定。DoR 描述了允许修改源代码脚本必须满足的要求。例如，那些要求是以 Given-When-Then 格式编写的。DoD 对源代码必须满足的质量提出了特定要求，例如 SRG、测试软件和其他交付物。

4. SRG

对源代码的要求可分为三类，即称作标准、规则和准则。标准是必需的，不能偏离。

这些标准通常与安全和法律法规有关。规则是关于质量的协定，如果有理由则可以偏离，例如有没有风险。准则却是不一定必须要遵守的建议，但它们还是很重要的。

5. 重构

更改源代码以更好地满足 SRG 和 DoD 的要求称为"重构"。应用持续地满足功能和非功能的要求，会使得可维护性和性能都得到提高。

6. 源代码库

版本控制工具将源代码文件存储在称为"库"的中央存储库中。顺便提一下，存储库不仅包含源代码文件，还包含测试用例（以源代码的编程语言编写）、需求以及从源代码到二进制代码所需的任何东西。最常用的版本控制工具是 Git。

7. 二进制存储库

从源代码到二进制代码的转换生成了二进制文件。这些不是存储在源代码库中，而是在二进制仓库中交付的。一个例子就是 Artifactory。此工具应用非常广泛，以至于其名"Artifactory"也已成为非特指 Artifactory 这个工具本身，而代指此类工具。

8. 主线

主线、主要的、总的或主干是构成应用程序的一组源代码。这也称为主干。

9. 分支和合并

更改现有源代码集时，可以创建分支，从而出现两个最新的版本，一个是生产环境的版本，一个是用于开发的版本。

用于开发的版本必须最终合并回主干或主线。这是代码库中的代码的总集，分支需要合并。合并可确保对可能发生的冲突执行检查。这是因为如果很多 DevOps 工程师同时执行签出的操作，那么可能会相互干扰。因此，如果不用主干开发模式的话，建议将分支保持得尽可能短。在另一种情况下，工作直接在主干上完成，而不创建副本，因此只编辑一个版本，这也称为"基于主干的开发"。

10. 短期分支

短期分支是指仅用于很短的时间内，用来避免合并问题的分支。实践中，短期一般指几个小时到一天。

11. 长期分支

与短期分支不同，长期分支是用于长时间独立深入开发的分支。这种方法会造成合并时出现源代码丢失和冲突的风险。而且该方法的另一个问题是无法满足持续集成的一项关键目标——快速反馈。

12. 基线

基线是一组标记了的源代码文件，它被合并到应用的部署部分。这些标记也称作标签，它是一个用于确保构建生成的二进制制品中包含正确文件的属性。

13. 可追溯性

可追溯性是源代码的属性，它能够跟踪应用从需求到上线的整个生命周期。

14. 减少浪费

生成一个应用程序涉及许多步骤。在这些步骤中，可能由于不必要的工作、人工手动执行的工作或者对于错误的延迟识别而产生浪费。这种浪费必须尽可能减少。

第三节　持续集成定义

提要

（1）持续集成是将原始的需求、测试用例和验收标准转换为问题的解决方案。

（2）持续集成是一种旨在以增量和迭代的方式生产源代码，用来满足所述功能和非功能需求的过程。

（3）持续集成应具有内部驱动，用于基于组织设定的质量标准来减少浪费和获得绿色代码。

一、背景

目前一直用于开发源代码的编程语言约有 700 多种（来自 Wikipedia）。官方统计，计算机的首款编程语言是 Plankalkül，由康拉德·楚泽（Konrad Zuse）在 1943 年至 1945 年期间为 Z3 开发的。但是，它直到 1998 年才开始应用。短文代码是约翰·莫奇利在 1949 年提出的，被认为是第一个高级编程语言。它旨在用人类可读的格式解释数学表达式。但是，由于在执行前必须将其转换为机器代码，因此其处理速度相对较慢。在 20 世纪 50 年代和 60 年代，人们还开发了其他早期编程语言，包括自动编码、COBOL、FLOW-MATIC 和 LISP。其中，只有 COBOL 和 LISP 仍在使用。

随着时间的推移，出现了许多工具，如编辑器、具有标准功能的库、通过自动处理和集成控件的编程语言，以及用以简化数据库和用户界面接口的完整框架等。例如，像 Laravel 这样的框架，在 PHP 和关系数据库管理系统（RDBMS）之间有自己的数据库无关层。Rails 的 Ruby 也是一样的，这使得编程更容易。但是，必须考虑到源代码调试日益复杂，尤其是如果这些都深深地嵌入在框架里。

因此，编写源代码是 IT 这个职业的日常工作。过去几十年里所有的编程知识和技能在 DevOps 世界中依然有效。然而，在持续集成的概念中掌握这种知识和专业是有重要原因的。其原因包含在术语"持续"中。此术语指两个重要特征，即 CI/CD 流水线和 PPT。

CI/CD 流水线既包含持续集成的领域，也包含持续部署，即从需求到生产的范围。

PPT 术语表明，持续集成采取多学科的开发方法。DevOps 工程师必须拥有多种专业技能，而且 DevOps 工程师也要与团队中掌握软件开发各个方面的其他人密切合作。除了人，DevOps 工程师还必须关注业务（业务流程）和维护（服务管理流程）价值流的运营。毕竟，编写源代码是为了支持这些价值流从而让它更高效和更有效。因此程序员可以成为一名既能自动化地运营功能，又可以担任运维工程师（Ops 工程师）的开发工程师（Dev 工程师）。

除了此范围因素外，持续集成还在使用精益的程度上有所区别。DevOps 工程师的一项重要任务是通过创建智能软件使价值流更精益。

二、定义

持续集成是一种全面的精益软件开发方法，旨在以增量和迭代的方式生产以及投入生产的持续软件，并且把减少浪费作为高度优先事项。

"整体性"一词指的是 PPT 的概念。这种增量和迭代的方法由于功能可以提前投产而使快速反馈成为可能。因为错误发现得更早，并且可以更快解决，所以纠正措施的速度更快，从而可以减少浪费，

三、应用

持续万物的每个应用必须基于业务用例。因此，本节以 DevOps/ 敏捷 Scrum 方法描述了软件开发的定性问题及其常见的根本原因。这就隐含了 DevOps 的业务用例。

1. 有待解决的问题

表 4.3.1 列出了需要解决的问题。

表 4.3.1　应用软件开发的常见问题

P#	问题	解释
P1	无快速反馈	通过低频地将应用大块的部分投入生产，仅收到晚一些的反馈，并且解决方案的成本比持续集成更高，达到 16 倍之多。
P2	没有开发架构，或者开发架构存在，但没有应用	没有指导持续集成的原则
P3	没有基于风险的开发	一个传呼机的风险并不用来研究需要编程的对策。这也适用于安全方面和绿色代码
P4	没有自动的源代码质量控制	编码标准不会自动推送到 CI/CD 流水线中
P5	SBB 没有用于对源代码进行分类	源代码没有按照构建块进行分类
P6	持续集成没有所有者，没有人牵头	测试技巧没有提高

2. 根源

问五次"为什么"是一个用来寻找问题根源的方法。例如，对于软件开发，可以问下面的五个"为什么"：

（1）为什么我们有这些软件开发问题？

因为我们没有持续集成的路线图。

（2）为什么我们没有持续集成的路线图？

因为持续集成路线图尚未被优先处理。

（3）为什么持续集成路线图的优先级不够？

因为持续集成没有所有权。

（4）为什么持续集成没有所有权？

因为没有人声称拥有持续集成的所有权。

（5）为什么没有人申请持续集成的所有权？

因为管理部门没有实施取得所有权的激励。

这个问题的树形结构使得找到问题的根源成为可能。必须先解决问题的根源，才能解决表面问题。

第四节　持续集成基石

提要

（1）持续集成应用的实现既需要自上而下的方式，也需要自下而上的方式。

（2）持续集成的管理最好在一个路线图中设计，其中技术负债可以作为任务项放在代办事项列表里。

（3）设计持续集成从愿景开始，用来表达为什么需要持续集成。

（4）如果尚未设计权力平衡的那一步，则无法开始实施持续集成的最佳实践（组织设计）。

（5）由于对于工具的集成和重复使用，因此在版本控制工具的选择中考虑架构是非常重要的。这是可以实现的，比如通过使用工具集。

（6）持续集成可加强左移组织的形成，用来获得快速反馈。

本节首先讨论了可用于实施 DevOps 持续集成的变更模式。变更模式包括四个阶段，首先是反映持续集成的愿景，还包括业务用例。随后，权力平衡得到了充实，注重持续集成的所有权，同时也注重任务、职责和权限。接下来的阶段是组织和资源。组织阶段实施了持续集成的最佳实践，资源阶段描述人和工具两个方面。

一、变更模式

变更模式为持续集成的设计提供了一种方法，从持续集成的需求愿景入手，以有条不紊的方式避免在毫无意义的辩论中浪费时间。在这个基础上可以确定责任和权力在权力关系意义上的位置。这似乎是一个老生常谈的词，并不适合用在 DevOps 世界里，但"猴王现象"也适用于现代世界。这就是为什么记录权力的平衡是好的。随后，可以找到 WoW，最后找到资源和人。这些在示意图 4.4.1 中可以看到。

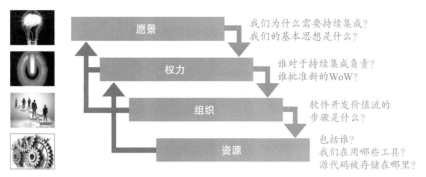

图 4.4.1　变更模式

图中右侧的箭头表示持续集成的理想设计。图中左侧的箭头表示在箭头所在的阶段发生争议时返回哪个阶段。因此，关于使用哪个工具（资源）不应该在这一层进行讨论，而应该作为一个问题提交给持续集成的负责人。

如果对如何设计持续集成的价值流存在分歧，则必须恢复持续集成的愿景（Vison）。以下部分将详细介绍这些阶段中的每一个。

二、愿景

图 4.4.2 显示了持续集成变更模式的愿景步骤。图的左侧（我们想要什么？）指出实施持续集成愿景的构成都包含哪些方面，用以防止位于图右侧的消极方面（我们不想要什么？）出现。图右侧是持续集成的反模式。下面是与持续集成愿景相关的指导原则。

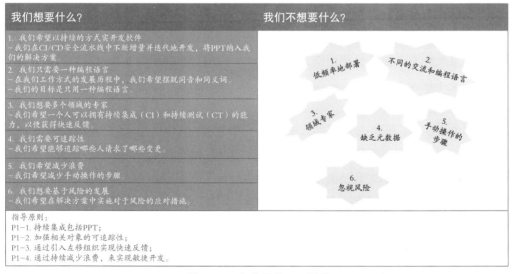

图 4.4.2　变更模式——愿景

1. 我们想要什么?

持续集成的愿景通常包括以下几点。

（1）开发的范围

我们必须尽可能从整体上选择开发的范围，以便减少浪费。开发的范围不仅必须包括应用程序和基础设施（技术），还必须包括测试人员和管理员（人）的知识和技能，以及业务、开发、运维和信息安全的价值流（业务，安全和 DevOps 的流程）。

（2）编程语言

在世界的发展过程中，有很多同义和同音词。这种情况下，每个人都有自己的分支和合并的观点。编程语言也是不同的，每种语言都有自己的学习曲线。

（3）多领域的专家

从测试用例的编程和 IaC 形式的编程来看，软件开发已不再是分开的。为此，DevOps 工程师必须具备多种专业知识。这种人也叫做 E 型人才。市场对于 E 类型 DevOps 工程师的需求量很大。通常情况下，这些 DevOps 工程师的开发速度和开发质量要比 I 类型的领域专家高出 10 倍。由于缺乏其他领域的知识和技能，I 类型的人常常会造成瓶颈。T 类型的人，除了本身的专业，也知道一些其他的专业领域，但开发速度比 E 类型的人要慢得多，并且可能会导致更多的缺陷。

（4）可追溯性

一个成熟的软件开发过程应该具有可追溯到其源头的特性。这既适用于交付的增量（需求），也适用于缺陷（基线）。此特性需要高度的自动化和元数据进行支持。

（5）减少浪费

开发的一个主要限制因素是对测试人员或测试环境的依赖。这既涉及来自业务的测试，也涉及服务组织的测试。通过尽可能多地对测试用例进行编程，并由 DevOps 工程师在开发环境中自动执行这些用例，可将持续集成与持续测试合并。因此不再需要测试工程师，更不用说测试部门了。

（6）基于风险的开发

许多 DevOps 工程师选择简洁的方案进行软件方案的快乐方式的编程。这不包括不良路径（安全）和悲伤路径（错误情况）。问题仅在稍后的生产环境中可见，这将产生风险。因此，更积极和更有预测性地看待软件的开发非常重要。《验收标准》一书给出了一个很好的方法，能够审视业务和管理价值流的目标无法实现的风险。例如，应用程序可能因为不能实现峰值的负载，导致客户放弃了这款产品。DevOps 工程师必须了解这些风险，并与利益相关方一起提出对策和实施措施。

2. 我们不想要什么?

除了我们想要的，通常也需要确定什么不是持续集成的愿景。这会进一步加强愿景。持续集成愿景的典型反模式包括以下各个方面。

（1）低频

低频地交付增量和部署会导致延迟反馈，也会延迟提供来自 CI/CD 安全流水线的反馈。对用户的发布也必然更慢，这意味着反馈也更慢。因此，较高的恢复成本（最高 16 倍）、较低的投资回报率（ROI）和较晚的上市时间（TTM）都是低频交付的结果。

（2）不同的编程语言

许多 DevOps 工程师都希望为每个项目都使用一种新的编程语言或工具，这就更具有挑战性。但是，学好一门语言是一项耗时的活动，因此回收期较长。并且由于缺乏新的编程语言的编码标准以及使用这些工具的技能，经常选择不同的编程语言和工具会降低所交付工作的质量。

（3）领域专家

起初，让一个人变成对某个领域了如指掌的专家，比如编程语言、工具等，似乎是件好事。但在实践中，这些专家似乎只具备某种行为。

这些专家是解决问题所需要的人，因此使得组织依赖于他们。然后，专家由于其处于支配的地位提出更高的要求。他们变成了英雄而不是冠军。知识得到了保护却没有被共享。项目必须等待这些稀少的专家的参与才能继续推进，他们要求的薪水也越来越高。因此必须打破这种恶性循环，将资源放在具有多种专业知识的 E 型人才身上。

（4）缺少元数据

软件代码通常包含在存储库中的源代码文件中。元数据是通过版本控制工具添加到这些源代码文件中的，比如谁在什么时候改变了什么。但是，这需要更多信息来实现可追溯性。如果及时正确地使用，构建块是一种有效的方法。有关构建模块的更多信息，请参阅《架构下的管理》一书。通过架构中的构建模块来标记存储库中的所有对象，例如需求、测试用例等，可以更快速地定位关联的对象。

（5）手动操作

由工具执行的版本控制是在软件开发过程中消除手动操作的例子。使用工具（例如 Ribbon）检查源代码也是任务的自动化。这也适用于基于此类文本的使用语言元素建议的编辑。但是，DevOps 工程师还必须定期执行任务分析，以识别开发过程中的浪费。

（6）被忽略的风险

风险可以被承担、管理或忽略。承担风险意味着接受风险却未采取对策。管理风险是指采取行动消除或降低风险，从而降低随之而来的损害的影响。忽视风险就是睁一只眼闭一只眼睛或否认存在风险，这是不被允许的。根据法规和职务说明，组织中的一些人最终要对风险负责，他们可能只承担这些风险，明确声明自己是风险的负责人，却让风险失控。如果风险负责人想要控制风险，他还必须承担相关的成本。

由 DevOps 工程师定期向同事说明风险，并向产品负责人提出风险。产品负责人会联系利益相关方确定谁是风险的负责人，或者将风险分配给自己。

三、权力

图 4.4.3 显示了持续集成变更模式关于权力的步骤，其结构与愿景的结构是一致的。

我们想要什么？

持续集成的权力平衡通常包括以下几个方面。

（1）所有权

如果有一件事需要在 DevOps 中讨论，那就是所有权。关于谁来决定持续集成的工作方式，敏捷 Scrum 的基本原理给出了简单的答案。肯·施瓦本说，Scrum master 是在敏捷框架内开发流程的所有者。事实上，Scrum master 是一个教练，他必须让开发团队感觉到是他们自己塑造了敏捷 Scrum 流程，这是一个完全不同的方面，与流程只有一个拥有者的事实是完全不同的。

在 SoE 的背景下，这是一个很好的陈述。SoE 是一种形成人机界面的信息系统。SoE 的典型用途是电子商务应用，其中使用松散耦合（相当自主）的前后端，允许用户输入交易或提供信息。

鉴于此前端（接口逻辑）与后端（交易处理）的松散耦合，开发团队在对前后端进行变更也相当自主。CI/CD 安全流水线也可由团队选择。

但是，如果有数十个开发团队在从事前后端应用工作，将 CI/CD 安全流水线作为服务提供给 DevOps 团队将变得更高效和有效。这将规范持续部署和持续集成两方面。在这种情况下，许多 Scrum master 只有有限程度或不再拥有敏捷 Scrum 的流程，因此持续集成也不在其流程内部。毕竟，Scrum master 不再决定 CI/CD 安全流水线上使用的工具，例如自动执行版本管理。基于代码标准，CI/CD 安全流水线中也执行了质量检查。因此，这些内容也必须在所有 DevOps 团队中进行协调。这就出现了集中控制流程所有权的需要。

集中式流程所有权不仅适用于 SoE 环境，也适用于 SoR 环境。SoR 是一种处理事务的信息系统。典型的例子是 ERP 或财务报告系统。这些信息系统通常包括在一系列信息处理系统中。因此，SoR 通常由业务或技术上划分的多个 DevOps 团队设计。在这两种情况下，这些 DevOps 团队在持续集成方面会相互依赖。同样，对于 SoR 开发团队的 Scrum master 来说，他无法拥有他所指导的团队的敏捷 Scrum 流程。

图 4.4.3　变更模式——权力

这就是为什么定义持续集成的总负责人是有意义的。所有权可以作为角色或作为服务组织中的某人的职能进行分配。这个角色或职能也可以互换。当然，持续集成的所有者可以以分布式的方式开发和检查对持续集成领域的解释，以便每个人都能积极参与其成熟的过程。这意味着强指向性与自下而上设计的最佳做法相结合，为统一的工作方式提供实质内容。

（2）目标

持续集成的所有者需要确保制定持续集成的路线图。就像应用程序一样，此路线图包含时间线上的季度和目标。每个季度，要实现的史诗是基于持续集成的目标来定义和实现的。

此目标必须由所有参与的DevOps团队承诺。这可以通过多种方式来组织。在Spotify模型中，使用了术语"公会"一词。公会是一种临时的组织形式，可以更深入地探究某个领域。例如，可以与每个DevOps团队的一名代表建立持续集成的公会。在Safe® 中，也有像CoP之类的标准机制。或者，还可以通过PI规划中的快速发布列车来确定持续集成的改进。

持续集成设计的目标及其衍生的史诗是完美地基于持续集成的评估。此评估必须主要由DevOps工程师自己执行，以便他们自己指出哪些地方需要改进以及给予他们哪些优先级。

理想情况下，持续集成的评估是衡量路线图中包含的持续集成领域的个人能力。将每个开发团队的持续集成评估合并为跨团队的分数和持续集成的衍生目标，是在达到成熟度时设置的标准。这部分取决于已分配到路线图中的持续集成目标的制定方式。在设定目标的基础上，将选定的史诗放在技术债务待办事项上，细化为特征、故事和任务。

（3）RASCI

此首字母缩写词表示"责任、问责、支持、咨询和知情"。分配了"R"的人监控的结果（持续集成的目标）达成了，并汇报给持续集成的所有者（"A"）。所有开发团队都致力于实现持续集成的目标。Scrum master可以通过指导开发团队去意识到目标，从而来完成"R"的角色。"S"是行政之手。所以，这些是开发团队。"C"可以分配给联合在公会或CoP中的SME。"I"主要是需要了解质量检查和测试的产品负责人。

RASCI优于RACI，因为在RACI缩写中，"S"会合并到"R"中。因此，在责任和执行之间没有任何区别。RASCI通常可以更快地确定并能更好地了解谁在做什么。RASCI的使用通常被看作是一种过时的治理方式，因为整个控制系统随着DevOps的到来而发生了变化。

考虑到对于目标的讨论情况，很明显，在扩展DevOps团队时，肯定需要更多的职能和角色来决定如何安排。因此，这就是敏捷Scrum、Spotify和SAFe框架之间的特征差异。

（4）治理

在DevOps内部，DevOps工程师经常花费大量时间和精力来创建和维护拥抱"泰迪熊"。然后，这些爱好耗费了大量时间，却几乎没有创造出任何价值。实际上，对某一个人的依赖问题的处理需要被建立起来，因为没有知识转让。这就是为什么重要的是要考虑目标和明确的 RASCI，以便积极利用能量。这不会降低改进事物的动力和热情。我们所需要做的就是为创新指明方向，用冠军行为（知识共享者）取代以自我为中心的英雄行为（知识所有者）。

（5）架构

DevOps 的引入以及持续集成对架构领域产生了很大的影响。然而，它并没有消失。对于 SoR 信息系统，架构的一部分重点仍在前期设计（用于软件的构建）。这是因为链路中的信息系统必须很好地连接。对于 SoE 信息系统，在迭代期间设计了更多的新的架构。这可能是由于松耦合系统造成的。

在讨论持续集成的"所有权"时，已经表明了对于 SoE 和 SoR 信息系统来说，所有权的集中化是必要的。这也适用于持续集成的架构。这对于创建一个新的角色（比如 DevOps 架构师）或功能来说是一个明智的想法。然后，DevOps 架构师参加持续集成 CoP 或公会，通过为持续集成架构设置架构原则和模型来指导持续集成的设计。

DevOps 架构师不会对工具和技术做出决策，而是考虑到工具组合和组织的参考架构，给出如何良好地协调和未来如何一起工作的方向。

1. 我们不想要什么？

以下是典型的关于权力平衡的持续集成反模式。

（1）缺少所有权

在许多组织中，许多 DevOps 团队认为，建立持续集成应该由自己来完成，因为他们的软件是唯一的。这不仅会导致大量的试验和误差，使人们重复造轮子，而且还需要大量的时间来增加速度。此外，持续集成是 CI/CD 安全流水线的一部分。这个流水线的主要原理是组织只能有单一的流水线。因此，最好是集中分配所有权。同时，必须将这些力量结合起来（知识和专业技能）。团队成员只有通过建立对当前事态的共同认识、所需的成熟度和实现目标的途径，才能做到这一点。这需要协作、目标的承诺和路线图。

（2）目标缺失

由于缺乏目标，持续集成通常设计得不够完善。除了所有权外，我们还需要承诺改进。我们最好创建一个技术债务待办事项列表，列出需要改进的部分。为此，我们必须拥有所有权、目标和治理，即使其目的是让开发团队自行实施自选的改进措施。

（3）不平衡的任务、责任和权力

自行研发持续集成工具不仅是浪费时间，而且也是一件代价高昂的事。在许多组织中，DevOps 以这种方式启动。数十个 DevOps 团队选择自己的存储库工具和工作方式。随着时间的推移，人们发现有数百万欧元用于重复造轮子，DevOps 团队之间的沟通中断了。因此，在任务、职责和权力形式的持续集成的有效设计中，明确的任务是非常重要的。

（4）缺少转向

缺乏所有权、目标和任务、责任和权力会导致技术债务的流失。目标和时间表可以自下而上进行设定和承诺,但实现这一目标的自主权和实现这些目标所需的教练是必要的。

（5）无协调的改进

正如在任务、职责和权力中讨论的那样，DevOps 工程师的独狼行为已经过时了。I 类型的人（英雄）正在给 E 类型的人（多技能的专家）让路。"知识创造了力量"在给"共享知识使其更加富有"让路。这包括对技术债务待办事项和持续集成的创新路线图存在集体所有权的成熟行为。

四、组织

图 4.4.4 显示了持续集成变更模式的组织步骤，其结构与愿景和权力的结构相同。

图 4.4.4　变更模式——组织

1. 我们想要什么？

持续集成的组织方面通常包括以下几点。

（1）短期分支

DevOps 工程师开发时的软件片段越短，合并时发生冲突的可能性就越小。持续集成的标准是每天进行几次本地和集中式的签入，然后进行系统测试，以证明没有软件冲突。这也与软件的高频率交付有关。

（2）绿色代码

源代码中的每个语言元素都有一个"碳足迹"。

结果表明，具有相同功能结果的语言构造可以显示完全不同的 CPU 消耗。绿色代码是使用尽可能最少的 CPU 周期的源代码的属性。

（3）统一工作方法

在敏捷中，DevOps 工程师可以根据自己的看法自由地工作。因此，对于每个 DevOps 工程师来说，源代码的质量可能存在很大差异。质量的差异不仅导致速度更慢，也导致产品负责人的总负责成本（TCO）更高。此外，服务质量的降低也是成本项，而其他 DevOps 工程师对代码的可维护性程度会很低。

（4）元数据

元数据是源代码的一个重要方面。元数据必须具有诸如可追溯性、可重复使用性、可分析性等方面的性能。重要的元数据项有 ID、所有者、构建块、引用、版本号、创建日期、修改日期、上次修改数据的人员等。

（5）可维护性

在编程方面有两种方法。一种方法是不在源代码中添加注释（解释文本），另一种方法则是添加。这包括所有的注释，即开发过程、问题的替代解决方案＋论证、伪代码和每个执行的方法的解释等。不添加批注可能只是由于产品进入市场的时间压力或缺乏知识共享的需要。可维护性的另一方面是源代码的模块化。某些编码标准禁止包含超过 255 个字符的代码的方法、禁止注释。这种标准要求 DevOps 工程师写得比较精确，并且限制每个方法的代码量。

（6）稳健性

如果应用的操作不会被来自外部的错误的输入或其中断而影响，则应用是稳健的。为此，必须进行风险分析，以确定可能的威胁。然而，通常情况下已经存在必须考虑的标准机制。

（7）绿色构建

绿色构建意味着编译器没有出现错误或警告。这是精益的一个方面，因为缺陷可能不会在精益哲学中推广。

（8）重复使用

在许多应用中，当然也在各应用之间，由于有双重功能，所以开销很大。这可以通过使用元数据来减少。不幸的是，对于 DevOps 工程师来说，是否为已经存在的内容编写一个新函数仍然是个例问题。

2. 我们不想要什么？

以下几点是组织中典型的持续集成反模式。

（1）低频

DevOps 工程师在编写新代码或者修改代码上持续构建的时间越长，合并时发生冲突的可能性就越大。不频繁的签入和合并到主干通常是一个行为问题。这似乎需要更短的时间来签入和高频合并，而不是延迟。

（2）CPU 消耗高

越来越多的组织必须证明他们的发展是可持续的。政府在欧洲招标中的要求在这方面起着尤为重要作用。动态资源在云中的使用是不可持续的。许多组织喜欢使用更多的 CPU，而不是通过修改源代码来提高效率。这与源代码的可维护性程度低和源代码的非统一编程语言有关。

（3）不同的持续集成工作方式

DevOps 工程师通常是独一无二的，并且已经形成了自己的编程风格。这个风格不会很快被放弃，因为它是根深蒂固的。这就是我们要首先根据行为，其次根据编程能力雇佣 DevOps 工程师的原因。

（4）缺乏元数据

元数据管理不是 DevOps 工程师所期待的。这是常见现象，例如 MS Word 文档中的搜索功能、SharePoint 上的对象或图像文件。但由于缺乏数据，所以大量的时间会花费在检索元数据上。

（5）可维护性差

如果不能就什么是可维护代码达成一致，那么每个人都会有自己的标准。正是 Scrum 敏捷内部授予的自由使 DevOps 工程师可以根据自己的见解进行编程。不过，专业的 DevOps 工程师不会出现任何问题。因此，这是一个关于容忍和学习的行为。业务或产品负责人或人力资源管理部门都不关心不良源代码，直到业务因国家设施倒闭而受损，数以万计的金融交易被终止才会重视起来。建议大家都必须遵守 MVP 质量，就像安全基线一样。

（6）应用的脆弱性

应用脆弱性的一个例子就是检查输入的值，以及这些值是否可以或应该被处理。例如，在编写不当的应用程序中，可以在用户界面中输入 SQL 语句，该语句无须返回搜索结果即可执行。这称为 SQL 注入，是应该避免的。其他形式的脆弱性是，在运行应用程序的计算机断电时，应用程序将无法继续正常运行。在这种情况下，不应该发生数据丢失，并且应用应该能够在不被检查的情况下重新启动。

另一个脆弱性的例子是以错误的格式提供信息。例如，当两个应用程序彼此交换信息并且其中一个应用程序的参数数值发生改变时，就会发生这种情况。在应用的交互中，必须测试接口的版本。这些形式的普遍脆弱性不能再次出现。应执行一组标准检查以防止这种情况的发生。

（7）缺陷

一种常用的方法是与业务一起确定哪些缺陷需要解决，然后才能允许进入生产。这是个次优选择，因为这不是绿色构建所必需的。软件必须根据测试用例（TDD）进行编写。

（8）冗余代码

如果查找一个功能很困难，编写该功能可能会更快地查找。良好的方法库使重复使用更容易。有很多工具可以支持此功能。

五、资源

图 4.4.5 显示了持续集成的变更模式的阶段性的资源，与愿景、权力和组织的结构相同。

1. 我们想要什么?

持续集成的资源通常包括以下几个方面。

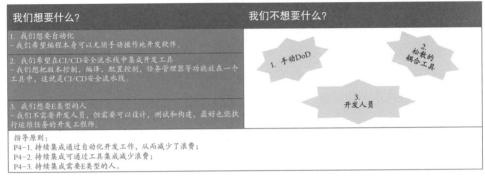

我们想要什么？

1. 我们想要自动化
－我们希望编程本身可以无须手动操作地开发软件。

2. 我们希望在CI/CD安全流水线中集成开发工具
－我们想把版本控制，编译，配置控制，任务管理器等功能放在一个工具中，这就是CI/CD安全流水线。

3. 我们想要E类型的人
－我们不需要开发人员，但需要可以设计，测试和构建，最好也能执行运维任务的开发工程师。

我们不想要什么？

1. 手动DoD

2. 松散的耦合工具

3. 开发人员

指导原则：
P4-1. 持续集成通过自动化开发工作，从而减少了浪费；
P4-2. 持续集成可通过工具集成减少浪费；
P4-3. 持续集成需要E类型的人。

图 4.4.5　变更模式——资源

（1）开发自动化

持续集成可通过标准化实现任务自动化。相关的例子包括在存储库的签入期间，基于对源代码的自动检查。这不会使对源代码的手动控制变得多余，而会防止其被遗忘并节省时间。

（2）集成 CI/CD 安全流水线

当通过持续集成在存储库中交付增量时，可以显示其状态更改。该对象状态的改变可能是持续部署工具的一个触发动作造成的。这允许集成各种工具。工具集成的另一个例子是在相关代码投产时自动将任务设置为"已完成"。这可以通过链接工具或购买提供集成功能的工具来实现。

（3）E 类型的人

DevOps 团队不谈论开发工程师和测试人员，而是谈论 DevOps 工程师。团队更是进一步追踪 E 类型的人，他们拥有多种专业知识，而不像 T 类型的人一样只是在知识的深度上有所扩展。更不用说那些把知识看作一种权重使自己变得不可或缺的人了。

2. 我们不想要什么？

以下是在人和资源方面典型的持续集成的反模式。

（1）手动 DoD

许多敏捷团队虽然基于敏捷进行工作，但如果已设置，则不会使用 DoD。通过在签入源代码时的自动检查，则可能可以规范地使用 DoD。

（2）松散耦合的工具

持续集成工具和服务管理工具通常是分开的，管理和配置项都可以描述应用的状态。但是，对于服务管理，通常在管理员中只有一个对象表示整个应用。软件开发涉及多个源代码文件的软件配置项，以及需求和测试用例。由于这种单独的手动管理，因此缺乏可追溯性。集成在一个工具中或工具之间的链接可以帮助实现此追溯功能。

（3）DevOps 工程师

只有约 10% 的 ICT 专业人员是 E 类型的人。其原因是知识和专业知识的数量不容易获取并保持更新。在目前的市场上，几乎不可能找到 E 类型的人。因此，吸引员工通过培训成为 E 类型的人是最佳选择。

D
e
v
O
p
s
持
续
万
物

第五节　持续集成架构

提要

（1）版本控制系统有多种模式，每种模式都有特定的功能和风险。

（2）持续集成可激发快速反馈。

一、架构原则

在变更模式的四个步骤中出现了许多架构原则。本部分包含了这些内容。为了组织这些原则，我们将它们划分为 PPT 三个方面。

1.通用

除了针对一个 PPT 的特定架构原则外，还有涵盖所有 PPT 三个方面的架构原则。见表 4.5.1。

表 4.5.1　PPT 通用的架构原则

P#	PR-PPT-001
原理	持续集成包括人员、流程和技术
因素	这种整体的方法是实现预期的控制所必需的
含义	除了实现目标的技术方面的知识和技能外，还需要了解业务、服务管理和开发（流程）的价值流方面的知识和技能。此知识和专业技能应尽可能由 E 类型的 DevOps 工程师（人员）掌握
P#	PR-PPT-002
原理	持续集成可实现持续成果改进
因素	由于快速反馈，使得服务上市的时间更快
含义	持续集成必须对于可能的改进进行持续地分析
P#	PR-PPT-003
原理	架构的原则和模型适用于持续集成的设计
因素	制定稳定、灵活、高效和有效的持续集成方法需要强有力的方向
含义	DevOps 团队应该展现出其架构能力
P#	PR-PPT-004
原理	基于模式的开发
因素	通过识别模式，可以定义用于生成源代码的模板

含义	模式的应用需要模式的识别和实现。同时，随着基于模式的开发，需要创建的源代码和需要付出的努力在逐渐减少

2. 人员

以下是在持续集成中得到认可的关于人员的架构原则，见表 4.5.2。

表 4.5.2 人员架构原则

P#	PR-People-001
原理	持续集成需要 E 类型的人
因素	持续集成的实施最好由 E 类型的人来执行，因为这样就可以在应用程序的生命周期中将需求管理、开发和运维专业知识捆绑在一起。这可防止交接造成的等待时间
含义	DevOps 工程师的资历需要去扩展其能力

3. 流程

以下是在持续集成中得到认可的流程方面的架构原则，见表 4.5.3。

表 4.5.3 流程架构原则

P#	PR-Process-001
原理	加强相关对象的可追踪性
因素	能够追踪变更不仅对于事故和问题的管理至关重要，而且对于审计生产过程也至关重要
含义	必须将元数据分配给正在生成的对象。这需要良好地定义此元数据并监控其合规性。最后，为了确保合规，每个人都必须清楚可追溯的业务用例
P#	PR-Process-002
原理	快速反馈通过引入左移的组织来实现
因素	快速反馈关于需求的偏差，要求以增量和迭代式的方式生成软件，从而可以快速发现错误
含义	这意味着 DevOps 工程师自己负责和领导并确保软件流程与可管理的小型组件是持续的
P#	PR-Process-003
原理	通过减少持续的浪费来实现持续集成
因素	提供快速反馈也需要自动化持续集成的价值流。手动步骤是一种形式的浪费。例如，手动启动编译器是一种浪费，是可以轻松实现自动化的。这也适用于检查编码标准
含义	浪费的减少意味着 DevOps 工程师可以很好地了解自己的生产流程，以便识别其中的浪费
P#	PR-Process-004

原理	持续集成需要基于路线图进行发展进化
因素	基于 DevOps 工程师实施最佳实践的输入，使得持续集成系统性地成熟
含义	路线图意味着认清当前和理想之间的差距。然后，路线图上的里程碑为迁移路径提供了实质内容，使得当前状态进入预期状态
P#	PR-Process-005
原理	持续集成是基于纯粹的 RASCI 的分配
因素	不仅执行任务（S），而且必须确定持续集成的职责（R）和最终责任（A），还必须确定哪些人必须参与咨询（C）和告知（I）
含义	记录任务、职责和权限对于持续集成也很重要
P#	PR-Process-006
原理	持续集成可确保持续部署高质量的软件
因素	由于开发工程师交付的持续集成的工作，使得快速反馈提高质量成为可能
含义	开发人员必须在高频下签入代码。这可能导致对尚未完成的功能切换的需求
P#	PR-Process-007
原理	持续集成可交付绿色代码
因素	并非编程语言的所有语言元素都具有同等的能耗效率。绿色开发工程师知道哪种语言构造会导致相关的 CPU 能耗降低
含义	需要了解 CPU 的不同能耗方案。简单的前置时间测试也是测量可以让 CPU 节能的语言构造的机会

4. 技术

以下是在持续集成中得到认可的技术方面的架构原则，见表 4.5.4。

表 4.5.4　技术架构原则

P#	PR-Technology-001
原理	持续集成可自动化地进行开发工作，从而减少浪费
因素	手动任务应该被识别并实现自动化
含义	单调的工作减少了。但是，DevOps 工程师可能会将此发展视为对其就业的威胁。应该让所有人都清楚，自动化旨在帮助 DevOps 员工，而不是让他们失业
P#	PR-Technology-002
原理	持续集成可通过工具的集成减少浪费
因素	需要不同的工具来实现持续集成，通过将工具集成链接在一起，可以避免手动工作
含义	必须监控相互集成的工具的变更，以确定其正确的功能

二、版本控制

持续集成基于一个强大的版本控制概念，并且持续集成的概念也是由它所支持的。为了正确地使用版本管理，我们需要对其使用范围、模式和何时使用进行定义。

1. 版本控制的使用范围

对于版本控制的使用范围达成一致是非常重要的。图 4.5.1 中显示的经典模型是需要进行版本控制的对象。它是所有可能变更的生产对象，包括所需的资源。

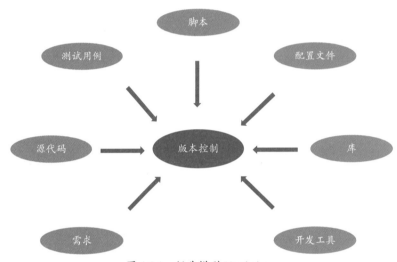

图 4.5.1　经典模型 Verebeheer

2. 版本控制的模式

版本控制的不同模式是可以识别的。每种模式都有其各自的应用领域和优缺点。版本控制可以分类为以下几种模式

- 本地备份版本管理
- 本地手动版本管理
- 本地版本控制系统
- 集中式版本管理系统
- 分布式版本控制系统

（1）本地备份版本控制

如果应用程序由一名 DevOps 工程师编写，则该应用程序与其他人员不共享源代码。但是，源代码的丢失将是工程师随后需要承担的风险。

一个 DevOps 工程师需要经常备份他的整个计算机，包括正常情况下属于版本控制的文件。在这种情况下，如果可能，DevOps 工程师会复制对象的副本，以便稍后进行还原。这在图 4.5.2 中进行了展示。

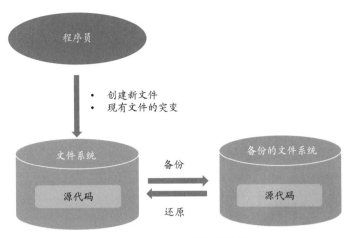

图 4.5.2 本地备份版本控制

（2）本地手动版本控制

版本控制进一步改进后，能够恢复特定版本的源代码，而不依赖于整个文件系统的备份。这在图 4.5.3 中进行了展示。

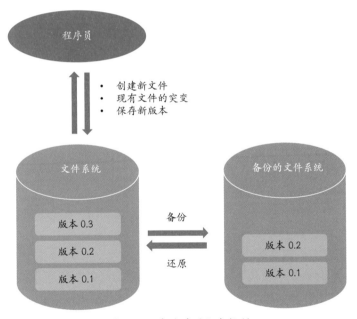

图 4.5.3 本地手动版本控制

每次对文件进行更改，都会通过在本地文件系统中保存不同名称的文件来创建新版本。因此，文件可以恢复到以前的版本。但是，所有版本都是本地的，并且只能由同一个人操作。

（3）本地版本控制系统

DevOps 工程师有可能会忘记创建新版本或进行备份。这时访问计算机的其他人也可以更改代码。

简单的本地版本控制系统可以通过为创建新版本和授予文件访问权限提供支持，来消除以上这些缺点。通常，这样的工具还可以将整个存储库复制备份。此外还可能提供外部备份计划。

本地文件系统用于将文件写入源代码库。在存储库中，有通常用于创建文件结构的选项。例如，源代码目录和测试用例目录。然后，版本控制系统将管理这些文件之间的关系，使得一个源代码文件的测试用例形成一个整体。

此外，版本控制系统通常允许定义触发器，例如自动构建（编译）和执行检查，以及检查源代码的编码标准和运行测试用例。

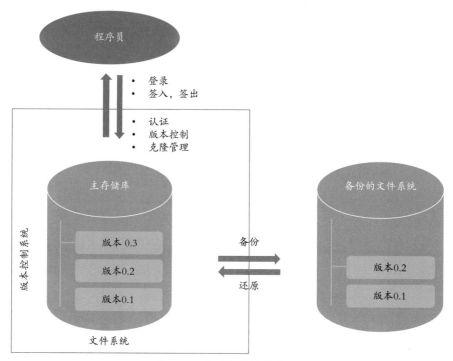

图 4.5.4 本地版本控制系统

（4）集中式版本控制系统

在本地版本控制系统中，仅有一名 DevOps 工程师可以使用版本控制系统，在集中式本控制系统中，其目的是使多个 DevOps 工程师可以使用包含所有文件的公共存储库。不用说，接下来需要一种不同的文件保护方式。在本地版本控制系统中，签入和签出源代码的目的是允许以自动的方式执行文件的版本。现在仍然要这样做，但也必须确保 DevOps 工程师可以在相同的应用（读取源代码文件）上工作，而无须覆盖更改。这是集中式版本控制系统的任务。所有变更都必须可追踪，基于已确定的 DevOps 工程师和执行更改的 DevOps 工程师的所有文件上进行追踪。在图 4.5.5 中，给出了这种版本控制系统模式的概述。

（5）分布式版本控制系统

图 4.5.6 给出了一个分布式版本控制系统的描述。集中式版本控制系统的所有功能都存在于该分布式版本控制系统中。分布式版本控制系统提供的额外功能是，每位 DevOps 工程师都会获得整个存储库的一份副本，其中包含所有的历史记录，并因此包含所有文件的旧版本。这种模式的优势是：即使没有网络连接，每个人仍然可以继续进行开发。

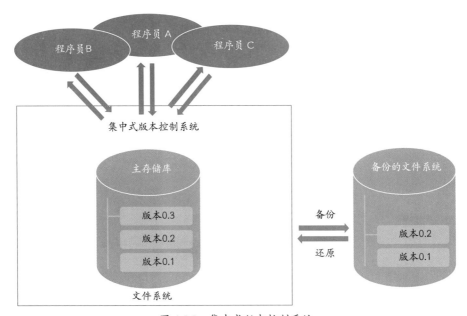

图 4.5.5　集中式版本控制系统

（6）版本控制系统的特点总结

表 4.5.1 提供了版本控制系统特性的总结。它列出了不同版本控制系统模式中存在的特性。在备份模式下，不使用版本，但使用备份设施，即使这些设施是手动的。对于手动模式，版本是手动制作的。不支持克隆、结构性和安全性。虽然这些可以进行手动模拟，但已将其设置为"否"以进行比较。

每个模式的特征可以作为一种分类。市场上的版本控制工具可能被标记为特定模式，但不具有这些特征中的一个或多个或可包含未在该分类中分配的特征。此外，本表可能没有列出某些特性。每个模式的特征纯粹是为了解释可能的模式及其指示性属性。

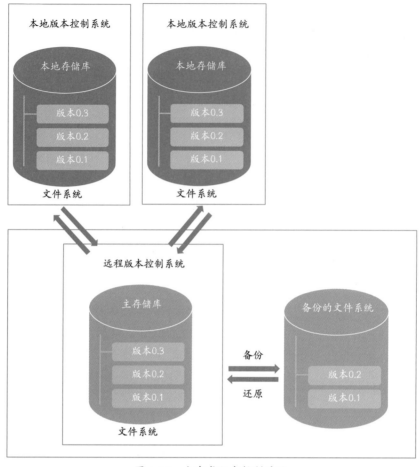

图 4.5.6　分布式版本控制系统

表 4.5.1　版本控制系统的特性

版本控制系统特性	备份	手动	本地	集中式	分布式
备份：整个系统都有本地备份	是	是	是	是	是
版本：每个版本都有一个副本，让使用者可以还原	否	是	是	是	是
克隆：存在可在不使用备份的情况下还原整个存储库的克隆	否	否	是	是	是
结构：存在可以组织文件的结构	否	否	是	是	是
安全：有保护数据的身份验证和授权选项	否	否	是	是	是
自动化：有可以自动执行任务的触发器	否	否	是	是	是

版本控制系统特性	备份	手动	本地	集中式	分布式
合作：多个 DevOps 工程师可以在一个应用上协调工作	否	否	否	是	是
分支：创建的物理或虚拟分支，使得多个 DevOps 工程师可以在同一个应用上工作	否	否	否	是	是
合并：自动进行分支合并和检测，也可以解决合并时冲突	否	否	否	是	是
分布：完整复制整个存储库(包括历史记录)，使得在没有网络连接的情况下仍旧可以实现全球本地工作	否	否	否	否	是

表 4.5.2　版本控制系统的其他特性

其他特点	描述
开源	有开源和商业产品两种解决方案
原子操作	此功能仅在该操作的所有步骤都成功完成时，才能确保版本控制系统的状态改变，通过执行部分操作来防止存储库中发生的错误
长期的分支	短期分支是 DevOps 的基本原则。但如果有必要将分行保留更长时间，那么该工具必须支持这种情况
IDE 插件	IDE 是指"集成开发环境"。为了可以和版本控制系统配合使用，IDE 必须具有用于版本控制系统的插件
操作系统	版本控制系统通常支持不同的操作系统，但该工具通常在其被开发出来的那个操作系统上运行得更快

（7）版本控制系统风险概要

表4.5.3 提供了各种版本控制系统模式的风险概览。针对版本控制系统的每一种模式，指出了哪些风险是适用的。

表 4.5.3　版本控制系统的风险

版本控制系统风险	备份	手动	本地	集中式	分布式
代码丢失：备份过的代码可能仍然会丢失。或者我们可能忘了做备份。如果主文件系统损坏，则只存在过期的备份	是	是	是	是	是
版本丢失：忘记创建新的版本可能会导致旧版本无法还原系统	是	是	否	否	否

版本控制系统风险	备份	手动	本地	集中式	分布式
配置错误：需要了解版本控制系统的相关知识。如果做得不够充分，可能会发生版本控制系统的配置错误，导致处理错误或信息丢失	否	否	是	是	是
合并：当很多的 DevOps 工程师在相同的源代码上一起工作时，如果源代码无法持续发布，就有可能发生冲突	否	否	否	是	是
非法销售源代码：使用分布式版本控制系统时，每位 DevOps 工程师都会获得该系统的一份副本。这使得有人可以将源代码销售给第三方	否	否	否	否	是

表 4.5.4 部分版本控制工具概览

工具	本地	集中式	分布式
Apache Subversion（SVN）		V	
并发版本系统（CVS）		V	
DCVS			V
全局信息跟踪器（Git）			V
IBM Rational ClearCase		V	
Mercurial			V
PVCS		V	
Team Foundation Version Control		V	
Visual SourceSafe		V	

三、快速和延迟反馈

持续集成的基本原则是，更多的 DevOps 工程师可以同时实现一个解决方案，即通过持续地彼此共享变更并确保软件诚实、可以协同工作并定期发布，从而最大限度地减少相互中断。

实现这个的一种很好的方法是快速反馈。这意味着，关于所交付产品的质量的反馈越快，解决方案就越便宜、越快。为此，持续集成使用 TDD。《持续测试》一书中解释了这个概念。TDD 的核心是，在源码编写之前，用相同的编程语言对测试用例进行编写。这自动激励了 DevOps 工程师首先考虑需要做什么以及应该如何做。这样测试用例也可以完成，因此之后不再是最小化产出或是没有完成。通过增量和迭代地编写不超过 255 个字符的函数的源代码，可以快速地交付和部署优质的代码。

相反的模式是延迟反馈，不使用 TDD，且功能特性很庞大。如果合并也需要很长时间，那么合并就很有可能出现缺陷和问题。

第六节　持续集成设计

提要

（1）价值流是可视化持续集成的一种很好的方法。

（2）要显示角色和使用用例之间的关系，最好使用用例图。

（3）最详细的描述是用例，其描述可分为两个级别显示

一、持续集成价值流

图 4.6.1 显示了持续集成的价值流。图 4.6.2 解释了实现此价值流中的步骤。

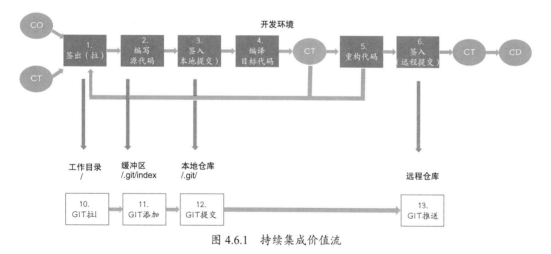

图 4.6.1　持续集成价值流

二、持续集成用例图

在图 4.6.2 中，持续集成的价值流已转换为用例图，并将角色、制品和仓库添加到其中。此视图的优点是可以显示整个流程的详细透彻的信息。

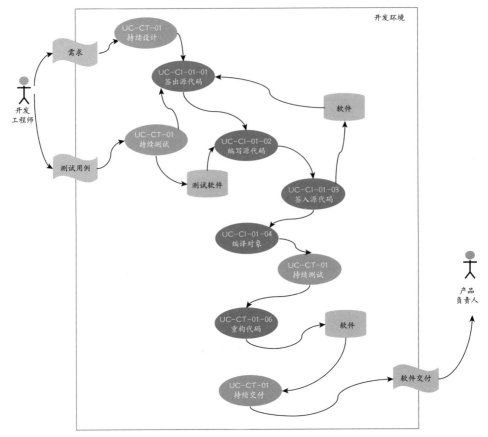

图 4.6.2　持续集成的用例图

三、持续集成用例

表 4.6.1 显示了一个用例的模板。左列表示属性。中间列表示是否为必要的属性。右列是对属性的简要说明。

表 4.6.1　使用用例模板

属性	是否必要	描述
ID	✓	<Name>-UC<Nr>
名称	✓	使用用例的名称
目标	✓	使用用例的目的
摘要	✓	关于使用用例的简要说明
前提条件		在使用用例可执行之前必须满足的条件
成功时的结果	✓	使用用例执行成功时的结果
失败时结果		使用用例执行失败时的结果
性能		适用于此使用用例的性能标准
频率		使用用例的执行频率，以你选择的时间单位表示

属性	是否 必要	描述			
参与者	✓	在此使用用例中扮演角色的参与者			
触发	✓	触发执行此使用用例的事件是什么			
场景（文本）	✓	S#	参与者	步骤	描述
		1.	执行此步骤的人员	步骤	如何执行步骤的简要说明
场景上的变化		S#	变量	步骤	描述
		1.	与此步骤的偏差	步骤	与此场景的偏差
开放式问题		设计阶段的开放式问题			
规划	✓	此使用用例的交付截止日期是什么？			
优先级	✓	使用用例的优先级			
超级用例		使用用例可以形成一个层次结构。为执行此用例的用例称为超级用例或基本用例			
接口		用户界面的描述、板块或样片			
关系		流程	……		
		系统构建模块	……		
		……	……		

基于此模板，可以为持续集成的用例图的每个用例各填写一次模板，也可以为使用用例图的所有使用用例选择只填写一次模板。选择取决于想要描述的详细程度。此书在用例图这个层面上只使用了一个用例。表 4.6.2 给出了使用用例模板的一个例子。

表 4.6.2　持续集成的使用用例图

属性	是否 必要	描述
ID=	✓	UCD-CI-01
名称	✓	UCD 持续集成
目标	✓	这个用例的目标是以增量和迭代的方式提供源代码
摘要	✓	通过每次迭代中的每个增量为用户提供价值，进而扩展基于 BDD 和 TDD 原理编写的源代码
前提条件	✓	根据用户可接受的要求（持续文档）编写了单元测试用例（持续测试）
成功时的结果	✓	代码符合最低 DoD： • 源代码已被测试和重构 • 源代码是绿色的 • 有绿色构建（无错误/警告） • 代码被集成
失败时的结果	✓	代码不满足最小 DoD（参见上文）

属性	是否必要	描述			
性能	✓	编译和测试周期不应超过 5 分钟			
频率	✓	每天至少有几次			
参与者	✓	开发工程师和产品负责人			
触发	✓	增量的单元测试用例已经被交付			
场景（文本）06	✓	S#	参与者	步骤	描述
		-	开发工程师	设计	在价值流中，持续设计的需求是递增和迭代地产生的
		-	开发工程师	测试	在价值流中，持续测试的测试用例是递增和迭代地生成的
		1	开发工程师	签出	设计后，（需求）已被转换为已执行的单元测试用例，可以进行编码。为此，必须通过签出（拉）从存储库中删除相关源代码
场景（文本）06	✓	2	开发工程师	编写源代码	开发工程师修改代码或创建新的源代码
		3	开发工程师	签入	签入源代码
		4	开发工程师	编译	源代码通常在签入后自动转换为目标代码
		-	开发工程师	测试	构建成功后，测试通常立即完成
		5	开发工程师	重构	如果测试成功，可以删除助力代码(支架)。此外，源代码也可以进行优化。重构包含了执行优化的所有步骤
		-	运维工程师	部署	当目标代码最终完成时，它可以部署到下一个环境中。此步骤通常在 CI/CD 安全流水线中自动执行
场景上的变化		S#	变量	步骤	描述
开放式问题					
规划	✓				
优先级	✓				
超强用例		持续设计和持续测试			
接口					
关系		源代码库	……		
		制品管理库	……		

第七节 持续集成最佳实践

提要

（1）必须谨慎使用持续集成。在这方面，参与者所承诺的逐步实现的计划非常重要。

（2）协作需要一个快速且稳定的存储库。80% 以上的 DevOps 工程师会使用 Git 一类的工具，因为这些工具速度快且稳健。此外，Git 是一个分布式存储库，允许在没有网络的情况下也可以在本地工作。

（3）好的意识是拥有高质量软件的开始。改善是一种已被证实的行之有效的方法。

（4）持续集成需要持续测试的支持。通用性的测试策略和敏捷测试策略是必不可少的。

（5）毕竟，持续集成所做的一切都是为了生产高质量的软件。而这可以通过工具和结对编程的结合来实现。

一、集成路线图

以下步骤通过举例说明是如何实现持续集成的：

- 高频集成代码
- 每个 DevOps 工程师在自己的环境中进行单元测试，然后集成
- ◎ 这可防止相互产生负面影响
- 在服务器中进行构建，自动执行单元测试，然后执行集成
- ◎ DevOps 工程师无须手动执行这些测试
- ◎ 此步骤可用于 DevOps 工程师的每次提交
- 在持续集成中部署质量控制
- ◎ 集成测试（静态和动态）
- ◎ 度量性能
- ◎ 从源代码中提取文档并格式化文档

1. 定义

持续集成分步计划是一种分步的方法，可以实现左移式组织，即 DevOps 工程师频繁地交付源代码，其中不同 DevOps 工程师负责的子产品能很好地一起配合运行。

2. 风险

需要控制的风险为：

- DevOps 工程师交付的软件集成得不够好。这可能是因为在术语、业务规则、功能和性能的含义上没有协调好；

- 在没有使用单元测试用例的情况下，将无法正确测试软件；
- 由于缺乏回归测试，该软件很难调整。

3. 反模式

"持续集成"的反模式大多数错误被组织在验收环境（缺陷）甚至生产环境（事故）中发现。结果，部分软件必须被调整，这会减缓软件开发的进度。

4. 模式

这种模式包括：DevOps 工程师共享相同的 WoW，希望通过协作来交付高质量的软件。通过在开发环境中发现 80% 甚至更多的缺陷来实现快速反馈。为此，必须实现 TDD 和测试自动化。

5. 举例

以下几项是持续集成的最佳实践。

- 维护代码库
- 自动化构建
- "自测"构建
- 每一个人都尽力每天提交代码
- （向基线）的每一次代码提交都会导致一次构建
- 保持快速构建
- 在生产环境的克隆中测试
- 轻松获取最新交付内容
- 任何人都可以看到上次构建的结果
- 自动化部署

二、协作——分支与合并

版本管理是多个 DevOps 工程师协作的前提。利用短期的分支和版本管理可以实现紧密的合作。

1. 定义

分支是在源代码库中创建文件的实体或者虚拟的工作副本，以便多个 DevOps 工程师可以并行开发同一源代码或启动新功能（特性分支）。无论是否有解决冲突的工具的支持，合并都是用于合并物理或虚拟的工作副本的操作。

2. 风险

分支的风险是，由于 DevOps 工程师们修改了相同的代码，导致了大量的冲突，因此合并变得非常困难。那么这是由哪些变更导致的呢？在最坏的情况下，一个项目会因为冲突而停工，因为找不到解决办法。

3. 反模式

反模式是使用长期分支从而增加了冲突的可能性。

4. 模式

正确的协作模式是使用短期分支，或者不创建分支而使用基于主干的开发。

5. 举例

最著名的版本控制工具是 Git。80% 以上的 DevOps 工程师会使用此工具。此工具的开源版本（版本控制系统 –VCS）包含三个子产品：Git、GitHub 和 GitLab。

（1）Git

Git 是一种处理源代码版本控制的工具，以便实现本地源代码更改（文件更改）。更改过程都可以被追踪，还可以通过外部存储库共享源代码。Git 是一个分布式版本控制系统，可以实现端到端的相互协作。因此，本地 Git 存储库可以与拥有本地 Git 存储库的其他人共享。在这种情况下，整个存储库是共享的，并且可以同步。然后，我们可以在没有网络连接的情况下继续工作。Git 存储库也可以通过 LAN 提供，这样 GitHub 或 GitLab 就不是必须要使用了。

（2）桌面 Github

桌面 GitHub 是一种允许通过 GUI 而不是命令行或 Web 浏览器与 GitHub 通信的应用程序。桌面 GitHub 可用于完成桌面中的大多数 Git 命令，并提供变更的可视化确认。

（3）GitHub

GitHub 在功能上与 Git 相同，但它是一种云服务，允许远程托管 Git 存储库。除了 Git 服务和托管源代码，GitHub 网站也帮助管理软件开发项目，其功能包括问题的追踪、与其他 GitHub 用户协作以及托管网页等。

GitHub 作为开源项目（公众可访问），可以提供免费服务，并也为私人项目提供了不同的付费级别。对于公共项目，任何人都可以看到我们向 GitHub 推送的代码，并提供建议，甚至基于建议编写代码来改进我们的项目。目前 GitHub 托管了数万个开源代码项目，但它并不是基于 Git 唯一的工具。BitBucket 和 GitLab.com 也提供类似服务。作为 GitHub 的母公司，Microsoft 将其与 Azure 进行了集成。

（4）GitLab

GitLab（与 GitHub 非常类似的云服务）有两种类型，一种是公共可用的云服务，另一种是 SESYNC 科学团队的云服务。GitLab 比 GitHub 提供更多的功能。GitLab 归 GitLab Inc. 所有。GitLab 是一家私人控股公司，其股份由各类风险投资人和投资基金持有。GitLab 曾经在 Microsoft Azure 上托管他们的服务，但目前已经迁移到 Google Cloud Platform 上了。

GitHub 和 GitLab 在功能上相同，但在以下方面有所不同：

• 所有权

◎ 由于 GitHub 由 Microsoft 所拥有，因此与 Azure 和 Microsoft 软件包的集成会得到保证。

• 接入

◎ 使用 GitHub 访问时，通常需要与一个应用程序或外部集成。其中 GitLab 提供付费的接入功能。

- 编程工作流

◎ GitHub 和 GitLab 基于不同的工作流视图来生成软件。Gitlab 内部有 CI/CD 流水线工具，而 GitHub 必须将其作为外部 CI 工具进行链接

◎ GitHub 主要是聚焦在速度上，可以通过单次代码审核快速进入下一个阶段，也可以快速回滚。作为默认设置，GitLab 可提供具有更高安全性的分阶段部署。但是，这些都是默认设置，毕竟，两个软件包中都可以内置相同的 CI/CD 流水线。

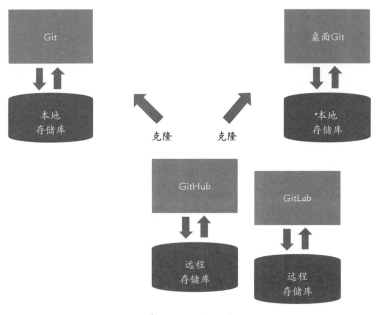

图 4.7.1　Git 工具

创建和合并分支的示例如图 4.7.2 所示。图中给出了 GitHub 版本化过程的一些步骤。

要使用 GitHub，请完成以下步骤：

（1）转到 GitHub.com

（2）注册 GitHub

（3）输入电子邮件地址

（4）输入 GitHub 账户名称

（5）填写 GitHub 密码

（6）确认账户

之后，GitHub 提出启动以下三个主题：

（1）创建存储库

（2）创建组织

（3）开始训练

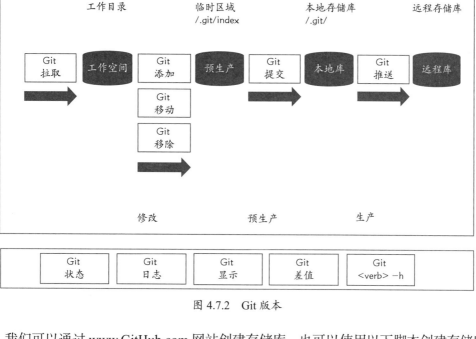

图 4.7.2　Git 版本

我们可以通过 www.GitHub.com 网站创建存储库，也可以使用以下脚本创建存储库，步骤见表 4.7.1 和表 4.7.2。

表 4.7.1　创建存储库的步骤

行	命令
01	echo "# CI-Guild-repository ">>README.md
02	git init
03	git add README.md
04	git commit -m "first commit"
05	Git branch -M main
06	git remote add origin https：//github.com/continuouseverything/CI-Guildrepository.git
07	git push -u origin main

表 4.7.2　创建存储库步骤的说明

行	命令	解释.
01	echo	这是用于创建名为 "README.md" 的文件的命令
02	git init	此 Git 命令创建本地存储库。这有许多选项，例如设置存储库的位置。下面给出一些存储库的目录： /　　工作树 /.git/index　阶段 /.git　本地存储库

行	命令	解释 .
03	Git add filename	在这种情况下，该命令将 README.md 从步骤 1 添加到暂存区（索引）到工作树（路径）。通过某些选项，我们还可以选择仅进行更改。索引是在给出将文件提交后放入本地存储库前对工作树进行快照的位置
04	git commit -m "msg "	使用提交命令将 README.md 文件从索引移动到本地存储库。这使得它成为子分支。-m 选项用于将消息传递给提交
05	Git branch -M main	分支 -M 语句给该分支改名
06	git remote add name URL	此命令为远程存储库命名。该名称可用于其他命令，如 git push
07	Git push -u origin main	此命令将分支 "main" 从本地存储库移到集中式存储库 "origin"。-u 标志可确保未来的推送和拉取命令不再需要标记

三、 协作——绿色构建

技术债务的一个主要贡献是考虑容忍软件的缺陷。精益中谈到的实现 0 缺陷的目标并非没有可能。如果 CI/CD 流水线的某个卡点控件报出错误或警告，则不允许软件开发通过此阶段，从而强制开发人员修复报出的错误，最终实现 0 缺陷的目标。

1. 定义
绿色构建是从源代码到二进制代码的转换，不会导致错误或警告。

2. 风险
需要控制的风险为：
- 技术债务的产生是由于快速上市时间的需求
- 某个软件变得很脆弱，容易产生问题
- 事后的修理缺陷的成本太高

3. 反模式
绿色构建的反模式是为了加快上市时间而容忍浪费。首先从一开始就不应该容忍浪费。当然，对于那些不会影响应用，因此可以被应用接受的缺陷来说，可以放在黑名单和白名单中。

4. 模式
绿色构建的模式是 DevOps 工程师只签出（推送）已完成绿色构建的软件。

5. 举例
通过绿色构建检查的一个例子是基于来自 Tiobe 的源代码扫描对软件进行质量检查。该工具提供了基于可视化的以源代码偏离所定义标准的像素格式显示所交付源代码质量的综合画面的可能性。Tiobe 采用开放式架构，可以连接许多扫描工具。点击黄色或红色像素，我们可以看到 DevOps 工程师与定义的标准之间的偏差。

DevOps 持 续 万 物

Tiobe 等工具的优势在于，他们可以持续开发和集成常见的 CI/CD 工具，如 Jenkins、Github、Bamboo 和 Azure DevOps。因此，质量门禁也可以配置在 CI/CD 流水线中。

四、协作 —— 改善（Kaizen）

改善这个词来自丰田的生产系统。这一理论出自今井正明。Kaizen 是 "Kai"（表示 "change"）和 "Zen"（表示 "high"）的组合。丰田已经应用了改善来帮助汽车制造业的员工与其主管一起寻找解决生产过程中断问题的方法。一旦发生扰动或偏差，就停止寻找解决办法。改善是每天持续使用的一种方法。

纠正扭曲和偏差的应用只是改善的一个例子。实际上，改善的目的是识别和消除浪费。这减少了很多体力和精神方面的艰苦工作。

1.定义
改善是一种质量改进方法，其重点是通过识别和消除浪费（包括中断和偏差）来优化价值流。

2.风险
需要控制的风险为：
- 在软件开发过程中由于浪费而产生的低速；
- 由于手动任务和许多需要修复的错误而引起的工作量；
- 工作场所的士气低下。

3.反模式
改善的反模式是工作量很大，难以满足上市时间。

4.模式
改善由团队协作、纪律、士气、控制回路和改进建议五大特点组成。

（1）团队协作

改善是以团队合作为基础的。因此，改进不是针对个人的，而是针对在价值流中工作的整个团队。例如，对于持续集成，这意味着一起寻求更好的代码质量。这可能导致决定设置一个拉取请求，以便在签入（推送）时检查代码。

（2）纪律

除了团队协作外，改善还需要遵守约定，控制所必需的个人纪律。这个是比较敏感的地方。毕竟，持续集成的成功更多的是基于 DevOps 工程师的态度，即想要改变并追求质量，而不是基于知识和技能。

（3）士气

浪费的减少使价值流成为更吸引人的工作。持续集成的一个例子是减少手动任务，如手动质量检查。

（4）控制回路

改善内部的改进设计在 PDCA Deming 循环或 DMAIC 循环等控制环路中。

（5）改进建议

发现的浪费被转化写入产品待办事项列表中进行改进。

5. 举例

在软件开发过程中应用改善的一个例子是旨在减少缺陷和事故的发生。对优先级 1 事件进行根本原因分析，以找出中断的原因并预防中断。另一个例子是回顾敏捷 Scrum 的事件，该事件旨在探讨如何改进软件开发流程。然而，软件开发流程仍有很大改进余地。例如，DevOps 团队将 40% 的时间用于处理事件。

因此，积极使用改善作为日常质量改进，以及观察是否可以通过 Tiobe 等工具进行支持，这些都是朝着正确方向迈出的一步。

五、编码质量

源代码是 DevOps 工程师交付的核心。这既是和功能和质量相关的源代码，也是控制基础架构的代码。代码的质量对其创建的应用程序的质量起着决定性的作用。这就是为什么定义什么是好的代码质量是重要的。质量的客观化使得软件开发过程是可度量和可改进的。

1. 定义

代码质量是一个术语，以可测量的方式对源代码和基础架构代码的质量进行了定义，使其变得可测量且可改进。

2. 风险

需要控制的风险：

• 代码的质量并不客观，并且也不是主观的，因此每个 DevOps 工程师都有他们自己的标准和价值观；

• 代码质量无法改进，因为它无法测量。

3. 反模式

代码质量通常会随着 DevOps 工程师对编程语言的了解而提高。因此，反模式是 DevOps 工程师为每个应用选择不同的编程语言。或者，DevOps 工程师必须维护整个系统；组织没有为编程语言的使用设置任何框架。知识的传递是一个困难的过程。因此，掌握应用程序所需的编程语言的组合的必要知识应尽可能少。这当然适用于市面上可使用的编程语言。

4. 模式

衡量软件质量的模式有多种，即标准框架、标准、公约、（安全）标准、规则和准则（SRG）以及工具范围标准：

• 标准框架

◎ ISO 25010

◎ NORA 标准框架

- 编码标准
  - World Wide Web Consortium（W3C）
- 安全编码标准
  - CERT
  - CWE
  - CVE
  - OWASP
  - DISA STIG
  - NVD 和 CVSS
- 编码公约
  - 软件维护
  - 软件同行评审
  - 减少复杂性
  - 重构
- 标准、规则和准则
  - 默认注释
  - 缩进样式默认
  - 行长度标准
  - 命名标准
  - 白区标准
- 工具绑定标准
  - Tiobe
  - SIG 软件成熟度

5. 举例

一个标准应用框架的例子是 ISO 25010。本标准通过将 31 个质量属性分为八个主要类别来定义软件质量。有了这个定义，就可以确定质量焦点。还可以将这 31 个质量特性视为需要采取对策的风险。本标准也常用于对软件的验收标准进行分类。通过确定排在前三名的质量特征，可以对验收标准进行选择。

六、非功能需求

在编程时，许多 DevOps 工程师主要关注的是幸福的路径，即应用的功能正常。但是，这并不能保证服务质量。为此，我们还应查看不良路径（安全）和悲伤路径（错误输出）。要正确实现这个，不仅需要考虑代码质量，也需要考虑非功能需求，也称为运营需求。

非功能需求与持续集成的关系很容易猜测。底层应用程序的组件所提供的服务质量是不容易被测量的，因此通常只能考虑整个应用。通过查看整个应用程序，即使是在最小的组件上，也可以防止大量浪费。

（1）定义

非功能需求是来自用户组织，服务组织，和提供服务的干系人等相关方，例如应用服务提供的安全性、容量、性能、可用性和持续性等。

（2）风险

忽略非功能需求的风险为：

- 不符合 SLA 规范
- 服务降级
- 顾客不满意
- 不遵守法律法规

（3）反模式

忽略非功能需求的反模式是这样一个组织：控制功能完全由 DevOps 工程师完成，除了交付源代码之外没有其他关注点。反模式的一个例子是一个组织选择以 100 万欧元购买硬件来解决性能问题，而不是重构源代码。

（4）模式

满足非功能需求的模式是：

- 绿色编码
◎ 使用消耗 CPU 较低的编程语言元素
- 安全的设计
◎ 持续监控编程框架中的弱点，例如 .Net 和 Laravel
- 以失败模式构建
◎ 在软件中提供错误的输入并构建对策，正确地处理输入或排除输入，并进行正确的错误处理

（5）举例

实现非功能性需求的一个例子是在合并之前采用每个功能的性能标准并在开发环境中测试它们。例如，在构建众所周知的 RDBMS 内核时，架构师为构建的每个函数设置了一个标准。如果在执行和调节该函数后没有达到性能标准，则该函数必须被写入汇编器中。另一个例子是一个在构建新应用之前需要进行安全性评估的银行。必须事先证明应用的安全方式满足要求。

七、其他

在结束本章之前，我们还会简单讨论一些与持续集成有关的常用概念。

1. 递增地开发源代码

"持续万物"的一个重要方面是学习以递增和迭代的方式开发软件，甚至是在软件开发的最底层，例如编写函数。

（1）定义

如果要实现的功能是逐步构建的，其中每个步骤都需要预先设计、记录和使用

TDD 开发的，则源代码是逐步开发的，其中每个步骤都是存储库中存储的版本。

（2）风险

不逐步开发源代码的风险为：

- 该功能的实现需要 2 到 3 倍的时间
- 错误定位需要很长时间
- 未检测到错误
- 源代码很难维护

（3）反模式

增量和迭代编程的反模式是直接开始编写源代码，而不需要在步骤中创建或者复制现有源代码并根据需求进行调整。这将忽略测试驱动的开发和源代码的逐步构建。

（4）模式

增量源代码开发的模式是：

- 在源代码中创建注释报头（一张 A4 纸）
- ◎ 定义文件的元数据
- ◎ 定义源代码的用途
- ◎ 包括或参考用户故事（功能）
- ◎ 在代码（行为）中包括"何时发送"（Given-When）
- ◎ 确定有待解决的技术问题
- ◎ 定义解决方案替代品并指明选择
- ◎ 按名称定义增量
- ◎ 定义伪代码
- 按增量开发
- ◎ 编写（最初失败）定义增量功能的自动化单元测试用例
- ◎ 运行所有单元测试用例并验证单元测试用例是否通过。这些操作通常会失败，因为没有源代码
- ◎ 然后编写最小数量的源代码，使单元测试用例成功
- ◎ 运行所有单元测试用例并验证单元测试用例是否通过。如果单元测试用例失败，则必须完成步骤 3，否则进行步骤 5
- ◎ 将新的源代码重新配置为可接受的标准

（5）举例

图 4.7.3 给出了增量和迭代编程的例子。左侧是带有指示主题的注释标题。内容限于 1 张 A4 纸，并且需要足够的详细信息来写入源代码。源代码和测试代码都是用 Python 写的。两种类型的代码分别存储在版本控制系统中。版本控制工具可以相互关联这两个文件。因此，当请求源代码时，测试代码也是可见的。

增量保持简单。第一个增量只不过是函数报头。第一次的增加似乎是多余的，但实际上也就是一分钟的工作，并且已经给出了进步的感觉，然后声明变量。这在 Python 中不是必需的，但是定义它可以使阅读更容易，因为也可以解释变量使用的注释。这里

还可以容纳输入参数的控制。

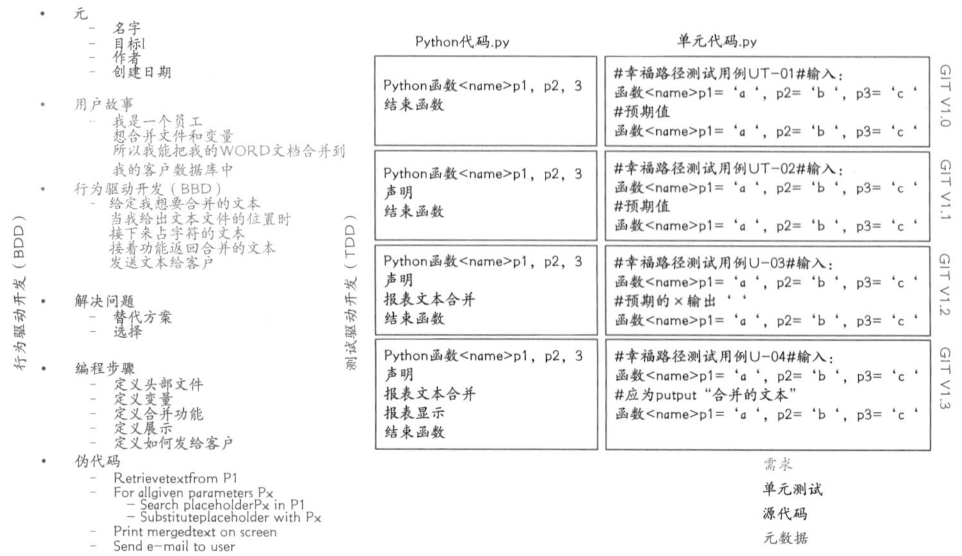

图 4.7.3 增量和迭代编程示例

2. 代码评审

（1）定义

代码评审是指作为同事的 DevOps 工程师在查看源代码时主动分享关于申请和检查源代码的知识。另一个术语是同僚审查。

（2）风险

代码评审控制的风险是，DevOps 工程师将错误构造作为最佳实践来学习。如果 DevOps 工程师不愿意更改编程风格，则风险会增大。

（3）反模式

代码评审的反模式是不检查源代码。很多失误都有可能会发生，而且彼此学到的东西不多。源代码的质量通常不是很高。

（4）模式

代码评审模式是一个强制拉动请求，由两个或多个领域的专家检查代码。例如，这可以在 GitHub 中实施。

（5）示例

一个典型的例子是 Git 工具的拉动请求机制。

3. 结对编程

（1）定义

结对编程是指编程时总是由两位 DevOps 工程师通过将他们拉到一起来完成。其中一个 DevOps 工程师负责驱动（写代码），另一个 DevOps 工程师负责导航（把控方向）。

（2）风险

所管理的风险是 DevOps 工程师在解决方案上花费的时间过多。管理的第二个风险是知识和技能的低转化率。需要控制的第三个风险是代码质量差。

（3）反模式

结对编程的反模式是，DevOps 工程师在同样错误的解决方案上多花了 10 倍的时间。

如果 DevOps 工程师不被告知，则实际上无法解决这一问题。并且如果继续尝试让系统显示解决问题所需的行为，则这种情况会更加严重。

（4）模式

结对编程只需额外 10% 的容量，但产生更高品质的源代码。它还能确保知识和技能的转换。

第五章
持续部署

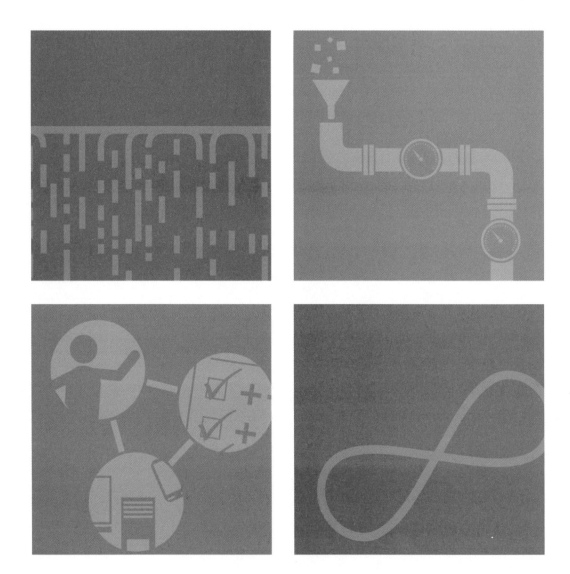

第一节 持续部署简介

一、目标

本章的目标是讲解持续部署的基本知识以及"持续万物"这方面应用的忠告和技巧。

二、定位

"持续"是指软件的增量和迭代地开发，创建一个"流动"的代码，通过 CI/CD 安全流水线持续转化到生产中。持续部署包括将代码投入生产（部署）和向用户发布。这可能需要多次的部分用户部署，从而最终向所有用户发布产品。

DevOps 八字环的所有方面都与持续部署直接或间接相关：

- 在持续规划阶段，发布方面的内容包含在发布计划中；
- 在持续设计阶段，针对将要实现的软件和将要使用的 CI/CD 流水线进行扩展 / 调整设计；
- 在持续测试阶段，编写测试用例，用来测试 CI/CD 流水线中的目标代码；
- 在持续集成阶段，要推出的软件以及基础设施的配置均以 IaC 的形式写入；
- 持续监控包括用于部署和发布软件的所有环境；
- 持续学习被持续部署用来学习和实施 CI/CD 流水线的改进

三、结构

本章介绍如何根据组织的战略自上而下进行持续部署。在讨论这种方法之前，首先讨论了持续部署的定义、基石和体系结构。在接下来的小节都是按照以下结构组织的。

1. 基本概念和基本术语

- 有哪些基本概念？
- 有哪些基本术语？

2. 持续部署的定义

- 持续部署的定义是什么？
- 哪些问题需要解决？
- 可能是什么样的原因？

3. 持续部署的基石

- 如何通过变更模式确定持续部署的基础？

◎ 持续部署的愿景是什么（愿景）？

◎ 职责和权限是什么（权力）？

◎ 如何应用连续部署（组织）？

◎ 需要什么样的人员与哪些资源（资源）？

4. 持续部署的架构

• 架构模型是什么样子的？

◎ CICD 安全流水线的构建

◎ 识别和管理风险

• 架构原则是什么？

◎ 持续部署？

5. 持续部署的设计

• 如何在价值流中可视化持续部署？

• 持续部署的用例图是什么？

• 如何充实持续部署的用例？

6. 持续部署的最佳实践

• 准备

◎ 部署需要哪些准备工作？

• 存储库

◎ 持续部署需要哪些存储库

◎ Git 是如何工作的？

• 质量控制

◎ 需要哪些质量控制？

◎ 如何实现自动化？

• 自动化

◎ 有哪些选项？

◎ 有哪些例外？

第二节　基本概念和基本术语

提要

（1）持续部署取决于部署脚本的质量以及 CI/CD 安全流水线的设置、控制和自动化程度。

（2）DevOps 工程师必须密切参与 CI/CD 安全流水线的设计、预置和使用。

（3）持续部署遵循持续集成的步伐。

一、基本概念

本节介绍与持续部署相关的基本概念，比如"DTAP"和"CI/CD 安全流水线"的概念。

1. DTAP

术语 DTAP 与术语"部署"密切相关。图 2-1 展示了 DTAP。

图 5.2.1　DTAP - street

"D"代表开发环境，"T"代表测试环境，"A"代表验收环境，"P"代表生产环境。这些环境会尽可能多地在持续部署范围内从左到右自动执行。确定不同环境的原因是为了管理将提供给业务的服务，由于新产品或修改产品而中断的风险。管理此风险所需的环境数量因组织而异。

2. CI/CD 安全流水线

DTAP 仅指为了在生产环境中以受控方式调整产品而遵循的环境。但是，还需要一种机制来将对象从一个环境传输到另一个环境。也需要对每个环境的对象执行的测试用例的形式实施控制。这种现象称为 CI/CD 安全流水线。图 5.2.2 给出了一个例子。

CI 代表持续集成，CD 代表持续部署。持续万物的各个部分也在对应的位置用灰色标识出来。这个整体被称为一条流水线，因为它是单向的。一旦在流水线中发现错误，该对象就会离开流水线。只有在开发环境中才能创建需要重新输入流水线的新版本。CI/CD 安全流水线的一个重要方面是安全，其意图是在 CI/CD 安全流水线中完全确定安全需求。

CI/CD 安全流水线的范围有时可能不同，但在这本书中，涉及了整个 DevOps 八字环，包括需求和生产环境，此范围的选择是根据尽可能掌握生产环境的变化做出判断的。

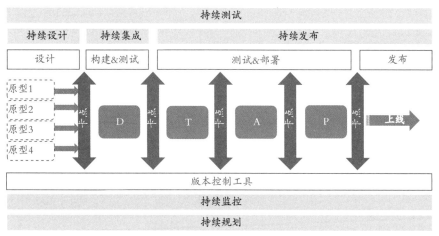

图 5.2.2　CI/CD 安全流水线

二、基本术语

1. 环境

DTAP 通常包含以下几个环境。

- 开发环境
- 测试环境
- 验收环境
- 生产环境

由于 CI/CD 安全流水线的自动化，这四种环境中的一种有时会被省略，比如测试环境和验收环境有时就成为了同一个环境。另一方面，如果存在一个或多个链路，则有时在验收环境和生产环境之间会使用额外的环境。

（1）开发环境

开发环境是用来构建或调试新功能的。这是制定架构设计、功能设计、技术设计和需求的领域。过去，这些制品是在施工开始之前交付的。然而现在，我们看到越来越多的在以增量和迭代的方式展示这些制品，而且"前置"设计也在减少。只有对非常复杂的链路，才有必要提前对必须实现的目标有一个好的认识。这种增量开发的想法还导致 DTAP 上的其他环境中需要处理的任务频率增加。

（2）测试环境

测试环境旨在测试增量或完整的产品。但是，测试从架构的第一个草图开始，只在开发环境中进行冒烟测试和少量端到端的测试，来查看所有功能是否正常工作。在开发环境中，开发工程师测试创建或修改的产品是否已按照要求交付。事物的连贯性和产品的质量是在测试环境中测试的。这些测试通常还需要更长的时间。例如，性能压力测试可能需要多达三天的时间。

系统测试和链路测试也需要相当长的时间才能进行。因此，它们更适合在单独的环境中执行，并且只有当来自更多开发工程师的软件被合并时，才适合执行。未来的趋势是在开发环境中执行尽可能多的测试，因此这种向左移动的趋势也被称作"左移"。

（3）验收环境

多年来，一方面开发环境和测试环境，另外一方面验收环境和生产环境都存在着根本的不同。这与软件和信息的安全限制有关。开发工程师可能只在开发环境中创建和调试软件，并且只能在测试环境中进行测试。开发工程师没有权限进入验收环境和生产环境，而运维工程师是有权限进入的。验收环境的目的是让业务了解新软件或修改的软件是否符合需求。部署在验收环境中的产品由运维工程师基于开发工程师的指导准备，其功能上与生产环境中部署的产品基本相同。现在，开发环境中已经准备了许多功能验收测试（FAT）和用户验收测试（UAT），因此它们只需要在验收环境中自动重复即可。

（4）生产环境

生产环境是为企业服务提供 ICT 服务的心脏。为此，应用需要将按正确的堆栈投产。

堆栈是指使处理器处理诸如操作系统、数据库管理系统、虚拟机和应用本身等的逻辑所需的产品层。为了确保操作顺利进行，重要的是仅通过正确的DTAP工具自动进行更改。

用于改变环境的自动化操作可以通过向操作系统和数据库管理系统等系统软件提供命令的脚本来完成。这些脚本由开发工程师或运维工程师用编程语言编写，并由特殊工具执行。这使得行动具有权威性、可追溯性，而且最重要的是，可以恢复。因此，是否关闭生产环境的权利，是稳定生产环境的第一步。

2. 源代码相对于目标代码

图5.2.3展示了源代码和目标代码之间的关系。

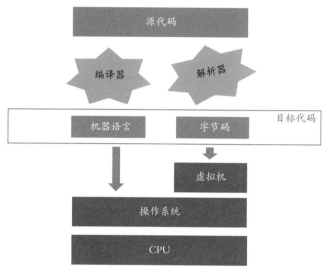

图 5.2.3　源代码和目标代码

处于中间转化阶段的字节代码虽然不再可读，但可以通过不同平台的中间层使用，只要存在可以将字节代码转换为机器语言供虚拟机的处理器使用即可。机器语言和字节代码也称为二进制代码。

3. 库

当涉及目标代码传输，通过脚本打造传输和定义控制时，CI/CD安全流水线需要从两个来源中抽出资源。这就涉及共享代码存储库和二进制存储库。

（1）共享代码的存储库

共享代码存储库用于将源代码文件存储在集中式存储库中。顺便提一下，存储库不仅包含源代码文件，还包含以源代码的编程语言编写的测试用例、需求以及从源代码转化到二进制代码所需的所有其他文件。最常用的共享代码库是Git。

（2）二进制存储库

从源代码到目标代码的转换产生了二进制文件。这些二进制文件不能放在源代码库中，而是放在二进制（制品）存储库中。二进制存储库的一个例子是"Artifactory"。此工具应用非常广泛，以至于名称"Artifactory"不仅仅指的是"Artifactory"工具本身，也已成为二进制文件的类型（Artifact－制品）。

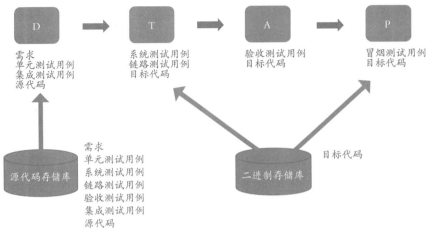

图 5.2.4　存储库

第三节　持续部署定义

提要

（1）作为持续集成的下一个阶段，持续部署基本上会消化持续集成的输出。

（2）持续部署是以受控的方式将目标代码从开发环境传输到生产环境的过程。

（3）持续部署应具有内部动力，以减少浪费（手动操作），并根据组织设定的控制要求确保交付质量。

一、背景

将目标代码引入生产中已经有数十年了。随着时间的推移，许多工具已可以为 CI/CD 安全流水线提供实质内容。因此，将目标代码推送到生产环境是 IT 这个职业的一种日常工作。过去几十年用于部署和发布的所有相关知识和专业技能在 DevOps 世界中仍然有效。然而，在持续部署的概念中掌握这种知识和专业技能是有重要原因的。其原因包含在术语"持续"一词中。此术语指的是两个重要特征，即 CI/CD 安全流水线和 PPT。

CI/CD 安全流水线是指持续集成和持续部署的范围，即从需求到生产。

PPT 术语表示以多种学科的方式进行持续部署。运维工程师自身必须掌握更多的专业知识和技能，而且运维工程师还要与开发工程师紧密合作，共同打造 CI/CD 安全流水线。

除了人员方面，DevOps 工程师还必须关注业务（业务流程）和管理（管理流程）价值流的运营。毕竟，部署目标代码的目的是使得这些价值流更高效和更有效。如果程序员想成为一名开发工程师，他不仅需要实现运维功能的自动化，并且在需要时也能担任运维工程师。除了这些因素外，持续部署还在使用精益的程度上有所区别。DevOps

工程师的一项重要任务是通过创建智能软件使价值流更精益。

二、定义

下面持续部署的定义体现了术语"整体（范围）"和"精益（减少浪费）"。

> 持续部署是一种全面的精益生产方法，旨在以增量和迭代的方式将持续的软件纳入生产，其中通过自动化减少浪费至关重要。

"整体性"一词指的是 PPT 的概念。这种增量迭代的方法由于功能可以提前投产而使得快速反馈成为可能。这样做可以减少浪费，因为问题发现得越早，纠正和解决的速度也就越快。

三、应用

"持续万物"的每个应用都必须基于业务案例。

本部分将分别介绍 DevOps/ 敏捷 Scrum 方法中软件开发的典型问题与常见的根本原因。当中隐含了 DevOps 的业务案例。

1. 有待解决的问题

表 5.3.1 列出了实现持续部署时常见的问题。

表 5.3.1　实现持续部署时常见的问题

P#	问题	解释
P1	无快速反馈	通过把应用的大块部分以低频的方式投入生产，反馈只能延误收到，而且解决方案的成本比增量迭代开发和部署高出了 16 倍
P2	没有部署架构，或者存在，但未使用	没有指导持续部署的原则
P3	没有基于风险的部署	史诗的风险并不用于寻找在 CI/CD 安全流水线中可以安全的对策
P4	没有自动的源代码质量控制	编码标准不会自动推送到 CI/CD 流水线中
P5	SBB 不用于分类目标代码	目标代码未按照构建基块进行分类
P6	没有持续部署的负责人，没有人牵头	开发和发布技能没有提高

2. 根源

用问五个"为什么"的方法找出问题根源的试验。例如，对于部署和发布管理，以下五个"为什么"可以这样使用。

（1）为什么我们部署和发布的管理存在问题？

因为我们没有持续部署路线图。

（2）为什么我们没有持续部署路线图？

因为持续部署路线图还没有被优先考虑。

（3）为什么持续部署路线图的优先级还不够？

因为持续部署没有所有权。

（4）为什么持续部署没有所有权？

因为没有人声称拥有持续部署的所有权。

（5）为什么无人声称拥有持续部署的所有权？

因为管理部门没有取得所有权的动力。

这个"为什么"问题的树形结构使找到问题的根源成为可能。在问题浮出水面之前，根源问题必须得以解决。

第四节　持续部署基石

提要

（1）持续部署的应用需要自上而下的方式和自下而上的驱动来实现。

（2）持续部署的管理最好是通过一个路线图来设计。在这个路线图中，可以将库存的工作存放在技术债务待办事项列表上。

（3）塑造持续部署从愿景开始，表示为什么需要持续部署。

（4）如果尚未设计权力平衡的步骤，则无法启动持续部署的最佳实践（组织设计）。

（5）由于工具的集成和重复使用，因此，对于存储库这类工具的选择，考虑体系结构就变得非常重要。比如，这可以通过使用工具组合来实现。

（6）持续部署会加强左移组织的形成，并且努力获得快速反馈。

本部分首先讨论可用于实施 DevOps 持续部署的变更模式。此变更模式包括四个步骤，首先是反映持续部署的愿景，也包括业务案例。然后，权力平衡得到了充实，它既注重持续部署的所有权，也注重任务、职责和权限。最后两步是组织和资源。组织用来实现持续部署的最佳实践，而资源用来描述人员和工具。

一、变更模式

变更模式以结构化方式设计持续部署，从持续部署需要实现的愿景入手，避免在毫无意义的辩论中浪费时间。从这个基石可以确定责任和权力在权力关系上的位置。这似乎是一个老生常谈的词，不适用在 DevOps 世界，但猴王现象也适用于现代世界。这就是为什么记录权力的平衡是好的。随后，可以找到 WoW，最后找到资源和人。这在图 5.4.1 中系统地展示了出来。

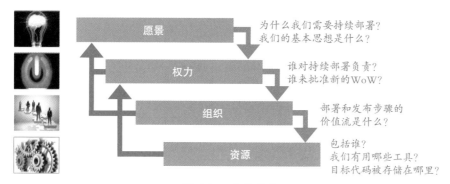

图 5.4.1　变更模式

图中右侧的箭头表示持续部署的理想设计。图中左侧的箭头表示箭头所在层发生争议时返回哪个级别。

因此，关于使用哪个工具（资源）的讨论不应该在这一阶段进行，而应该作为一个问题提交给持续部署的负责人。如果人们对如何设计持续部署的价值流存在分歧，则必须恢复持续部署的愿景。下面将详细讨论其中的每一阶段。

二、愿景

图 5.4.2 给出了持续部署变更模式的愿景。图中左侧（我们想要什么）表示实现持续部署的愿景有哪些方面共同组成，以防止图中右侧的消极现象（我们不想要什么）发生。所以，图中右侧是持续部署的反模式。下面是与愿景相关的持续部署的指导原则。

图 5.4.2　变更模式—愿景

1. 我们想要什么？

持续部署的愿景通常包括以下几点。

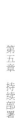

（1）持续部署

将大型对象一次性部署到生产环境中需要进行大量和非常广泛的准备，例如可能造成的影响和风险分析。这样会出现很多问题，并且部署和发布的频率也很低，这说明该方法的实践并不是最佳的。部署较小的对象，但不发布它们，会增加实施部署的经验，而且工作量不大，变化较少，因此更容易纠正错误。

（2）CI/CD 安全流水线

CI/CD 安全流水线要求建立良好的传输和控制机制。这将耗费时间、增加成本并需要专业知识。因此，明智的做法是使用尽可能少的 CI/CD 安全流水线。这也使测试链路中的应用变得更加容易。

（3）多领域的专家

DevOps 团队中需要同时拥有开发和运维知识的专家，最好这些领域的专家是同一个人。这位（些）综合专家需要基于应用的知识来创建、测试和配置 CI/CD 安全流水线中的部署脚本，还必须通过配置 DTAP 环境来为应用做好准备。此外，他（们）也可能需要执行各种类型的测试用例，以测试在不同环境中部署和发布的目标代码的质量。

（4）可追踪性

将目标代码投入生产是一种风险。各种不良影响都有可能发生，如功能和质量方面的问题，还包括恶意软件和其他威胁等。因此，所有对生产环境的部署动作都必须追溯其来源（需求和源代码）以及批准进入生产的人员。

（5）减少浪费

更多任务的自动执行使出错的可能性降低了，从而减少了浪费，加速了上市的时间，同时也产生了质量增益。部署活动的记录还可以确保关于部署方式的知识记录。

（6）基于风险的开发

必须识别并减轻和（或）消除诸如性能降级、功能不可用、入侵和其他可能偏离服务标准的风险。一部分可以通过对源代码进行度量来完成，另一部分可以在基础设施中进行度量来完成。基础设施的度量包括部件的重复和网络设备的配置。随着硬件和网络产品的虚拟化，运维工程师可以通过软件控制这些度量。这使得利用 CI/CD 安全流水线管理 DTAP 上的风险成为可能。

2. 我们不想要什么？

确定什么不是持续部署的愿景也是很有必要的，能进一步提高愿景。这些主题也可以在上述内容中找到，然后作为它们的倒置。持续部署的典型反模式包括以下几个方面。

（1）低频率地部署

由于制品数的多少，部署频率低导致了较高的出错率。因为变更较大及其独特性，所以更难实现 CI/CD 安全流水线的自动化。频率很低，自动化也并不明显。随着变更的减少，识别出变更重复的可能性变大，自动化也因此会比较经济。

（2）不同的 CI/CD 安全流水线

将目标代码转进生产，需要为每个应用程序提供不同的详细信息。将开发和管理活动划分为不同的 DevOps 团队也不会促进 CI/CD 安全流水线解决方案的重复使用。幸运的是，云解决方案的到来意味着越来越多的标准化成为可能。但是，此规则始终存在例外，例如购买的第三方应用不适用于 CI/CD 安全流水线。

（3）领域专家

独立的工作方式造就了 DevOps 团队所依赖的专家。与那些分享知识和技能的"冠军"相比，这些人也被称为"英雄"。

（4）缺少元数据据

如果 CI/CD 安全流水线在生成过程中的任何阶段都不遗留任何元数据，那么就无法确定何时执行了哪些操作。如果不集成各种工具，也就无法确定何时何地提供哪些授权用于升级。

（5）手动操作步骤

手动部署目标代码需要花费大量时间并耗费大量成本，也很容易出错，工作方式可能也没有记录，甚至导致产生组织不得不依赖"英雄"。

（6）忽视风险

忽视风险意味着等待风险变成现实，然后才不得不考虑如何修复损失。因此，如果你忽视风险，则你不需要做任何事。但是，如果没有保险，则可能导致风险变成现实后修复成本大幅上升。

三、权力

图 5.4.3 展示了持续部署的变更模式的权力部分。

图 5.4.3　变更模式——权力

1. 我们想要什么?

持续部署的权力通常包括以下几点。

（1）所有权

如果有一件事需要在 DevOps 中讨论，那就是所有权。也就是谁来决定持续部署的工作方式。敏捷 Scrum 的基本原理给出了简单的答案。肯·施瓦本指出，Scrum 教练是在敏捷 Scrum 框架内开发流程的所有者。事实上，Scrum 教练是一个教练，他必须让开发团队感觉到是他们自己塑造了敏捷 Scrum 的流程，这是一个完全不同的方面，与流程只有一个拥有者的事实是完全不同的。

在 SoE 信息系统的背景下，这是一个很好的陈述。SoE 是一种形成人机界面的信息系统。SoE 的典型用途是电子商务应用，其中使用松散耦合（相当自主）的前后端允许用户输入交易或提供的信息。

鉴于此前端（接口逻辑）与后端（交易处理）的松散耦合，开发团队在对应用的前端进行变更时有很大的自主性。CI/CD 安全流水线也可由团队自主选择。

但是，如果有数十个开发团队在从事前端应用的开发工作，将 CI/CD 安全流水线作为服务提供给 DevOps 团队将变得更高效和有效。这将规范持续部署和持续集成等方面。在这种情况下，许多 Scrum 教练会限地或不再拥有敏捷 Scrum 的流程，因此持续部署也不在其流程内部。毕竟，Scrum 教练不再决定在 CI/CD 安全流水线中的工具，例如自动执行版本管理。基于编码标准，CI/CD 安全流水线中也执行了质量检查。因此，这些内容也必须在所有 DevOps 团队之间进行协调。这就产生了对集中控制流程所有权的需要。

集中流程所有权不仅适用于 SoE 的环境，也适用于 SoR 的环境。SoR 是一种处理事务的信息系统。典型的例子是 ERP 或财务报告系统。这些信息系统通常被包括在一系列信息处理系统中。因此，SoR 通常由业务或技术上划分的多个 DevOps 团队设计。在这两种情况下，这些 DevOps 团队在持续部署方面相互依赖。同样，对于 SoR 开发团队的 Scrum 教练来说，他无法拥有他所指导的团队的敏捷 Scrum 流程。

这就是为什么定义持续部署的主要负责人是有意义的。所有权可以作为角色或作为服务组织中的某人的职能进行分配。这个角色或职能也可以互换。当然，持续部署的所有者可以通过分布式的方式开发和检查对持续部署领域的解释，以便每个人都能积极参与其成熟的过程。这意味着强指向性与自下而上设计的最佳做法相结合，为制定统一的工作方式提供实质内容。

（2）目标

持续部署的所有者需要确保可以制定持续部署的路线图。就像应用程序一样，此路线图需要包含时间线上的季度和目标。每个季度中，要实现的史诗是基于持续部署的目标来定义和实现的。

此目标必须由所有参与的 DevOps 团队进行承诺。这可以通过多种方式来组织。在 Spotify 模型中，使用了术语"公会"一词。公会是一种临时的组织形式，可以更深入地探究某个领域。例如，可以与每个 DevOps 团队的一名代表建立持续部署的公会。在 Safe® 中，也有像 CoP 之类的标准机制。或者，还可以通过 PI 规划中的快速发布列车来确定持续部署的改进。

持续部署设计的目标及其衍生的史诗都是基于持续部署的评估。此评估必须主要由DevOps 工程师执行，以便他们指出哪些地方需要改进以及需要给予他们哪些优先级。

理想情况下，持续部署的评估是衡量路线图中包含的持续部署领域的个人能力。将每个开发团队的持续部署评估合并为跨团队的分数和持续部署的衍生目标，是在达到成熟度时设置的标准。这部分取决于已分配到路线图的持续部署目标的制定方式。在设定目标的基础上，将选定的史诗放在技术债务待办事项里，细化为特征、故事和任务。

（3）RASCI

此首字母缩写词表示"责任""问责""支持""咨询"和"通知"。被分配了"R"的人执行监控的结果（持续部署的目标）并汇报给持续部署的所有者（"A"）。所有开发团队都致力于实现持续部署的目标。Scrum 教练可以通过指导开发团队去发现目标，从而来完成"R"的角色。"S"是作为开发团队的执行者。"C"可以分配给参与公会或实践社区中的 SME。"I"主要是需要了解质量检查和进行测试的产品负责人。

RASCI 优于 RACI，因为在 RACI 缩写中，"S"会合并到"R"中。因此，在责任和执行之间没有任何区别。RASCI 通常可以更快地确定并能更好地了解谁在做什么。RACI 的使用通常被看作一种过时的治理方式，因为整个控制系统随着 DevOps 的到来而发生了变化。

考虑到对目标的讨论情况，很明显，在扩展 DevOps 团队时，肯定需要更多的职能和角色来决定事情如何安排。因此，这就是敏捷 Scrum 框架与 Spotify 和 SAFe 框架之间的特征差异。

（4）治理

在 DevOps 内部，DevOps 工程师经常花费大量时间和精力来创建和维护"泰迪熊"。然后，这些工作耗费了大量时间，却几乎没有创造出任何价值。实际上，因为没有知识转让，所以出现了一些"被企业绑定的人"（企业离不开的人）。因此，重要的是要考虑目标和明确的 RASCI，以便积极地利用能量。这不会降低改进事物的动力和热情。我们需要做的就是为创新指明方向，用冠军（知识共享者）行为取代以自我为中心的英雄（知识所有者）行为。

（5）架构

DevOps 的引入及其持续部署对架构领域产生了很大的影响。然而，架构并没有消失。对于 SoR 信息系统，架构的一部分内容仍然需要在前期进行设计（用于软件的构建）。这是因为链路中的信息系统必须良好地连接。对于 SoE 信息系统，可能是由于松耦合系统的关系，在迭代期间可以设计更多的新兴架构。

在讨论持续部署的"所有权"时，对于 SoE 和 SoR 信息系统已经明确表明了，所有权的集中化是必要的。这也适用于持续部署的架构。创建 DevOps 架构师这一角色是个明智的想法。他会参加持续部署的实践社区或者公会，通过为持续部署架构设置架构原则和模型来指导持续部署的设计。

DevOps 架构师不会对工具和技术做出决策，而是考虑工具的组合和组织的参考架构，并且给出了在未来如何融洽工作的方向。

2. 我们不想要什么？

以下是典型的关于权力平衡的持续部署的反模式。

（1）缺乏所有权

在许多组织中，很多 DevOps 团队认为应自行设置持续部署，因为它们的软件是唯一的。这不仅会导致通过大量的试验和错误来重复建轮子，而且还需要大量的时间来增加速度。CI/CD 安全流水线的主要原则是，组织只保留一条流水线。因此，所有权最好进行集中分配。同时，必须将这些力量（知识和专业技能）结合起来。只有通过建立对当前状况、所需的成熟度和实现目标的途径的共同认识，才能做到这一点。这需要协作、承诺了的目标和路线图。

（2）目标缺失

由于缺乏目标，持续部署经常设计得不够完善。除了所有权外，还需要承诺改进，因此需要创造一个技术债务的待办事项列表，列出需要改进的部分。为此，开发团队必须拥有所有权，制定目标并实施治理，即使目的是团队自行实施自选的改进措施。

（3）任务、责任和权力不平衡

自行开发持续部署的工具不仅浪费时间，而且会造成大量开销。在许多组织中，DevOps 都以这种方式启动。数十个 DevOps 团队选择自己的存储库工具和工作方式。随着时间的推移，人们清楚地看到，数百万欧元被用于重复造轮子，并且 DevOps 团队之间的沟通也被中断。因此，在任务、责任和权力形式下的持续部署的有效设计中进行明确分配是非常重要的。

（4）缺乏控制

缺乏所有权、目标和任务、责任和权力会导致技术债务的流失。目标和时间表可以自下而上地进行设定和承诺，但实现这一目标的自主权以及实现这些目标的培训也是必要的。

（5）不协调的改进

正如在任务、责任和权力中讨论的那样，DevOps 工程师的独狼行为已经过时了。I 类型的人（英雄）正在为 E 类型的人（综合专家）让路。就像谚语"知识创造了力量"正在为"知识的共享使其丰富"让路一样。这包括了技术债务的待办事项列表和共享的持续部署创新路线图的成熟行为。

四、组织

图 5.4.4 展示了持续部署的变更模式的组织。

图 5.4.4　变更模式——组织

1. 我们想要什么？

持续部署的组织通常包括以下几点。

（1）基于脚本的部署

掌握 CI/CD 安全流水线，从对脚本变更的保护开始。通过在脚本中记录变更，可以测试它并授权部署，还可以通过记录关于执行脚本的地点和时间的元数据来追踪脚本。脚本也是可进行版本转换并包含在共享代码库中的对象。

（2）部署和发布策略

随着时间的推移，在完全可以重复使用的 DevOps 部署方案中开发了一些策略，例如蓝绿发布和金丝雀发布。这些策略需要对应用架构和基础架构深入地分析，因为改变生产环境仍然是一件有风险的事，所以必须经过深思熟虑。

（3）环境管理

只有当 CMDB 存在且 CI 的配置已被版本控制时，才能保持环境同步。这意味着 CI 的配置被记录在脚本中，并存储在共享源代码库中。这些脚本必须进行严格的版本控制，并且必须实现部署自动化。尤其是在有了容器之后，由于整个环境随后成为可部署的对象，环境可以非常快速地创建和展开。

（4）基础设施即代码

虚拟化基础设施组件（如防火墙、交换机和路由器）使得人们可以对这些组件进行编程，并且也包括基础设施的其他组件，例如操作系统和数据库管理系统。这种技术称为 IaC。这使得为应用提供正确的基础架构配置变得容易得多。

（5）有节奏

部署和发布应该是有节奏的。这意味着活动的执行是有规律的。规律性确保了节奏的产生，从而提高了稳定性。之所以能保持这一稳定性，是因为 DevOps 工程师习惯了执行这些活动并减少了错误。这也取决于频率。14 天的频率是常见的。此外，我们还打算让所有 DevOps 团队以相同的节奏开展工作，从而使部署保持一致，并可以轻松选择发布的时间。

（6）CI/CD 安全流水线中的安全

通过建设自动化测试（控制），SLA 的质量要求必须在 CI/CD 安全流水线中得到满足，并禁止不满足这些要求的应用程序。

（7）元数据管理

通过执行脚本去执行部署和发布可以提供可保存的元数据。在此基础上，也可以进行报告和分析，以改进 CI/CD 安全流水线。例如，在 CI/CD 安全流水线中发生事故时，我们可以及时回过头来确定事故发生的时间以及导致事故的脚本。

2. 我们不想要什么？

以下是有关组织的持续部署的典型反模式。

（1）手动部署

脚本化开发的反模式是生产环境的手动实施。这种情况可能会不止发生一次，手动操作的当事人可能会认为自己被授予的这些权力是一种特权。许多人会承认，有的时候事情会出错，生产文件被毁或者失踪。如果不进行注册并因此进行识别，情况将会更糟，但该文件的副本将很快从验收环境中生成。这就是为什么在生产环境中禁止人工操作并只允许用四眼原则来保护脚本的第一行动是重要的。

（2）各自发布策略

不定期部署和发布以及无法对这些活动进行协调造成了许多浪费。但是，活动的协调并不容易。当然，如果每个 DevOps 团队都希望并且被允许进行自组织，这样就不需要太多的协调工作。因此，持续部署需要在自治和自决问题上进行一些妥协。

（3）环境的差异

DTAP 上的环境必须同步，以防止事故的发生。不止一次，进入生产的应用在 DTA 环境中可以运行，但在生产环境中却无法运行。可能需要花费数小时才能找出环境的区别。例如，中间件的简单差异（如 ODBC 版本的差异）可能导致生产中断，而且可能需要很长的时间才能找到原因。通过同步环境可以避免这些差异。这要求环境管理自动化，即环境管理。

（4）手动配置

IaC 的反模式指手动更改基础设施组件的配置。手动调整这些配置似乎会更快、更好。但是，这并不共享关于构建堆栈的知识和专业技能。每个组织都有正在使用的服务器，实际上很难从一开始就知道如何配置这些服务器。这些风险其实是可以轻松避免的。

（5）不同时间线

没有节奏会导致落后或者无法学习如何部署和发布。DevOps 工程师之间的不确定性也随着部署频率的降低而增加。此外，要部署的对象数量随着频率降低而增加，低频

率也增加了复杂性。所涉及的 DevOps 团队需要协调的交付物数量也会随着频率的降低
而增加。

（6）发布中的缺陷

在设计阶段，需要设计针对应用的安全保护。不幸的是，DevOps 团队往往对于安
全风险及其对策知之甚少，这一般通过定义一个特殊的团队来进行保障。此类质量保障
（QA）团队必须及时介入流水线。最好让 DevOps 团队尽可能了解风险和要采取的对策。
这样可以使得一般风险通过对策和控制在 CI/CD 安全流水线中得到避免。

（7）无状态信息

未能维护部署和发布的元数据会导致需要口头交换信息状态或手动管理部署。应通
过自动化最小化手动操作。元数据必须引领增值，而且必须避免过多的元数据。另外，
最重要的元数据是谁给了许可以及何时才能将产品带入生产。

五、资源

图 5.4.5 展示了持续部署变更模式的资源和人员的步骤。

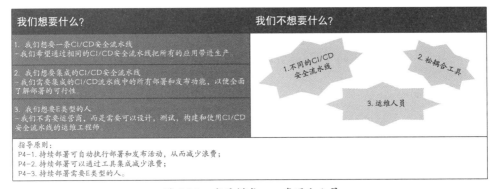

图 5.4.5　变更模式——资源和人员

1. 我们想要什么?

持续部署的资源和人员通常包括以下几点。

（1）一条 CI/CD 安全流水线

从经济学角度来看，拥有多条 CI/CD 安全流水线并没有意义，对于服务的质量也无
益。随着 CI/CD 安全流水线使用量的增加，处理许多异常的调配会得到改进。但是，
通常不可能让所有应用使用相同的流水线。一个良好的开端是指定一个专门的团队来专
注于这个问题，集中精力改进和扩展 CI/CD 安全流水线。

（2）部署自动化

持续部署可通过标准化任务实现任务自动化。示例包括自动安装、配置和测试应用、
管理部署和准备基础架构。这样可以全面了解应用的部署和版本的状态。

（3）E 类型的人

DevOps 团队的成员不是指 DevOps 工程师和测试人员，而是进一步追求成为具有

多种专业知识的 E 类型的人。E 类型的人不只是在知识上有所扩展，更不是那些把知识看作一种力量而使自己变得不可或缺的 T 类型的人。

2. 我们不想要什么？

以下是人员和资源的持续部署的典型反模式。

（1）不同的 CI/CD 安全流水线

多条流水线意味着需要花费更多的时间和成本进行行政工作。另外还造成对于特殊流水线的经验减少，不利于控制质量。

（2）松耦合工具

如果没有实现 CI/CD 安全流水线的自动化，将产生那些不共享知识和技能的"英雄"。自动化程度降低也会延长上市时间。

（3）运维人员

只有约 10% 的 ICT 专业人员是 E 类型的人，其原因是知识和专业技能不容易获取并保持更新。在目前的市场上，几乎不可能找得到 E 类型的人。因此，吸引那些希望踏上旅程的员工并将其培训为 E 类型的人仍是最佳选择。

第五节　持续部署架构

提要

（1）有各种模式的部署。每种模式都有不同的特性和风险。

（2）持续部署可以确保实现快速反馈。

一、架构的原则

在变更模式的四个步骤中出现了许多架构的原则。本部分包含了这些内容。为了组织这些原则，我们将它们划分为 PPT。

1. 通用

除了针对 PPT 每一个方面的特定架构原则外，还有涵盖 PPT 三个方面的通用架构原则。

P#	PR-PPT-001
原理	持续部署包括人、流程和技术
因素	这种整体的方法是实现期望的控制所必需的
含义	除了部署对象和发布（技术）的技术知识和技能外，还需要了解业务、服务管理和开发（流程）的价值流的知识和技能，以确定哪种发布策略最适合业务价值流。E 类型的工程师需要具备此知识和专业能力

P#	PR-PPT-002
原理	持续部署可实现持续的成果改进
因素	通过在 CI/CD 安全流水线中的快速反馈，实现了更快的服务上线。在发布之前的短循环部署中，更快的反馈是安全的
含义	持续部署应是高频率的，且制品数量较少
P#	PR-PPT-003
原理	架构原则和模型适用于设计和持续部署的实践
因素	要建立一个稳定、灵活、高效和有效的持续部署的方法，需要强有力的方向
含义	架构能力应该在 DevOps 团队中体现出来，或者应该涉及架构
P#	PR-PPT-004
原理	基于模式的部署
因素	通过识别的模式，可以定义用于实施部署的模板
含义	模式的应用需要模式的识别。另一方面，编写部署脚本的努力正在减少

2. 人员

以下是在持续部署中得到了认可的关于人员的架构原则。

P#	PR-People-001
原理	持续部署需要 E 类型的人。
因素	最好由 E 类型的人来实施持续部署，因为需求管理、开发和运维的专业知识可以绑定在应用的生命周期中。这可避免交接过程的等待时间过长。
含义	DevOps 工程师的资历必须在能力方面进行扩展

3. 流程

以下是在持续部署中得到认可的有关流程的架构原则。

P#	PR-Process-001
原理	加强相关对象的可追踪性
因素	能够追踪部署不仅对于事件和问题的管理至关重要，而且对于审核部署和发布也至关重要
含义	必须为部署和发布的对象分配元数据。这需要良好地定义此元数据并监控其合规性。最后但并非最不重要的一点是，为了确保合规性，每个人都必须清楚业务案例的可追溯性
P#	PR-Process-002
原理	快速反馈是通过引入左移的组织奠基的

因素	快速反馈暴露出的对于需求的偏离，是需要以小的增量反复执行部署来实现的，并确保 DTAP 环境中的控制是安全的
含义	这意味着运维工程师自己需要承担领导的责任，并确保目标代码的流程是持续的，并且有小型的可管理组件
P#	PR-Process-003
原理	通过减少持续浪费，可以实现持续部署
因素	提供快速反馈也需要自动化持续部署的价值流。手动部署和发布的步骤是一种形式的浪费。例如，手动安装和配置应用是一种浪费，可以轻松实现自动化
含义	浪费的减少意味着 DevOps 工程师可以很好地了解自己的部署和发布的价值流，以便识别其中的浪费
P#	PR-Process-004
原理	持续部署需要根据路线图进行发展
因素	基于实施最佳实践的 DevOps 工程师的输入，使持续部署可以系统性地成熟
含义	路线图意味着识别当前和理想状况之间的差距。然后，路线图上的里程碑为项目推进提供实质内容，使其从当前状态进入所需状态
P#	PR-Process-005
原理	持续部署是基于纯 RASCI 的分配
因素	不仅执行任务（S），还必须确定持续部署的职责（R）、最终责任（A），以及哪些人参与咨询（C）和告知（I）
含义	记录任务、职责和权限对持续部署也很重要
P#	PR-Process-006
原理	持续部署可以确保高质量的软件
因素	由于开发工程师和运维工程师的持续交付，可以实现快速反馈从而提高质量
含义	操作人员必须高频率地部署目标代码
P#	PR-Process-007
原理	持续部署确保新的和适应性强的 ICT 服务
因素	减少部署和发布的增量并提高部署频率，可确保在运营 CI/CD 安全流水线方面获得更多经验。减少增量还可以更好地分析可能出错的内容。通常，错误的影响要小得多，解析时间也更快
P#	PR-Process-008
原理	标准化和自动化部署和发布的价值流
因素	部署的标准化可以简化部署和发布自动化的模式
含义	自动化需要对于符合应用和基础设施架构以及所选的部署和发布策略的 CI/CD 安全流水线进行选择

P#	PR-Process-009
原理	将信息安全集成到 CI/CD 安全流水线中
因素	自动化信息安全的控制确保了对于安全漏洞进行监控的一致性
含义	DevOps 团队需要有关信息安全的知识和专业技能
P#	PR-PRO-010
原理	快速失败
因素	创新以及对于现有系统的变更必须尽快增加其可证明的价值。例如，可以通过增量和迭代地将交付物导入生产来实现。即使增量不是惊天动地的产出，也应该立即进行第一次流水线的部署
含义	整个流水线在很早阶段就开始了。但正是由于高频和小尺寸的变更，才减轻了对失败的恐惧。当然，对于可能发生的中断也是必须认真考虑的
P#	PR-PRO-011
原理	使用元数据
因素	通过流水线对问题进行追踪，可以让流水线更好地支持流动。这种可追溯性需要给对象分配元数据，例如版本、基线、构建块、服务标识（ID）、配置项（CI）ID 等
含义	元数据必须尽可能实现自动更新，以减少出错的可能性，并避免因为手动执行任务造成浪费
P#	PR-PRO-012
原理	生产中的每个部署都需要可以追溯到需求
因素	在批准通过或没有通过的时刻，必须明确申请人是谁来更改生产环境的。为了防止浪费，这必须是可以自动化跟踪的
含义	流程中的所有对象都必须从需求到生产相互关联。因此，需要在流水线中使用元数据来实现这一点
P#	PR-PRO-013
原理	放置在共享源代码库中的每个对象都有一个版本
因素	更改的对象存储在共享源代码库中。这包括需求、测试用例、源代码、配置文件等。为了使完整的构建可重建，还包括使用的系统软件、工具等的版本
含义	版本管理必须严格遵照规范并自动执行
P#	PR-PRO-014
原理	禁止在生产环境中手动安装和配置任务
因素	重复性和可追踪性在手动活动发生时通常会立即导致事故，文档也经常被忽略
含义	所有的变更必须先进行脚本编辑，然后通过流水线推送

4. 技术

以下是在持续部署中得到认可的有关技术的架构原则。

P#	PR-Technology-001
原理	持续部署可以自动执行部署和发布的活动，从而减少了浪费
因素	手动执行的任务应该被识别并且实现自动化
含义	单调的工作减少了。但是，DevOps 工程师察觉到此发展可能会对其就业造成威胁。应该让所有人都清楚，自动化旨在帮助 DevOps 员工，而不是让其失业
P#	PR-Technology-002
原理	持续部署可以通过工具集成减少浪费
因素	通常采用不同的工具来实现持续部署。通过将工具集成在一起，可以避免手动工作
含义	必须监控相互集成的工具的变更，以确定其正常的功能

二、持续部署与持续交付

持续部署解决了一个由来已久的问题，那就是不可控制地将重大变更带到生产中。通常，除了一些热修复程序，一个主要的版本一年进入生产四次。这些进入生产环境的重大变更是非常复杂的，常常导致生产事件。整个周末都被留出，以便将系统从下线状态移到新的版本中。其结果往往是，由于组织的重要性，运营商担心会失败。更糟糕的是，由于追究错误造成了责备文化。

解决这个问题的方法是，在投产之前，先把投产的单位缩小，然后再频繁投产（部署）。并且还需要消除手动任务。因为在高频下，手动操作不仅容易出错，而且还需要付出大量的劳动。在实践中，有两种定义：持续交付和持续部署。持续部署不包括 Go/NoGo 时刻，而持续交付包括手动 Go。持续部署主要应用于 SoE 系统，而持续交付的是 SoR 系统。与持续交付密切相关的两个原则是快速失败（PR-PRO-010）和使用元数据（PR-PRO-010I）。

三、快速反馈和延迟反馈

持续部署的基本原则是将尚未发布给用户的较小的对象转到生产中。这样可以进行多次检查调节确保其正确性。另外，需要进行的调整也更小了，并且更容易实现回滚。

持续部署这种小而频繁的部署模式也产生了快速反馈。这意味着，得到所交付对象质量的反馈越快，相关问题的解决方案的成本就越低。为了实现快速反馈，持续部署使用了控制自动化。而快速反馈的反模式则是采用增量较大的延迟反馈。

四、持续部署的路线图

持续部署最好按照其路线图进行实施。图 5.5.1 是一个持续部署的路线图。此路线图包括三个阶段来控制生产环境，即通过自动化部署在执行部署的步骤中设置卡点、自动化控制，以及最终进行基础设施配置的自动化部署，从而使得应用可以在这之上正常运行。

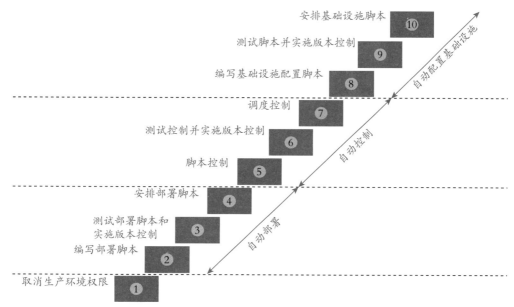

图 5.5.1　持续部署的路线图

五、持续部署的模式

持续部署的模式或策略是通过不同的方式执行部署。这些模式可分为两类：基于环境的模式和基于应用的模式。

1. 基于环境的模式

基于环境的部署模式不同于其他模式，因为环境的基础设施本身就是用于部署或发布功能的。基于环境的部署模式有以下几类：

- 蓝绿部署模式
- 金丝雀部署模式
- 集群免疫系统模式
- 容器模式

（1）金丝雀部署模式

金丝雀发布时，新的功能并没有发布给所有用户，而是只发布给了一小部分用户。这样，在用户组出现错误或意外的错误响应时，就可以停止发布并恢复到上一个版本。

（2）蓝绿模式

此模式使用两种生产环境。因此，可以将生产环境（绿色）切换到新功能发布成功的生产环境（蓝色）。如果蓝色生产环境显示为有错误，则所有用户都可以切换到（绿色）生产环境。蓝色生产环境和绿色生产环境持续交替进行。

（3）集群免疫系统模式

此模式需要与金丝雀发布模式结合使用。不同于金丝雀发布模式，此模式的额外功能是可以回滚到上一个基于观察到的阈值的版本，例如网站的转换。如果营业额减少或未显示所需的增加，则回复到以前的状态。

（4）容器模式

该容器模式用于促进 DTAP 上的整个环境。这可能是因为在容器中安装和配置了应用程序。

2. 基于应用的部署模式

基于应用的部署模式不同于其他模式，环境的基础设施保持不变，但这些环境中的应用会发生更改，用来允许使用部署工具进行部署和发布。基于应用的部署模式有以下几类：

- 完整发布模式
- 增量发布模式
- 功能开关模式
- 暗发布模式
- 前置发布模式

（1）完整发布模式

此经典发布策略意味着基于一次重大变更发布功能。部署和发布的频率低，例如每年4次。补丁的发布需要分开执行，因为完整发布模式主要是针对优先级为1级的中断或安全模式。

（2）增量发布模式

与完整发布模式包含许多用户变更的完整版本不同，此模式可以采用递增的方法。这涉及许多经常发布的小型部署。

（3）功能开关模式

增量发布模式的变体，经常是部署变更但尚未向用户发布。这些部署的新功能是否启动，取决于其在验收环境中的验收测试是否成功。

（4）暗发布模式

此模式意味着在正式发布执行之前，正在部署的变更仍然需要在生产环境种进行测试，可以为此使用功能标志，也可以使用蓝绿模式。

（5）前置发布模式

此模式假设在一个环境中成功地定期部署后不会进行任何更正。所需的调整必须在后续的定期部署中进行。

第六节　持续部署设计

提要

（1）价值流是可视化持续部署的方式。

（2）要显示角色和用例之间的关系，最好使用用例图。

（3）最详细的描述是用例。此描述可以分两个级别进行显示。

持续部署的设计旨在快速了解执行持续部署的步骤。细节可以通过用例图的形式给出。最后，用户用例是更详细地描述步骤的理想方法。

一、持续部署的价值流

图 5.6.1 展示了持续部署的价值流。表 5.6.2 解释了此价值流中的步骤。

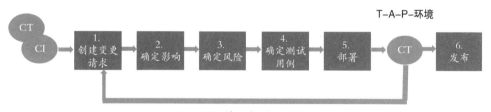

图 5.6.1　持续部署的价值流

二、持续部署的用例图

在图 5.6.2 中，持续部署的价值流已转换为用例图，已将角色、制品和存储器添加到其中。此视图的优点是可以展示更多详细的信息，帮助读者了解流程全过程。

三、持续部署的用例

表 5.6.1 展示了一个用例的模板。左列是属性。中间一列用来标注是否为必须输入的属性。右列是对属性用途的简要说明。

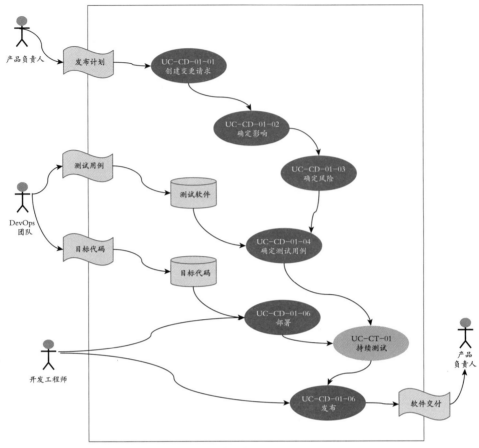

图 5.6.2 持续部署的用例图

表 5.6.1 用例的模板

属性	✓	描述
ID	✓	\<Naam\>-UC\<Nr\>
名称	✓	用例的名称
目标	✓	用例的目标
摘要	✓	关于用例的简要说明
前提条件		必须在用例执行之前满足的条件
成功时的结果	✓	用例执行成功时的结果
失败时的结果		用例执行失败时的结果
性能		适用于此用例的性能标准
频率		用例的执行频率，用我们选择的时间单位表示
参与者	✓	在此用例中扮演角色的参与者
触发	✓	触发执行此用例的事件是什么

属性	✓	描述			
场景（文本）	✓	S#	参与者	阶段	描述
		1.	执行此步骤的人员	阶段	关于如何执行步骤的简要说明
场景上的变化		S#	变量	阶段	描述
		1.	步骤的偏差	阶段	与场景的偏差
开放式问题		设计阶段的开放式问题			
规划	✓	此用例的交付截止日期是什么？			
优先级	✓	此用例的优先级			
超级用例		用例可以形成一个层次结构。为此用例执行的用例称为超级用例或基本用例			
接口		用户界面的描述、板块或样片			
关系		流程	……		
		系统构建模块	……		
		……	……		

基于此模板，可以为持续部署的用例图的每个用例填写模板，也可以只填写一个模板，这选择取决于我们想要描述的详细程度。下面的例子是只在用例图上使用了一个用例，如表 5.6.2 所示。

表 5.6.2　持续部署的用例图

属性	✓	描述
ID	✓	UCD-01
姓名	✓	UCD 持续部署
目标	✓	此用例的目的是以增量和迭代的方式部署和发布目标代码
摘要	✓	基于业务增量和迭代的价值交付的敏捷哲学，在该价值流中，每个部署都会建立价值流增量，并发布给用户组织，或者在某个时间段后发布
前提条件	✓	源代码已基于可接受的要求（持续设计）成功转换为目标代码（持续测试）
成功时的结果	✓	对于进行变更的目标代码：目标代码成功安装在生产环境中，目标代码通过测试且安全，目标代码存储在存储库中
失败时的结果	✓	在目标代码中出现了一个缺陷，如果修改，之前的状况将会恢复
性能	✓	部署周期符合 SLA 中约定的最大周期
频率	✓	至少每 14 天一次
参与者	✓	运维工程师

属性	✓	描述			
触发	✓	目标代码由开发工程师提供			
场景（文本）	✓	S#	参与者	阶段	描述
		1	产品负责人	创建变更请求	产品负责人基于发布计划提交更改
		2	DevOps团队	确定影响	DevOps团队确定部署的后果
		3	运维团队	确定风险	根据影响程度确定风险
		4	运维团队	确定测试用例	对策的有效性是基于测试用例决定的。这些测试用例是预先准备的
		5	运维工程师	部署	部署是指在目标环境中实际部署目标代码。这还包括使用自定义对象的测试环境
		6	运维工程师	发布	发布该功能是持续部署价值流中的最后一步
场景上的变化		S#	变量	阶段	描述
开放式问题					
规划	✓				
优先级	✓				
超强使用用例		持续设计和持续测试			
接口					
关系		源代码库	……		
		制品库	……		

第七节　持续部署最佳实践

提要

（1）必须谨慎使用持续部署。在这方面，参与者所承诺的分步实现的计划非常重要。

（2）持续部署需要持续测试的支持。通用性测试策略和敏捷测试策略是必不可少的。

一、持续部署的路线图

本部分介绍了持续部署路线图的步骤。图 5.7.1 中再次展示了此路线图。

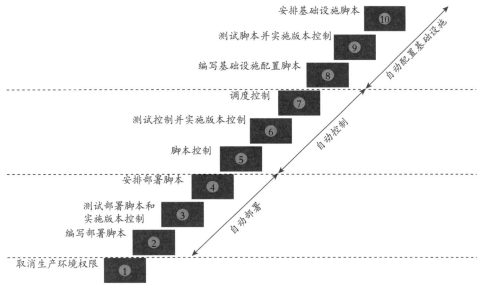

图 5.7.1　持续部署的路线图

1. 定义
持续部署路线图描述了为实现持续部署而执行的步骤。

2. 风险
需要控制的风险为：

- 业务所需的功能上市时间较长
- 部署会干扰企业的有利价值流
- 信息安全泄漏增多
- 正在部署的是错误的版本
- 软件不符合设定要求
- 部署的元数据没有记录，导致无法追溯部署

3. 反模式
持续部署路线图的反模式不是通过分步计划来改进部署和发布，因此上述风险将成为可能。

4. 模式
执行图 5.7.1 中的 10 个步骤不是一件小事。应该与参与其中的 DevOps 工程师提前讨论，这些工程师参与了哪个步骤以及将首先处理哪些应用。基于技术债务待办事项的增量和迭代的实施是一个好的开始。

（1）第1步：撤销权限

第1步是通过撤销权限来稳定生产环境。这是一种通常会遇到很多阻力的行为，因为自由度减少了。这可能导致劳资联合委员会的争议，因为工作的职责也必须进行相应的调整。因此建立盟友是明智的。一旦权限被取消，就会明确哪些变化是需要的。因此必须收集这些材料，以评估其有效性和必要性，然后将其纳入变更控制。在实践中，同样的人在这期间仍将参与其中，但无论如何，可以采用四眼原则，并能更好地了解发生了什么。

（2）第2步：编写部署的脚本

第2步是编写所有变更的脚本。这意味着可以不再使用命令行进行变更。一个简单的解决方案是购买一个可以记录正在发生的事件的聊天机器人。在命令行中键入的大多数内容也可以写入脚本。这使得我们知道什么改变了，并且是被谁改变的。的确，市场上有些软件包不支持通过命令行配置应用。

（3）第3步：对部署脚本进行测试和版本控制

脚本的优点是可以进行测试。这些测试用例可以像脚本一样被置于版本控制之下。测试用例的主要目的是证明部署成功执行完成且正确。

（4）第4步：计划排期部署的脚本

脚本的一个重要优势是可以在工具中进行排期，比如Git，因此不再需要手动步骤，并且授权和身份验证都可以自动化。它也使记录元数据变得容易得多。

（5）第5步：控制脚本

CI/CD安全流水线不仅是目标代码的传输方式，也是一组执行检查的通道。这些检查主要涉及验收测试，如FAT、UAT和PAT，也有和监控SLA规范（比如性能压力测试）和安全测试（比如渗透测试）相关的测试用例。所有这些检查都可以通过编写脚本进行实现。

（6）第6步：对控制脚本进行测试和版本控制

与部署脚本类似，还必须测试控制脚本并对其进行版本控制。市场上有许多测试工具可以简化脚本。但是，除非测试工具本身可以计划排期，否则至少需要对测试工具的触发编写脚本。一个重要方面是要执行对于测试用例的选择。选择必须通过手动或根据要部署的对象的元数据进行设置。例如，链接到目标代码的构建块的ID可以用来选择测试用例。

（7）第7步：计划排期控制脚本

除了计划排期部署脚本外，还可以来排期执行控制脚本，它们具有与部署脚本相同的优势。

（8）第8步：编写基础设施配置脚本

与应用脚本类似，基础设施组件的配置也可以脚本化。通过利用应用技术堆栈的标准化，可以大大减少脚本的数量。此外，现在基础设施组件经常是虚拟化的，这意味着脚本制作的可能性大大增加，并且可以使用基础设施代码进行构建。容器的使用还意味着目前可能只有开发环境仍然需要安装和配置脚本。

（9）第 9 步：对基础架构配置的脚本进行测试和实施版本控制

必须对基础设施自动化配置的脚本进行测试，并为其提供版本控制。有一些工具可以帮助在云上配置基础架构的服务。应该注意的是，这些解决方案仍然包含手动步骤，而且配置的选择并不是固定的。有时，这可能会导致长时间搜索实际云服务设置所需的内容以及对服务预置的影响。

（10）第 10 步：排期基础架构配置脚本

基础设施的配置必须是可计划排期的。

5. 举例

自动化基础设施配置的一个很好的例子是政府中介。为基础架构中的所有对象创建了一个配置项，该配置项应建立在一个单独的数据库中。配置项及其值也包含在数据库中。因此，建立了一个数据库，其中包含基础设施的会计记录。随后，使用监控工具来确定在现实与数据库之间是否存在增量。当一个三角形被演示时，三角形用一个特殊的脚本来解决。基础设施的这种配置管理非常强大，因为它也由监控设施监控。更进一步的步骤是在配置数据库中进行更改，以适应现实情况。

二、基于环境的部署模式

本部分讨论了通过对环境进行更改而使用户获得功能的部署模式。以下部分介绍了让应用进入生产环境的部署模式。

1. 蓝绿部署模式

（1）定义

蓝绿部署模式是一种发布策略，其中交替使用的两个生产环境用来服务于用户。如果新版本有了问题，则使用另一个稳定的生产环境。如图 5.7.2 所示。

（2）背景

传统模式上，人们一直希望在版本出错时能够快速回滚到稳定的环境中。随着基础设施虚拟化和快速切换能力的出现，可以以低成本维护两个彼此之间可以交换的生产环境。

（3）应用

蓝绿部署模式的定义和解释似乎意味这种模式是可以解决许多问题的完美方案。然而，这个解决方案存在一些不应该被低估的缺点。最重要的事情是信息的预置。只要底层的数据模型稳定，回滚到以前的应用程序版本是可以的。如果应用程序的新版本执行的业务不适合旧数据模型，则恢复到上一个版本将导致数据丢失。这就是为什么蓝绿发布策略是基于同一个数据库可以被不同版本的应用使用的假设，从而使信息不会丢失。

如果数据模型发生了变化，明智的做法是进行影响和风险分析，并且提前确定如何回滚到以前的情况。

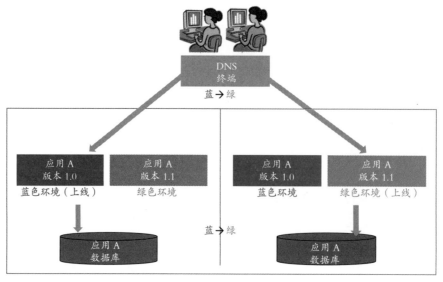

图 5.7.2　蓝绿部署模式

2. 金丝雀发布模式

（1）定义

金丝雀发布模式是一种发布策略，针对数量逐渐增长的用户，其重点是评估应用的适应性。如图 5.7.3 所示。

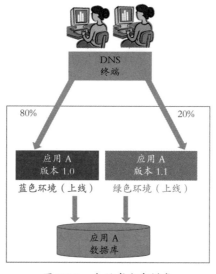

图 5.7.3　金丝雀发布模式

（2）背景

金丝雀一词起源于人们用鸟（金丝雀）来检测矿井是否有毒气。如果鸟生病或死亡了，那就表明矿工们必须离开矿井。

（3）应用程序

在电子商务中，网站的调整对于增加转换非常重要。转换是访客想要执行的网站操作，例如订购文章或下载 PDF。转换百分比是实际执行转换的访客群体在访客总数中的占比。

所以，如果每 100 个网站访问者中有 10 个访问者进行了商品购买，则转换率为 10%。通过对网站的调整，转换百分比可以提高、保持不变或降低。例如，如果转换的导航路径太长或太复杂，访问者很有可能在其他网站上搜索产品。

搜索功能直接导致了所需产品是否可以增加转换。其他网站的访问者的反应也可能导致转换率的增加。通过不给所有访问者提供新的网站，而是只给一小部分访问者提供，可以测量转换率是减少还是增加。如果下降了，则需要尽快调整。

3. 集群免疫系统模式

（1）定义

集群免疫系统模式是金丝雀发布模式的扩展，其中的监视功能确保测量期望的转换百分比。如果在指定时间段内没有达到此百分比，则通过中断到该版本应用程序的网络流量来解除对应用程序的更改。如图 5.7.4 所示。

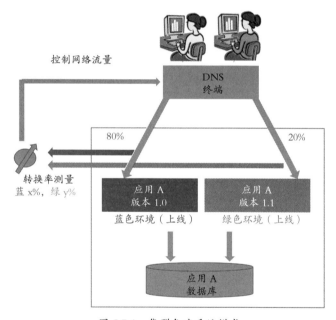

图 5.7.4　集群免疫系统模式

（2）背景

访问者对网站的某些行为可能会很敏感。当然，如果存在相同服务或产品的购买替代方案，访问者将更有可能访问其他网站，例如不同的零售机构以近似或相同价格提供服装。

（3）应用

如果不能清晰地预测公众对一个有大量流量的网站的反应，最好尽快干预。这可以通过手动和自动地操作完成。自动化的变量就是集群免疫系统模式。通过测量转换的 HTML 流量，可以构建一个业务规则用来决策，当新版本的交付未达到预期效果时就必须停止。因此，不需要对此进行部署。

4.容器模式

（1）定义

容器模式是通过将实际需要的可执行文件和库合并到容器中，使应用程序在其中运行的虚拟化环境。因此，容器包含应用的安装和配置。

图 5.7.6 所示的容器传输模式不需要对应用进行安装和配置，因此可以取代通过 DTAP 和 CI/CD 安全流水线传输应用的模式。容器在容器引擎（例如 Docker 引擎）上运行。容器通过容器协调工具（如 Kubernetes）进行管理。借助协调工具，可以进行容器的管理，例如停止和启动容器。图 5.7.5 展示了一个容器环境示意图的例子。

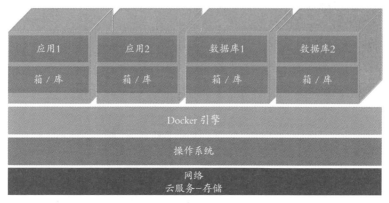

图 5.7.5　容器传输模式

容器就像虚拟机。然而与虚拟机不同的是，容器不会模拟整个平台。例如，容器中没有完整的操作系统。因此，容器的体量要小得多，因此也就更经济。

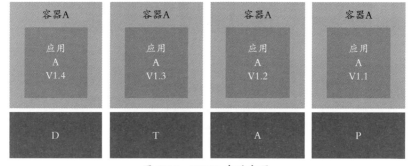

图 5.7.6　DTAP 中的容器

一个容器通常只需要一个或多个千兆字节，而不是虚拟机所需的多个千兆字节。一般来说推荐一个容器只有一个功能。理想情况下，应用不会与数据库引擎一起包含在同一个容器中。这使得应用程序和数据库引擎可以独立自主地进行扩展。另外，只要多个容器存在于同一个网络中，容器之间就可以相互交流。

三、基于应用的部署模式

1. 完整发布模式

（1）定义

完整发布模式是基于一次重大变更生成和发布功能的策略。部署频率和发布频率都低，例如一年4次。在各个完整发布之间，补丁可以通过小的变更进行实现，但主要是针对优先级为1级的中断或安全模式。

（2）背景

应用已投入生产数十年，通常需要数天（周末）才能在DTAP上获得新版本。一方面，这是由必须满足的许多依赖引起的，例如网络、数据库、消息队列、帐户等。另一方面，也可能是由于用于测试功能和质量的时间过长。

（3）应用

完整发布越来越少被使用了，它通常适用于多年没有进行过翻新的旧应用，但购买的软件包有时也很难安装。随着SaaS的到来，此问题已得到解决，因为客户无须安装软件。

2. 增量发布模式

（1）定义

增量发布模式是以小步为单位向用户发布变更的策略。因此，这需要持续发布模式下的小型部署。

（2）背景

在敏捷Scrum内，adagio是以递增和迭代的方式生产软件。这会产生潜在的可以进行发货的产品。DevOps的意图是进一步将这些可能发货的产品通过CI/CD安全流水线带到生产环境中并发布给用户。部署和发布频率最好等于迭代的时长。

（3）应用

递增的特性与业务对于快速上市的需求相吻合。重要的是，递增将为业务增加价值。

3. 功能开关模式

（1）定义

功能开关模式是一种策略，其中生成的应用包含关闭和打开功能的开关。

（2）背景

此模式是增量发布模式的变体。

（3）应用程序

这通常涉及部署尚未向用户发布的功能，这些功能的启用是基于在验收环境中成功的验收测试。特征标记的缺点是必须在应用中编程开发这种功能开关。

4. 暗发布模式

（1）定义

使用此模式，在正式发布变更之前仍会进行生产测试。

（2）背景

暗发布模式在不影响业务的情况下，在给一小部分用户在生产环境中试用产品这方面尤其有用。

（3）应用

功能开关模式可用于此，也可以使用蓝绿部署模式。一个更简单的暗发布模式是复制和重命名一个网页。只有知道另一个网页的人可以看到此功能，通过删除旧页面并在旧页面之后重命名新页面，新页面才可以退出暗发布模式。这种模式本身就有缺点。例如，网页需要双重管理。还应考虑到链接到旧页面却不链接到新页面这种情况。

5. 前置发布模式

（1）定义

前置发布模式是一种策略，在已成功部署的环境中部署的每个软件配置项，如果在后续验收测试中发现缺陷则不会恢复，而是仅通过新排期的部署进行恢复。

原因是，更多的 DevOps 团队正在使用同一部署流水线。如果需要修改已部署的软件配置项，则应重新测试依赖于它的所有其他软件配置项。虽然失败是边缘性的，但其余测试用例都很好。因此，在这种情况下，最好等待与正常部署流水线一起的缺陷的修补。前置发布避免了分支，因此合并工作通常是很重要的。

（2）背景

列车的比喻很好地解释了这个概念，如图 5.7.7 所示。

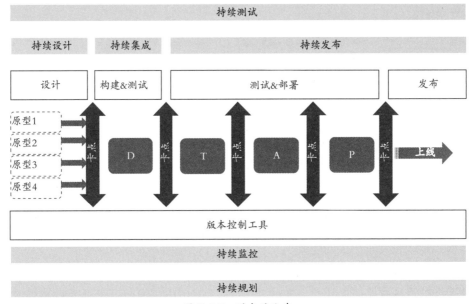

图 5.7.7　列车的比喻

要部署的对象就像是放置在发布列车上准备部署的软件包。只能在出示有效票证的情况下才能在列车上放置包裹。该票证相当于有效的测试报告，DTAP 的卡点用来比喻列车站，发布经理就是列车司机。但是，通常在列车上装了太多的包裹，以至于发布经理无法决定是否允许列车运行。这就是为什么他需要一个发布管理团队（RMT）的协助。

列车是如何运行的？

图 5.7.8 绘制了多列车辆。这是因为需要在每一个车站进行一次或多次测试（卡点）。

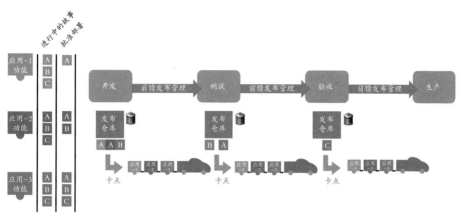

图 5.7.8　使用的列车的比喻

由于测试用例的输出需要时间，因此列车不会从开发直接开到生产。事实上，所有的列车都在同时运行，但只是从一个车站开到另一个车站。所以说，每一个迭代的两个星期中，下列列车就会这样运行：D→T、T→A、A→P。

列车上有什么？

RMT 决定包裹（软件）是否可以放置在列车上。RMT 由变更经理、发布经理和测试经理组成。该决策以列车车票为依据，即软件开发中测试的结果及相关功能的授权。然而，RMT 尚未决定这些软件之间是否存在冲突。如果一个软件没有放在列车上，它将被放在列车站的仓库里。未上列车的软件将保留在仓库中，直到它们是无误和被授权的，或者当一个缺陷修正来到列车上时能修复或拒绝。

（3）应用

该流水线包括了可以使各种环境管理共同良好工作所需的工具。流水线是 DevOps 流程的物理反映。流水线应从查询（获得）需求（上游）开始，并结束于向生产环境（下游）中的用户发布功能。这种模式支持了整个价值流。许多原则适用于用来实现高效和有效的管理机制的流水线，例如原则 PR-PRO-012、PR-PRO-013 和 PR-PRO-014。

四、模式的组合

图 5.7.9 提供了有意义和无意义的模式组合的概览。图的一半是有意义的。左下半部分是没有意义的，因为它相对于右上半部分是冗余的。右上半部分的灰色单元格是没有意义的组合。带有"×"的深蓝色单元格表示不需要的组合。蓝色（vv）和浅蓝色（v）是优秀或良好的组合。基于应用的部署模式显示为白色字。基于环境的部署模式显示为黑色字，用来区别它们。下面我们将从上到下来解释组合，并且解释之前没有讨论过的组合，以避免重复解释。

	金丝雀发布	蓝/绿部署	集群免疫系统	容器模式	完整发布	增量发布	特性标签	暗发布	前置发布
金丝雀发布		VV	VV	×	V	VV	×	×	-
蓝/绿部署			VV	VV	V	V	-	VV	V
集群免疫系统				-	-	V			
容器					VV	VV			VV
完整发布						×	-	V	V
增量发布							VV	-	VV
特性标签								-	VV
暗发布									V
前置发布									

图 5.7.9　持续部署的路线图

（1）金丝雀发布组合

金丝雀发布模式、集群免疫系统模式和蓝绿发布模式结合得很好。集群免疫系统模式是金丝雀发布模式的延伸。蓝绿发布模式与金丝雀发布模式的组合效果很好，因为蓝绿发布模式提供了金丝雀发布模式的两种替代环境。容器不能用于金丝雀发布模式，因为它只有一个环境。但是，这些容器可用于创建新的蓝绿环境。特性标签对金丝雀发布模式也不起作用，因为它关闭或打开了所有用户的功能。

蓝绿发布模式让一个环境可能会打开，而另一个可能会关闭。暗发布模式与金丝雀发布模式无关。然而，在金丝雀发布模式之前可以使用暗发布模式来测试它。另外，金丝雀发布模式可以与完整发布模式一起使用，但不如和增量发布模式一起使用更有用，因为金丝雀发布模式通常涉及少量变更。前置发布模式与金丝雀发布模式不匹配，因为它需要能够快速回归到旧环境中。前置发布模式不适合于此。因为如果部署出错，我们必须等待下一次发布的列车去修复缺陷。

（2）蓝绿组合

蓝绿发布模式适合所有模式，但与功能开关模式配合使用较少，因为这两种模式都可以看作一种替换。

（3）集群免疫组合

如果它们没有预期的结果，集群免疫组合的目的就是扭转微小的变化。这种模式通常与 A/B 测试结合使用，其中向用户提供两种可选方案。增量发布模式最适合这里，因为完整发布模式是基于许多变更的。功能开关发布模式、暗启动发布模式和前置发布模式与集群免疫模式的功能无关。

（4）容器

容器可以部署在除了金丝雀发布模式、功能开关发布模式和暗发布模式以外的任何地方。功能开关模式是指可以打开和关闭功能的切换开关，不需要部署容器。暗发布模式需要和蓝绿模式一样的两种环境。蓝绿环境可以通过容器来部署。

（5）完整发布

此模式非常适合暗发布和前置发布模式模式，但不适合功能开关模式，因为功能开关发布模式和完整发布模式之间没有关系。我们可以通过开关提供完整发布功能，以便在必要时将其关闭。完整发布模式和增量发布模式是相斥的。

（6）增量发布

此模式非常适合功能开关模式，因为它在功能完成之前不会使用部署，并且可以为版本设置开关。增量发布模式也可与暗发布模式和前置发布模式结合使用。

（7）功能开关

功能开关模式与暗发布模式不存在逻辑组合，却和前置发布模式有组合的可能，其逻辑关系是只有在部署了所有所需的增量之后，才能使用功能开关启用新功能。

（8）暗发布

暗发布模式适合前置发布模式，因为所有的增量都可以在生产环境中测试。

第六章
持续监控

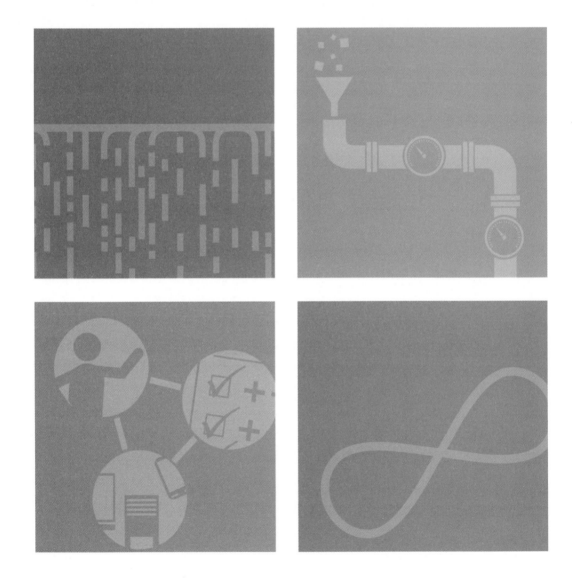

第一节　持续监控简介

一、目标

本章的主要目标是讲解有关持续监控领域的基础知识、方法和技巧，并将其应用到以"持续万物"为核心的理念中去。

二、定位

持续监控，是"持续万物"理念的其中一个方面。"持续"一词一般是针对监控设施的各个方面所开展的行为。首先，我们需要对价值流开展持续的监控；其次，监控设施还必须随着价值流的核心目标的衍化而不断进行调整与适应；最后，关于监控设施的范围，我们不仅要考虑到业务的价值流的核心需要被监控，同时也必须考虑监控使能价值流的部分。使能价值流是包括开发、运维和安全在内的各自对应的价值流部分。它们被广泛应用于 CI/CD 流水线的整个环境当中，包括人、流程和技术。

三、结构

本部分主要介绍如何从组织架构的略策角度去开展自上而下的持续监控。但在展开讨论该方法之前，我们需要先讨论清楚有关持续监控的定义、基石和体系结构的概念。为便于理解，请大家遵循以下顺序，逐步阅读。

1. 基本概念与术语

本小节将重点讨论持续监控相关的基本概念与术语。

2. 持续监控的定义

对于我们而言，深刻理解持续监控的概念非常重要。因此在本部分我们将对持续监控的概念进行讨论，并一起探讨在持续监控过程中所遇到的一些问题，以及导致错误监控价值流的一些潜在原因。

3. 持续监控的基石

本部分主要讨论如何通过改变模式和范例去建立持续监控的基石，并回答了以下几个问题。

（1）持续监控的愿景是什么？

（2）职责和权限是什么（权力）？

（3）如何应用持续监控（组织结构）？

（4）需要哪些人员配置及资源（资源）？

4. 持续监控的架构

这里我们将讨论持续监控的相关架构原则和模型。其中，治理模型和分层模型是在持续监控中需要我们重点关注的。

5. 持续监控的设计

持续监控的设计定义了对价值流的监控以及相关用例示意图表。

6. 业务服务监控

这一层级的监控系统主要针对业务价值流组成。因此，其中应当包含各种形式的监控。

7. 信息系统服务监控

为了更有效地评估实现业务价值流过程中所遇到的瓶颈，使能价值流所涉及的内容也应被有效监控，这也包括信息系统的生命周期等在内的所有与业务价值流相关的监控。

8. 应用服务监控

信息系统一般是指为客户提供 ICT 服务所需的人员、方法及资源的所有内容的总和，而且这些资源也会涉及包含业务逻辑的应用。

9. 功能组件服务监控

最直接的对象监控就是功能组件服务监控，这种形式的监控提供了服务提供的运行状况的最详细的信息。

10. 监控功检查清单

本部分全面概述了可用于实现监控功能当中所有已设计和未设计的要求的检查清单。

11. 文献

本部分则包含了数篇引用文献的内容及其解释。

第二节　基本概念与术语

提要

（1）监控往往需要业务案例，本业务案例基于为价值流实现持续监控所设立的目标。

（2）持续监控从不同的视角、业务、信息系统、应用和技术的层次去实现构建。

（3）持续监控采用分层的持续监控方法，为相互间的度量创造了机会，因此不少因果关系可以被识别出来，同时业务中断的可能性也可被尽量局部化。

（4）持续监控当中的分层结构可以被用来进行所有权主体的划分。

（5）持续监控也为持续学习提供了诸多具备实质性意义的参考数据及结果。

一、基本概念

本部分介绍了与持续监控相关的一些基本概念，它们包括"持续监控的治理模型"和"持续监控的分层模型"。这些术语的定义将会在下一部分进行解释说明。

1. 持续监控的治理模型

图 6.2.1 中展示了持续监控的治理模型的简化版。

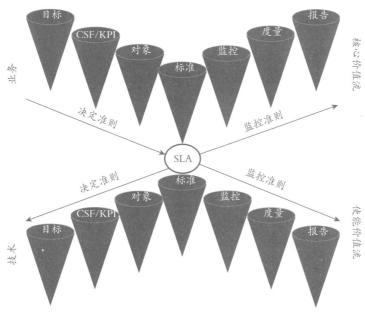

图 6.2.1　持续监控的治理模型简化版

（1）最终目标

该模型展示了排名靠前的核心价值流。核心价值流是一个组织当中核心业务流程的交付结果，结果已经被定义为所添加的值。换句话说，结果就是感知到的利益、效用和事物的重要性，它们是价值流的核心目的。

（2）CSF/KPI

对于每一个最终目标，我们都需要确定有哪些风险会导致它们无法实现。

风险是可能导致最终目标无法实现的各种事件。去降低或避免这些风险的方案是治理方案，它也被称为 CSF（关键成功因素）。假设可能存在这样的风险，即某一组织当中因为员工太少而导致无法及时为客户提供服务，那么 CSF 在这个例子中可以被假设为那些可联系到的后备（预备）员工，他们都应做好随时被召唤的准备，以解决组织中人员短缺的问题。KPI（关键性能指标）则是用来认定 CSF 是否能成功应对该风险事件的度量性指标。在该例子中，用 KPI 度量的则是在员工短缺这一风险事件发生之前，组织需要耗费多少时间来召唤后备员工以避免这一风险事件发生。

（3）对象

在上述例子中，员工可被视为度量的对象。

（4）标准

标准通常也可理解为处理某些事件的准则。度量的标准是应当在 KPI 中体现出来的，比如时间。最终，我们可以将度量的标准定义为后备员工到岗所需要耗费的最长时间，例如四个小时。我们根据对象作为标准化服务的一部分去制定 SLA（服务水平协议），就是为了与相关的 KPI 标准达成一致。

（5）监控

必须有一个工具来度量 KPI，以确定它是否达到标准。例如，这可以是一个用来记录员工工作时长的应用程序。

（6）度量

监控必须用来执行度量，而且它必须明确定义如果没有达标或可能不达标所须采取的行动。

（7）报告

最终表现与结果的达标或偏离情况都会在监控体系的报告中体现出来。为确保使能价值流能够达到 SLA 的标准。开发、运维及安全的价值流都应该被识别并监控。比如运维价值流是度量和处理技术故障的有效手段。这也包括 ITIL 4，即事故管理、事件管理和问题管理当中的许多管理实践。

这些使能价值流与核心价值流一样，必须由被监控的目标来管理。这些目标的源头则是 SLA 中的各项指标。因此，使能价值流的生命周期需要与业务价值流保持一致。如果对使能价值流的控制措施也是为了实现核心价值流的目标，那么就可以确保业务的一致性。这保障了通过 ICT 的使用来提高业务成果。

报告也是持续学习中的一个重要数据来源，尤其是针对人员因素所做的度量。通过度量 DevOps 工程师的知识与技术水平，让他们能力的发展也变得可被管理。这一部分的内容在"持续学习"的章节中也进行了讨论。

2. 持续监控的分层模型

为了给核心价值流和使能值流的监控功能提供实质内容，我们需要尽可能地判断不同的监控对象，由此产生了以下几个维度：

- 业务服务监控
- 信息系统服务监控
- 应用服务监控
- 功能组件服务监控

图 6.2.2 为这些维度所组成的持续监控的分层模型。这些层级是由扎克曼的企业级架构模型衍生出来的。核心价值流对应业务服务监控，使能价值流则对应其他三种监控。

图 6.2.2 持续监控的分层模型

二、基本术语

1. 业务服务监控

业务服务监控重点检查业务流程,换句话说就是核心价值流的度量是基于精益指标、信息流以及实际的用户事务这些价值流所产生。这也使我们有可能去判断当前的变现与结果是否符合价值流的预期,以及瓶颈在哪里。

持续监控最核心的思想是增加核心价值流所交付的结果。精益指标用于确定、消除和(或)减轻价值流中的浪费。精益指标是一种丰田通过定位和消除浪费源来提高汽车制造效率的方法。

2. 信息系统服务监控

越来越多的应用系统与基础设施一起,由使能服务构成一个或多个核心价值流。机器人或人工智能技术可以被应用于模拟用户,去监控信息系统中的端到端服务。端到端基础设施度量也可以由基础设施链路和这些链路中的域执行,这也可用于根据商定的SLA(服务水平协议)标准来确定使能值流是否支持核心值流。

3. 应用服务监控

应用服务监控的重点是关注度量应用服务及其基础设施服务的可用性。这是由应用的 REST API、基础设施服务的 SMNP 请求等在内的服务进行的主动性的度量。这样就可以确定构成一个信息系统的各个部分是否按照设定的 SLA 规范工作。

4. 功能组件服务监控

功能组件服务监控更加侧重对应用系统及基础设施内部的功能层面的监控,通过度量功能组件内部服务,收集与评估内部事件,测量消耗的资源(占用空间等),并尽可能连接到该组件提供的内部监控设施。

5. SoR 与 SoE

总的来说,度量价值流包含两个主要变量,即 SoR 和 SoE。

SoR 是一条将信息系统的价值交付给用户的链路。因为其涉及交付链路的许多环节,所以这也意味着监控会变得更加困难。SoR 主要用于银行和保险业。SoE 是一种不连接或松散耦合的信息系统，这意味着监控是明确的。SoE 主要用于电子商务行业及组织，比较具有代表性的例子如 bol.com 和 AWS 等。图 6.2.3 展示了 SoR 和 SoE 的一些典型应用案例。SoI 则代表着最高层级，其业务是向用户提供智能化的解决方案。

图 6.2.3　SoR 与 SoE 的代表性应用

6. 时效性指标和延迟性指标

时效性指标一般是能够对对象进行及时干预的指标，比如说事故解决时间。如果规定时间内仅有 80% 的事故被有效解决，监控系统就会发出警告并进行上报。延迟性指标则是通过累积度量对对象进行事后干预的指标。比如，一个月后可以对事件解决的百分比和次数进行统计，以便与相关的 SLA 标准进行比较。

第三节　持续监控定义

提要

（1）持续监控必须被视为风险管理的管控功能，比如使能价值流当中违反不可用性所产生的风险。

（2）持续监控必须被视为保护 PPT 三个方面的知识体系的整体方法。

一、背景

持续监控的最终目标是提升业务输出的成果，这通过监控核心价值流和使能价值流来支持核心价值流在 PPT 方面的实现。持续监控为利益相关方提供有关这两个价值流的表现情况的更快反馈，以便在业务或 IT 层级出现标准偏差时可以立即采取行动。

使能值流的核心是信息系统当中的期望行为、功能和质量表现。我们期望通过实际措施的改进得到的度量结果是更高的产品时效性和更高质量的服务，使之适应于业务。

持续监控同时也是持续学习的重要输入来源，尤其是针对人员因素所做的度量。通过度量 DevOps 工程师们的知识与技术水平，可以洞察他们需要提高能力的方面，以便让使能价值流能够为核心价值流提供最佳支持。

二、定义

持续监控的重点是对核心价值流和使能价值流进行持续、全面的监控，以便可以向利益相关者就既定目标的实现去提供更快的反馈，以改善结果。

持续一词一般指高频率的监控，同时在监控最终目标的实现情况时，持续校准监控体系的有效性和效率。整体性监控明确了监控的范围，但它不仅是针对核心价值流，同时还应包括使能价值流。它们是开发、运营和安全的价值流。这些使能价值流必须应用在 CI/CD 安全流水线中所有使用环境中，包括 PPT。

三、应用

"持续万物"的理念必须基于业务场景。为此，本部分讲述了与持续监控相关的一些问题。基于业务场景的持续监控有助于预防和减少这些问题的发生。

1. 潜在的问题

潜在问题及其解释见表 6.3.1。

表 6.3.1　处理监控设施和体系当中常见的问题和解释

P#	问题	解释
P1	监控体系中存在缺陷	并不是所有相关信息系统的产品都参与了监控。因此，有可能出现对实现最终目标产生影响的事件没有被监控到的情况。因为往往被监控的对象的体系结构是未知的，所以这类问题也时常发生
P2	监控范围不完整	并非所有启用的服务都受到监控，例如某些员工的知识和技能
P3	持续监控中的任务、职责和权限尚未分配或分配不正确	不清楚谁拥有监控体系，也不知道谁应该跟进事件
P4	监控体系落后于当前市场上产品或服务的价值流或技术的发展	监控体系必须成为生产过程的重要组成部分，否则它将始终落后于现实环境。同时，创新也是需要考虑的一个重要方面
P5	价值流所提供的服务的组成是未知的	由于价值流缺乏对服务架构的深入了解，因此也不可能向各监控层级提供足够详细的信息
P6	监控工具组合的功能之间有很大的重叠	未经协调购买或使用监控工具可能导致功能组合上的重叠
P7	为授权许可支付过多的资金	由于缺乏统一的监控工具，有可能导致购买过多具有相同或相似功能的工具，从而为购买监控设施支付过多的资金

P#	问题	解释
P8	在自定义监控工具上花费过多的时间	自研监控工具本身的优势在于其定制化功能，但花费在它上面的时间和资金成本往往比购买商业工具的花费更大

2. 寻找根本原因

为找出问题的根本原因，经过反复测试，我们总结出了五个"为什么"询问法，即通过五个为什么来剖析问题的根源。当我们发现持续监控没有被很好地实施时，可以尝试用五个"为什么"来帮助判断。

（1）为什么我们没有去实施持续监控？

因为没有人要求建立监控体系。

（2）为什么我们不需要去建设监控体系？

因为监控体系并不是业务的直接需求，而且被视为浪费。

（3）为什么监控被视为浪费？

因为 DevOps 工程师不知道如何以灵活的方式并逐步迭代地去建设监控体系。

（4）为什么持续监控没有表达出正确的观点？

因为没有人声称拥有构建持续监控的主导权，也没有人知道持续监控的优势在哪里。

（5）为什么没有人声明拥有构建持续监控的主导权？

因为在实现最终目标和保证成果产生的过程中，监控并不被视为风险管理的有效对策。

通过以上五个为什么来建立分析树结构，有助于我们去寻找问题的根本原因。我们必须先找到原因才能解决问题。

第四节　持续监控基石

提要

（1）持续监控的应用需要用自上而下的方式来推动，但又须基于自下而上的驱动来实现。

（2）通过持续监控所发现的问题，可以通过改进控制路线图的设计来解决，其中改进点可以放在技术债务的待办事项列表中。

（3）持续监控的设计始于表达为什么需要持续监控的观点。

（4）我们对持续监控的有用性和必要性具备共同的理解是很重要的。这能够避免许多在敏捷项目期间的不必要讨论，并且实现基于统一的工作方法。

（5）转化模式不仅有助于我们建立共同的理解，而且还可以帮助引入持续监控的治理模型和持续监控的分层模型，以及对该方法的遵从。

（6）如果没有设计能力平衡步骤，我们就无法开始实施持续监控的最佳实践（组织和设计）。

（7）持续监控有利于实现组织左移的转型，同时能提供快速的反馈。

（8）每个组织都必须基于本节所述的持续监控的转化模式去进一步提供实质性内容。

本节首先讨论了可以应用于实现 DevOps 的持续监控的转化模式。转化模式包括 4 个步骤，从反映持续监控感知的愿景开始，当中包括应用持续监控的业务案例。随后需要关注权力的平衡，其中涉及关注持续监控的所有权，同时也关注任务、责任和权力。接下来我们将讨论组织和资源。通过组织的步骤实现持续监控的最佳实践，再通过资源的步骤去展开描述人和工具的关系。

一、转化模式（变更模式）

如图 6.4.1 中所示，转化模式提供了以结构化的方式去设计持续监控的方法。这可以从对持续监控所须实现的目标的愿景入手，防止我们在毫无意义的辩论中浪费时间。

图 6.4.1　转化模式示意

这是确定了权力与责任的关系是在哪里进行转化的，以及如何进行转化的基石。这看起来是一个不太符合 DevOps 世界理念的传统的说法，但它却是非常适用于当前模式的方法。这就是为什么记录权力的平衡是一个好习惯的原因。这样的工作方式可以充分落实到各类资源和人的调配上。

二、愿景

图 6.4.2 展示了持续监控通过转化模式去实现愿景的步骤。图左侧（我们想要什么？）表示哪些方面共同构成实施持续监控的愿景，以防止或减少图右侧的负面情况（我们不想要什么？）的发生。因此，图右侧是持续监控的反模式，它们根据愿景共同构成了持续监控的指导原则。

我们想要什么?	我们不想要什么?

我们想要什么?

1. 我们需要一个针对DevOps当中PPT的评估
- 我们的评估范围包括完整的DTAP，评估应当包含PPT在内。

2. 我们需要一种共同的语言
- 我们希望在DevOps工作方式中消除比如同音异义词或同义词所带来的误解。

3. 我们希望我们的KPI能够可视化
- 我们能够通过可视化的图表了解到当前所处的位置。

4. 我们要保障监控设施的可靠性
- 监控设施必须是价值流生成过程的组成部分。

5. 我们需要统一的工作方式
- 通过同步不同的工作方式，更易于实施更改。

我们不想要什么?

1. 范围受限
2. 对许多术语存在误解
3. 无法实现可视化
4. 监控无法保障
5. 不同的工作方式

指导原则：
P1-1. 持续监控应当包括整个DTAP上的PPT；
P1-2. 整合产品的待办事项来确保自适应持续监控的具备改进空间；
P1-3. 持续监控应当被整合进生产流程。

图 6.4.2　转化模式——愿景

1. 我们想要什么?

持续监控的愿景往往包含以下几点。

（1）范围

我们必须尽可能全面地选择监控体系所包含的范围，以避免出现监控漏洞或范围差异。我们不仅需要监控核心价值流，还需要监控包括开发、运营和安全在内的使能价值流。不仅只监控管理方式（流程），还必须监控执行该管理方式的知识和技能方法（人员）以及它所涉及的应用和基础设施（技术）。CI/CD 安全流水线的所有参与因素都应包含在监控范围内。

（2）语言

在 DevOps 的世界里，有太多因同音异义词或同义词所带来的误解。在这种情况下，每个人都按照自己的认知理念来设计他们的监控体系。而通过为组成价值流的功能的每个模块做精准标识，可以创建统一的语言。

（3）可视化

监控体系的输出必须可视化，以便我们能够掌控被监控内容的各个方面。这种可视化效果可被视为监控面板（各种将数据转化为图形的动态展示），以提供对监控目标的实时洞察，这样能调动员工的工作积极性。该输出结果还可以通过从下到上的聚合实现可视化，并以价值流作为最终目标进行展示。

（4）保障

监控体系度量共同构成价值流的对象。对这些对象的变更我们应该同时考虑是否需要对监控体系中的设施进行自适应管理。因此，监控体系的生命周期必须遵循 CI/CD 安全流水线中对象的生命周期。

（5）统一的工作方式

实施变更工作需要耗费时间和精力。如果有统一的实现监控体系的工作方法，实施变更就会更容易实现。如果每个人都采用不同的工作方法，都采用各自的做法，那么完成一个变更工作的速度就会被严重拖慢，所以需要有一个最佳实践去统一 DevOps 工程师的工作方式。

2. 我们不想要什么？

什么不是持续监控的愿景往往是比较容易判断的，类似的思考也能帮助我们去改进愿景。这一话题在本书其他的章节中也进行了详细讨论，可作为本部分内容的补充。因此，虽然本部分内容有一些冗余，但为了便于读者理解，我们决定不去合并它们。下面内容的要点主要是对于关键词及其解释。

（1）范围

许多组织机构往往只关注信息系统的生产环境。监控体系的设计和管理仅由运维工程师设计完成，而对于他们来说，作为对象的信息系统有许多方面都不得不被视为黑盒。还有一些组织机构只对过去造成影响的事件进行监控。因此，许多监控范围都是被限制的。持续监控概念的核心是由构建该解决方案的人员来对整套监控体系实现设计和构建。

（2）语言

如果允许每一个 DevOps 团队来构建各自的监控体系，那么显而易见，这不会形成统一的语言，同时也会浪费大量的金钱。而且在许多的组织机构当中，监控体系往往也是割裂的，很难有人能够从全局的角度去掌握价值流。许多的 DevOps 团队也希望监控体系能够适应他们自己的应用系统。因此，一个比较好的解决方案是采用全局化的工具架构的形式。在该架构中，价值流范围的监控由许多 DevOps 团队共同进行统一化和参数化，然后定义成可重复使用的监控模式，其他 DevOps 团队可以通过这些模式重复开展工作。

（3）可视化

可视化的功能往往也是比较零散而割裂的，而且使用对象是集中于特定群体的专家。但 DevOps 所追求的正是全组织机构范围内价值流展现的可视化。

（4）保障

监控通常不被人们视作生产对象其中的一部分，通常被视作一个单独的生产流程。

（5）统一的工作方式

实施变更工作需要耗费时间和精力。如果有统一的实现监控体系工作方法，实施变更就会更容易实现。如果每个人都采用不同的工作方法，对于这一变更都采用各自的做法，那么实现和完成一个变更工作的速度就会被严重拖慢，所以这就需要有一个最佳实践去统一 DevOps 工程师的工作方式。

三、权力

图 6.4.3 展示了持续监控当中转化模式的权力的平衡步骤。它的结构与愿景的转化模式非常类似。

图 6.4.3　转化模式——权力

1. 我们想要什么?

（1）主导权

如果有什么事情在实施 DevOps 中必须要讨论，那么主导权就一定是其中之一，尤其是持续监控中的主导权。其实这在敏捷的基本原理当中已经给出了明确答案。在肯·施瓦本的书中曾经写道，Scrum 教练是敏捷 Scrum 框架内开发流程的主导者。事实上，Scrum 教练相当于一个教练的角色，他必须让开发团队感觉到他们自己在完全不同的方面去塑造了敏捷的流程，而且这个流程只有一个主导者。

有一个比较好的范例，比如说 SoE 塑造了一个人机交互的界面。比较典型的场景就是电商网站，它以松耦合的前端应用形式（完全自主地）让用户去体验线上交易。考虑到此前端（接口逻辑）与后端（事务处理）的松散耦合，DevOps 团队也相当自主地对前端做了很多更改。CI/CD 流水线也可由 DevOps 团队自主选择，这也意味着监控体系中的设施可以被允许自主地选择和确定。

但是，如果有数十个 DevOps 团队在处理多个前端应用，那么使用监控体系去帮助协调的 DevOps 工作方式就会让工作的开展，更有效率。在 SoR 的背景下，这样的模式就更加适用了。SoR 是一种处理事务的信息系统，典型的例子是 ERP 或财务报表系统。这些信息系统通常包括一系列信息处理子系统。因此，SoR 通常依据业务或技术而划分为多个 DevOps 团队。

在这两种情况下，这些 DevOps 团队相互依赖，必须共同设计、实现和管理监控设施，当出现监控偏差时可以共同应对以持续改进。因此，对于更多的 DevOps 团队而言，集中分配持续监控的主导权是明智的，这也使开发适用于所有 DevOps 团队的 DevOps 路线图成为可能。然而，这往往也取决于 DevOps 工程师所判断的改进的优先级和选择哪些解决方案。

（2）最终目标

持续监控的主导者需要确保能够制定持续监控路线图，该路线图应当指出监控体系的设计将遵循的路线。例如，去安排监控体系所涉及功能的时间线以及确保监控体系达到一定成熟度的时间线。

当然，这个最终目标必须获得所有参与的 DevOps 团队的认可，它可以由许多方式来达成。在 Spotify 模型中，使用了术语"协会"。协会是一种临时的组织形式，可以用更深入的形式去探究某个主题。例如，它可以为持续监控成立一个协会，每个 DevOps 团队有一名代表。在 Safe® 内还有相关的标准机制可以参考，如实践社区（CoP）等。必要时，团队还可以通过计划增量（PI）规划中的敏捷发布列车来确定持续监控的改进方案。

（3）RASCI

RASCI 的首字母缩写词为"责任""问责""支持""咨询"和"通知"。显而易见，由指定的人员承担责任，去监控结果（持续监控的最终目标），并向主导者进行汇报，由主导者对持续监控的结果进行审计并问责。所有开发团队都致力于实现持续监控的目标。Scrum 教练可以承担起 R 的职责，去引领开发团队实现最终目标；"S"是实施者，即开发团队；"C"的这些规则可以由特定人群的专家角色来承担；"I"则一般由主导者 Owner 来承担，根据汇报的信息来负责质量检查与测试。

RASCI 通常优于 RACI，因为 S 往往被合并进了 R，即实施者与负责人为同一角色，这也导致了责任与实施没有进行区分。RASCI 通常可以更快地确定，并让我们更好地了解谁在做什么。但随着 DevOps 的到来，RASCI 的也常被看作是一种过时的治理方式。

通过对最终目标的讨论，我们可以清楚地看到，每扩展一个 DevOps 团队，必然需要引入更多的功能和角色来协助决定各种事务的安排。因此，这也是敏捷 Scrum 框架与Spotify 模型以及 SAFe 框架的特征差异之处。

（4）治理方案

在 DevOps 中，DevOps 工程师经常花费大量的时间和精力来制作和维护一只被拥抱的泰迪，这个比喻在国外也常常被用来指在某些项目上耗费了大量时间，但实际却并没有创造出太多的价值，犹如享受爱好一般在玩耍。事实上，知识传递的缺失导致了个人工作能力的停滞。这就是为什么在关于权力的积极变革过程中，具备明确的最终目标以及清晰的 RASCI 非常重要。这不会减少我们去改进事物的动力和热情。我们所需要做的就是为创新指明方向，将以自我为中心的英雄行为（知识所有者）替换为负责人行为（知识共享者）。

一个很好的阐释方法就是识别需要改进的点，并将它们放在产品待办事项列表中。DevOps 工程师可以在每个 Sprint 中分配一定的时间来解决部分技术债务。为此，他们可以选择一个或多个改进点，并以与其他产品待定项相同的方式对待它们。唯一的区别是，在这种情况下，DevOps 工程师对进行改进的优先级排序。此外，这些改进必须单独实现，但是其他 DevOps 团队能感知到这些变化所带来的好处。

1. 业务需求

成长需要时间和金钱，而这笔钱来自业务。因此，这些付出在将来必须得得到回报。

这就是为什么获得业务的认可很重要。此外，成熟本身不应该是一种目的，它应该更关注与改善业务的成果，从而帮助业务转化获得更短的上市时间和更高质量的服务。

2. 我们不想要什么？

以下几点是持续监控当中权力平衡的典型反模式。

（1）主导权

一个关于持续监控主导权中的反模式就是采取临时性的监控行为，因为生产环境存在问题且监控体系中的其他位置也无法给出明确结论，随之投入的精力也逐渐失去。

否认需要标准化监控体系也是它无法实现改进的原因之一。对许多 DevOps 团队所需要的复杂价值流采取以自下而上的方式去提升监控成熟度也并非一个健康的途径。某些 DevOps 团队越是扎根于一些特定的工作方式，就越不愿意去采取标准化的工作方法。

（2）最终目标

许多组织机构并没有对持续监控的体系设定最终目标。这也导致了一种情形：许多任务分配都是由控制功能临时决定的。然而，随着每次的成本的缩减，问题都会被暴露出来，监控则需要持续关注基于可靠业务案例的情况。

（3）RASCI

RASCI 最重要的一点就是确保 DevOps 团队能够行动起来。这只有通过对组织机构中持续监控层级的设计才能实现。通过前面所提及的方法，去选择符合一定标准的全局化工具及架构是我们必须要考虑在内的。

（4）治理方案

如果没有以协作的方式去改进监控方案，那么监控体系的工作方式就会变得越来越多样化。这是我们必须要注意和避免的。因此，我们必须要对监视体系的设计、实现和管理进行整体治理。

（5）业务需求

通过 ICT 驱动的持续监控并不能提供最佳效率。我们必须在使能价值流与进一步去提升和实现核心价值流的成果之间建立一条衔接的桥梁。仅以孤立的方式建立持续监控，且忽略不同价值流中涉及的监控信息的关联性，往往会让我们错失许多改进的机会。

四、组织

图 6.4.4 展现了持续监控当中转化模式的组织。

1. 我们想要什么？

（1）统一的监控工具

设计监控体系的最佳方法是对每个监控模式都采用相同（统一）的监控工具原则。监控模式是针对特定信息需求的可复用的监控解决方案。这意味着我们需要去检查每个监控模式是否可以使用相同的工具。

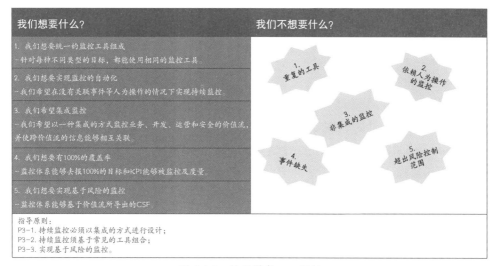

我们想要什么？	我们不想要什么？

我们想要什么？

1. 我们想要统一的监控工具组成
- 针对每种不同类型的目标，都能使用相同的监控工具。

2. 我们想要实现监控的自动化
- 我们希望在没有关联事件等人为操作的情况下实现持续监控。

3. 我们希望集成监控
- 我们希望以一种集成的方式监控业务、开发、运营和安全的价值流，并使跨价值流的信息能够相互关联。

4. 我们想要有100%的覆盖率
- 监控体系能够去报100%的目标和KPI能够被监控及度量。

5. 我们想要实现基于风险的监控
- 监控体系能够基于价值流所导出的CSF

指导原则：
P3-1. 持续监控必须以集成的方式进行设计；
P3-2. 持续监控须基于常见的工具组合；
P3-3. 实现基于风险的监控。

图 6.4.4　转化模式——组织

（2）监控的自动化

对于持续监控来说，成本开销最大的工作环节莫过于需要人工去处理某些监控事件。人工智能在 DevOps 世界中的应用正在兴起，这也使得我们能够更快速地确定某些事件的根本原因，并且更容易去发现事件之间的关联性。

（3）集成监控

监控工具通常由各种特定的代理组件组成，这些代理组件可以通过参数化的形式去传递对象的事件。当然，也有一些工具可以直接读取对象的状态。同时，机器人或人工智能技术更可以用来度量与监控信息系统。这些不同的工具的架构都必须以实现价值流的全局观角度来进行集成。因为核心价值流和使能价值流始终是互相依赖的，它们所对应的监控信息也必须是可整合、可集成的。

（4）覆盖率

监控本质上是耗费时间与金钱的，设计与实现一套监控体系则更加耗费时间与金钱。有两种策略可以帮助我们去处理监控对象的覆盖率。第一种策略是，我们仅须关注那些与实现包括关联使能价值流在内的核心价值流的最终目标相关的监控目标。基于这种策略，我们必须仔细注意最终目标和对象的变化或组织的应急因素，如立法和规章等。第二种策略是，监控所有包括状态的变化在内的事件。在这种情况下，必须有一个可以与人工智能结合的解决方案，因为每天发生的监控事件数量往往是以成百上千的量级来计算的。只有当事件关联性比较确定，且监控的目的是控制价值流的最终目标时，这种策略才是更可取的。

（5）基于风险的监控

通过查看这些目标的关键成功因素和关键性能指标来度量价值流的最终目标，才能使基于风险的监控得以有效实施。

2. 我们不想要什么？

以下几点是持续监控的组织中我们应当关注的典型反模式。

（1）统一监控工具

使用不同的监控工具会导致工具的碎片化，这些工具没有被整合在一起，从而只能够吸引那些少数了解这些工具的人。

（2）监控的自动化

依靠人工的方式去手动地检查事件和关联事件事故等都是在浪费人力。要实现自动化，DevOps 工程师设计的事件必须提供元数据，这使监控体系自动化成为可能。当前并没有很多组织机构注意到这点。一个良好的 DoD 可以实现非常好的自我控制。

（3）集成监控

由于牵涉到许多不同的工作，所以往往许多监控工具之间都是没有关联的，这也是为什么我们推荐大家尽量去使用全套的监控工具。但这也意味着组织需要花费更多的费用在购买工具和相应的授权上，所以许多开源的解决方案也是值得推荐的。从监控体系结构的角度来看，监控工具的集成是很重要的。这可以节省很多成本，因为它可以防止重复工作的发生，并且可以通过特定的模式来快速有效地满足新的监控要求。

（4）覆盖率

不止一次，没有一个人愿意对价值流的整体监控负责。这导致了监控体系内部出现相互隔离状态，进而造成监控对象之间存在缺漏。有几种方法能够反映这些缺漏，例如使用价值流映射或系统构建块图。

（5）基于风险的监控

组织当中往往缺乏有效的安全、风险及合规管委会（SRC）。这通常表明很多风险并没有被分配给监控者，也更不用说管理它们了。即使存在安全、风险及合规管委会，这样一个宝贵的机制也可能在新 CEO 换届时消失。这就是我们为什么必须在股东一级确保该管委会的存在，并且实行定期问责。

五、资源

图 6.4.5 展现了持续监控的转化模式中有关资源（人员）的步骤。

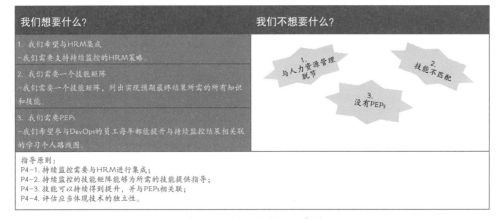

图 6.4.5 转化模式——资源

1. 我们想要什么?

有关持续监控的资源和人员通常包含以下几点。

（1）监控与知识的整合

DevOps 工程师必须不断提升自我，最重要的是需要不断适应形势的变化，HRM 需要为此提供支持。开展评估可以揭示哪些技能得到了良好的发展，哪些技能没有得到良好的发展。发展的能力必须与 HRM 的政策和与参与 DevOps 的员工达成的协议相匹配。例如，如果没有相应的 HRM 政策，开发工程师就不能被强制要求具备运维工程师的技能，或者在相关开发工程师的工作描述中也不应该有对运维工程师技能的要求。

我们可以将实现持续监控所需的技能与构建和管理应用程序所需的技能进行比较。毕竟，监控体系必须在合理的架构下建立和维护，这就需要把需求和设计阶段考虑进来。

（2）监控矩阵

职能或角色和技能矩阵可以帮助我们了解可用技能的覆盖率，这样我们就可以检查技能与实际需求是否存在差距。适当评估可以发挥出色的作用，因为评估涉及的问题可能与技能和职能或角色相关联。

（3）PEPs

PEPs 必须对 DevOps 工程师有激励作用。

2. 我们不想要什么?

以下几点是关于持续监控当中与资源相关的典型反模式。

（1）监控与知识的整合

一个没有看到持续万物和持续监控的价值的人力资源管理人员可能成为提高 DevOps 成熟度和实行必要控制措施调整的障碍。

而且在实际工作中产生摩擦的原因有很多，如 DevOps 工程师对开发的不同看法等。这就是为什么 HRM 政策与"持续万物"的理念及转化模式相互一致是很重要的。

（2）监控矩阵

临时使用免费工具并用它们来监控某些对象看起来是一个速成的方法，但这也是一种浪费。我们必须设置一个统一的监控体系架构，以满足 SLA 规范中的监控原则、模型和要求。

（3）个人培训计划

为 DevOps 工程师的知识和技能制定具体的学习路径，首先应该被视为一种自身的受益，而不是一种义务。PEPs 应当成为 DevOps 工程师去实施工作的积极激励因素。

第五节　持续监控的架构

提要

（1）持续监控治理模型概述了监控体系应该基于什么来实现。

（2）持续监控的分层模型提供了监控工具的分类。

（3）线索和滞后绩效指标管理模型提供了如何在每个价值流中建立度量和控制的周期的见解。

一、架构原则

在转化模式的四个步骤中已经出现了许多架构原则，它们都包含在本部分内。为了便于梳理和组织这些原则，我们将它们划分为了 PPT，这些概念同时还丰富了其他的一些原则。

1. 通用原则

除了针对一个方面的特定架构原则外，还有涵盖 PPT 三个方面的架构原则，见表 6.5.1。

表 6.5.1　PPT 通用的架构原则

P#	PR-PPT-001
原则	持续监控包括整个 DTAP 上的人员、流程和技术
理由	确定持续监控的这一范围是必要的，因为这三个方面一起创造了价值
实施	持续监控需要软件生产（开发）和软件管理（运营）领域的知识

2. 人

以下有关人员架构的原则已经被持续监控所认可，见表 6.5.2。

表 6.5.2　人员架构原则

P#	PR-People-002
原则	技能得到培训，并与个人培训计划挂钩
理由	建立和执行持续监控需要对应的监控技能
实施	必须列出所需的监控技能。必须确定相关人员或雇员是否具备这些监控技能，并在必要时对他们进行培训和辅导
P#	PR-People-003
原则	持续监控需要与 HRM 相结合

理由	与 HRM 相结合对于员工获得正确的培训和辅导是必要的
实施	HRM 必须了解持续监控的重要性，并将持续监控包含在实施 DevOps 的配置中，为此它需要培训和辅导流程

3. 流程

以下有关流程的架构原则已经被持续监控所认可，见表 6.5.3。

表 6.5.3 流程架构原则

P#	PR-Process-001
原则	持续监控需要基于纯粹的 RASCI 分配
理由	持续监控的生命周期包括任务、职责和权限。这些必须被列举出来并分配给相应的 DevOps 工程师
实施	必须对任务、责任和权力的分配有一个明确的概念。例如，是否必须批准持续监控变更，如果批准，由谁批准等等
P#	PR-Process-002
原则	持续监控应有助于快速反馈
理由	通过在开发环境中应用持续监控并将其包含在 DoD 中，可以快速获得关于构建功能性能的反馈
实施	DoD 必须根据规定的要求定期进行调整
P#	PR-Process-003
原则	持续监控随着对人员、流程和技术的要求不断提高
理由	对 PPT 的要求不是静态的，而是动态的。因此，必须循环调整对 PPT 的监控
实施	监控体系的开发必须是 PPT 开发的一个组成部分，必须嵌入生产过程
P#	PR-Process-004
原则	持续监控需要所有权（主导权）
理由	必须为持续监控的生命周期分配所有权，明确主导者。他可以因此做出重要的决策，例如购买工具等
实施	必须分配所有权（主导权）
P#	PR-Process-005
原则	持续监控交付成果的改进
理由	持续监控应该可削弱核心价值流的边界或限制
实施	持续监控可以解析监控解决方案与核心价值流之间的关系，尤其是如何增加价值流的传递
P#	PR-Process-006
原则	来自 ICT 服务商的监控信息必须纳入各自的监控体系
理由	从外部获得的监控信息的结构必须可以转化为自己的监控体系能识别的形式。这包括假如我们自己的服务处于某云平台中，并且从外部供应商获得信息技术服务等

实施	如果线路两端（服务商和自己）的监控信息配置不恰当，那就必须进行适当的设置，甚至不再使用外部服务
P#	PR-Process-007
原理	持续监控必须有明确的语言定义需求的基础
理由	可以通过多种方式来定义需求。一种明确定义需求的方法，如 Gherkin 语言，使持续监控设计一致。Gherkin 语言是一种实现行为 BDD 的格式的语言
实施	首先必须具备使用 Gherkin 语言的经验
P#	PR-Process-008
原则	端到端（E2E）度量中的干扰因素可以通过对服务组件进行度量来诠释
理由	端到端监控是衡量 SLA 准则的规范性要求。但是，并不是通过这种方式就一定能检测到所有干扰。此外，端到端监控并不能指示出干扰所处的准确位置。这确实能够满足组件服务监控的部分要求，但是我们很难在组件服务监控的基础上去监控信息和通信技术服务的可用性。采取端到端监控与服务组件监控相结合的方法，确实能够解决不少此类问题
实施	必须监控服务的所有组件
P#	PR-Process-009
原则	SLA 中的服务标准需要和业务方面达成一致
理由	SLA 是服务提供商与业务部门之间的协议，因此它需要满足业务术语条款。这可以通过在核心价值流条款中阐明 SLA 并与使能服务建立关系来实现。然后必须让后者签订 OLA 或支持合同。
实施	包含核心和使能价值流的服务架构必须提供个人对关系的深入了解。例如，利用 TOGAF 模型就可以实现

TOGAF 模型（The Open Group Architecture Framework），由国际标准权威组织开放小组（The Open Group）制定。开放小组于 1993 年开始应客户要求制定系统架构的标准，在 1995 年发表 TOGAF 架构框架。它是基于一次迭代的过程模型，支持最佳实践和一套可重用的现有架构资产。它可让使用者设计、评估、并建立组织的正确架构。TOGAF 的关键是架构开发方法（ADM）：一个可靠的、行之有效的方法，能够以发展满足商务需求的企业架构。

P#	PR-Process-010
原则	每个 ICT 服务的底层基础设施和应用程序组件都应该是已知的
理由	使能价值流必须在体系结构下进行设计，以便我们了解服务组件及它们的一致性
实施	架构模型必须由 ICT 服务或使能价值流组成
P#	PR-Process-011
原则	SLA 协议的级别决定了监控功能的级别

理由	SLA 协议可以基于核心价值流级别或使能价值流级别制定。监控体系的最低要求为能够满足 SLA 的规范 但是我们如果在核心价值流条款中已商定 SLA，那么还必须监控使能价值流，以确保主动发现和解决事故
实施	监控体系的成本价必须包含在服务的商定价格中 如果监控的费用太高，则必须调整服务标准
P#	PR-Process-012
原则	IT 服务监控设施的生命周期是 IT 服务生命周期的组成部分
理由	对 ICT 服务的变更必须遵循 PPT 条款，并转换为对监控设施的变更
实施	必须进行风险和影响分析，以得出监控体系的正确覆盖率
P#	PR-Process-013
原则	必须对所有的事件都作出评估
理由	不允许忽略事件。因此必须针对每个事件判定它的容忍性（白名单），或给出警报（黑名单）
实施	持续监控必须为每个事件在哪些条件下选择接受或忽略做出判定。
P#	PR-Process-014
原则	监控每个监控工具，以确保它们正常运行
理由	所有的监控设施都应该是被测试并验证的。虽然测试它们很困难，但这非常重要。因为在实践中，经常出现监控设施不能正常工作的情况
实施	对监控体系中的设施必须设定运行要求
P#	PR-Process-015
原则	监控体系的度量点应该由 KPI 和价值流的最终目标的标准来决定
理由	价值流的 KPI 和标准决定最终目标是否能够实现。通常，这些也应包含在 SLA 中。但在没有 SLA 的情况下，对应指标仍必须用于监控体系并能作出相应调整
实施	KPI 和标准必须基于持续监控治理的价值流目标得出

4. 技术

以下有关技术的架构原则已经被持续监控所认可，见表 6.5.4。

表 6.5.4　技术架构原则

P#	PR-Technology-001
原则	持续监控使用有限数量的方法、技术和工具
理由	持续监控必须以有限数量的方法、技术和工具进行管理，否则人们需花费大量时间去学习使用这些方法、技术和工具。例如，可以通过定义具有三层结构的全局工具架构来实现这一点。上层包括强制监控工具，旨在监控信息链中的各类标准，中间层是针对监控模式中的工具，第三层则是自由层，可由 DevOps 工程师自行填充实施
实施	必须建立适当的监控工具产品组合，也必须对使用的方法和技术设定限制
P#	PR-Technology-002

原则	持续监控应用于监控属于核心值流和使能值流中的对象的配置
理由	不仅必须监控对象的性能，还必须监控这些对象的配置
实施	对象的配置必须被定义，以实现版本的控制，以及将其置于变更控制机制下。在实际操作中，配置必须被监控，以避免对配置进行不必要的更改
P#	PR-Technology-003
原则	每个监控模式对应一个监控工具
理由	每个新的监控工具都需要大量的开销，例如生命周期管理、知识和技能、与其他工具的集成等。通过只允许每种模式有一个监控工具最小化这种浪费。模式是针对特定信息需求的反复监控解决方案
实施	这意味着对于每个监控模式，都要检查是否可以使用相同的工具

5. 政策

为持续监控所做的选择也必须记录下来，我们将其称之为政策，见表 6.5.5。

表 6.5.5　持续规划中的主题与政策

B#	主题	政策点
BL-01	供应商	监控体系须有一个单一的供应商政策："使用供应商 XYZ 的工具，除非……"
BL-02	开源	开放式架构监控解决方案，除非……
BL-03	云	使用 SAAS 监控设备，除非……
BL-04	成熟度	必须将持续监控的成熟度提高到第二级……
BL-05	变更管理	包括监控体系在内的使能服务，必须受到变更管理控制
BL-06	事件	每月都要分析所有与业务关键组件相关的事件

二、架构模型

本部分讲述了持续监控中三种主要的架构模型，它们分别是"持续监控的治理模型""持续监控的分层模型"以及"超前及滞后性能指标控制模型"。

1. 持续监控的治理模型

本部分的图 6.5.1 中提供了对持续监控的治理模型的初步讲解。图中通过步骤 2、8、11 和 17 进行了扩展。这个扩展与目标和价值流相关联，因为目标是在这些价值流中实现的。因此，可以通过分析价值流来控制是否要实现目标。例如，交付时间（LT）可用于确定从客户请求到交付服务时所经历的端到端时间总和。我们还可以通过查看价值流的每一步的生产时间（PT）来查看等待时间。LT−PT= 等待时间。等待时间（浪费）形成限制（瓶颈），因此 LT 不能降低。

交付生产完成（Complete）和准确（Accurate）交付的百分比（C/A%）也可用于在价值流中消除浪费的过程。这些精益指标旨在消除价值流中的浪费，从而增加成果收益。

D e v O p s 持 续 万 物

此外，还有其他 KPI 有助于防止未达到价值流目标的风险。

从图中我们来进一步分析，垂直对齐的图示（1 与 10）和（2 与 11）展现了核心价值流和使能价值流之间的关系。例如，业务的 CSF/KPI（3）必须转换为 ICT 的 CSF/KPI（12）。这贯彻了业务一致性，因为业务的最终目标（1）被转换为 IT 的最终目标（10）。从业务视角的监控（6）必须依靠从信息系统的监控（15）来丰富内容，以便实现一体化的监控和控制。

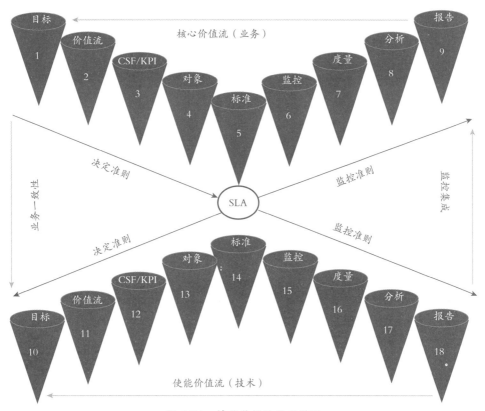

图 6.5.1　持续监控的治理模型

2. 持续监控的分层模型

图 6.5.2 展示了持续监控的分层模型。它基于前面图 6.2.2 的原型进行了扩展，每一层级都提供了监控的原型。

（1）业务服务监控

价值流监控是基于精益指标 LT、PT 和 C/A% 的监控。但是，价值流也可以在其他KPI 的基础上去监控这些指标。信息流监控的关注点在于度量信息链或工作流中的信息。例如，我们可以检查信息链中事务的总计数与实际开销的一致性。针对真实用户的监控（RUM）可以对用户实际进入信息系统的行为事务进行度量。

图 6.5.2　持续监控的分层模型

（2）信息系统服务监控

信息系统的端到端监控往往通过机器人来模拟用户行为，通常也称为终端用户模拟经验（EUX）。端到端的基础设施监控在不使用应用的情况下对运行应用的基础设施执行端到端的度量。度量的方式是让机器人执行端到端 Ping (E2E Ping)，主要针对基础设施的功能组件进行检测、测量数据在其中的传递时间等。接下来则须在每个功能组件上去尝试运行一个微应用（或子功能），这样就可以确定应用或基础设施是否会导致监控偏差。域基础设施监控（DIM）一般用于监控网络中的一个部分或段，比如广域网中的某一个局域网。

（3）应用服务监控

应用服务监控旨在确认信息系统中的每个应用是否正常工作。REST API 是常常用到的应用监控。方法与基础设施服务监控类似，但在这个应用服务监控中，使用 SNMP GET 协议的情况也是常见的。

（4）功能组件服务监控

持续监控分层模型的底层是功能组件服务的监控，内部服务监控关注组件中的服务。比如，Windows 或 Linux 系统当中运行的服务组件。例如 Linux 运行的非网络守护进程服务，包括用于调度的"cron"和提供高级电源管理的"apmd"等。因此，它不会是像

httpd 和 inetd 那样的基础设施服务监控，而只是关注于本地服务。

　　事件监控指通过从日志文件中提取事件或查询组件本身的状态（如磁盘控制器电池的健康状况）来收集组件中的事件。然后将发生的各类事件关联起来进行分析，找到潜在的连贯性原因，进而去处理它们。资源监控则主要关注监控服务组件的占用空间，例如内部内存消耗、外部内存消耗、网络带宽消耗等。功能组件服务监控的最后一个监控形态是内置监控。这是一个由供应商提供的，针对采购的功能组件服务的监控服务。它也可以是由组织机构编写的监控服务，作为应用程序的一部分来评估内部性能。

3. 超前和滞后性能指标的控制模型

　　图 6.5.3 展示了如何监控目标，以及如何通过将控制模型与目标相连接来响应偏差。这个控制模型必须落实在每个价值流中，这样才能满足 SLA 规范。

　　为了实现价值流的目标，这些目标应被转化为达到一定标准后必须采取的行动，这些标准都应该被监控。这可以基于超前度量和滞后度量来完成，通常这两者被同时使用。

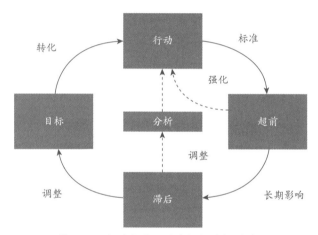

图 6.5.3　超前和滞后性能指标的控制模型

　　超前度量是一个针对价值流的实时度量方法，例如关注某些特定事件的前置时间。如果达到了特定的阈值，比如说 SLA 标准规定的 80% 时，就会触发一个基于超前性能指标监控所设定的警告。在这种情况下，可以通过垂直升级（请求更多资源）来提升事件的优先级（强化），或水平升级（需要更多的知识）来解决问题。

　　通过滞后性度量我们可以确定一个平均值，例如，过去一个月发生的事件的提前期。如果超过 SLA 标准，则我们可以进行对应的调整。接下来我们必须分析造成标准偏差的根本原因（分析），并采取适当行动。

4. 监控等级模型

　　如图 6.5.4 中监控等级模型所示，收集监控信息会涉及许多不同的监控功能，但这些信息的监控往往不能只使用一个工具。尽管 PR-Technology-001 和 PR-Technology-003 的原则要求减少监控工具的数量，但我们通常需要更多的工具来满足总体需求。为了全面了解服务的性能，我们必须集成一些必要的监控工具，但也仅有这些工具需要被集成。

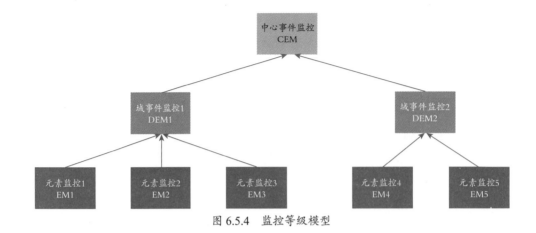

图 6.5.4　监控等级模型

元素监控模块（EM）是一种可以用来度量某种性能类型的监控工具，它们是组件监控工具。EM 工具仅收集属于 EM 范围内的对象的监控信息。在整个企业的所有对象中，域非常常见的，比如基础设施域或者更详细的域（比如 LAN、WAN、DMZ 等）。这也同样适用于某些必须监控其应用的功能域。这些域的监控信息在域事件监控模块（DEM）中处理。DEM 是 EM 监控工具的聚合。因此，这些 EM 监控工具会将事件传递给相关的 DEM 监控模块。最后，还必须对整个组织机构中的总体核心价值流的性能进行分析，这一般由中央事件监控模块（CEM）来处理。为此，DEM 监控模块将信息传递给 CEM。跨越多功能域的信息链可视为 CEM 可视化的一个典型例子。

DEM 因此常被用作 EM 监控工具的监控信息收集器。此外，DEM 还接收来自其他监控架构类型的监控信息，比如域基础设施监控和应用监控的信息。除了收集来自 DEM 的信息，CEM 还会收集来自持续监控层模型的其他监控工具原型（例如 RUM 和 EUX 监控工具）的端到端的监控信息。

这种分等级的监控和事件处理方法可以通过多种方式的设计来实现，比如传统的方法，它为所有的 EM、DEM 和 CEM 再设置一个框架性的监控工具，该工具可以根据不同子工具和事件规则的配置实现对价值流及其性能的可视化。

监控体系也会随着研发产品或项目的市场发展迭代而不断变化。以下图表则展示了一个能实现这种分等级的监控模式更加现代化的方法。它描述了引入人工智能是帮助我们实现监控提速的关联步骤。基于表 6.5.6 中的内容，我们不难得出以下关于监控技术发展的结论。

表 6.5.6　事件处理方法对比

步骤	解释	传统方法	结合 AI 的方法
事件聚合	在某个位置去收集分散的事件	由 DEM 和 CEM 执行	由 CEM 执行
事件过滤	利用黑名单和白名单的机制对特定事件进行过滤	由 EM 执行	将事件聚合于 CEM

步骤	解释	传统方法	结合 AI 的方法
事件归纳 （重复事件删除）	事件归纳整理，过滤冗余事件和警告	聚合到 CEM	将事件聚合于 CEM
事件规范化	归纳整理事件描述中的近义词及同音词	不适用	由 CEM 执行

（1）事件聚合

在结合人工智能的监控方案中，可以预见到许多的监控工具或模块或多或少都会被使用。图 6.5.2 持续监控的分层模型可以为监控工具的使用进行较好的分类。也许在大多情况下，DEM 在结合人工智能的监控方案中不会被使用，但是有一种情况，比如 AWS 或 Azure 这样的云环境，可被视为 DEM。然后，CEM 再通过 AWS 和 Azure 的 DEM 解决方案来聚合提供关于组织机构及业务的总体监控情况。

（2）事件过滤

不难看出，EM 的逻辑性薄弱和 DEM/CEM 功能强化的趋势会越来越明显。这意味着我们需要更少的资源消耗，一个更强大的 DEM / CEM 需要被设立。通过这种中心化的处理模式，过滤事件变得更加容易管理。

（3）事件归纳

读取的事件和基于监控状态的警报都会在监控体系的事件数据库上产生巨大的空间效应。在 EM 上进行过滤是无益的，因为它需要加载大量 EM，并且需要等待一段时间来进行各自的过滤重复数据的行为，这势必会导致不必要的延迟。通过 DEM / CEM 与人工智能结合的中心化处理模式，可以处理许多对数据的重复操作。

（4）事件规范化

这一步是为了在结合人工智能的解决方案中提高处理效率以发挥优势。这一步骤也是全新的，因为没有人工智能技术的结合，事件规则往往是人工定义的，以记录各种关联信息。

基于监控等级模型的事件关联解决方案中没有提到的是，事件还需要转化成元数据结构。如果没有在 EM 级别去设置这些元数据结构，那么在 CEM 级别则很难实现对数据的完全跟踪。这些元数据包括日期、时间、事件 ID、严重性、CI 的 ID、监控工具和 CI 等。

根据我们预见的发展趋势，可以说，如图 6.5.4 所示的监控等级模型也适用于人工智能解决方案的体系结构模型。仅依靠等级功能的移动，结合人工智能的事件关联的解决方案即可被确定。事件规范化的步骤对于结合人工智能的监控等级模型也十分重要，只有实现了规范化，CEM 才能与人工智能引擎更高效地结合。

第六节　持续监控的设计

提要

（1）价值流是可视化持续监控的好方法。

（2）为了更好地展示角色和用例之间的关系，最好的方法是使用用例图。

（3）用例的描述是最详细的描述，它可以由两个部分来展示

一、持续监控的价值流

图 6.6.1 展示了持续监控的价值流。它由两部分组成。第一部分是持续监控价值流的设计和管理，它需要确保价值流是基于调优和监控功能，与设定的最终目标是一致的。第二部分则是关于持续监控价值流的性能，它包含来自 ITIL 4 的事件管理实践的步骤。

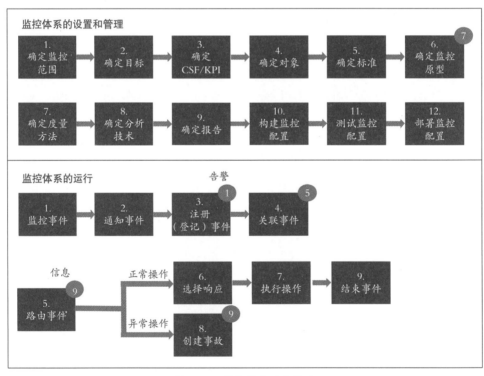

图 6.6.1　持续监控的价值流

二、持续监控的用例图

在图 6.6.2 和图 6.6.3 中，持续监控的价值流已转换为用例图，将角色、制品和存储

等元素添加到图中。

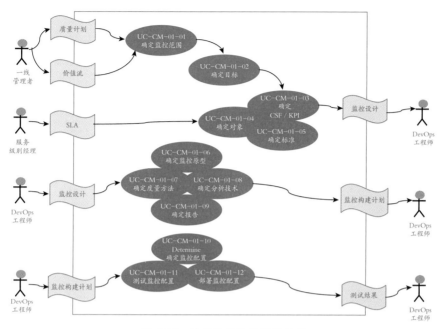

图 6.6.2　持续监控的设置用例图

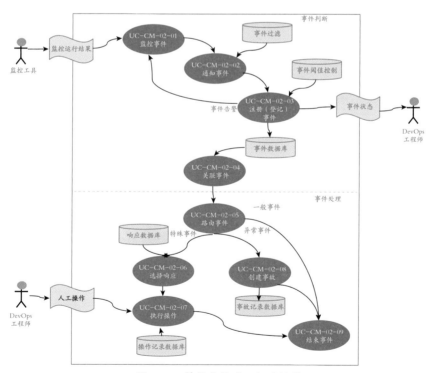

图 6.6.3　持续监控的运行用例图

6.3.3 这一用例图可以显示更多的详细信息，帮助我们了解运行的过程。

三、持续监控的用例

表 6.6.1 展示了用例的模板。表格中的左列表示属性，中间列则提示该属性是不是必须输入的，右列是对属性的简要说明。

表 6.6.1　用例模板

属性	√	描述			
ID	√	<Name>-UC<Nr>			
名称	√	用例的名称			
最终目标	√	用例的最终目标			
摘要	√	关于该用例的简要说明			
前提条件		用例在执行之前必须满足的条件			
成功时的结果	√	用例执行成功时的结果			
失败导致的结果		用例未执行成功时的结果			
性能		适用于此用例的绩效标准			
频率		执行用例的频率，以选择的时间单位表示			
参与者	√	在此用例中扮演角色的参与者			
触发	√	触发执行此用例的事件是什么			
场景（文本）	√	S#	人员	步骤	描述
		1.	执行此步骤的人员	步骤	关于如何执行步骤的简要说明
方案上的变化		S#	变量	步骤	描述
		1.	步骤偏差	步骤	与场景的偏差
开放式问题		设计阶段的开放式问题			
规划	√	交付此用例的截止日期			
优先级	√	用例的优先级			
超级用例		用例可以形成一个层次结构。在此用例执行之前的执行的用例称为"超级用例"或"基本用例"			
接口		用户界面的描述、板块或样片			
关系		流程		……	
		系统构建模块		……	
		……		……	

基于此模板，我们可以为持续监控用例图的每个用例填写模板，还可以选择仅填写一次模板即在所有用例图中使用，这取决于我们想要描述的详细程度。表 6.6.2 提供了

用例模板的一个实施示例。表 6.6.3 提供了一个持续监控运行的用例。

表 6.6.2　持续监控建立的用例

属性	√	描述
ID	√	UCD-CM-01
名称	√	UCD 持续监控设备
最终目标	√	本用例的目的是以持续的方式去确定监控要求，以便有效地监控价值流的最终目标
摘要	√	监控体系的范围是根据质量计划而确定的，质量计划应包括企业和服务组织的目标以及定义的价值流。在此范围内去选择最终目标。服务级别的管理者根据 CSF/KPI、对象和 SLA 中规定的标准去确定监控要求。由 DevOps 工程师决定工具及产品的组合中哪些监控工具适合去满足和度量监控的需求，以及在监控设计中记录哪些是度量的需求、哪些是分析方法以及如何对监控的数据进行报告。最后，要确保监控体系的建设和使用被置于产品的待办事项内，以便灵活地建造、测试和部署
前提条件	√	已提交的关于价值流的目标及相关对象的变更
成功时的结果	√	在成功实施持续监控时交付的结果： • 监控设计 • 监控实施计划 • 监控测试结果
失败导致的结果		以下原因可能导致没有成功完成持续监控的建立。 （1）没有合适的质量计划、价值流或 SLA 的描述。因此，无法交付任何监控设计。 （2）没有好的工具，这也是我们在监控设计时首先需要考虑的问题。此外，由于监控工具的缺陷，监控度量的需求可能无法完整地覆盖必须处理的事件，可供分析的数据项也可能非常有限。最后，由于监控工具的导出数据有限，最终报告也可能会出现各种问题。理想情况下，这些缺陷应该能在监控的实施计划中被检测出来，否则在具体实现过程中就变成了各种能够导致失败的因素
性能		在环顾监控实施的整体情况下，监控数据最多允许延迟 15 分钟，这意味着监控体系内的每一个组件都需要我们逐一检查
频率		监控调整的频率取决于变更的需求频率
参与者	√	业务经理、服务级别负责人（SLM）和 DevOps 工程师
触发	√	要度量的目标或用于实现该目标的对象具有适应性

场景（文本）	√	S#	人员	步骤	描述
		1.	业务经理	确定范围	通过选择核心和使能价值流来确定监控体系的范围。如果没有这些措施，则只能根据从过去或将来经历的第一优先级事件或基于识别出的瓶颈事件采取自下而上的监控策略。在确定范围时，我们还必须将监控体系本身也作为被监控对象
		2.	业务经理	确定最终目标	在此步骤中，定义了监控体系的最终目标，例如减少事故的发生时间或防止一些事故的发生

属性	√				描述
场景（文本）	√	3.	服务级别负责人（SLM）	确定CSF/KPI	我们可以基于为监控体系选择的价值流的目标去选择对应的 CSF/KPI，但要注意并不是所有在价值流范围内的 CSF/KPI 都需要被监控
		4.	服务级别负责人（SLM）	确定对象	价值流、监控目标和要度量的 CSF/KPI 决定了要被监控的对象。这些都是由业务和技术确定的对象。 业务对象如发票、打印机、服务台、信息系统等。 技术对象包括 SAP、打印服务、网络组件等。 除了这些对象之外，人也是被度量的对象，完整的价值流需要实现端到端的度量。因此，对象应是完整的 PPT
		5.	服务级别负责人（SLM）	确定标准	在监控体系中设置的标准最初是从价值流的 KPI/CSF 中得出的。但是，这些内容必须转换为可在对象上度量的内容
		6.	DevOps 工程师	确定工具	每个监控工具都会因可监控对象而产生一定的限制。此外，我们也无法为每个监控的原型使用同样的工具。通常，工具只适用于执行一个原型。例如，一个 EUX 机器人并非一个 RUM 监控工具。此外，监控工具在度量对象的性能方面也存在限制。例如，工具通常可以监控对象的可用性，但不能监控安全性
		7.	DevOps 工程师	确定度量方式	任何偏离 KSF/KPI/标准的可能性都必须基于度量的指引进行度量。这可以通过分析对象并确定白名单（允许的事件）和黑名单（需要处理的事件）来实现。但是，一个对象可以生成数千个不同的事件，并不是所有的事件都能被准确定义。这就是为什么人工智能被越来越多地用于协助确定哪些度量方式与哪些待度量的 CSF/KPI/标准相关。 对于基于 DevOps 的自定义软件，这些度量的规则必须是共同开发的，并且元数据必须与事件相关联，以便人工智能识别这些规则或提取这些规则
		8.	DevOps 工程师	确定分析方式	事件的分析必须尽可能提前完成。 一个好用的事件分析工具是一个健康的模式与鱼骨图
		9.	DevOps 工程师	确定报告方式	报告必须提供发现标准偏差的位置，还必须描述解决方案（应对方式和预防）
		10.	DevOps 工程师	建设监控	建设和维护监控体系是 DevOps 工程师在生产流程中的重要组成部分

续表

属性	√			描述
场景（文本）	√	11.	DevOps 工程师	监控测试	测试监控体系并不只是说说而已，有两个方法可供我们选择。第一种方法是模拟被监控对象并给它定义一种状态。第二个方法是模拟对象在环境中的所有的可能状态。后者可能会非常棘手，特别是在一些可能具备破坏性的实验中往往不容易进行或模拟
		12	DevOps 工程师	部署监控	监控体系必须被包含在 CI/CD 安全流水线的所有环境中。其中，各类配置也必须是可部署的，以便监控体系可以比较容易地适应并且可以优选 IaS 的方案

属性	√			描述
方案上的变化		S#	变量	步骤	描述
开放式问题				
规划	√			
优先级	√			
超级用例				
接口				
关系			……
			……
		……	……

表 6.6.3　持续监控运行的用例

属性	√	描述
ID	√	UCD-CM-02
名称	√	UCD 持续监控运行
最终目标	√	本用例的最终目标是对价值流的目标实现持续监控
摘要	√	价值流由两个阶段组成，第一阶段是事件的决定（判断），第二阶段则是事件的处理。 事件的决定（判断）通过对应的监控工具来收集对象信息，一般对象指用于监控核心及使能值流值。然后分析所获得的信息，并据此检测(通知)和记录（登记）事件。基于相关事件，可以建立因果和影响的关系，同时可以确定多个事件之间的一致性（相关性）。当事件的价值流将从第一步开始，在过程中到达到一定的阈值，则该事件可视为警告事件，我们需要对该事件进行异常处理

第六章　持续监控

291

属性	√	描述
摘要		事件处理是第二阶段。异常事件通常作为事故来进行处理。当信息事件被关闭，价值流需要确保通过指定适当的操作来处理。 最后，所有事件都需要被关闭
前提条件		监控工具已经收集到了所需要的监控信息
成功时的结果	√	持续监控成功运行时可见以下结果： • 事件被识别、分类、记录、关联和处理 • 事件已被正常关闭
失败导致的结果		下列原因可能导致持续监控无法成功运行： • 不观察（通知）事件 • 事件分类错误 • 事件规则缺失，导致关联不完整 • 事件路由不正确 • 正在执行错误的操作 • 事件关闭太早或太晚
性能		在环顾监控实施的整体情况下，监控数据最多允许延迟 15 分钟
频率		我们应选择适当的监控频率，以尽量确保监控运行不会消耗掉超过监控的环境中 5% 的资源
参与者	√	监控工具、DevOps 工程师
触发	√	要度量的目标或用于实现该目标的对象具有适应性

场景（文本） √	S#	人员	步骤	描述
	1.	监控工具	监控事件	监控工具从被监控对象中收集各类信息。因为可以使用不同的监控原型，这意味着我们可能面临着收集到完全不同类型的信息的情况，不同的监控原型包括 EUX 工具、RUM 工具、网络监控工具等
	2.	监控工具	通知事件	基于所收集到的信息，判断并确定哪些事件需要被发送通知
	3.	监控工具	登记事件	标识的事件将被分类： • 信息型事件 • 告警事件 • 异常事件 • 运行事件 通过告警事件去进一步检查后续事件是否发生
	4,	监控工具	关联事件	事件之间一般都多次相关的。同一类的事件往往有可能被通知多次，比如说系统中发生了超过资源容量标准的事件，这些事件都必须作为一个事件处理。此外，事件之间也可以相互触发。例如，某个网络组件的故障可能导致整个应用系统不可用，因此这两个事件是具有因果和影响关系的

属性	√	描述			
场景（文本）	√	5.	监控工具	路由事件	如果某些事件已经被明确分类并进行了关联，则可以同时进行处理
		6.	监控工具	选择响应	如果某个事件被分类为"运行"，则我们却要去定位对应响应的位置
		7.	监控工具	采取行动	对事件对应的响应可以用手动或自动的处理方式来采取行动
		8.	监控工具	创建事故事件	如果发生异常事件，监控工具将创建一个事故事件。处理后，事件会自动或手动关闭
		9.	监控工具	关闭事件	在任何情况下，我们都需要关闭每一个事件
方案上的变化		S#	变量	步骤	描述
开放式问题					
规划	√				
优先级	√				
超级用例					
接口					
关系				……	
				……	
		……		……	

第七节　业务服务监控

提要

（1）价值流监控涉及了所有类型的价值流。

（2）信息流监控是每天都要开展的事情，但是随着过程挖掘的实施，信息流的监控也有了更多的可能性。

（3）度量用户的实际交易行为是可能的，但也存在一定的局限性。

一、简介

本部分将基于以下的几类监控原型对业务监控展开讨论：

- 价值流监控
- 信息流监控
- 实时用户监控

前两者针对核心值流值的度量。虽然它们往往被应用于对业务的监控，但由于工作方法相同，对使能价值流的监控也可以采用类似方法。

二、价值流监控

这里我们将主要讨论基于价值流监控的原型。

1. 定义

价值流监控是对核心价值流或使能价值流的度量，以便协助我们确认该价值流是否实现了预期的结果，这通常也被称为价值流映射。

2. 目标

采用该形式的监控的要确保组织机构的目标能够被顺利实现，这些目标也通常被记录在业务平衡计分卡中。业务平衡计分卡也被称为策略级监控，它之中的 CSF/KPI 必须被转换成业务的价值流（核心价值流）和服务组织的价值流（使能价值流）。

3. 度量

表 6.7.1 提供了价值流监控的度量属性的整体概览。

表 6.7.1　价值流监控

度量属性	值
度量对象	要度量的对象是价值流及其对应的内部步骤，因此我们需要在两个层次上度量价值流
度量方法	度量结果可手动记录，也可以与相关专题内容的专业人员举行一次集思广益的会议，让他们对度量的结果单独进行估算，然后相互分享，并可提出相应的质疑，再最终进行记录。此外，我们可以在用于或被用于价值流的应用系统中构建特定的度量值
度量信息	度量的内容涉及 LT、PT 和 %C/A。 LT 是价值流开始和结束之间的时间。例如，从报告事故到关闭事故所用的时间。 PT 是执行价值流的步骤所需要耗费的时间。例如在事故中处理事故所耗费的总时间。它并不包括执行每个步骤之间的等待时间。例如事故等待从待处理和解析的队列中分配的时间。 %C/A 是一次性通过价值流的可交付成果的百分比。重定向事件（回滚）则是发生的某次事故没有得到正确处理所产生的后果，这也使得一次性通过价值流的可交付成果的百分比被降低。 在价值流中的每一步或整个价值流中，LT 和 PT 之差表明等待时间是一种浪费，%C/A 表示必须在工作中进行纠正的浪费

4. 要求

表 6.7.2 列举了价值流监控的部分要求。

表 6.7.2　价值流的部分要求

REQ-ID	要求
REQ-VSM-01	监控体系能够度量价值流和整个价值流端到端中的每一步骤的 LT
REQ-VSM-02	监控体系能够度量价值流和整个价值流端到端中每一步骤的 PT
REQ-VSM-03	监控体系能够度量价值流和整个价值流中的每一步的 %C/A
REQ-VSM-04	监控体系能够明确价值流的最大限制以及后续的限制
REQ-VSM-05	监视体系提供了一个集成选项，可以将监控信息与来自其他原型监控工具的信息合并在一起

5. 举例

图 6.7.1 展示了来自图 6.6.3 价值流"事件处理"的价值流映射示例。实际上，我们也可以从中识别出三个子价值流，每个子价值流有自己的 LT、PT 和 %C/A，即：

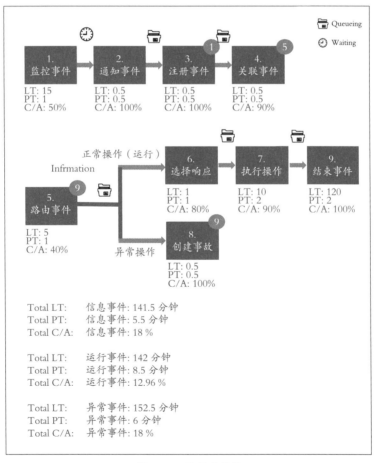

图 6.7.1　价值流监控

- 信息事件
- 运行事件
- 异常事件

对于每个子价值流，我们可以通过确定 LT 和 PT 之间的最大增量的步骤来找到限制（瓶颈）。因为所有的子价值流都在第 9 步结束，而此时 LT 和 PT 之间也存在着最大的差值（120-2=118），这产生了大量浪费，是所有子价值流中的瓶颈。因此，为了获得更多的结果，我们必须加快执行这一步骤（消除浪费）。以往我们是通过手动执行的方法去结束价值流中的事件，但我们仍须检查是否可以自动结束该事件。比如说信息事件，假设在价值流的第 7 步中计算 PT 时，这些操作是自动执行的，但手动操作很可能也出现在此价值流中。在这种情况下，我们在步骤 7 中确定 PT 时必须考虑这一点。

6. 最佳实践

（1）价值流画布

价值流监控主要应用于价值流画布，其利用价值流监控的信息对价值流进行分析，确定其局限性和边界。但它也存在一定的限制，一是性能瓶颈，二是边界受到功能限制。根据康威法则，每个价值流只有一个最重要的瓶颈需要解决。价值流画布为这个方法提供了实质内容。

（2）统计

基于精益六西格玛去分析价值流，我们很可能会花上六个月或更长的时间。问题是，这又能比基于相关专题的专业人士开展执行的价值流映射的头脑风暴会议多产生多少收益？这样的估计是完美的，特别是对于低产量数字。经验表明，对于现有的价值流，我们可以在一个小时内找到限制和边界的列表，并从中选择最大的一个。

（3）内置

最好的情况是，如果可以度量和报告应用系统中的 PT、LT 和 %C/A，则会非常简单，并能够产生有趣的见解。

三、信息流监控

这里我们将主要讨论基于信息流监控的原型。

1. 定义

信息流监控是通过截取、处理和分析价值流中多个位置的信息来度量价值流中的信息流。

2. 目标

信息流监控的目的是了解价值流的质量和性能。

3. 度量

表 6.7.3 提供了信息流监控的度量属性的整体概览。

表 6.7.3　信息流监控

度量属性	值
度量对象	度量的对象是在价值流中所生成的信息（创建）、请求（读取）、修改（更新）或移除（删除）
度量方法	人工的数据提取和分析、工作流管理和流程挖掘
度量信息	有许多不同的度量方法可以被应用于信息流监控。总的来说，有三种常用的监控。 • 现金流监控 ◎ 不一致的日记账条目的百分比 ◎ 不完整的跨接口数据交换百分比 ◎ 洗钱交易的数量 ◎ 检测到的欺诈数量 ◎ 错误计算的次数 ◎ 可疑交易的数量 • 货物（产品）流监控 ◎ 完整购买的商品数量 ◎ 股票状态 ◎ 货物丢失数量 • 信息流监控 ◎ 相对于设计的偏离 ◎ 价值流中性能问题

4. 要求

表 6.7.4 列举了信息流监控的部分要求。

表 6.7.4　信息流监控的部分要求

REQ-ID	要求
REQ-ISM-01	通过标记信息系统产生的各种信息来源的信息度量业务交易，然后对该信息进行过滤
REQ-ISM-02	控制报告上的过程总数可以很容易地过滤、标记和比较
REQ-ISM-03	通过内容扫描，可以提取某些数据字符串并将它们与业务逻辑关联起来。这些信息可以存储在储存库中。基于这个存储库，我们可以执行分析和关联数据，同时也可以将其用于起草定期管理报告
REQ-ISM-04	不同控制报告（来自不同的系统）的过程的总数可以很容易被过滤、标记和相互比较
REQ-ISM-05	可以根据它们所需要的信息流在工具中的功能来定义价值流，同时监控工具能够跟踪和监控这些信息流
REQ-ISM-06	管理信息的生命周期是可能的（创建—读取—使用—删除）
REQ-ISM-07	利用来自不同报告的一系列过程总和可以检查完整的信息流
REQ-ISM-08	可以检查信息流对 Sarbanes Oxley、Tabaksblat 和 Basel2 等法规的遵守情况
REQ-ISM-09	监视体系提供了一个集成选项，这个选项可以将监控信息与来自其他原型监控工具的信息合并在一起

5.举例

（1）工作流程管理

工作流管理系统和文档管理系统是几十年前的信息流度量的形式的一个例子。这些系统通过度量对象的元数据概述工作流的状态。

（2）过程挖掘

最常见的例子是流程挖掘工具，它可以基于事件日志对价值流进行分析。事件日志包含着来自价值流中各步骤中的不同类型的信息，而这些信息能够诠释价值流的运营方式。这些信息可被用于创建价值流的各种可视化。一般来说，基于过程挖掘，有三个应用领域是公认的：发现、一致性检查和性能挖掘。

发现用于基于事件日志创建价值流的模型，这个模型指出了价值流中活动的顺序，可用于优化价值流。一致性检查将事件日志记录与价值流的现有模型进行比较，当模型与实际情况有偏差时，它会对这些偏差进行分析，度量价值流的性能，并将其添加到价值流的模型中，例如成本和延迟。

6.最佳实践

多年来，KPN 一直在发票发出和关闭账户之前进行检查。它是通过在核心价值流中进行度量，并在会计结束前检查发票的总和是否正确来实现的。KPN 曾因高质量的检查机制而被人们认可。

基于流程挖掘，医疗健康保健机构可以深入了解医疗保健服务中的突变源，从而可以控制突变的数量，降低医疗健康保健的成本。

金融机构监控金融交易的行为，如果交易流中存在可疑模式则发出警报。

一个风车农场监控在风车的振动和温度的信息流中是否存在与某些特殊情况关联的特征，这些特征往往预示着未来的扰动因素。

四、实时用户监控（RUM）

这里我们将主要讨论基于实时 RUM 的原型。

1.定义
RUM 是对用户使用信息系统的行为度量。

2.目标
对用户在某个网站的导航行为进行度量，以及分析该网站中所记录的用户信息。

3.度量
表 6.7.5 提供了实时用户监控的度量属性的整体概览。

表 6.7.5 实时用户监控

度量属性	值
度量对象	RUM 往往关注在网站的度量。基于此，以下对象常被它监控：Web 服务、Web 页面、组件、函数、事务、URL、URL 参数等

度量属性	值
度量方法	HTTP、SSL、TCP 和 XML
度量信息	所做的度量往往与用户的点击行为以及在字段中输入的信息有关

4. 要求

表 6.7.6 列举了实时用户监控的部分要求。

表 6.7.6　实时用户监控的部分要求

REQ-ID	要求
REQ-RUM-01	以下信息系统必须基于网络级别的协议分析度量： • <……> • <……>
REQ-RUM-02	必须能使用 HTML 标记来监控 Web 页面的可用性和性能，必须能够区分信息系统和网络的可用性
REQ-RUM-03	基于 HTML 分析，可以监控用户的导航行为
REQ-RUM-04	• 监控工具能够提供关于以下方面的统计信息： • 未使用的页面 • 有关点击行为的信息 • 基于用户满意度 • <……> • <……>
REQ-RUM-05	监控工具能够具备以下功能： • 识别标记的 HTML 页 • 分析来自应用程序和最终用户工作站之间的网络流量，包括分析所遵循的事件路径等 • 评估用户活动 • 用户授权 • 定位瓶颈 • 客户端配置监控 • 应用使用情况（本地和在线） • 为错误和不完整的事件发出警报 • 用于压力测试的捕捉和回放功能
REQ-RUM-06	性能监控可以度量用户体验到的性能感受。为实现这一监控,监控工具应该: • 映射并记录每个用户操作的响应时间 • 响应时间必须分为通信部分（浏览器 / 互联网服务器）和后端部分（处理呼叫的信息系统）
REQ-RUM-07	价值流、数据交互、页面、组件及 URL 的参数都是可被定义和度量的。这也将使对例如在线购物交易和执行价值流的交易的监控成为可能，同时能够执行用户交互及监控任何异常中止行为
REQ-RUM-08	监控工具提供了一个集成选项，可以将监控信息与来自其他原型监控工具的信息合并在一起

5. 举例

图 6.7.2 展示了一个 RUM 架构的例子。用户和网站之间的所有流量都在一个地方被拦截，并将收集到的信息集中存储在一个网络设备上。所有单个事件的性能可以根据用户与交换机之间的行为响应时间 (网络响应时间) 和服务器与交换机之间的行为响应时间 (服务器响应时间) 来度量。因此，前置时间可以分为四个部分，而每个部分都可以有自己的单独的前置时间。

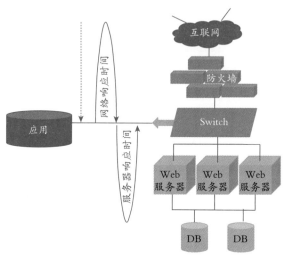

图 6.7.2　实时用户监控的架构

6. 最佳实践

（1）市场营销

航空业会广泛使用 RUM 来协助确定某一特定客户是否对某一航班感兴趣。机票价格也会基于这些分析来产生变动。

根据所有用户的访问行为，可以确定哪些页面被访问得最多，以及这些页面的访问路径是否可以通过更改应用程序的用户界面来改进，同时它还可以在网页的可用性和性能方面进行度量，这也能帮助专业人员去发现 "404" 之类的错误。

（2）控制

RUM 还被用于客观地确定服务提供者是否满足了 SLA。作为第三方，RUM 工具的供应商可以执行度量，然后在 SLA 中包含与服务供应商达成的奖励 / 惩罚机制的协议。除了 RUM 监控之外，我们还需要一个服务监控组件去解决服务中断。然后我们可以与服务供应商达成协议，要求监控组件必须产生与 RUM 监控相同的结果（相兼容）。任何在监控中引起错误的服务中断事件都必须引起我们的重视，监控组件也应该随之作出调整。

DevOps 持续万物

第八节 信息系统服务监控

提要

（1）同时监控端到端的应用程序和底层基础设施不仅可以让我们很好地了解基础设施的性能，还可以快速确定性能某些中断事故的原因。

（2）端到端的基础设施监控可以通过连接到 EUX 的定制软件开展较为轻松的设计。

（3）域基础设施的度量提供了由连接在一起的复杂网络和链路所提供的服务质量的直观展示。

一、简介

本部分将基于以下监控原型来展开讨论信息系统服务监控：

- 终端用户体验监控
- 端到端的基础设施监控
- 域基础设施监控

二、终端用户体验监控（EUX）

这里我们将主要讨论基于 EUX 的原型。

1. 定义

终端用户体验监控的英文全称为"End User Experience Monitoring"，简称 EUX，是模拟用户行为的监控。

2. 目标

EUX 的目标是从用户的角度衡量可用性和性能。

3. 度量

表 6.8.1 展示了 EUX 的度量属性的整体概览

表 6.8.1　EUX

度量属性	值
度量对象	一个或多个为用户提供用户功能的应用程序
度量方法	模拟基于的用户操作的合成事务，例如一个 SOAP/XML 请求
度量信息	信息流动的时间

4. 要求

表 6.8.2 列举了 EUX 的部分要求。

表 6.8.2 EUX 的部分要求

REQ-ID	要求
REQ-EUX-01	EUX 监控必须能够为一个应用程序实现不同度量的度量标准，且必须能够区分： • 读操作 • 写操作 • 查询操作 • 检索操作 • 这些度量的监控结果必须是可检索的
REQ-EUX-02	EUX 体系必须能够通过代理测量多个位置
REQ-EUX-03	EUX 体系必须能够集中管理本地代理
REQ-EUX-04	监控体系应该提供一个集成选项，可以将监控信息与来自其他原型监控工具的信息合并在一起

5. 举例

有些银行会通过 EUX 的方法去监控其网上银行的可用性，比如时常模拟用户行为，从个别账户中扣除一欧元或美分，然后再及时重新入账。通过这个方法来度量网上银行的性能及可用性。

6. 最佳实践

度量特定应用功能，例如网站的搜索程序，最好为这个度量选择一个适当的用例反馈。因此，该度量方式还可以用于度量是否达到了 SLA 规范。

三、端到端的基础设施监控

1. 定义

端到端的基础设施监控关注为实现客户服务提供所需的基础设施的度量。

2. 目标

端到端的基础设施监控的目的一般是用于确定导致可用性或性能的事故是由应用程序还是基础设施引起的。

3. 度量

表 6.8.3 展示了端到端的基础设施监控的度量属性的整体概览。

表 6.8.3 端到端的基础设施监控

度量属性	值
度量对象	应用程序所使用到的所有基础设施对象
度量方法	模仿应用程序处理的数据流量。因此，这是在不使用应用程序的情况下对应用程序的底层基础设施进行的度量
度量信息	基础设施路线的交付时间，以及端到端的基础设施服务的性能

4. 要求

表 6.8.4 列举了端到端的基础设施监控的部分要求。

表 6.8.4　端到端的基础设施监控的部分要求

REQ-ID	要求
REQ-EIM-01	监控体系必须能够为端到端的基础设施服务提供度量，可通过但不限于以下方式： • Ping • 端口扫描（Port Scan） • SQL Query • HTML request
REQ-EIM-02	监控体系应该提供一个集成选项，将监控信息与来自其他原型监控工具的信息合并在一起

5. 举例

端到端 Ping 监控的构建是端到端基础设施监控的一个典型例子。该监控工具在不使用信息系统的情况下，模拟要度量的信息系统的数据流量。为此，在使用信息系统的每个对象上需要实现一个虚拟应用程序/脚本，这些对象以正确的顺序相互调用，并且每次传输都包含确定的传递日期和具体时间。然后，端到端 Ping 监控在基础设施级别提供整个价值流的前置时间以及数据在对象之间传递的时间。在 EUX 监控当中采用端到端 Ping 的方法也是可行的。这让我们在监控层面去模拟许多大型系统底层基础设施的使用成为可能。一般来说，构建端到端的 Ping 监控无须耗费太长时间。

6. 最佳实践

如果要将荷兰全国的所有地区都包括在内，去实现全国宏观视角的系统可用性及性能监控，那么我们必须时刻注意避免任何有可能导致资源的使用率过高的风险。比如在使用端到端 Ping 的情况下，我们决定不需要每五分钟就对每个站点进行一次度量，而是让所有站点进行一次端到端 Ping 循环，即每个站点在一小时内进行一次端到端 Ping。因此，基础设施的度量周期为五分钟，而我们只需要每个小时去关注一次网络的可用性。

四、域基础设施监控

1. 定义

域基础设施监控是对基础设施的端到端之间的信息链路的度量。

2. 目标

其目标是在一个连接在一起的复杂网络链路中获取服务质量的总览状况。

3. 度量

除了可以度量整个链路，也可以单独度量链路的各个部分。一般来说，这比度量整个链路要困难，成本也更高。在任何情况下，我们都必须包括额外的度量点。额外的度量点能够反映每个域的服务级别。此功能可以应用于多供应商环境或复杂的基础设施。表 6.8.5 展示了域基础设施监控的度量属性的整体概览。

表 6.8.5　域基础设施监控

度量属性	值
度量对象	DMZ，LAN，WAN 等
度量方法	Ping
度量信息	数据传递时间

4. 要求

表 6.8.6 列举了域基础设施监控的部分要求。

表 6.8.6　域基础设施监控的部分要求

REQ-ID	要求
REQ-DIM-01	监控工具必须能度量域的可用性及性能
REQ-DIM-02	监控工具除了可以度量整个链路，也可以单独度量链路的各个部分
REQ-DIM-03	监控体系应该提供一个集成选项，该选项可以将监控信息与来自其他原型监控工具的信息合并在一起

5. 举例

在官方行政领域，针对域基础设施监控的度量的一个例子是由各种组织机构参与其中的司法数据链。每一个参与方都是该数据链上的一部分，比如警务系统、CJIB、DJI 等。他们各自拥有自己的域和数据链，但相互之间又保持数据连接的可用性。

6. 最佳实践

我们无法为政府中的数据链指定确切的主导者。因此，监控目标是通过相互协调而不是通过权威关系来协调的。如果 UWV 必须与税务当局建立数据链路，即双方也必须就如何进行监控达成一致。银行和保险公司合作的商业当事人之间往往具有权威关系，但监控体系仍然需要相互连接。

第九节　应用服务监控

提要

可以通过定期调用这些服务来度量应用程序或基础设施对象提供的服务情况。然而，这有可能会影响到对象服务的性能（侵入性）。

一、简介

本部分将重点讨论应用服务的监控，其中也包括应用程序需要的基础设施：

- 应用接口监控

- 基础设施服务监控

通过分别度量这两个基础设施，可以快速确定应用程序在哪些方面缺乏服务支持。例如，如果应用程序底层的数据库服务不可用或响应缓慢，则可以将应用程序因自身问题所导致的故障排除在原因之外。

二、应用程序接口监控

1. 定义
应用程序接口监控主要度量应用程序在相互调用过程中的自主服务的执行情况。

2. 目标
此监控功能的目标是在不执行端到端度量的情况下了解应用程序的性能。此监控功能是在服务监控组件之外添加的，服务监控组件是白盒监控，应用程序接口监控则是黑盒监控。它们的不同之处在于，黑盒监控是使用应用程序接口（如 SOAP/XML 请求或 REST API 调用等）执行的，组件监控是依托于白盒监控的工具，因为它需要了解各个组件及其性能。

3. 度量
表 6.9.1 展示了应用程序接口监控的度量属性的整体概览。

表 6.9.1　应用程序接口监控

度量属性	值
度量对象	各类应用接口
度量方法	SOAP/XML 请求或 REST API 调用等
度量信息	对应服务的响应时间

4. 要求
表 6.9.2 列举了应用程序接口监控的部分要求。

表 6.9.2　应用程序接口监控的部分要求

REQ-ID	要求
REQ-AIM-01	监控能够基于与应用程序相关服务可用性来展示应用程序的运行状况
REQ-AIM-02	监控必须在应用程序级别进行，其中涉及输入服务、接口服务、输出服务和用户体验等
REQ-AIM-03	监控可以度量以下性能指标 • 批处理进程的状态 • 超出批处理的标准 • 批处理的进度 • 基于运行批处理的事务数量
REQ-AIM-04	监控体系应该提供一个集成选项。该选项可以将监控信息与来自其他原型监控工具的信息合并在一起

5. 举例

应用程序接口监控应用的一个例子是一个应用程序链，它们一起为用户的组织机构提供输出的结果。这种形式的监控对于在 DTAP 上开展测试的应用程序也非常有用。

6. 最佳实践

应用程序接口监控的一个显著的例子是一家金融机构，它使用数十个特定的应用程序来进行股票交易，每个应用程序在整个服务中都有各自的任务。应用程序通过专门为此目的设计的通信方式（服务接口）相互联系。任何应用程序的操作对股票交易都是至关重要的。这就是我们为什么需要度量每个应用程序及其接口是否能提供及时响应的原因。

三、基础设施服务监控

1. 定义

基础设施服务监控主要度量基础设施在相互调用过程中的自主服务执行的情况。

2. 目标

此监控功能的目标是在不使用应用程序的情况下了解基础设施服务的性能。它与应用程序接口监控一样，是对服务监控组件的补充。基础设施服务监控同样也是由黑盒监控。

3. 度量

表 6.9.3 提供了基础设施服务监控的度量属性的整体概览。

表 6.9.3　基础设施服务监控

度量属性	值
度量对象	数据库管理系统、打印服务、电子邮件服务，监控服务等
度量方法	HTTP、HTTPS、SQL、MQ Ping 及 FTP 等
度量信息	对应服务的响应时间

4. 要求

表 6.9.4 罗列了基础设施服务监控的部分要求。

表 6.9.4　基础设施服务监控的部分要求

REQ-ID	要求
REQ-DIM-01	监控工具必须能够度量基础设施服务的可用性和性能
REQ-DIM-02	监控必须能够通过各类协议去度量监控标识的基础设施服务，例如： • TSQL call • MQ Ping • Ping • HTML get • LDAP call
REQ-DIM-03	监控体系应该提供一个集成选项，该选项可以将监控信息与来自其他原型监控工具的信息合并在一起

5. 举例

应用程序会直接或间接地使用许多基础设施服务。通过单独度量这些在基础设施中存在的潜在干扰，我们可以更加容易地发现问题。

6. 最佳实践

要执行 PAT，我们必须同时测试应用程序和相应的基础设施。我们可以通过监控基础设施的特定方面的服务来确定应用程序是否正常工作。

第十节　功能组件服务监控

提要

随着云服务的引入，许多功能组件方面的监控工作都由云服务提供商来承担。然而，始终存在着需要被管理或接受的各类风险。

一、简介

最直接的对象监控就是功能组件服务监控，它提供了有关服务提供的运行状况的最详细信息。与此同时，由于需要大量的技术知识积累，因此合理安排监控设施也变得更加困难。随着 IaaS 和 PaaS 服务的出现，越来越多的度量都依赖于云服务提供商。然而，仍然有许多技术方面的内容需要被慎重考虑，不管它们是内部设计还是外包项目。

使用功能组件服务监控需要许多关键功能，例如资产管理和数据收集等。

表 6.10.1 列出了配置要求（CFM）和数据采集要求（COL）的相关信息。

表 6.10.1　功能组件服务监控的要求

REQ-ID 的值	要求
REQ-COM-01	监控工具必须能够定义要度量的配置项（CIs，例如内部配置管理数据库 CMDB）或与服务台工具（外部 CMDB）建立灵活的接口
REQ-COM-02	如果监控工具内部有一个 CMDB，那么必须让其具备与外部 CMDB 同步的能力
REQ-COM-03	检索日志文件的整合频率可调整
REQ-COM-04	CMDB 中包含的所有 CI（基础设施和应用程序的 CI）的事件可以定期检索，集中存储，并由监控工具进行分析
REQ-COM-05	数据采集的检测时间是可调的，任何时候都可以设定为一分钟
REQ-COM-06	EM 仅使用带外网络流量。这意味着度量不通过生产网络进行，而是通过管理网络进行
REQ-COM-07	EM 连接到现有数据收集器（DEM）
REQ-COM-08	作为 ICT 服务一部分的所有对象的事件都可以由 DEM 定期检索、集中存储和分析
REQ-COM-09	EM 发送符合 DEM 定义的警报格式的消息

二、内部服务监控

1. 定义

内部服务监控关注的是对功能组件的服务的监控，这些服务不是通过网络获取的，而是依靠该功能组件的内部服务。

2. 度量

该服务旨在通过管理网络基于管理协议（如 SNMP）进行度量，当然这并不包括通过获取 HTML 页面来度量 Web 服务器性能。

表 6.10.2 提供了内部服务监控的度量属性的整体概览。

表 6.10.2　内部服务监控

度量属性	值
度量对象	操作系统、数据库管理系统、存储服务、应用程序等
度量方法	SNMP get、基于日志文件读取的服务检查
度量信息	可用性、安全性和配置参数

3. 要求

表 10-3 列举了内部服务监控的部分要求。

表 6.10.3　内部服务监控的部分要求

REQ-ID	要求
REQ-ISM-01	内部服务可以采用非侵入性的度量（无资源消耗）
REQ-ISM-02	内部服务可以根据可用性和占用空间（资源消耗）等进行度量
REQ-ISM-03	监控体系应该提供一个集成选项，该选项可以将监控信息与来自其他原型监控工具的信息合并在一起

4. 举例

应用此类监控功能的一个重要例子就是检查组件的配置。如果基础设施的配置是集中定义但又分布式存在的，例如 IaC，那么它们也会被监控，以查看配置的管理和现实之间是否存在差异。

5. 最佳实践

假设一个政府机构的基础设施出现了许多服务中断事故，那么可以引入一套中央基础设施配置数据库，其中包含所有对象及其配置。同时还可以设立一套监控体系比较实际配置与配置数据库中的配置之间的差异。对于发现的差异，可在监控体系中内置一个预警通知，在此之后，还可内置一个自动校正功能，让其根据配置数据库中的配置信息立即调整偏差。相反，则可以通过调整配置数据库中的值来对基础设施执行更改要求。

三、事件监控

1. 定义
事件监控是通过管理协议主动进行事件的判断，或通过读取事件日志被动收集事件信息。

2. 目标
事件监控的目标是收集信息，以了解组件或服务的状态，并决定是否采取行动。

3. 度量
事件通常可以分为信息事件、告警事件和异常事件。

信息事件通常用于回顾性分析，往往不会有太多有趣的发现。例如，某个信息事件是与已经启动服务相关的信息。告警事件是需要注意的事件，但只有在持续出现后续告警事件可能引发异常时才需要特别行动。例如服务器出现了短暂的性能下降或容量超过阈值。最后，还有一类异常事件可能会引发故障。我们必须尽可能预防这类事件的发生。这些事件会被转换为事故，并传递给服务台的仪表板。

表 6.10.4 提供了事件监控的度量属性的整体概览。

表 6.10.4　事件监控

度量属性	值
度量对象	所有硬件、软件、存储和网络组件。服务也会在日志文件中写入事件
度量方法	定期读取来自 Windows、数据库管理系统、应用程序或路由器的日志文件，然后再统一进行分析。收集和控制的频率可以灵活调整。另外，我们可以通过 SNMP trap 和各种协议主动查询组件的状态
度量信息	有关组件或服务的可用性、安全性、容量、性能的状态信息

4. 要求
表 6.10.5 列举了内部服务监控的部分要求。

表 6.10.5　事件监控的部分要求

REQ-ID 的值	要求
REQ-EVM-01	事件的采集频率可以逐步展开设置，例如 • 每五分钟采集一次 • 如果发生故障，则每一分钟采集一次 • 若连续三次发生故障，则触发告警
REQ-EVM-02	可以定义 CEM 中发生的所有事件的阈值，以便根据预先设置的条件生成告警信息

REQ-ID 的值	要求
REQ-EVM-03	对于一个事件，可以定义至少支持以下功能的规则： • 忽略事件 • 在定义的时间单位 / 对象内，如果事件类型一与另一个事件类型二重合，则发出警报 • 只有在连续接收到 x 个事件后才发出告警 每五分钟度量一次时发现一次故障（第一次）后，然后再在一分钟后进行度量，再发现第二次故障，然后再过 1 分钟进行度量，再发现第三次故障时，一条告警信息会被发出
REQ-EVM-04	告警功能能够提供以下告警信息： • 唯一的标识符 • 对相关 CI 的引用 • 关于故障的报错信息 • 严重程度 / 等级（高、中、低）及故障类别
REQ-EVM-05	在所有资源度量中，需要基于每个基础设施组件的单独阈值和每个类型基础设施组件的集合阈值去定义告警级别和错误级别
REQ-EVM-06	监控可以通过以下方式吸引 DevOps 工程师的注意： • 监视屏幕上的信号 • 声学信号 • 闪烁 • 短信 • 邮件 • 或者是上面信号的组合
REQ-EVM-07	事件监控支持黑名单和白名单两种监控方式。黑名单原则规定，只有在发生预先识别的事件时才采取行动；而白名单原则规定，所有事先未被允许的事件都将被提示，以供人们评估
REQ-EVM-08	监控体系应该提供一个集成选项，可以将监控信息与来自其他原型监控工具的信息合并在一起

5. 举例

现实中有数不清的关于事件监控的例子。比如通过对事件的监控就可以确定是否有人试图入侵 AWS 服务以及某些与数据库管理系统或应用程序相关的事件。

6. 最佳实践

通过查看应用程序和基础设施的组合，我们可以了解必须监控哪种类型的产品，以及哪一方对此负责。然后，根据产品的风险概况，我们可以查看要监控的事件。

四、资源监控

1. 定义

资源监控主要关注与展示 ICT 业务所涉及的资源消耗情况。

2. 目标

目标是确定任何已部署的 ICT 资源的情况。

3. 度量

诸如集线器、网桥和路由器等网络资源也必须被包含在此监控中。切记资源监控更关注在系统资源层面的度量而非仅是对网络流量的度量。表 6.10.6 提供了资源监控的度量属性的整体概览。

表 6.10.6　资源监控

度量属性	值
度量对象	IP 设备、防火墙、Shaper、负载均衡器、SSL 卸载器、Wintel 平台、Unix 平台、VRS，VOIP、路由器、交换机和 SAN 等
度量方法	SNMP get、WMI、RFC、SMTP、SSH、RFC/CCMS（SAP Netweaver）等协议。如果可能的话，可通过管理网络来度量
度量信息	CPU 工作负载、内部内存利用率（RAM 利用率）、外部内存利用率、RAM 交换空间、磁盘 I/O、网卡利用率、网卡广播等

4. 要求

表 6.10.7 列举了资源监控的部分要求。

表 6.10.7　资源监控的部分要求

REQ-ID 的值	要求
REQ-RSM-01	监控工具可以监控 CMDB 中定义的所有 CI： • 资源的可用性 • 资源安全 • 资源的容量 • 资源性能
REQ-RSM-02	可以对已识别的所有基础设施组件执行以下形式的资源度量： • CPU 负荷 • 内存利用率 ◎ 物理内存峰值 ◎ 页文件平均值 ◎ 页文件峰值 ◎ 虚拟内存平均值 ◎ 虚拟内存峰值 • 磁盘 ◎ 磁盘分区生存时间 ◎ 磁盘剩余空间 ◎ 磁盘 I/O • 网卡 ◎ 利用率 ◎ 广播 • 网络带宽 ◎ 入流量平均利用率 ◎ 出流量平均利用率 ◎ 峰值量平均利用率

REQ-ID 的值	要求
REQ-RSM-03	只有被允许的协议才被用于资源监控，例如： • SNMP get • Ping • SSH • RPC
REQ-RSM-04	无须模拟用户监控程序（机器人）对资源进行监视。因此，资源信息必须通过拉操作来检索，而不是通过推操作来发送
REQ-RSM-05	监控体系应该提供一个集成选项，可以将监控信息与来自其他原型监控工具的信息合并在一起

5. 举例

AWS 按照共享风险模型提供服务。这意味着 AWS 和客户都有责任对风险进行管理。风险责任的划分同样也意味着监控责任的划分。

因此，云服务的资源监控被分为两部分。第一部分是云服务商本身作为服务提供的内容，他们主要关注 IaaS 和 PaaS，这些资源的监控应该由云提供商进行；第二部分则是 SaaS 供应商为构建服务而安装和配置的内容。

6. 最佳实践

默认情况下，云服务商提供了许多服务，一般这些服务足够好且可以对其自定义各类告警机制。然而，如果引入了 ISO 27001:2013，那么需要安排的事情就比作为标准提供得多。因此，比较明智的做法是与云服务商进行协商，看看整体服务是如何实现 ISO 27001:2013 的，以及哪些方面仍然是可调整的。

五、嵌入式组件监控

1. 定义
嵌入式组件监控的形式与应用程序或基础设施内部组件中的性能度量有关。

2. 目标
嵌入式组件监控的目的是确定外部监控工具无法读取的性能数据。

3. 度量
表 6.10.8 提供了嵌入式组件监控的度量属性的整体概览。

表 6.10.8　嵌入式组件监控

度量属性	值
度量对象	应用程序或基础设施组件的内部组件
度量方法	度量是在使用应用程序或基础结构的内部组件期间开展的
度量信息	调用的数量、并发用户的数量、查询的处理时间、写入错误、读取错误等

4. 要求

表 6.10.9 列举了嵌入式组件监控的部分要求。

表 6.10.9　嵌入式组件监控的部分要求。

REQ-ID 的值	要求
REQ-BIM-01	内置监控设施的事件目录是可用的，可以在 DEM 中配置
REQ-BIM-02	监控体系应该提供一个集成选项，可以将监控信息与来自其他原型监控工具的信息合并在一起

5. 举例

嵌入式组件监控可以用于定制软件或标准化软件。在定制软件中，最重要的考虑因素是嵌入式组件的信息提供的价值是否超过构建和维护监视提供的成本。监控体系的供应商通常有很大的安装基础，因此有更多的能力构建新功能。

6. 最佳实践

确保监控设施的配置是生成过程的一部分，因此也是 CI/CD 安全流水线的一部分。

第十一节　监控功能检查清单

提要

（1）根据每个监控工具原型的需求，我们可以编制一个检查清单，以查看组织中监控具备了哪些功能，以及对应差距在哪里。

（2）根据检查清单检查完成的结果，我们可以创建一个产品待办事项列表，尽可能将各监控功能提高到所需水平。

一、监控检查清单

监控检查清单根据持续监控的分层模型中的各个层级来进行划分，详细层级可参阅图 6.5.2。

二、业务服务监控检查清单

业务服务监控检查清单如表 6.11.1 所示，是基于每种监控类型的需求定义的。

表 6.11.1　业务服务监控检查清单

REQ-ID 的值	关键词	得分	改进点
价值流监控			
REQ-VSM-01	LT		
REQ-VSM-02	PT		
REQ-VSM-03	%C/A		
REQ-VSM-04	限制		
REQ-VSM-05	集成		
信息流监控			
REQ-IFM-01	标签		
REQ-IFM-02	过程总计		
REQ-IFM-03	内容扫描		
REQ-IFM-04	集成过程总计		
REQ-IFM-05	过程监控		
REQ-IFM-06	生命周期管理		
REQ-IFM-07	端到端流程汇总		
REQ-IFM-08	SoX 控制		
REQ-IFM-09	集成		
实时用户监控			
REQ-RUM-01	范围		
REQ-RUM-02	标记		
REQ-RUM-03	用户行为		
REQ-RUM-04	统计		
REQ-RUM-05	能力		
REQ-RUM-06	性能		
REQ-RUM-07	事务监控		
REQ-RUM-08	集成		

三、信息系统服务监控检查清单

信息系统服务监控检查清单如表 6.11.2 所示，是基于每种监控类型的需求定义的。

表 6.11.2　信息系统服务监控检查清单

REQ-ID 的值	关键词	得分	改进点
最终用户体验监控			
REQ-EUX-01	能力		
REQEUX-02	代理		
REQ-EUX-03	集中管理		
REQ-EUX-04	集成		
端到端的基础设施监控			
REQ-EIM-01	协议		
REQ-EIM-02	集成		
域基础设施监控			
REQ-DIM-01	能力		
REQ-DIM-02	范围		
REQ-DIM-03	集成		

四、应用服务监控检查清单

应用服务监控检查清单如表 6.11.3 所示，是基于每种监控类型的需求定义的。

表 6.11.3　应用服务监控检查清单

REQ-ID 的值	关键词	得分	改进点
应用程序接口监控			
REQ-AIM-01	健康度		
REQ-AIM-02	能力		
REQ-AIM-03	集成		
基础设施服务监控			
REQ-ISM-01	能力		
REQ-ISM-02	协议		
REQ-ISM-03	集成		

五、功能组件服务监控检查清单

功能组件服务监控检查清单如表 6.11.4 所示，是基于每种监控类型的需求定义的。

表 6.11.4　功能组件服务监控检查清单

REQ-ID 的值	关键词	得分	改进点
事件监控			
REQ-EVM-01	采集		
REQ-EVM-02	阈值		
REQ-EVM-03	事件规则		
REQ-EVM-04	告警信息		
REQ-EVM-05	事件类型		
REQ-EVM-06	通知		
REQ-EVM-07	黑名单／白名单		
REQ-EVM-08	集成		
资源监控			
REQ-RSM-01	CMDB 覆盖率		
REQ-RSM-02	能力		
REQ-RSM-03	协议		
REQ-RSM-04	数据读取		
REQ-RSM-05	集成		
内置监控			
REQ-BIM-01	集成		
REQ-BIM-02	事件分类		

第七章
持续学习

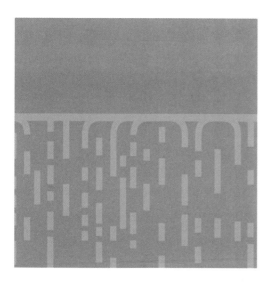

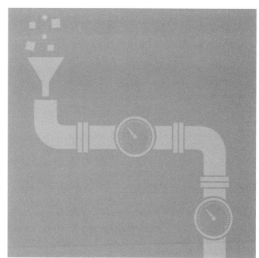

第一节　持续学习简介

一、目标

本章的目标是讲解有关持续学习的基本知识以及应用"持续万物"的提示和技巧。

二、定位

持续学习是持续万物概念的一个方面。"持续"一词是指 DevOps 工程师为成功执行敏捷项目，并为业务提供价值而不断获取知识和技能。首先，在实施敏捷项目的过程中必须进行持续学习，这可以通过在开发过程中构建控制循环来实现，例如，可以应用精益原则以及敏捷 Scrum 方法中的"检视和调整"对学习进行验证。其次，DevOps 工程师的知识和技能水平必须与要实现的价值流目标保持一致。最后，持续学习不仅必须包含 ICT 服务实施和管理的赋能价值流，而且还要包含为业务流程提供实质内容的核心价值流。这意味着除了掌握服务组织自身的知识和技能以外，DevOps 工程师还必须了解业务。每个 DevOps 工程师角色的知识和专业水平可能会有所不同。DevOps 工程师的知识和技能要涵盖整个开发、运营和安全等价值流。在各种环境下的 CI/CD 安全流水线都将体现这些价值链，包括 PPT。核心价值流包括向客户交付业务服务所需的所有业务活动。

此外，持续学习的内容不仅涉及 DevOps 工程师的知识和技能，还涉及行为（态度）。知识、技能和行为的三个方面在本书中被称为能力。这三个方面的能力价值并不相同，正确行为的价值高于知识和技能。原因是行为的改变比知识和技能的改变更难。

三、结构

本章描述了如何从一个组织的战略中自上而下地塑造持续学习。在讨论这种方法之前，我们首先讨论持续学习的定义、基础和架构。

1. 基本概念和基本术语

本章讨论了基本概念和基本概念。

2. 持续学习的定义

有一个关于持续学习的共同定义是很重要的。因此，本部分界定了这个概念，并讨论了持续学习的失败及其背后可能存在的原因。

3. 持续学习

本章讨论如何通过变革模式确定持续学习，并将回答以下问题：

- 持续学习的愿景是什么（愿景）？
- 职责和权限是什么（权力）？
- 如何应用持续学习（组织）？
- 需要哪些人员资料和哪些资源（资源）？

4. 持续学习的架构

本章介绍持续学习的架构原则和模型。体系结构模型是持续学习模型、I-T-E 模型和高绩效模型。

5. 持续学习的设计

持续学习的设计定义了持续学习价值流和用例图。

6. 持续学习的模型

持续学习模型为价值流持续学习提供了实质内容。该模型是本书的核心，包括组织能力生命周期。它在讨论持续学习模型时也给出了最佳实践。

第二节　基本概念和基本术语

提要

（1）持续学习需要知识、技能、时间以及金钱。持续学习的投入需要得到回报。持续学习的商业论证在于赋能 DevOps 工程师，以提高启动价值流的有效性和效率，这防止了优化效果不佳和战略实现的延迟。

（2）持续学习与持续万物的所有方面密切相关。

一、基本概念

本部分介绍持续学习的一些基本概念。这些概念是："持续学习模型""布鲁姆认知分类学模型""能级模型""I-T-E 模型""高绩效模型""施耐德文化系统模型"以及"De Caluwé 和 Vermaak 色彩模型"。

1. 持续学习模型

图 7.2.1 展示了持续学习模型。第一步是确定核心价值链和使能价值链的战略。例如，可以选择外包、内包、制造 / 购买核心信息设施等战略。这些对价值链中价值流所需的角色产生重大影响。基于价值流的用例图，我们可以设置一组角色，将能力连接到这些角色。所有能力的总和必须构成一套知识体系（BOK），以便为所涉及的员工提供能力概览，从而编制个人成长路线图。

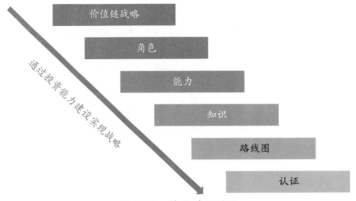

图 7.2.1　持续学习模型

该路线图应该成为年度评估和 PEPs 的一部分。我们可以根据认证结果来衡量路线图的实现情况，也可以根据其他标准来衡量，例如参加培训课程和交付某些成果。

2. 布鲁姆分类模型

图 7.2.2 展示了布鲁姆定义知识的分类。本模型的目的是定义使知识和技能可衡量的知识和技能级别。这些布鲁姆级别用于定义持续学习模式的能力。

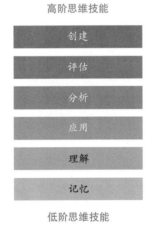

图 7.2.2　布鲁姆分类

3. 能量级别模型

图 7.2.3 展示了能量级别模型。这是一个分类模型，表明人们可以辐射到的能量水平。该模型旨在让大家认识到同事之间在能量方面会相互影响，因此人们给予和接受的能量必须平衡。

失衡的能量会造成人们的疲劳和不满，而这些往往不会被表达出来，甚至可能导致倦怠。人们可以以被动和主动的方式来处理倾斜的能量平衡。被动反应意味着员工通过保持身体距离来避免负能量来源。比如某个同事只参与一定范围内的必要活动，不参与该范围外的活动，不共享信息，不邀请人们参加会议等。当然这会直接影响雇佣关系，也许还会影响 DevOps 团队的速度。

积极回应意味着表达和讨论能量损失的感觉，例如回顾与反思。如果是相对简单的问题，例如降低噪音污染等，可以通过简单的行为调整达到目标。如果涉及更深层次的根本原因，则必须与指定人员（例如 Scrum master、HRM 或指定的保密顾问）进行私密的讨论。使用这个模型时，Scrum master 还可以在个人层面上，就个人和整个团队的能量管理进行主动对话，其中措施可以是团队建设，也可以是群体行为中的个人对话。

在 GeneKim 的三个途径中，负能量平衡的影响是相当容易解释的。

超新星
提供了大量能量

太阳
提供了很多能量

陨石
发出微弱的光

月亮
反射能量

星星
不给予或消耗能量

黑洞
接受能量

图 7.2.3　能量级别模型

第一种方式是价值流的流动。一个人、多个人或整个团队的能量失衡，会让人员之间的合作不佳且速度下降，从而影响信息共享。如果这在第二种方式中没有被纠正、快速反馈，而是继续波动，那纠正会变得越来越困难。团队组成成员经常发生变化，或者更糟的是会发生解雇。第三种方式是通过在快速反馈的基础上对员工行为的变化进行实验和学习来消除负能量，团队需要有一种开放、诚实和信任的氛围。

4. I-T-E 模型

图 7.2.4 提供了三种类型员工的概述，即 I 型、T 型和 E 型员工。

I 型员工是一个领域的专家，被视为英雄。此类员工的缺点是不想与他人共享知识。T 型员工有一个专长领域，但也拥有其他领域的知识和技能，因此协作起来更轻松。这是敏捷 Scrum 团队中对人员能力的期望。最后，E 型人才的特点是具有更广博的专业知识。DevOps 团队需要此类人才。E 型员工也被称为"factor-10"，因为 E 型人才与其他员工相比，他们的业绩要高出十倍。

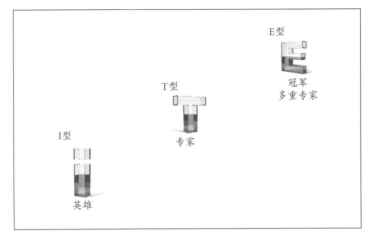

图 7.2.4　I-T-E 员工模型

5. 高绩效模型

高绩效模型如图 7.2.5 所示，该模型基于 Westrum 的三种组织类型。

图 7.2.5　基于 Westrum 的高绩效模型

Westrum 识别三种类型的组织。

（1）病理组织

以大量的恐惧和威胁为特征。人们经常收集信息，会出于政治原因保留信息，或者为了让信息看起来更好而扭曲信息。

（2）官僚组织

保护部门。该部门的人"自扫门前雪"，遵守自己的规则，并且通常按照自己的规则教条做事。

（3）先进组织

专注于使命。我们如何实现我们的目标？我们需要让一切都服从于良好的表现，服从于我们必须做的事情。

Westrum 认为，组织的安全文化决定了信息在整个组织中的分布，进而决定了DevOps 的成功。

6. 施耐德文化系统模型

图 7.2.6 展示了施耐德在 2011 年建立的四个培养体系。施耐德表示，他使用这个模型的经验是，这个模型很有趣，因为它很容易理解，而且它不会对什么是对、什么是错做出判断。它还为查看组织中当前的文化和缺失的内容提供了基础。它的缺点主要是，每个文化体系似乎都可以实施，但不同的体系在实施时存在重大差异，同时在组织中提出文化变革的商业案例也不容易。

从 DevOps 的角度来看，这种模型是可以成立的。例如，许多敏捷 Scrum 团队强调自组织、弱化控制，这在 DevOps 团队中非常重要。这并不妨碍敏捷组织的团队协作、能力培养。但如果必须实施 CI/CD 安全流水线，那么组织显然就会强调控制，文化体系建设就需要服务于必要的控制需求，甚至必须建立相应的规章制度来系统性地消除组织的脆弱性和技术债务。

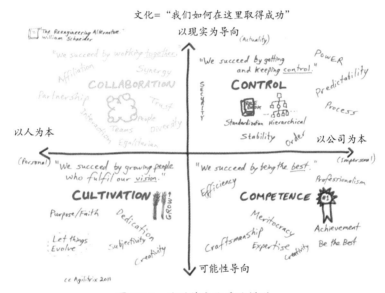

图 7.2.6　施耐德文化系统模型

7. De Caluwé 和 Vermaak 色彩模型

如图 7.2.7 所示，De Caluwé 和 Vermaak 色彩模型用五种已定义的颜色来选择不同的变革战略。色彩模型由以下颜色组成：白色、绿色、红色、蓝色和黄色。这些颜色象征着五种思维方式，如图 7.2.7 所示。

持续学习时我们必须考虑这些颜色，以便达成最佳的成果。

向 DevOps 团队学习应该被视为对现状的改变。识别个人和团队的颜色有助于我们选择正确的干预措施。

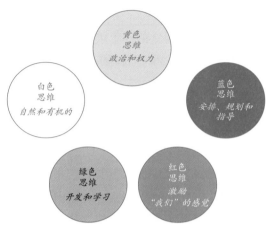

图 7.2.7　De Caluwé 和 Vermaak 色彩模型

当你把兴趣聚集在一起时，某些事情就会改变		
黄色思维假设人们看到了集体利益，并希望实现集体效应，同时个人兴趣也发挥了作用。大家寻求建立伙伴关系，结成关于政治、利益、冲突和权力的联盟		
策略	**隐患**	**干预措施**
• 权力游戏 • 政治游戏 • 建立联盟 • 协商	• 自己的目标 • 权力冲突 • 失败者 • 目标和手段没有联系	• 角色：流程主管 • 中介 • 协商 • 沟通

当你第一次思考然后行动时，某些事情就会改变		
蓝色思维假设世界是可塑造和可管理的，我们通过计划可以实现一些目标		
策略	**隐患**	**干预措施**
• 合理的过程 • 设计结果 • 架构下的构建 • 监测和调整 • 降低复杂性 • 管理风险 • 选择最佳的解决方案 • 明茨伯格的组织模型	• 忽略不合理的方面 • 未参与的人的抵制 • 低承诺 • 消极动机	• 角色：主题专家 • 需要实现的目标的策略分析 • 设定和记录与策略相关的目标

当你以正确的方式激励别人时，某些事情就会改变		
红色思维是基于组织的软性一面，认为并非一切都由经济因素决定。相互理解很重要，人们必须受到影响和刺激。当有"我们"的感觉时，改变会更容易		
策略	**隐患**	**干预措施**
• 交换 • 奖励和惩罚 • 培训计划 • 提升 • 产出	• 没有艰难的结果 • 温柔的治疗师 • 为了和平而不想追究对方的错误行为	• 角色：教练经理 • 激励人 • 社交活动 • 灵感和氛围

当你把某人置于学习状态时，某些事情就会改变		
绿色思维假设一切都是可以学习的，都可以像草一样生长。人们的动力和学习能力是核心		
策略	**隐患**	**干预措施**
• 学习过程 • 激励学习 • 提高学习能力 • 有意识的丧失能力	• 缺乏行动，因为一切都必须自己去做 • 无结果 • 太多的反馈并没有被采取行动	• 角色：教练 • 激励 • 给出反馈 • 进行实验和学习 • 激励新的思维方式 • 为学习、教练和反馈创造安全环境 • 在敏捷 Scrum 中的回顾 • 不要要求硬性的结果

当你为自然进化留出空间时，某些事情就会改变		
白色思维是基于自发进化的，假设所有的解决方案都是可能的。白色代表所有的颜色。通过自组织和进化而产生的颜色是被选择的颜色。变化是一个持续的过程		
策略	**隐患**	**干预措施**
• 动态过程 • 个人和团体的本意、意志的形成和动机 • 小组确定并填写 • 对外界影响不大	• 方便 • 不采取行动就会退化为无法纠正任何东西	• 角色：流程主管 • 从团队的意愿出发，按期望的方向激励 • 给人们空间，用自己的精力创造事物 • 消除障碍

二、基本术语

本部分定义了与持续学习相关的基本概念。

1. 价值链

1985 年，迈克尔·波特介绍了价值链的概念，见图 7.2.8。波特认为，组织通过一系列与战略相关的活动为其客户创造价值，从左到右看这些活动，它们就像是为组织及其利益相关者创造价值的一串链条。根据波特的说法，公司的竞争优势来自其在一个或多个价值链活动中的战略选择。

价值链有一些特征，与下一小节所述的价值流的特征截然不同。这些特征如下。

（1）价值链被用作支持业务战略的决策。因此，其使用范围在总体或公司层面。

（2）价值链说明了在生产链条中的哪个环节创造了价值，哪个环节没有创造价值。该价值从左到右增加，每一步取决于上一步（链条中的左侧）。

（3）价值链是线性的、可操作的，并能创造累积价值。我们无意用它来模拟流程。

图 7.2.8　波特的价值链

2. 价值流

价值流的概念并没有明确的来源。然而，有些组织已经应用了这一概念，但没有命名它，就像丰田在 TPS 中所做的那样。

价值流是可视化过程中的一种工具，该过程描述了组织中增加价值的一系列活动。它是商品、服务或信息按时间顺序流动，从而增加累积价值的活动。

虽然价值流在概念上类似于价值链，但与价值链也有重要的区别。模型比较如下。

（1）价值链是一个决策支持工具，而价值流在更详细的层次上提供了可视化路径。在价值链的一个步骤中可以识别多个价值流，例如图 7.2.8 中的"服务"。

（2）像价值链一样，尽管层次不同，但价值流是业务活动的线性表示。原则上，价值流是不允许分叉和循环的，但对此并没有严格的规定。

（3）在价值流中经常使用精益指标，如交货时间、生产时间和完整性/准确性百分比，这在价值链层面并不常见，但并不意味着其不可以为价值链提供目标。平衡计分卡对价值链和价值流的分解是显而易见的。

（4）与价值链不同的是，价值流能够认识到一个分阶段的生产过程。

3. DVS，SVS 和 ISVS

在 ITIL 4 中，定义了 SVS，为服务组织提供实质内容。SVS 的核心是服务价值链。在图 7.2.8 中，SVS 可以定位在支持活动中的"技术"层，这是整个波特价值链的递归，意味着价值链的所有部分都以服务价值链的形式复制到 SVS 中，如图 7.2.9 所示。

这种递归并不新鲜，已经被认为是递归原则。业务流程（R）被递归地描述为支持流程。与 SVS 类似，在 ISO 27001：2013 中被定义为安全管理体系的 ISVS，也可以被视为波特价值链的递归，这也适用于定义系统开发价值流的 DVS。

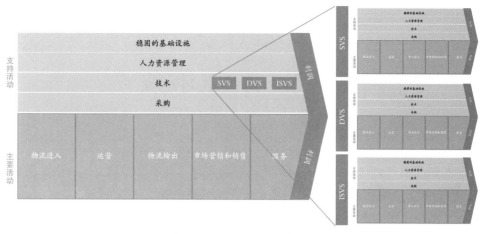

图 7.2.9　Porter 的递归价值链

此递归的另一个可视化效果如图 7.2.10 所示。

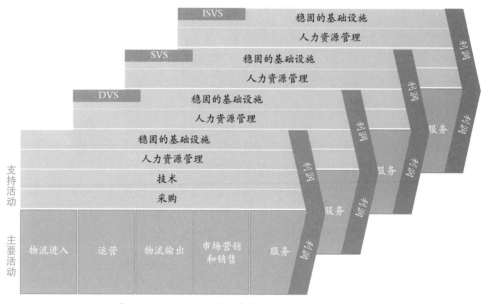

图 7.2.10　Porter 的递归价值链的另一个可视化效果

　　两种可视化效果的区别在于，在图 7.2.10 中，假设价值链是波特结构，而在 ITIL 4 中的 SVS 不是波特结构，可以更好地定义为一种嵌套的结构，如图 7.2.9 所示。

　　服务价值链是 ITIL 4 SVS 的核心，它有一个操作模型来表示价值流的活动框架。服务价值链模型是静态的，除非价值流通过它共同创造和交付价值，否则静态的服务价值链不会单独提供任何价值。

第三节　持续学习定义

提要

（1）我们应将持续学习视为组织价值链的支柱。如果没有能力，组织就无法实现其目标。知识、技能和行为的结合决定了一个组织的成败。

（2）持续学习应被视为一套全面的方法，可以深入了解需要在何时、何地发展或逐步淘汰某种能力，以实现价值链的战略和目标。

一、背景

持续学习的目标是将组织的战略转化为相关 DevOps 员工的个人能力路线图。能力路线图不仅包括技术知识、专业知识和软技能，还包括使能价值流和核心价值流。持续学习为 PPT 的能力规划提供了实质的内容，目标是帮助员工实现价值链战略和潜在的业务目标。

二、定义

本书中的持续学习侧重于将组织的战略持续和全面地转换为面向 DevOps 工程师的个人成长路线图，通过提升个人的能力实现既定的业务目标。

"持续"一词表示使用个人路线图要频繁地对标组织的价值链战略。整体性一词指的是路线图的范围。使能价值流和核心价值流的能力都是路线图的一部分，包括 PPT。

三、应用

"持续万物"的每个应用都必须基于商业案例。为此，本节描述了持续发展能力过程中常见的问题，并使用持续学习的商业案例预防或减少这些问题。

1. 有待解决的问题

需要解决的问题及其解释见表 7.3.1。

表 7.3.1　持续学习中的常见问题

P#	问题	解释
P1	没有对实现组织战略所需的知识和专业技能水平进行监控	平衡计分卡或其他战略监控机制与将战略转化为实现战略所必需的能力的 HRM 计划无关。例如，如果外包是战略，那么就必须对管理能力进行投资。但是，如果策略是内包，则必须具备 DevOps 能力
P2	在公认的价值链和价值流与所需的角色和能力之间没有关系	HRM 必须调查由于价值链中的价值流发生变化而存在或出现的角色和能力差距

P#	问题	解释
P3	在任务、职责和权限方面缺少或未定义能力配置文件	能力配置文件必须为要执行的角色提供实质内容，这包括任务、职责和权限之间的区别
P4	没有个人培训计划缩小能力差距	学习技能需要很多时间和精力。这必须有计划地进行。通过制定个人培训计划，可以引导其能力的发展
P5	没有深入了解组织的能力和业务的增长发展情况	如果不深入了解现状，能力规划可能就没有考虑到组织内新的或变更的信息系统。例如，如果在价值流中使用机器人，简单工作就会交给机器人，人们将从事更复杂的工作
P6	没有能力数据库，也没有对能力的发展情况进行监控	通过建立能力度量机制，可以保持度量最新的能力
P7	本组织的文化阻碍了能力的发展	恐惧的文化和官僚文化阻碍了人们的发展，价值流停滞不前

2. 根本原因

为找出问题的原因，一个经过反复试验得出的方法是问五次"为什么"。例如，如果没有（完整的）持续学习的方法，则可以从以下五个方面来确定原因。

（1）为什么没有实施持续学习？

因为缺乏对组织至关重要的洞察力，导致无法洞察能力需求和能力现状之间的差距。

（2）为什么不了解能力需求？

执行工作所需的角色之间没有建立任何关系。

（3）为什么不了解工作中所要求的角色？

因为角色与价值链和所代表的价值流不匹配。

（4）为什么角色与价值链和价值流不匹配？

因为这些都是未知的，HRM并不打算将它们映射出来。

（5）为什么没有分析行政组织？

因为组织不够成熟，没有认识到提升能力的需求，也没有认识到它的发展依赖于其拥有足够的能力。

这个树形结构的问题使我们容易找到问题的原因。我们必须先找到问题的原因，才能真正地解决问题。

第四节　持续学习基石

提要

（1）持续学习需要自上而下的方法应用和自下而上的方法实施。

（2）持续学习需要体系结构的积极参与，以识别价值链和价值流，从而映射所需角色的关系。

（3）持续学习的设计要从远景开始，以表达为什么持续学习是必要的。

（4）我们必须对继续学习的效用和必要性有共同的理解。这样可以避免在雇用辅导、评估新员工和与员工告别时的许多讨论。

（5）变更模式不仅有助于建立一个共同的愿景，还有助于引入持续学习模式。

（6）如果（组织设计时）尚未设计好权力平衡的步骤，则无法开始实施持续学习的最佳实践。

（7）持续学习可加强组织吸引和培养人才的能力。

（8）每个组织都必须为本部分描述的持续学习变更模式提供实质内容。

一、变更模式

如图 7.4.1 所示，变更模式提供了一个设计持续学习的指导，从持续学习所须实现的愿景开始，以有条不紊的方式防止时间浪费在毫无意义的辩论中。

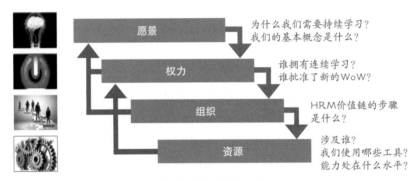

图 7.4.1　变更模式

从这个锚点出发可以确定权力关系意义上的责任和权力。权力似乎是一个老生常谈的词，不适合 DevOps 世界，但猴王现象也适用于现代世界。这就是为什么平衡权力是最好的选择，其次是改进工作方式，最后是充实资源和人员。

图中右侧的箭头表示持续学习的理想设计。

图中左侧的箭头表示如果在箭头所在的层面发生争议时，应该返回哪个层面。因此，关于使用哪个工具（资源）不在这一层进行讨论，我们将其作为一个问题提交给持续学习的所有者。如果在如何设计持续学习的价值流方面存在分歧，则必须回归到持续学习的愿景层面。下面各段落将详细讨论变革模式中的每一层。

二、愿景

图 7.4.2 显示了持续学习变更模式的愿景的步骤。图中的左侧（我们想要什么？）表示哪些方面共同构成实施持续学习的愿景，以避免图中右侧的负面影响（我们不想要什么？）出现。图的右侧是持续学习的反模式。下面给出了与愿景相关的持续学习的指导原则。

我们想要什么？	我们不想要什么？

我们想要什么？

1. 我们需要有动力的员工
- 我们希望员工在组织内得到发展，从而保持能力。

2. 我们希望能够满足能力要求
- 我们希望将能力与价值链的需求以及其中的价值流联系起来。

3. 我们需要冠军
- 我们不希望看到那些把知识看作力量的英雄，而希望看到那些分享知识以实现组织目标的冠军。

4. 我们希望制定明确的人力资源管理策略
- 我们希望组织中的所有业务部门和单位以同样的方式发展能力，并为期望的开放、诚实和信任文化做出贡献。

5. 我们希望自动获取能力证据
- 我们希望使用来自价值流的个性化信息来指导和培训员工。

6. 我们希望制定一项人力资源管理策略，确保增加成效
- 人力资源管理是最重要的支持价值流，通过获得和提高能力来增加成效。

指导原则：
P1-1.通过持续学习提升人、流程、技术的能力；
P1-2.能力证明的自动化。

图 7.4.2　变更模式——愿景

1. 我们想要什么？

持续学习的愿景通常包括以下几个方面。

（1）员工激励

实现价值流的目标，从而使价值链与员工的能力保持一致。人们通常想发展并接受新的挑战任务。组织必须通过制定个人路线图来提供这些信息。

（2）覆盖范围能力

必须了解价值链和价值流所需的能力，以便填补缺口。

（3）冠军

组织中的文化必须使知识共享成为可能并激发知识共享。这让我们可以通过识别、消除或减轻瓶颈来共同工作，并改善结果。

（4）人力资源管理策略

培养员工的明确战略具存透明度，是鼓励员工发展的良机。

（5）自动化证据

在价值流中执行工作时，它会隐式或显式地明确哪些能力尚不符合要求。例如，用户触发的错误消息可以注册到业务价值流中。对于提供未通过源代码扫描的源代码的DevOps 工程师来说，这也是可能的。但即使是结对编程，员工在某一领域的能力也可能太弱。如果员工允许，此信息可用于辅导和培训。

（6）结果

HRM 必须作为价值流集成在业务和 DevOps 的价值流中。例如，HRM 经理必须参与持续规划，以了解计划在能力方面的要求以及对持续学习的影响。

2. 我们不想要什么？

确定什么不是持续学习的愿景往往是好的，这进一步增强了愿景。这些主题也可以在前面的内容中找到。持续学习的典型反模式方面包括以下几个方面。

（1）员工激励

无法激励员工会导致员工流失。许多组织没有评估出现这种情况的原因，以及需要采取哪些措施来防止更多的人员流失，甚至根本没有离职面谈。

许多组织区分内部员工和外部员工。从某种意义上说："他们无论如何都赚够了"。这是一个严重的误判，因为留住外部员工与留住内部员工一样重要。可以这么说，获得的知识跑出了门外，则与此相关的成本通常高于预期。另一方面，有些组织将大量时间和精力投入到远程工作的人员身上，这些工作人员停留的时间不超过一两年，然后就离开了。建立关系应该基于深思熟虑的知识管理策略，而不是靠运气。在一小时内传授六个月的知识经验，当然是令人不安的，但这种现象却经常发生。

（2）覆盖能力范围

不进行能力衡量意味着仅基于嘟嘟声来了解我们需要哪些额外能力，也意味着没有人担心与英雄或重组、外包项目相关的风险，但这些风险会在不知不觉中失去大量能量。

（3）冠军

如果有一种害怕和因为害怕批评管理层的工作方法或态度而被解雇的文化，那么不分享战略知识和技能而使自己变得不可或缺的英雄就会自然而然地产生。许多组织中的人是唯一知道某事是如何运作的人。因此，他们获得了高薪和酬金。这与积极分享知识的拥护者形成鲜明对比。

（4）人力资源管理策略

越来越多的组织将人力资源管理的工作委托给合作的业务经理，这会产生管理能力上的重大差异。这没有效，而且效率较低。在任何情况下我们都必须使用联合模型，以保持知识的完整，收获更大的成果。

（5）自动化证据

不收集证据可能导致判断失误。确定获得的能力必须具有客观性。有些组织不想为实现这一目标而努力，最坏的情况是员工评估自己。同事之间相互评估是更好的选择。但是，这只能起到部分作用，尤其是在人们知道相互评估可能会导致裁员时。

（6）结果

最糟糕的是，人力资源管理根本没有对提高业绩的能力发展作出（积极的）贡献。

三、权力

图 7.4.3 展示了持续学习变革模式的分阶段发展。

1. 我们想要什么？

持续学习的权力平衡通常包括以下几个方面。

（1）所有权

如果有一件事会在 DevOps 中讨论，那就是所有权，持续学习的所有权。简单的答案在于敏捷 Scrum 的基本原理。肯·施瓦本写道，Scrum master 是敏捷 Scrum 框架内开发流程的所有者。Scrum master 是一个教练，他必须让开发团队感觉到他们自己塑造了敏捷 Scrum 流程，这与流程只有一个拥有者的事实是完全不同的。

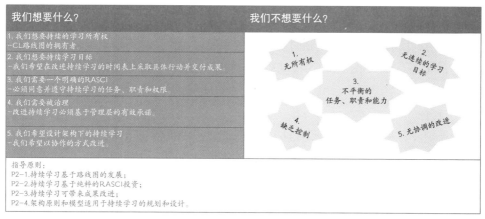

图 7.4.3　变更模式——权力

在持续学习的理念下，HRM 必须参与设计角色和配置文件。参与程度取决于 HRM 和业务管理人员之间的任务划分。鉴于 DevOps 团队之间的透明度和员工可互换性的重要性，这些配置文件必须准确无误。

（2）目标

持续学习所有者确保制定持续学习路线图，指明持续学习设计所遵循的路线。例如，目标是安排新的角色和职务说明、应用培训的时间表等。目标必须与持续规划的计划保持一致。

（3）RASCI

此首字母缩写词表示"职责、责任、支持、咨询和通知"。分配了"R"的人监控结果（持续学习目标）并向持续学习的所有者（"A"）报告。一般而言，责任属于人力资源经理。Scrum 教练可以通过辅导来完成"R"的角色，从而塑造持续学习的环境，并实现个人学习。"S"是高管之手。这些都是架构师和 DevOps 团队。他们确保传授能力。"C"可分配给公众或 CoP 中的联合 SME。"I"主要是业务和 IT 的管理层，他们必须了解战略实现的程度，从而改进结果。RASCI 优于 RACI，因为在 RACI 中，"S"会合并到"R"中。因此，在责任和执行之间没有任何区别。RASCI 通常可以更快地确定并能更好地了解谁在做什么。RASCI 的使用通常被看作是一种过时的治理方式，因为整个控制系统随着 DevOps 的到来而改变。

（4）治理

该战略的实现必须监控。实践中，这意味着路线图的拥有者与业务经理和 Scrum 主管一起检查一切是否按计划进行，至少是每季度一次。如果出现瓶颈，必须考虑如何解决和预防这些瓶颈。

（5）架构

持续学习需要考虑架构原则和模型来组织能力，并将它们与持续计划的目标联系起来。

2. 我们不想要什么?

以下是典型的关于权力平衡的持续学习反模式。

（1）所有权

持续学习的所有权反模式是临时更改角色和配置文件。自下而上地确定所需能力是一条危险的道路。DevOps 团队的根基越深，他们就越不愿意标准化能力的定义、角色和功能。

（2）目标

许多组织没有为持续学习设定目标。这就造成了一种情况，即组织在能力方面进行临时投资，或通过临时招聘弥补。但是，在预算削减期间，这种脆弱的能力建设再次被迅速分解。持续学习需要基于可靠的商业论证持续关注。

（3）RASCI

关于 RASCI，最重要的事情是确保 DevOps 团队能行动起来。只有确保组织中的持续学习层，才能实现这个目标。

（4）治理

不自上而下地监控学习目标会导致局部产生次优解决方案。正如说一种能力管理语言和了解知识体系，可以促进组织构建学习路线图，从而促进组织能力的发展。

（5）架构

未能以结构化的方式构建能力，会导致无法管理 HRM 的任务。

四、组织

图 7.4.4 显示了持续学习变更模式的组织步骤，其结构与愿景和权力相同。

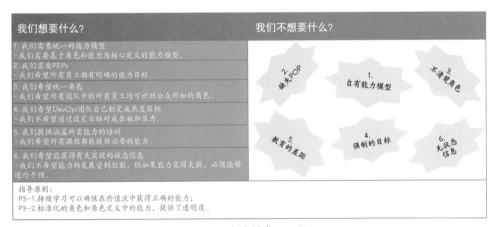

图 7.4.4　变更模式——组织

1. 我们想要什么?

持续学习的组织通常包括以下几点。

（1）统一能力模型

每个 DevOps 团队都有对使用的方法和技巧独特的需求。然而，这并不妨碍一个

DevOps 团队获得可以适用于更多 DevOps 团队的能力和角色，明确的角色和能力对于协调团队的活动非常有用，比如明确的角色和能力是对 CI/CD 安全流水流进行良好调整的先决条件。将能力配置文件标准化使我们能够共享知识和技能。DevOps 团队的自主性不应该妨碍这种行为。它甚至是 ISO27001:2013 这类标准所要求必须有的。

（2）PEPs

一般而言，无论在任何时间段，员工都希望发展自己。唯一的问题是组织应该教授他们哪些技能？因此，PEPs 需要指示从 A 到 B 的实施路线图。这需要基线、地平线上的点和到达该点的道路。只有知道价值流中所需的角色和配置文件，并且有一整套知识体系可以用来编制路线图，才能做到这一点。

（3）统一角色

角色的建立使创建各种功能成为可能。界定角色不是一件轻松的事，角色过多或不足都会产生反作用，对角色的定义不充分也会导致许多困扰产生。在任何情况下，角色都必须以相同的格式编写，并根据知识体系的结构和内容进行验证。

（4）成熟度目标

让 DevOps 团队评估自己可以提供的有价值的反馈，需要改进的地方可以用成熟度等级来标示。成熟度测量可以在几个团队中进行，这能为相互协作和学习提供可能，以便实现成熟度所需的改进。

（5）覆盖课程

涉及员工的培训必须涵盖所申请的个人资料和其中提到的角色。

（6）状态信息

获取 RDP 进度的状态信息以用于后续的辅导。影响 PEP 的因素可能会很多。

2. 我们不想要什么？

以下是组织中典型的反持续学习的模式。

（1）统一能力模型

将 HRM 的责任分配给当地的团队领导、分会领导或部门经理时，就会出现知识管理的巨大差异。这不仅要花费大量的时间和金钱，也使组织中的人更难申请到另一个职位。因为能力没有标准化，所以在 DevOps 团队之间交换员工也比较困难。另一种方法是在中心层面对能力管理进行高度地抽象，并针对特定知识制定本地政策，这样就可以在协会或 CoP 中消除管理能力上的差异。有意识地选择投资于能力管理非常重要。我们绝不能忽视中央知识体系的力量，因为个人发展路径可以非常具体，这可以吸引新的高潜力员工。

（2）PEP

对 DevOps 工程师在知识和技能方面的发展路径做出具体约定，首先它应该被视为一种福利，而不是一种义务。通过这样的约定，PEPs 成为 DevOps 工程师发展的一个积极的激励因素。

（3）统一角色

过多的角色导致我们需要讨论哪些角色集适合配置文件。有数千个角色的组织，将角色减少到一个很有限的集合，会导致无意义的抽象。因此，部署工程师角色非常详细，IT 员工角色也非常普遍。当组织的某些部分也开始使用自己的角色时，情况就会变得非常混乱。另外，正式承认一组固定的角色，并且在文档、工具和招聘广告中非正式地不符合这些角色，也不推荐使用？

（4）成熟度目标

成熟度目标并不是孤立的，它应该推动更好的结果产生。DevOps 团队必须确定他们想要改进什么。尽管如此，团队仍须将 10% 的时间花在学习上，并且这必须与评估的结果具有相关性，或者也可以与产品负责人就每个 Sprint 改进哪些方面达成共识。不幸的是，许多组织不接受 10% 的标准，这意味着改进也被延迟了。

（5）覆盖课程

培训需要时间和金钱。培训课程是整个知识体系的重要组成部分。不将培训与能力联系起来，培训活动就会很盲目，导致个人选择和购买培训课程的成本增加，且无法获得好的收益。

（6）状态信息

学习提升了很多能力，但开始学习需要花费员工的很多时间，这常常是由于员工的基础知识太薄弱。如果员工从未听说过 ITIL，但必须直接参加 DevOps 基础培训，这就可能会在学习上产生困难。我们甚至可以讨论"Ops"组件是否与所涉及的员工相关，以及是否可以删除。另外，有些员工也不希望获得培训证书。无论这种情况是否是由他们过去的经验（如学习困难）导致，遇到这些员工不想学却被迫学的情况，管理者都必须谨慎处理，因为它会立即导致员工士气低落、发生冲突或甚至出现更糟糕的情况。因此，在聘用员工时，管理者有必要仔细考虑他们的期望是什么。

五、资源

图 7.4.5 显示了持续学习变更模式中资源与人员的步骤。其结构与愿景、权力和组织的结构相同。

图 7.4.5　变更模式——资源与人员

1. 我们想要什么?

持续学习的资源和人员通常包括以下几点。

（1）自动能力测量

正在加速发展的 DevOps 工具为追踪和衡量 DevOps 员工的绩效提供了可能，这些工具在衡量能力方面也有进展。例如，像 Tiobe 这样的工具可以衡量哪个程序员犯了哪种类型的错误。在结对编程团队中，可以将不同能力的员工组合在一起，其中一名员工是该领域的专家，而另一名员工则可能犯过很多错误；同时也可以通过分析网络事务处理情况和报错信息来衡量员工的能力，这样就可以为相关员工提供针对性的辅导和培训，以及升级应用，从而减少或排除这些错误。

（2）集成工具

SPS 的 Gensys 等工具可以将 IT 员工的知识和技能情况登记在服务台工具中，以便在发生故障时，故障单可以自动派发到当时掌握这些知识的员工手中。这种信息集成的应用避免了错误地派发故障单。其他种类的集成也是可能的，例如基于角色的接入和访问。该工具通过将角色与权限和员工联系起来，可以自动授权员工访问正确的信息。

（3）E 型人才

DevOps 努力减少所需的信息交换或传递成本。这可以通过位于同一地点（在一个物理工作场所）的团队或工作场所的虚拟化来实现，更有效的方法是通过扩大员工能力的广度和深度来减少对信息的需求，这可以通过结对编程和单件流来实现。尽管如此，团队最好还是最大化 DevOps 工程师的自主权，因为每个问题都会导致提问者和回答者的语境转换。

2. 我们不想要什么?

以下是持续计划在人员和资源方面的典型反模式。

（1）自动能力测量

不是想让员工感觉到"大哥在看我"。这可能是由不正确的反馈引起的。在监控能力时，必须给出前瞻性建议，而不是事后反馈。所以反馈不应该是"犯了什么错误？"，应该是"怎样才能防止这种情况再次发生？"两者似乎产生了相同的结果，但反馈的体验是惩罚，而前瞻性建议的体验是鼓励。反馈前还必须与工程委员会和法律事务部核实 GDPR 和诚信规则允许的内容。

（2）集成工具

集成工具或购买集成工具是一条不易被放弃的好路径。重要的是，员工必须从中受益，并认识到这一点。但它也不应成为增加工作量的理由。

（3）E 型人才

大约 5%~10% 的 DevOps 工程师是 E 型员工。问题是对于组织来说，E 型人才达到多少百分比是可行的，以及需要多少百分比。从经济角度来看，这个问题可以很快得到解答。E 型 DevOps 工程师的工作效率通常比 T 型 DevOps 工程师高出 10 倍。例如，从 De Caluwé 的角度来看，团队中需要多元化才能有效。问题是多元化是否适用于 DevOps 团队中的 E 型员工。研究还表明，团队的多元化是成功的关键因素。因此，男性、女性、年龄、宗教、文化背景等的多重组合提升了 DevOps 团队的生产力。这似乎表明 100% 的 E 型 DevOps 团队会输给多元化的 DevOps 团队。

第五节　持续学习架构

提要

（1）通过持续学习治理模型，了解怎样通过审视价值链对能力的需求，识别和改进能力。

（2）通过 I-T-E 模型深入了解员工在业务和 IT 领域所需的源文件。

（3）通过高绩效模型深入了解组织的结果导向与能量导向之间的关系。

一、架构原则

在变更模式的四个步骤中，存在多项架构原则。本部分将介绍这些原则。为了组织好这些原则，将它们归入 PPT。此外，还存在一些其他原则。

1. 概述

除了适用各个 PPT 方面的架构原则之外，还有适用 PPT 三个方面的架构原则，见表 7.5.1。

表 7.5.1　PPT 通用的架构原则

P#	PR-PPT-001
原则	持续学习以整个 DTAP 过程和持续万物所需的 PPT 领域的能力为中心
说明	这种持续学习的范围是必要的，因为这三个方面共同创造了价值
影响	持续学习要求具备在业务领域（核心价值流）、软件生产（开发）和软件管理（运营）方面的能力，这些能力用于实现价值流
P#	PR-PPT-002
原则	敏捷方法保证持续学习各方面的改进
说明	持续学习要求许多能力。为此必须为持续学习分配时间，有必要分配10%工作时间，以提升能力
影响	最初的投资可能收效不明显，但投资将最终获得回报

2. 人

持续学习存在以下关于人的架构原则，见表 7.5.2。

表 7.5.2　人员架构原则

P#	PR-People-001
原则	经过培训获得能力，与个人培训计划相关
说明	制定计划并进行持续学习，包括系统地将能力提高到组织所必需的水平或与相关人员商定的水平
影响	必须根据从价值链和个人协议确定的需求来制定 PEP
P#	PR-People-002
原则	持续学习与 HRM 结合
说明	这种结合旨在确保员工获得正确培训和辅导
影响	HRM 必须理解持续学习的重要性，在 DevOps 文件中进行规划。规划需要包含培训和辅导。主要涉及的角色包括产品负责人和 Scrum 专家，DevOps 工程师也必须充分理解规划的内容、方式和原因
P#	PR-People-003
原则	持续万物要求 E 型员工
说明	通过部署多名专家，可实现更快的 TTM 和业务成效。
影响	寻找或培养 E 型 DevOps 工程师是一条漫长的道路。需要仔细研究可能的结果、E 型 DevOps 工程师的替代方案，或者将稀缺的 E 型 DevOps 工程师部署在合适的位置

3. 流程

持续学习存在以下关于流程的架构原则，见表 7.5.3。

表 7.5.3　流程架构原则

P#	PR-Process-001
原则	持续学习基于纯粹的 RASCI 进行角色任务分配
说明	持续学习的生命周期包括任务、责任和权限。必须映射这些要素并将其分配到相关的 DevOps 文件中
影响	必须分配明确的任务、责任和权限，例如路线图和产品待办事项列表的所有权
P#	PR-Process-002
原则	持续学习必须持续进行，需要明确所有权
说明	必须将持续学习分配给生命周期中已指定的负责人。这对于辅导和 PEP 来说尤其重要
影响	必须分配所有权
P#	PR-Process-003
原则	持续学习将改进成果
说明	持续学习将快速有效地提高能力
影响	持续学习必须弥补路线图中的能力短板

P#	PR-Process-004
原则	持续学习是实现战略的保证
说明	组织基于顶层规划目标（包括关于员工能力的目标）实现战略
影响	必须有一个支持这一点的治理结构
P#	PR-Process-005
原则	持续学习基于路线图而演进
说明	持续学习是必须基于路线图来演进的价值流
影响	必须清楚地了解当前持续学习价值流是什么，怎样实现持续学习的规定目标。例如利用持续学习模型
P#	PR-Process-006
原则	架构原则和模型适用于持续学习的设计和实施
说明	为了保证始终一致且满足未来要求，必须在架构下设计持续学习。持续学习不是独立的价值流，而是要与持续规划和持续设计等其他价值流相结合
影响	为了使持续学习契合整体持续万物架构，必须建立架构原则和模型
P#	PR-Process-007
原则	持续学习确保为价值流提供正确的能力
说明	为了确保价值流所需的能力，要求明确需要哪些能力，哪些能力可用，表明在价值流运行中正在发生的进展以及与人员配置有关的进展
影响	保存适当的记录，尽可能自动化
P#	PR-Process-008
原则	为了保证透明度，角色和角色中定义的能力应是标准化的
说明	标准化主要涉及定义角色和（或）能力时必须记录的元数据
影响	需要建立必须符合一定要求的格式

4. 技术

持续学习存在以下关于技术的架构原则，见表 7.5.4。

表 7.5.4 技术架构原则

P#	PR-Technoloy-001
原则	持续学习使用一些方法、技术和工具
说明	持续学习仅需使用少量方法、技术和工具，否则必须花费大量时间学习使用这些方法、技术和工具
影响	组织中的持续学习方法必须是明确无误的，能力也必须相互匹配
P#	PR-Technoloy-002
原则	能力证据自动化

说明	持续学习必须通过自动化任务减少持续学习价值流中的浪费，包括获取已经达成学习目标的证据
影响	必须进行与学习目标相关的评测
P#	PR-Technoloy-003
原则	持续学习通过执行自动化任务来减少浪费
说明	为了实现自动化，必须对持续学习价值流中的任务进行映射
影响	必须定义持续学习价值流，将其分配给需要它的负责人
P#	PR-Technoloy-004
原则	持续学习通过工具整合减少浪费
说明	为了了解可能的整合方式，必须熟悉持续学习价值流中涉及的工具
影响	必须定义持续学习价值流，在考虑整合之前必须使必要的工具透明化、可视化

5. 政策

必须记录关于持续学习的决策。这些也被称为政策，见表 7.5.5。

表 7.5.5　持续规划中的主题与政策

B#	主题	政策
BL-01	能力	使用标准能力模型描述能力
BL-02	布卢姆（Bloom）水平	使用态度、知识和技能来描述能力，确定能力的布卢姆水平级别
BL-03	角色	敏捷设计中使用的角色

二、架构模型

本书使用了三种持续学习架构模型，即持续学习模型、I-T-E 模型和高绩效模型。

1. 持续学习模型

图 7.5.1 所示为持续学习模型。

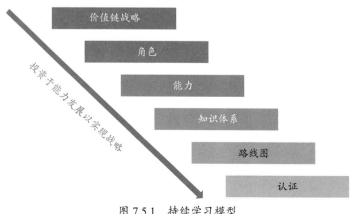

图 7.5.1　持续学习模型

（1）价值链战略

持续学习的基础在于组织的战略和执行价值链活动所必需的能力。战略层面的决策包括外包、内包、上云、购买包、构建自己的应用程序等。架构为这些变化提供了方向。这些方面均属于持续规划。因此 HRM 必须参与持续规划，以确定清晰的角色和能力增量。

更具体地说，在确定业务目标时，必须考虑组织知识体系方面的后果。在战术层面上，在敏捷设计中以用例图的形式将角色与价值流关联。因此 HRM 必须参与持续规划，因为在持续设计中，需要将角色分配到价值流。

（2）角色

组织中的角色必须与价值流中的应用相匹配，必须充分详细地区分角色。另一方面，不应该形成成千上万的角色，就像有时大型组织中出现的情况；但角色数量太少会导致形成毫无意义的角色，这些角色没有实质内容，也无法为其分配任何能力。市场标准也不完善，过于笼统，缺乏与自身价值流的联系。

（3）能力

根据定义的能力映射角色。这些能力包括行为、知识和技能要求。使用布卢姆水平代表知识和技能要求。

（4）知识体系

知识体系代表组织需要的全部知识。根据需要，可引用外部体系或知识中的定义。这可节省大量的工作，但另一方面，对于组织所需的有限数据集来说，外部知识体系可能太大并过于详细。

（5）路线图

必须严格定义知识体系，便于员工制定自己的成长路线图。例如，使用赋予某些能力实质内容的培训模块。通过在轨迹中加入这些模块，编制与角色相匹配的培训课程并将其加入路线图。

（6）认证

员工必须能够证明自己具备所需的能力。可通过许多方式完成认证，例如考试、作品、辅导、自动收集的证据，必须事先定义相关要求。

2. I-T-E 型模型

图 7.5.2 显示了三种类型的员工，即 I 型、T 型和 E 型员工。表 7.5.1 显示这些类型的员工的特征和行为。市场目前需要从事 DevOps 的 E 型员工。这些是拥有多种专业知识的员工。这些员工也被称为 10 倍系数员工，他们的生产力达到了平均程序员的速度（和素质）的十倍以上。

T 型员工属于典型的敏捷 Scrum 员工，他们承担多种职能，但仅具备一种专业知识，浅显地涉猎其他专业知识领域。I 型员工指通过不分享知识和技能来使自己不可或缺的员工，组织因为担心这些员工会离开，会给予这些员工高薪。

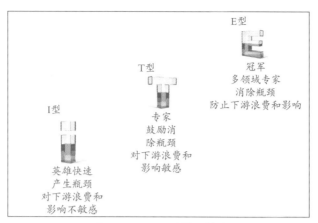

图 7.5.2　I-T-E 型员工模型

表 7.5.1　I-T-E 型员工的特征和行为

特征	行为
I 型（英雄）	
纯专业人士 在某一领域拥有深厚的专业能力 其他领域的技能很少 快速产生瓶颈 对下游浪费和影响不敏感 缺乏规划和灵活的应对变化	不分享知识 运用知识强化自身地位 阻碍创新 自我玩家 不尊重依赖他 / 她的其他人 这种行为在瀑布式项目中很常见
T 型	
专业化 在某一领域拥有深厚的专业能力 在更多领域有广泛的知识 鼓励消除瓶颈 对下游浪费和影响敏感 帮助规划、灵活应对和吸收变化 广泛的一般知识	分享某一领域的知识 在自己的领域努力创新 团队玩家 尊重他人意见，但不能详细讨论需要更多领域知识的解决方案 敏捷 Scrum 项目中需要 T 型模式
E 型（倡导者）	
多领域知识 在多个领域有丰富的知识 在多个领域的经验 消除和防止瓶颈 经证实的技能应用	共享多领域完整的知识 旨在创新整个 CI/CD 安全流水线 团队玩家，包括跨越团队的队友
保持创新 几乎无限的潜力 广泛的一般知识 拥有经验、专业能力、探索和执行能力	为观点辩护，但在被证明错误时候承认错误 快速采用新知识，将其融入解决方案 能解决不在自己领域的问题 以 DevOps 的方式协调方法、思维方式和工作方法 DevOps 项目中需要 E 型模式

3. 高绩效模型

图 7.5.3 所示为基于沃斯顿模型的高绩效模型。

此沃斯顿模型基于三种组织类型。

（1）病态型组织。这些组织的特点是存在大量恐惧和威胁。人们经常收集信息，出于政治原因而保密信息，或者为了让信息看起来更好而提供扭曲信息。

（2）官僚型组织。这些组织存在保护主义。部门中的人只想"自扫门前雪"，适用于自己的规则，通常按自己的规矩做事。

（3）生机型组织。这些组织专注于使命。考虑如何实现自己的目标，一切都服从于良好的表现，做自己必须做的事情。

根据沃斯顿模型，一个组织的安全文化决定了信息在整个组织中的分享方式，从而决定了 DevOps 是否能够成功。可利用两个因素来提高组织的绩效：结果导向与能量导向。这两个因素都与文化和承载文化的人有关。这种现象得到 DevOps 界的承认。它们是影响组织成败的重要因素。

图 7.5.3　基于沃斯顿模型的高绩效模型

第六节　持续学习设计

提要

（1）价值流是呈现持续学习的理想方法之一。

（2）展示角色与用例之间的关系时，最好使用用例图。

（3）用例提供了最详细的描述。描述可分为两个层次。

一、持续学习价值流

图 7.6.1 显示了持续学习的价值流。表 7.6.2 和表 7.6.3 对价值流的步骤进行解释。浅蓝色圆圈中的"3"指价值流中的步骤"3"。

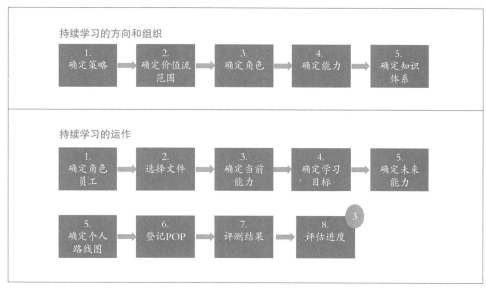

图 7.6.1　持续学习价值流

二、持续学习用例图

图 7.6.2 将持续学习价值流转换为用例图。其中添加了角色、工件和故事。此视图的优点是显示了更多的细节，以便人们更好地理解流程的进展。

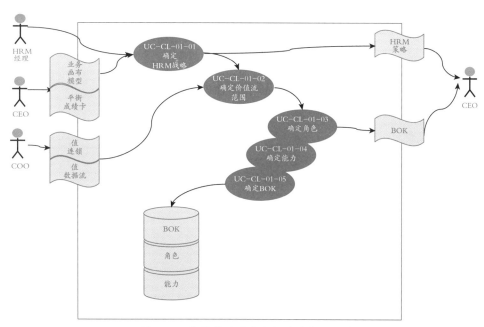

图 7.6.2　持续学习的方向和设置的用例图

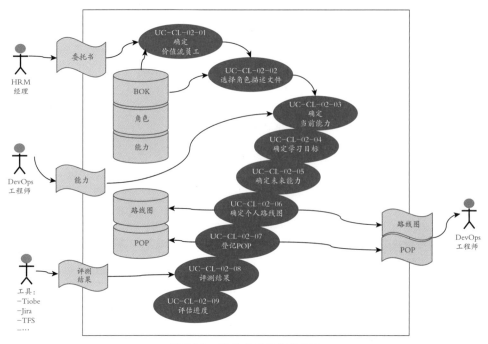

图 7.6.3　持续学习运行用例图

三、持续学习用例

表 7.6.1 是用例模板。左列表示属性。中间列指示属性是不是必须的。右列是对属性的简要描述。

表 7.6.1　用例模板

属性	P	描述
ID	P	<名称>-UC<编号>
名称	P	用例的名称
目标	P	用例的目标
概要	P	用例的简要描述
前提条件		在能够执行用例之前必须满足的条件
成功情况下的结果	P	用例执行成功后的结果
失败情况下的结果		用例执行失败后的结果
绩效		适用于此用例的绩效标准
频率		执行用例的频率，可选择时间单位
参与者	P	用例中角色的扮演者
触发事件	P	触发用例执行的事件

属性	P	描述			
场景（文本）	P	S#	参与者	步骤	描述
		1.	谁执行此步骤？	步骤	怎样执行步骤的简要说明
场景变化		S#	可变	步骤	描述
		1.	步骤的偏离	步骤	场景的偏离
未决问题		设计阶段的未决问题			
规划	P	用例交付的期限			
重要性等级	P	用例的重要性等级			
超级用例		用例可属于多个层次。在此用例之前执行的用例称为超级用例或基础用例。			
接口		用户界面的描述、图片或模型			
关系		流程	……		
		系统构建块	……		
		……	……		

基于此模板，我们可为持续学习用例图的每个用例制定模板，也可为用例图的所有用例填写一个模板。具体取决于我们所需的详细描述程度。本部分使用用例图层次的用例。表 7.6.2 提供了用例模板的使用示例。

表 7.6.2　持续学习用例 UCD-CL-01

属性	P	描述
ID	P	UCD-CL-01
名称	P	UCD 持续学习
目标	P	此用例旨在提供一个结构化的持续学习价值流，为实现组织战略提供必要的能力
概要	P	基于商业画布模型和平衡计分卡，确定 HRM 战略，以制定适当的能力管理政策。 然后，基于价值链和价值流，确定对战略实现至关重要的角色。即知识体系的最小范围，包括角色、能力和角色描述文件
前提条件	P	存在使命、愿景和业务目标，必须为之制定战略。 已制定的商业画布模型和平衡计分卡
成功情况下的结果	P	成功执行 UCD-CL-01 持续学习循环的结果如下： •已定义 HRM 战略 •已定义价值链层面的范围 •已定义价值流层面的范围 •已定义角色

属性	P	描述
成功情况下的结果		• 已定义能力 • 已定义角色描述文件 • 已定义知识体系
失败情况下的结果	P	以下原因可能导致无法完成持续学习 UCD-CL-01: • 没有组织战略，或者管理层对战略存在分歧，或者战略变化太快而无法实现 • 没有按照价值链和价值流来定义行政组织，因此无法正式确定角色 • 不支持集中的知识体系
绩效	P	必须尽可能提高各个步骤的绩效。这也适用于战略和架构。在几个小时和几天内完成思考，而不是几个星期和几个月
频率	P	UCD-CL-01 每年执行一次
参与者	P	CEO、COO 和 HRM 经理
触发事件	P	组织的战略已经更新

<table>
<tr><td rowspan="6">场景（文本）</td><td>P</td><td>序号</td><td>参与者</td><td>步骤</td><td>描述</td></tr>
<tr><td></td><td>1</td><td>HRM 经理</td><td>确定 HRM 战略</td><td>根据业务战略和 SVS、DVS、ISVS 等价值链的战略，确定 HRM 战略</td></tr>
<tr><td></td><td>2</td><td>HRM 经理</td><td>确定价值流范围</td><td>通过查看那些直接参与实现业务战略的价值链和价值流以及由此衍生的价值链战略，可以缩小持续学习价值流的范围</td></tr>
<tr><td></td><td>3</td><td>HRM 经理</td><td>确定角色</td><td>用例图呈现了实现业务策略和价值链策略所需的角色，用例与角色相互关联，例如 UCD-CL-01 用例图</td></tr>
<tr><td></td><td>4</td><td>HRM 经理</td><td>确定能力</td><td>在角色描述文件文件中定义角色并列出了能力。对于新的或变更后的角色，必须调整这些文件。这可能是由于步骤 1，2 和 3 中的增量变化，引发修正文件</td></tr>
<tr><td></td><td>5</td><td>HRM 经理</td><td>确定 BOK</td><td>知识体系（BOK）包括定义组织所需能力的结构。包括:
• 价值流
• 职能
• 角色
• 能力
• 教育
• 认证</td></tr>
</table>

场景变化		序号	可变	步骤	描述
未决问题					
规划	P				
重要性等级	P				

属性	P	描述			
超级用例					
接口					
关系					

表 7.6.3　持续学习用例 UCD-CL-02

属性	PPP	描述			
ID	P	UCD-CL-02			
姓名	P	UCD 持续学习			
目标	P	此用例用于执行持续学习价值流，根据已建立的组织战略，系统地改进员工能力			
概要	P	为每个员工提供其工作所在价值流的概述。在此基础上，选择所需的角色描述文件和相关的能力。 因为在现实中可能存在增量，这是理论上的能力概要			
属性	P	描述			
		根据能力视图，确定了当前能力（Ist）、能力学习目标和期望能力（Soll）。Ist/Soll 用于创建个人能力路线图。每年在此基础上制订 PEPs。最后，进行评测和评估			
前提条件	P	已制定和完成 BOK			
成功情况下的结果	P	在成功执行 UCD-CL-02 持续学习循环的情况下，交付的结果包括： • 已定义的路线图 • 已完成的 PEPs			
失败情况下的结果	P	以下原因可能导致持续学习 UCD-CL-02 不能顺利完成： • BOK 存在差距 • 未完成 PEPs			
绩效	P	应尽可能提高步骤的绩效。在几个小时和几天内完成思考			
频率	P	UCD-CL-02 每年执行一次，每月评测			
参与者	P	DevOps 工程师和 HRM 经理			
触发事件	P	满一年（PEPs）或一个月（评测）			
场景（文本）	P	步骤	参与者	步骤	描述
		1	HRM 经理	确定价值流	选择员工工作的价值流
		2	HRM 经理	确定员工角色描述文件	使用 BOK 确定属于所需价值流的角色描述文件
		3	HRM 经理 DevOps 工程师	确定当前能力	根据与 DevOps 工程师谈话确定当前的能力

属性	PPP	描述			
场景（文本）		4	HRM经理	确定当前学习目标	根据步骤2（角色描述文件）和步骤3（当前能力）的结果确定DevOps工程师的学习目标
		5	HRM经理	确定所需情况	根据步骤3（当前能力）和步骤4（学习目标）确定所需的情况。
		6	HRM经理	定义个人路线图	根据步骤1到5，确定实现学习目标所必需的步骤
		7	HRM经理	收集PEPs	在PEPs中记录下一年路线图的内容
		8	HRM经理	评测结果	评测PEPs中的学习目标
		9	HRM经理	评估进度	评估实施PEP的进度，如有必要，确定对PEPs的调整
场景变化		序号	可变	步骤	描述
未决问题					
规划	P				
重要性等级	P				
超级用例					
接口					
关系					

第七节　持续学习最佳实践

提要

（1）实现组织战略及其相关价值链战略需要保持最新的工作结构以及有效且高效的能力管理价值流。

（2）实现战略所需的能力可能会发生重大变化。这种变化不仅是战略适用期限的不断缩短，还有创新的曲棍球棒曲线，在这里，能力、角色甚至整个职能都实现了自动化。人工智能发挥着越来越重要的作用。

（3）有必要描述自动化角色，定义所需工具的需求。更重要的是，在这些自动化的角色中，通常仍然需要自然人的能力。

DevOps 持续万物

一、简介

本部分逐步描述持续学习模型。注明每个步骤的目的，描述所应用的模型，介绍一个示例和一些最佳实践。为便于学习，图 7.7.1 再次展示了持续学习模型。

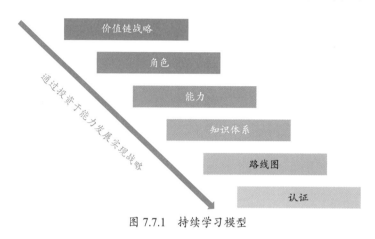

图 7.7.1　持续学习模型

二、价值链战略

持续学习以战略层面为基础。在此管理层面，确定使命、愿景、业务目标和战略。该层面还为战术目标的转换提供了基础。这就是持续学习模型从这里开始的原因。

1. 定义

价值链战略描述了组织希望实现价值链目标的战略。在确定战略时，必须确定并考虑对能力的影响。可使用 SWOT 分析（威胁/劣势）来完成。

与之相反，组织的能力可能会强化战略，或者本身会构成战略的一部分（机会/优势）。因此，HRM 通过充分审视现有能力（知识体系），对组织制定战略产生重要影响。

2. 目标

持续学习模型的这一步骤旨在确定实现组织目标的战略（HRM 参与）。此外，还需要确定所选择的战略对能力的影响，并采取措施以消除或减轻负面影响。最后，这一步骤还根据组织战略确定 HRM 战略及其在 SVS、DVS 和 ISVS 的价值体系中的衍生战略。

3. 示例

平衡计分卡如图 7.7.2 所示。基于平衡计分卡，以下示例是战略对 HRM 的影响，反之亦然。

降低成本的目标可能给培训预算带来压力。此外，因为工资超出了预算，可能无法招聘到理想的员工。预算削减也可能导致裁员，人们不得不离开组织，这可能意味着能力的丧失。另一方面，HRM 可利用现有的独特能力为客户提供新的服务，填补客户能力中的空白。这可能需要通过商业论证来评估投资的合理性。

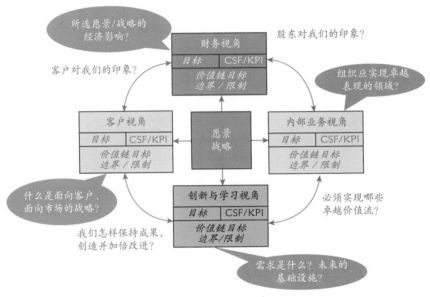

图 7.7.2　平衡计分卡

（1）内部视角

成熟度目标意味着需要通过培训来获得所需的知识和技能。提高效率或有效性的目标需要改进价值流的能力，例如精益六西格玛。必须通过培训或雇用来获得或补偿这些能力。此视角还包括外包、近包、离岸外包和内包的目标。行政组织中角色分离或合并直接影响所需的能力。

在此视角中，HRM 也可主动注明由于缺乏晋升政策，员工正在老化。为员工提供承担新职位所需的内部或外部教育是一项重要的战略投资。

（2）创新视角

服务和产品的组合和生命周期管理对相关员工有直接影响。产品和服务的停用（逐步淘汰）意味着不再需要这些能力。对相关员工来说，这些能力对组织的价值降低。新的产品和服务需要新的学习路线图。学习路线图规划的时间周期可持续数天到数个季度，甚至更长。

HRM 还可为创新战略提供实质内容。例如，鼓励提高学习能力可带来具有重大意义的创新发现。例如，在每周 10% 的时间里，可以查看减少浪费的选项，例如使用人工智能技术生成能够准确地表示生产环境的测试数据。这些工具也可以提供给组织的合作伙伴或客户。

（3）客户视角

客户视角的目标可集中在产品的差异化上。在这种情况下，提供的服务或销售的产品中将有更多的功能。另一个可能的目标是市场扩张，例如进入政府市场或医疗保健市场，但现在尚未这样做。达成此目标需要市场知识，建立与客户的合作。也要求提高能力。

HRM 可以发展面向市场的能力，通过能力的提升，在市场中提供与该能力相匹配的服务或产品，最终支持战略的达成。

已经确定的战略必须得到执行。因此，HRM 必须参与持续规划，以进一步具体化角色和需要增加的能力，并采取协调措施，确保能力的提升。

4. 最佳实践

通过参与组织战略的制定来确定 HRM 战略。这体现在业务平衡计分卡中。将业务平衡计分卡转换为定义价值流的波特价值链。为了实现战略，需要调整这些价值流。

为了便于转换，波特价值链和业务平衡计分卡呈层级联系。图 7.7.3 显示了怎样从波特价值链中识别出 SVS、DVS、ISVS 等子价值链，其中可加入 HRM。因此，需要控制的价值链存在递归模型。在战术层面，业务平衡计分卡连接到 SVS、DVS、ISVS 和 HRM 的下级价值链平衡计分卡，如图 7.7.4 所示。

图 7.7.5 显示了 HRM 在战略层面进行交互以确定业务战略，并根据业务战略确定 HRM 战略。这是业务与 HRM 战略之间的纵向一致。在战略层面上，还需要在 SVS、DVS 和 ISV 等的价值链与 HRM 的价值链之间进行调整，达成横向一致。

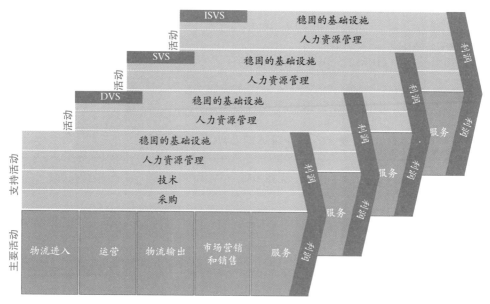

图 7.7.3　波特价值链

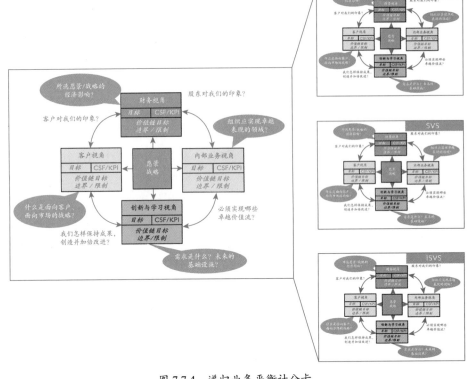

图 7.7.4 递归业务平衡计分卡

表 7.7.1 显示了 HRM 的 SWOT 分析示例在确定战略时，应考虑四个浅蓝色单元格的内容。优势和机会单元格表示 HRM 怎样加强目标，劣势和威胁表示实现目标的威胁或风险。此 SWOT 可用于拟制 HRM 平衡计分卡。

表 7.7.1　HRM 的 SWOT 分析示例

HRM 的 SWOT 分析	支持目标	损害目标
组织内部	优势 • 业务知识 • 自己的培训机构 • 多个专业领域的团队 • 高水平培训和认证	劣势 • DevOps 成熟度低 • 能力空白 • 老化
组织外部	机会 • 具有吸引力的组织	威胁 • 新法律法规 • 云迁移

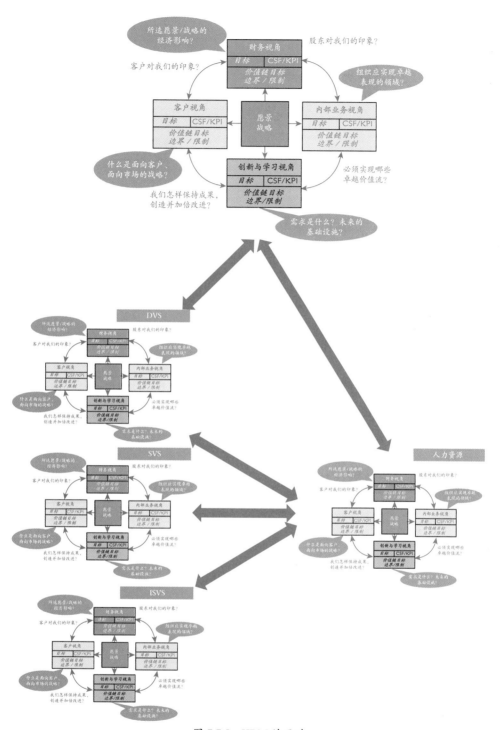

图 7.7.5　HRM 的互动

图 7.7.6 显示了 HRM 的平衡计分卡示例。

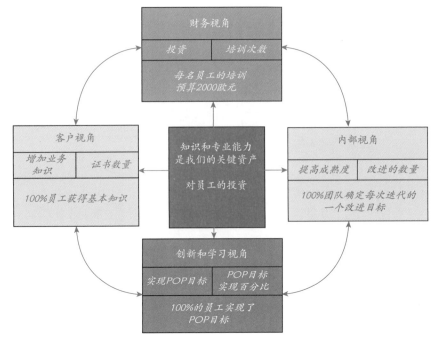

图 7.7.6　HRM 平衡计分卡示例

三、角色

角色是持续学习价值流的核心内容。角色是职能的组成部分，也是能力的载体，在价值流中创造价值。

1.定义

在价值流中，角色是对执行相关活动所需能力的描述。表 7.7.2 列出了角色的属性与含义。

表 7.7.2　角色属性及其含义

角色属性	属性含义
ID	标识角色的唯一性编号
名称	角色的唯一性名称
价值流	一个角色是在单一价值流的范围内执行的。这是一个严格的要求，可以放宽，但这会使 BOK 结构更加复杂
能力	角色包括履行该角色所必需的所有能力。角色配置文件包括对相关能力的所有引用。在一个工具中，这些属性在角色配置文件中可见。例如要交付的知识、技能、行为、布卢姆水平和产品
教育	指定角色的培训要求

2.目标

持续学习中这一步骤的目标是定义组织中实现战略所需的角色。

3. 示例

表 7.7.3 是具备多种能力的事件经理的角色描述文件示例。

表 7.7.3 事件经理角色描述文件示例

角色属性	值
ID	RL-10
名称	事件经理
价值流	SVS-VS-01 事件解决
能力	CP-01 事件分类 CP-02 事件分析 CP-03 事件解决 ……
教育	ITIL 4 基础 ITIL 4 创建、交付和支持

4. 最佳实践

最好根据管理组织自身的情况来描述角色，例如用例图。也可使用市面上的现有模型，例如 ITIL 4。当然，最好基于同样的模型（比如 ITIL 4 等）来拟制组织中的用例图。例如，SVS 的角色可采用基于 ITIL 4 的管理实践。图 7.7.8 简要列出了这些管理实践。例如，根据"事件管理"实践来选择"事件经理"角色。保持数量有限的 SVS 角色。由于 ITIL 4 已有较为明确的角色描述，使得角色定义更容易。

SVS 是由基于管理实践定义的价值流组成。通过适当地选择价值流，将一个角色限制在单个价值流中，以保持这种关系的简单性，所以需要一对一地定义职能和角色。同时，我们还可定义事件经理的职能，以后可根据需要合并职能、拆分角色。

图 7.7.7 ITIL 4 管理实践模型

图 7.7.8 显示了持续学习价值流的用例图 "UCD-CL-02"。

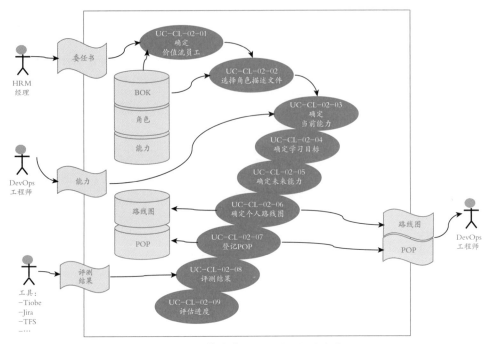

图 7.7.8　持续学习用例图运行的角色

可根据用例图拟制角色。HRM 经理和 DevOps 工程师是职能。确认角色时，首先创建一个职能并预先定义职能的一个角色。如果这样做遇到了困难，则可拆分 HRM 角色。例如，"直线经理"的职能可以负责管理 REPs 的生命周期。有两个功能涉及角色"HRM 经理"。通过将此"HRM 经理"角色拆分为"HRM 经理"和"PEPs 经理"，减少了 HRM 经理的角色，并为"直线经理"职能添加了一个新角色。分拆方式如图 7.7.9 所示。

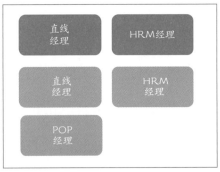

图 7.7.9　HRM 经理角色拆分示例

同样的方法也适用于事件经理职能／角色。如果将分析和事件解决分配给 DevOps 工程师，则 DevOps 工程师有两个角色："DevOps 工程师"和"事件经理"。因此，对 DevOps 工程师来说，"事件经理"角色的能力范围太大，并非所有的事件管理活动都是由 DevOps 工程师执行。因此，有必要拆分"事件经理"角色，如图 7.7.10 所示。

图 7.7.10　事件经理角色拆分示例

通过拆分能力 CP-02 和 CP-03，减轻事件经理角色的任务。拆分为事件解决价值流创建了两个角色描述文件。

表 7.7.4　事件经理角色描述文件示例

角色属性	值
ID	RL-10
名称	事件经理
价值流	SVS-VS-01 事件解决
能力	CP-01 事件分类等
教育	ITIL 4 基础 ITIL 4 创建、交付和支持

这样改进了劳动分工，也增加了角色描述文件的维护量。

表 7.7.5　事件分析师角色描述文件示例

角色属性	值
ID	RL-10
名称	事件分析师
价值流	SVS-VS-01 事件解决
能力	CP-02 事件分析 CP-03 事件解决
教育	ITIL 4 基础等

（1）拆分和合并

在实践中，很可能将许多角色描述文件拆分为经理和分析师的角色。这可能导致创建一个支持经理的角色，然后将其余的分析师的角色分配给这个待创建的支持分析师的角色。

（2）敏捷方式

确认角色并将角色分配给职能是一个可按敏捷方式来处理的进化过程。然而，与员工的协议通常每年签一次。所以，在开始时深思熟虑是成功的一半。

（3）管理模型

市面有各种管理模型可供使用，取决于它们在多大程度上符合 HRM 的信息需求。

（4）自动化和角色

一项重要的最佳实践是定义并为员工分配自动化角色。这确定了必要的需求，并明确谁将使用什么工具。此外，自动化往往会留下一些没有自动化的活动，这些也必须加以区分。

（5）时间登记

将职能划分为角色还可更好地管理成本。为此，必须登记每个角色履行职责的小时数。

四、能力

在特定的环境中，运用能力来创造价值。特定的环境指一名高级管理人员担任价值流的某个角色并开展工作，这将增加价值（或者成果）。因此能力被视为组织的"黄金"。许多组织无法识别能力，更不用说管理组织中的能力了。

然而，随着任务、角色甚至整体职能的自动化，能力管理变得越来越重要。人工智能的出现不可避免地改变了对能力的需求。有人说，未来人类将从事的 60% 的职业，目前还不存在。这意味着 HRM 必须在组织中发挥积极作用，确认正确的 HRM 战略，持续地实施组织战略以及实施战略的价值链。

1. 定义

能力是对担任角色所需知识、技能和行为的描述。表 7.7.6 列出了能力属性及其含义。

表 7.7.6　能力属性及其含义

能力属性	属性含义
ID	标识能力的唯一性编号
名称	能力的唯一性名称
知识	开展工作所需的产品、服务或工作领域知识
专有知识	开展工作所需的 WoW 经验
行为	适当且迅速开展工作所需的态度
布卢姆水平	开展工作所需的布卢姆水平
产品	工作执行过程中交付的产品
自动化	指示由工具执行角色的哪些内容

2. 目标

持续学习的这一步骤旨在定义组织实现战略所需的能力。

3. 示例

表 7.7.7 为一个能力文件的示例。

表 7.7.7 能力文件示例

能力属性	价值流
ID	CP-01
名称	事件分类
知识	懂得事件管理实践 具有业务亲和力
专有知识	能够确定影响和紧迫性 能够确定重要性等级 运用 SLA 规范
行为	精确性
布卢姆水平	分析
产品	已分类的事件
自动化	初步确定重要性等级

4. 最佳实践

能力标准

市面上有各种能力标准可供使用，如何使用取决于它们在多大程度上满足 HRM 的信息需求。

五、知识体系

职能、角色和能力需要一个经过深思熟虑的结构来满足 HRM 的信息需求。这种结构及其内容称为 BOK。为了塑造组织的 BOK，需要一个坚实的框架。BOK 框架必须满足以下要求：

- 简单透明；
- 完整呈现知识、技能和行为；
- 按职能、角色和能力的层次划分；
- 作为拟制个人路线图的依据；
- 尽可能减少冗余；
- 提供完整的相关术语表；
- 具有一套全面的 WoW；
- 了解角色所需的内部、外部培训课程；
- 学习职能的发展轨迹。

1.定义

BOK 框架包含描述组织职能库的所有信息的结构，包括促进能力管理所需的所有信息。

职能库包括职能、角色和能力的定义。图 7.7.11 显示了 BOK 框架组件的概览。

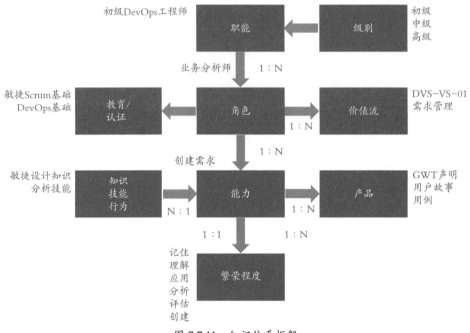

图 7.7.11　知识体系框架

为了保持 BOK 框架的简单性，尽可能多地呈现了一对多（1：N）关系，因此不再呈现（N：M）关系。建议尽可能地保持简单的 BOK 框架，但也不完全排除 N：M 关系，目的是定义尽可能少的职能、角色和能力。对象越多，BOK 框架的复杂性就越高。

（1）能力

搭建BOK框架要基于在价值流承担角色所需的能力。根据知识、技能和行为定义能力。这些能力用于在价值流中交付产品，为能力分配布卢姆水平，以指示所需的知识水平。

（2）角色

角色是由一组能力定义，这些能力对应的活动属于此角色。在角色中，可能有不同布卢姆水平的能力。最好仅将一个价值流与一个角色对应。培训也应与角色和将要获得的认证对应。

（3）职能

角色与职能之间的关系也尽可能保持简单。一个职能最初仅包含一个角色。根据需要，再将角色拆分，继承职能中的整个角色，从而使 BOK 框架保持简单的结构。一种方法是从角色筛选所需的某些能力，但在这种情况下，建议定义一个新的角色。

2.目标

持续学习的这一步骤旨在定义 BOK 框架，为职能库和能力管理提供实质内容，实现组织战略及其相关价值链战略。

3. 示例

为了表明一个人所从事的工作，将角色组合形成职能。表 7.7.8 为工作文件的示例，其中的角色为"事件分析师"。当然，这些只是总体文件的一部分。文件中许多内容是重复的，例如训练和布卢姆水平。在工具中，信息可以单独存储，在查看工作资料时，显示此信息很重要。

表 7.7.8 职务文件示例

职能属性	值				
ID	FN-01				
名称	初级 DevOps 工程师				
角色	角色	价值流	能力	布卢姆水平	FTE
	业务分析师	需求管理	CP-80 使用要求	分析	0,1
	程序员	编码	CP-90 编写源代码	应用	0,7
	事件分析师	事件管理	CP-02 事件分析 CP-03 事件解决	分析	0,1
	交付经理	部署管理	CP-20 部署软件	应用	0,1
教育	ITIL 4 基础				

4. 最佳实践

在 BOK 中应尽可能多地使用市面上的培训课程。因为这些课程获得了市场的认可。如果员工申请外部培训，他们的简历也因为成绩的客观性而更有价值，这是转移政策的一个重要方面。最好让员工获得内部培训，以保证发展公司所需的能力。另一方面，"新鲜血液"通常是激励创新的一个好手段。

六、路线图

组织中的每个员工在一个或多个价值流中工作。将担任的一个或多个角色组合成一个职能。在 BOK 框架中，定义正常工作而必须满足的要求，形式是所有涉及的角色（培训和认证）和能力（知识、技能、行为、产品、布卢姆水平）。每个员工都需要确定成长的空间、当前实现情况和 BOK 框架中所对应的标准。路线图描述从 A 到 B 的路线。

1. 定义

路线图为了满足执行工作所设定的要求，员工必须采取的行动路线。当多个价值流涉及多个角色时，拟制个人路线图需要较多的工作。人工拟制路线图存在许多重复的工作，通过定义发展路径就容易多了，因为路线图只不过是按照一定的顺序遵循一个或多个发展路径而已。一条路径包括在某一水平上要建立的能力的定义。

通常，在 BOK 框架中存在三种类型的发展路径：

- 核心路径

- 角色路径
- OAWOW 路径

（1）核心路径

核心路径包括一些基本的培训课程、培训模块、讲习班和其他学习方法，以获得价值链中每个员工的最低能力。各价值链的核心路径可能不同。将 SVS 员工或业务员工分配到不同的核心路径，但 SVS 中的每个员工都必须具备 SVS 核心路径的能力。

（2）角色路径

角色路径提供了仅对特定角色所需特定能力的进一步培训。

（3）OAWOW

OAWOW 路径指学习特定最佳实践的一系列研讨会。针对价值体系的研讨会持续一个小时。

2. 目标

个人路线图旨在激励员工为组织中的任务做好准备，以保证改进结果。

3. 示例

表 7.7.9 列出了角色路径矩阵。此矩阵总结了价值体系及其与持续万物各个方面的关系。在接口处定义了发展路径，参与这些价值体系的价值流的角色要遵循这些发展路径。发展路径中包括角色的名称。

表 7.7.9　角色路径矩阵

角色路径矩阵	持续规划	持续设计	持续测试	持续整合	持续部署	持续监控	持续学习	持续评估
服务价值体系					运维工程师发展路径	运维工程师发展路径		
开发价值体系	产品负责人发展路径	开发工程师业务分析师发展路径	开发工程师发展路径	开发工程师发展路径				
信息安全价值体系	Ciso 认证路径	Ciso 认证路径				Ciso 认证路径		
人力资源管理	HRM 经理发展路径						HRM 经理发展路径	HRM 经理发展路径

OAWOW 路径矩阵如图 7.7.12 所示。图中总结了价值体系及其与 OAWOW 最佳实践的关系。

（1）WS-COM

WS-COM 是一系列介绍价值系统的通用研讨会。它很重要，因为不是每个人都了解价值体系。许多开发人员不了解服务管理，对于许多员工来说，信息安全也是未知的领域。

（2）WS-ARC

增加了架构，这是所有价值体系中必不可少的一部分。架构基于原则和模型，指示价值体系的方向。这保证了可跟踪性和整合等问题。例如，在 DVS 的要求中注明可跟踪性，在 SVS 中实现。整合意味着价值体系能够很好地协同工作，例如 CI/CD 安全渠道中的信息安全整合。

（3）WS-BUS

业务是一套价值体系。每个组织可定义自己的研讨会，向整个组织的员工解释业务。这涉及到对价值流的考察，如客户的入职和核心业务。还可以对所使用的最重要的应用程序进行解释。如果有支持核心业务的具体应用，就通常在 OAWOW 路径矩阵中添加一组单独的研讨会。

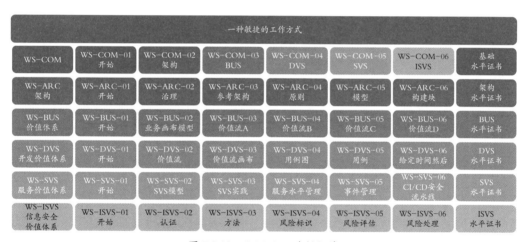

图 7.7.12　OAWOW 路径矩阵

（1）WS-DVS

DVS 包括面向开发工程师的最佳实践，这包括需求管理的主要概念。可以添加第二组编程最佳实践研讨会。

（2）WS-SVS

SVS 包括运维工程师的最佳实践。这涉及到对 ITIL 4 的介绍，但尽可能实用，主要关注核心要素。

（3）WS-ISVS

ISVS 包括信息安全的最佳实践。

为 ISV 选择单独的价值体系，尽管它可以整合到 DVS 和 SVS 中，但它仍然有自己的关注重点。

4. 最佳实践

员工发展路线图可加入 DevOps/ 敏捷 Scrum 领域的许多最佳实践。这些最佳实践可以分为三组：

- 信任结构
- 群体活力
- 个人动力

（1）创建信任结构

为了促进员工发展能力，有必要创造信任的氛围。这意味着员工将相信改变后的工作方式是更理想的工作方式，不会出现抱怨。敏捷工作方式意味着（例如）采取主动、自我组织和自我管理。但这些方面并不都是显而易见的。

科特（Kotter）八步计划

首先根据科特教授的八步计划，在组织中进行系统性的变革。八步计划可用来改变组织。这通常是个人路线图成功的先决条件。

变革范式

在本书中，将此方法用作一种变革范式。通过按正确的顺序完成愿景、权力、组织和资源等步骤，可避免无意义的讨论和障碍。

责任制

开发团队必须对结果负责，这将树立一种保质保量的责任感。

（2）提高群体活力

通过拥有团体的感觉，员工将分享更多知识和技能，可通过多种方式促进这一点。

黑客马拉松

黑客马拉松是一项每年都会组织几次的活动。活动持续 24 小时，通常从下午开始，一直持续到晚上。在敏捷团队中，通常会邀请 100 多名员工对特定的主题提出创新的解决方案。经常租用工厂大厅或类似场地举办黑客马拉松。此活动主要是为了娱乐和建立密切的团体关系。为了给团队一个好的开始，在活动之前，需要考虑想要达到的目标和使用的方法。通过为最佳解决方案提供奖励，创造一种积极的紧张气氛。往往由更高的管理层为最好的解决方案颁奖，他们也会在活动结束时见证结果。在作为黑客马拉松的后续开发的敏捷项目中，也可保证最好的解决方案得到进一步发展。

跨职能团队

通过让敏捷团队自主地工作，不需要外部力量就能进行沟通和协调，以加强团队的活力。这当然是理想的情况，在实践中其实会存在某些局限性。尤其是在作为信息处理链一部分的敏捷团队中，协调是必要的。此外，将事件发送到敏捷团队的服务台可能扰乱团队的注意力。对此必须达成良好的协议，以应对这种情况。

信任问题

业界存在各种敏捷工作方式。这些方式通常还包括通过利用群体活力来加强能力的活动，例如，敏捷 Scrum 方法的迭代评审。在回顾会议中，应该考虑团队成员的信任程度对事件的积极影响。在回顾性会议中可通过匿名投票来解决争议。如果是一个人产生了不信任，最好是把小组分成若干小组，每个小组独立提出改进建议。通常情况下，信任度会随之提高。

失败的回报

阻碍敏捷团队学习能力的一个重要因素是害怕被认定为失败，特别是在给组织造成损失的时候。一个有趣的方法是颁发所谓的"末位奖"。得到这个奖励的人会很自豪，因为他从错误中学到了很多东西，每个人都想听听学到了什么。

免责事后分析

寻找犯错的人并对他们进行惩罚是一种"事后诸葛亮"的做法。因此，员工不敢为了实施改进而偏离既定的道路。允许犯错应该成为座右铭，错误之后应进行"免责事后分析"，找到的错误原因并用于学习。

结对编程

这种方法涉及两个人共同工作（也可能在不同的地点）。这里有两个角色，即驾驶员和导航员。驾驶员开展工作（程序），导航员发出指令。角色或职能经常颠倒。能力差异很大的人通过结对工作，可以很快完成学习。因此，在实践中学习不再需要一个 FTE，而是仅需要 0.1 FTE。这是因为结对工作的员工的关注程度显著提高，而犯错误的可能性显著降低。

了解根本原因

为了更好地学习，必须找出错误的原因。

绩效

通过评测团队的速度（工作能力），使绩效得到提高。例如，在回顾性会议中，可询问敏捷团队怎样提高速度。还可定期要求直线经理提供一个矩阵，绘出员工在生产力和发展轴线上的位置。相关直线经理必须解释他们对生产力较低和发展缓慢的员工采取了什么措施，然后必须采取措施进行改进。还应关注生产力高和个人发展快的员工，这些员工可能具有很大的潜力，可提升他们的职位，防止他们变得消极。当然，只能根据相关员工的需要来做。

成熟度自主性

改进目标不应是强制性的，敏捷团队必须有紧迫感，否则将在压力下进行开发。然而，由于缺乏激励，创新能力将枯竭。更有效的方法是将固定比例的时间用于创新。这么做不会对速度产生负面影响。用于创新的时间是一种自带回报的投资。

（3）增强个人动力

为了提高水平，员工需要在个人层面上接受培训。有许多资源可以支持他们做这件事。

形状

使用 I 型、T 型和 E 型模式来描绘人员的能力。

学习环

在敏捷团队中，通过画同心圆很容易确定员工在核心应用程序方面的专业知识，内圆代表"专家"，外圆代表"仅听说过"。在此范围内，已经分配了中级知识和技能水平的标签。通过让员工自己在最适合的圆圈中找到自己的位置，一个关于核心应用的专业组织就迅速建立起来了。这可以在路线图中用来确定员工是否想要改变，以及如何能够最好地改变。

PEPs

PEPs 是激励员工发展的重要指导工具。

学习时间

10% 的学习时间（对于 FTE，即每周 4 小时）是激励员工改进的重要手段。员工经常有很多借口减少学习时间，但这些借口并不是都成立的。10% 的学习时间是一项自带回报的投资。

七、认证

就发展路线达成协议，认证包括取得成绩的证据。

1. 定义

认证是成功获得知识、技能和行为的证据，反映它们对工作质量的影响。随着时间的推移，PDF 格式已取代纸质证书，并进一步演化为在一个特别登记册中的记录。最新的发展是提供徽章作为取得一项成绩的电子证明。

2. 目标

认证的目的是客观地确认一个目标已经实现，为相关员工提供证据。

3. 示例

取得某一成果的证据示例包括：

- 参加培训的证据
- 通过考试获得的证书
- 通过专家评估的优秀作品
- 通过考试获得的徽章

4. 最佳实践

事实表明，在实践中并不是所有人都希望获得认证。员工不希望参加考试有很多原因，包括需要投入时间准备、担心考试不及格而损害声誉以及面对考试时会感到焦虑。还有一些员工不相信证书的额外价值。

员工需要通过考试获得证书的原因是：

- 表明具备市场价值（在授予 / 申请时优先）；
- 表明具备市场差异（"我们的员工已经通过认证"）；
- 满足投标要求（必须满足最低培训要求）；
- 更深入地了解知识（与客户的互动等）；
- 表明能够控制风险（ISO 27001，内部考试等）；
- 表明具备知识（ITIL、ASL、BiSL、TOGAF 等）；

- 表明具备专业知识（银行知识等）。

趋势

市场的趋势是"及时"地学习，而非"以防万一"地学习。因为我们永远不知道什么时候会用到这些知识，"以防万一"地学习更适合基础培训和认证。"及时"地学习指仅在知识出现短板时，才投入时间学习某项知识，学习方式的缺点是，基础知识的短板可能导致人们没有意识到风险。因此，需要 HRM 为此制定政策。

客观性

从广义的认证来说，优秀作品也可作为证据。对岗位的 360° 评估结果也可作为证据。评估结果的客观性越低，证据的价值就越低。在简历中列出知识、技能和经验也是一种证据。通过查询可以找到客观的证据，但许多组织未能这样做。

第八章
持续评估

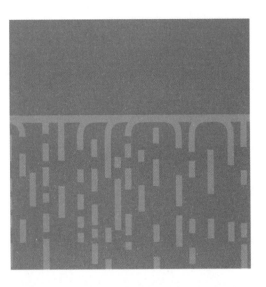
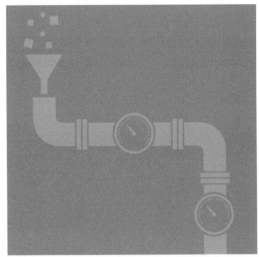

第一节　持续评估简介

一、目标

本章的目标是介绍持续评估的基本知识，以及在"持续万物"实践中的使用技巧。

二、定位

本章包含两种类型的 DevOps 评估方法，评估内容是根据 DevOps 咨询、辅导、培训和考试过程中的实际经验编写的。DevOps 团队可以把评估目标当作一面镜子，不断发现哪些方面可以进一步发展。此外，组织可以用评估目标为 DevOps 团队制定发展战略，团队间一起协作，使工作更有成效，例如为 DevOps 团队构建紧密配合的价值链，共同交付和运维服务。两种 DevOps 评估方法都把在 DevOps 八字环中执行活动的 DevOps 团队当作评估对象，并把在 DevOps 八字环内开展活动的 DevOps 团队作为评估对象。

持续评估是"持续万物"概念的一方面。"持续"是指在软件的迭代开发过程中，通过 CI/CD 安全流水线创建把代码持续转移到生产环境的"流"。这个"流"是需要不断优化的价值流，也是 DevOps 评估的价值所在。持续评估是使用敏捷的方法改进软件交付价值流，涉及到 DevOps 八字环中的所有阶段。DevOps 八字环的每个方面都与持续评估有直接或间接的关系，因为会对它们进行成熟度、限制和边界的评估与调查。

三、结构

本章介绍如何从组织的战略角度自上而下安排持续评估工作。在讨论具体方法之前，首先来理解持续评估的定义、基石和体系架构。接下来的几部分介绍了必须遵循的步骤。

1.基本概念和基本术语
- 基本概念是什么？
- 基本术语是什么？

2.持续评估定义
- 持续评估的定义是什么？
- 需要解决哪些问题？
- 可能的原因是什么？

3. 持续评估基础

- 如何通过变化范式确定持续评估的基础？
- ◎ 持续评估的愿景（愿景）是什么？
- ◎ 职责和权限（权力）是什么？
- ◎ 组织如何使用持续评估（组织）？
- ◎ 需要哪些人员配置和资源配置（资源）？

4. 持续评估架构

- 持续评估的架构原则和模型是什么？
- ◎ DevOps 立体评估模型是什么样的？
- ◎ DevOps "持续万物"评估模型是什么样的？

5. 持续评估设计

持续评估的设计定义了持续评估价值流和用例图。

6. DevOps 立体评估模型

- 立体评估关注的问题有哪些？
- 如何使用立体评估关注的问题进行评估？

7. DevOps "持续万物"评估模型

- "持续万物"评估关注的问题有哪些？

如何使用"持续万物"评估对模型关注的问题进行评估？

第二节 基本概念和基本术语

提要

（1）市场上存在各种各样的 DevOps 成熟度模型。选择并坚持使用一种模型特别重要，以便基于同一标准进行评估。

（2）确保成熟度模型不被用作强制实施标准。

（3）以迭代的方式提高 DevOps 能力。

一、基本概念

本节解释了许多与持续评估相关的基本概念，如"成熟度模型""度量基线"和"控制"的概念。文中会使用很多基本术语来描述这些概念，基本术语的定义在下一节阐述。

1. 成熟度模型

大多数成熟度模型都是列表式的。这意味着用两个维度来描述成熟度。横轴通常基于 CMMI 模型，该模型分为五个级别：

- 第 1 级成熟度——初始
- 第 2 级成熟度——可管理
- 第 3 级成熟度——定义
- 第 4 级成熟度——可量化管理
- 第 5 级成熟度——持续优化

纵轴是由 DevOps 领域的术语组成，例如持续集成和持续部署。列表中从左到右没有先后之分。很明显，在基线测量（低成熟度）后，要从下往上进行改进，但这不是像玛代人和波斯人的法则一样一成不变。因此，不应拒绝从更高级别的最佳实践开始改进的做法。但是，最好询问 DevOps 团队是否存在能够遵从此步骤的前提条件。

2. 度量

更改的措施必须是可度量的，以证明所投入的时间是合理的。最好的方法是先进行一个基线测量，并在成熟度模型中进行染色标识。这意味着整个成熟度模型都要评估，以确定哪些方面已经完成（绿色）、哪些方面部分完成（黄色）以及哪些方面尚未完成（红色）。在成熟度模型的基础上进行的基线测量为控制能力的提高提供了可能性。

3. 控制

变更由 DevOps 团队自己来控制。通过基线度量，可以发现哪些 DevOps 最佳实践尚未实施或需要改进，并把这些改进点作为特性或故事添加到技术债务待办列表。然后，DevOps 团队就能分配这些故事点并进行改进。在实践中，使用两个时间盒进行改进似乎是有用的。这涉及重构时间盒和改进时间盒，理想情况下每个时间盒占用速度的 10%。这些时间盒的投入能产生不止一次的收益，因为部署流水线会变得更有效和高效。与之形成对照的是事件的时间盒，它只会造成浪费。

然后，DevOps 团队可以有计划地在每个迭代中选择要消除的技术债务。在这样做的时候，团队必须明确具体的验收标准，在迭代演示中也包含这些内容，并在随后对迭代进行回顾时评估改进是否成功。这已被证实是有效的学习，改进的有效性也会包含在成熟度中。

二、基本术语

本部分定义与持续评估相关的基本术语，并简要讨论成熟度模型的选择和自我发展。

1. 持续万物

经过多年发展，人们发现一种趋势，即对缩短的交付时间和更好的可预测性的需求越来越大。在该趋势中 ICT 正成为决定成败的因素。随着业务 DevOps 的引入，越来越多的公司由此取得了成功，从而战胜竞争对手。

但到底是什么因素使业务 Devops 产生了差异？公司必须解决的基本问题是，提高从需求到适应新的 ICT 服务的吞吐量速度，同时提高发布到 ICT 服务的质量。导致交付周期没有缩短，IT 服务完整性和准确率也没有提高的原因通常有两个。第一个原因是技术债务。这通常是为了满足业务需求而采用临时解决方案，而可靠的方案从未交付。第二个原因是在生产环境运行过程中和引入ICT服务中积累的技术债务，造成了脆弱性，导致哪怕最小的调整也可能导致难以解决的重大事故，然后再次制定应急方案，使情况变得更加糟糕。结果，该组织进入了一个恶性循环。

为了实现良性循环，必须在大约18个领域内消除技术债务，以便最终解决脆弱性。最有效的方法是对业务DevOps能力中与技术债务和脆弱性问题相关的PPT进行全面评估，从而为从根本上的控制缺陷寻找对策，以消除技术债务和脆弱性。

这里的瓶颈是业务DevOps没有定义。因此，在持续万物概念内，使用DevOps八字环。DevOp八字环的左侧是开发阶段内容，右侧是运维阶段内容。这是DevOps领域内的完整视图。持续万物已经为这些阶段提供了最佳实践。本书提供了两种评估模型来评估这些最佳实践。

2. 持续集成

持续万物在持续集成方面的问题是同一个解决方案需要多个开发者协作完成，因此需要高频地确定该解决方案作为一个整体运行良好。在实践中，Devops工程师每天会多次将其源代码推送到代码库，然后自动构建、测试、检查漏洞和依赖关系，并将其放入工件制品库。只有一个代码仓库和一个负责软件的集成、测试和构建的系统，避免手动执行导致操作出错。其主要优点是，可以自动确认此变更不会影响解决方案的其他部分，且符合要求。

3. 持续部署

持续部署旨在自动化测试开发环境中提测的软件版本，并部署到生产环境中执行，无须手工操作。如果在开发环境后需要手工操作，则将之称为持续交付。通过自动化可以节省大量时间，也可以排除手工操作的错误，并确保脚本的安全性、稳定性和连续性。

4. 持续测试

在交付时间已缩短、可预测性已提高的背景下，质量保证是最重要的课题之一。在过去，测试通常只用于查看功能是否满足要求，现在测试更多地被视为设计和验证。通过正确描述预期，然后自动验证，进而缩短交付时间，提高可预测性。持续测试为BDD和TDD提供了实质内容。持续测试可在测试用例已经就绪的情况下，为持续编写代码创造可能性。

持续测试不仅要测试软件，还要测试相关人员的流程、知识和技能。

5. 持续监控

多年来，监控的重点一直局限于生产环境，主要关注可用性方面。通过持续监控，监控内容要广泛得多，不但涉及所有环境，还包括从技术、安全到价值流的业务监控等许多不同方面，还会对人员和流程进行监控，以实现PPT的整体监控。DevOps工程师在开发环境中调整监控设施尤其有效。

6. 持续文档

在许多系统中，没有太多文档记录，信息会用不同方式来记录，而且通常是过时的。持续文档假设构建或管理 IT 服务所需的所有信息，都用一个中心存储库来管理所有对象的版本。需求是其中的一部分。文档不应直接编辑更改，而应在版本控制下根据开发和管理的要求生成。它们可以是诸如价值流、用例图、使用案例、BDD 需求、源代码中的标记语言等对象。此处的持续意味着文件始终是最新的，并与生成的源代码和实现 ICT 服务的规划相关联。PPT 意味着不仅要记录 ICT 服务，还要记录生产过程以及提供该服务的知识和技能。

7. 持续学习

在过去应用于开发人员和运维的预算中，用于学习的主要是时间预算。持续学习建议应该至少把 10% 的时间在学习上，而且要验证学习效果，比如在下次回顾会议中测试已经学习的内容。学习还应侧重于实践。在不确定是否有效的情况下实施改进就是一个例子。快速反馈可以限制损害。

8. 成熟度模型的选择

市场上有各种各样的评估模型。选择模型的一个重要依据是，所有 DevOps 团队都能使用，这样就可以对 DevOps 团队进行基准测试。这不仅让使用 DevOps 的动机更强，还为持续发展 DevOps 成熟度而进行知识和技能交流提供了可能性。

9. 自我提升

成熟度模型对于 DevOps 教练非常有用，可以让 DevOps 团队逐步提升自己的知识和技能。自学和自我提升也是成功的一个重要条件。当成熟度模型的标准被管理部门视为 DevOps 团队的标准时，其作用就失效了。

第三节　持续评估定义

提要

（1）进行 DevOps 评估需要以一个框架为根据，如"持续万物"。

（2）DevOps 能力的结构性改进只能基于对缺乏开发路线图的根本原因分析来进行。

一、背景

DevOps 评估的目标是提高业务产出。这个目标要通过改进企业使用的 IT 服务来实现。这种改进的衡量标准是更快的上市时间和对业务而言足够高的服务质量。通过查看用于提供这些 ICT 服务的交付流程，可以改善上市时间。"持续万物"概念基于 DevOp 八字环定义了交付过程中的这些步骤。DevOps "持续万物"评估模型侧重于 DevOps 八字环的步骤。此外，本书还提供了第二种评估模型，即 DevOps "立方体"评估模型。这种评估模型侧重于 DevOps 的引入和改进，可以使用吉恩·金（Gene Kim）的"三步工作法"。

二、定义

本书中的持续评估定义：持续评估是对组织的整体 DevOps 能力基准进行评估，包括 PPT 的三个方面，以使 DevOps 团队能够独立提高他们的 DevOps 知识和技能，从而缩短业务的交付时间。

三、应用

"持续所有"评估的每个应用都必须基于业务场景。为此，本节将介绍有关度量和改进 DevOps 方法的常见问题，并讨论问题产生的根本原因。这些都隐晦地说明了要基于业务场景使用两种 DevOps 评估模型的的原因。

1. 待解决的问题

需要解决的问题见表 8.3.1。

表 8.3.1　DevOps 成熟度中的常见问题

P#	问题	解释
P1	不理解 DevOps 是什么以及 DevOps 如何为业务提供价值	DevOps 被视为一种炒作
P2	DevOps 缺少不同层面的定义	因为无法通过职责对生产流程进行划分，导致无法度量绩效
P3	没有对工作的完整性和成熟度进行评估的基准	由于缺少谁做什么、用什么方式做的描述，导致每个评估的基准都很难使用
P4	没有提升知识和技能的成长路径	由于缺乏全面的认识，也不可能针对 DevOps 各个方面制定改进路线
P5	没有可度量的 DevOps 的个人培训计划	DevOps 能力的提升与人员成长息息相关。需要有一个针对个人的提升计划来实现提升
P6	没有指导如何改进 DevOps 绩效的手册	由于缺乏度量 Devops 的标准，因此无法进行改进

2. 根因分析

我们可以使用五问法，通过多次尝试和验证找到问题的根本原因。比如，为什么要评估 DevOps 的成熟度，可以用以下五个"为什么"进行验证。

（1）为什么我们的 DevOps 成熟度低？

因为我们没有 DevOps 成熟度路线图。

（2）为什么我们没有 DevOps 成熟度路线图？

因为无法洞察 DevOps 是什么。

（3）为什么没有洞察 DevOps 是什么？

因为尚未选择对 DevOps 进行定义的 DevOps 框架。

（4）为什么无法对 DevOps 框架做出抉择？

因为没有人来负责持续评估。

（5）为什么没有人负责持续评估？

因为没有认识到 Devops 持续评估的重要性。

通过几个提问进行深层次的分析，可以找到问题的根本原因。我们只有先解决根本问题，才能真正解决表面的问题。因此，在改进或培训方面还没有资金投入和支持时就开始进行评估是没有意义的。

第四节　持续评估基石

提要

（1）持续评估需要自上而下来驱动和自下而上来实现。

（2）管理持续评估中发现的改进内容的最佳方法是制定一个路线图，并把要改进的点加入技术债务待办列表中。

（3）持续评估的设计从厘清概念开始，要阐述清楚为什么持续评估是必要的。

（4）如果没有考虑好权力的平衡，那么就不要实施持续评估的最佳实践。

（5）持续评估加强了致力于快速反馈和问题左移型组织的形成。

一、变更模式

变更模式提供了一种有条理的方法来设计持续评估，避免时间浪费在对持续评估的愿景进行毫无意义的辩论上。以愿景为锚点来确定责任、权力及权责的关系。这似乎是在老生常谈，并不适合 DevOps，但猴王现象也适用于现代世界。这就是为什么记录权力的平衡是很好的方式。WoW 就可以解析出来，最后是资源和人。如图 4-1 所示。

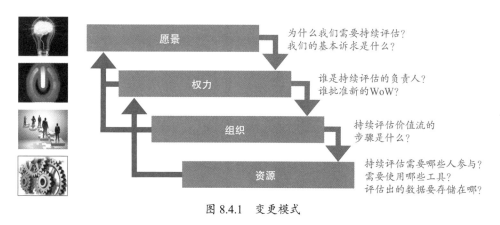

图 8.4.1　变更模式

图中右侧箭头表示理想状态下持续评估的设计。图中左侧箭头表示所在的层发生争议时要返回哪个级别去解决。因此，使用哪个工具（资源）不应该在当前层面进行讨论，而应该把问题提交给持续评估的负责人。如果在持续评估的价值流设计方面存在分歧，则必须重新考虑持续评估的愿景。下面详细讨论每一层。

二、愿景

图8.4.2显示了达成持续评估的变更模式的愿景步骤。图的左侧（我们想要什么？）指出持续评估由哪些方面构成，以防止图的右侧（我们不想要什么？）的负面结果出现。因此，图的右侧是持续评估的反模式。下面这两个模块是持续评估相关愿景的指导原则。

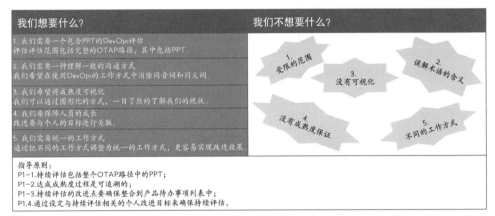

图 8.4.2　变更模式——愿景

1. 我们想要什么？

持续评估的愿景通常包括以下几点。

（1）范围

评估范围的选择应尽可能全面，以避免局部优化。不仅需要检查 DevOps 的流程方面的能力，还需要检查人员的知识和技能的使用方式，以及使用的技术，包括 CI/CD 安全的所有方面。

（2）沟通语言

DevOps 领域中有很多同音词和同义词。这样，每个人都有自己的 DevOps 愿景描述方式。但不同的编程语言都有自己的学习曲线。通过使用 DevOps 相关的术语来标准化评估语言，人们实施改进也变得更加容易。

（3）可视化

为了能够更好地进行过程管理，计划必须是可视化的。这种可视化可以用作散热器，以洞察目标完成的状态，可视化也可以激励员工。可视化输出也可以通过从下到上的聚合来进行，至少要做到史诗级可视化。

DevOps 成熟的过程是一个需要时间的过程。通过把成熟度可视化，可以设置一个

D e v O p s 持 续 万 物

显示进展的散热器，也可以对员工产生激励作用。

（4）保障

DevOps 团队的成熟度是该团队参与者共同的绩效。因此，成熟度同时也是 DevOps 工程师的个人成就。通过将这一部分纳入人力资源管理考核，并加入协议和奖励章程中，员工对成熟度的重视就有了保障。DevOps 评估有助于确定成熟度的内容和改进的时间表。

（5）步调一致

实施变革需要花费时间和投入精力。如果使用统一的工作方法，步调一致，改进就会更容易实现。如果每个人采用不同的方法，每个人会有不同的改进，那么对改进的整体进度的影响要小很多。

2. 我们不想要什么?

确定什么不是持续评估的愿景也很有益处，可以进一步增强对愿景的理解。持续评估的经典反模式方面包括以下几点。

（1）范围

如果成熟度的范围只侧重于 CI/CD 工具，那么许多方面都会导致交付延迟。例如，由于需求分析较差，导致返工，会在 CI/CD 自动流水线中进行大量重复执行。此外，还可能因为质量缺陷，导致不可想象的安全风险。

（2）沟通语言

一个组织将"单元测试"（Term Unit）一词用于 E2E 测试结果，这是一个音同义不同的词，使人们在不同的频道交谈。因此，如果没有相同且理解一致的沟通术语，会使改进变得更加困难。

（3）可视化

可视化可能会被滥用，让人们为缺陷承担个人责任。比如，在一个组织中，在准备分析一个有效的标准时，DevOps 团队在不同集群的开发流程被以可视化的方式展现出来。在一次演示中，主讲人受到了严峻的挑战，结果是没有人愿意再参与开发流程的可视化。

（4）保障

DevOps 工程师的参与度也取决于奖励。这不一定是经济奖励，仅仅发现进步也是一种奖励。在一个组织中，因为人力资源经理害怕要求员工接受与认证相关的培训，所以成熟度没有纳入人力资源管理考核。结果是，没有人对有证书的培训感兴趣，成熟度也仍处于非常低的水平。

（5）步调一致

在一个组织中，每个人都用自己的方式向生产环境部署软件。事实证明，大家共同使用一个明确的方法是不可能的。结果，成熟度滞后，没有抓紧时间让产品上市，客户随后也终止了合同。

三、权力

图 8.4.3 显示了持续评估的变更模式中权力的逐步平衡，结构上与愿景相同。

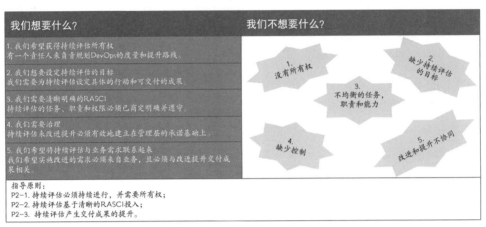

图 8.4.3　变更模式——权力

1. 我们想要什么？

持续评估的权力平衡通常包括以下几个方面。

（1）所有权

如果在 DevOps 中有一件事要讨论，那就是所有权。在这里指持续评估的所有权。答案在敏捷 Scrum 的基本原理中。肯·施瓦布说 Scrum master 是敏捷 Scrum 框架中开发流程的所有者。敏捷 Scrum 他必须给开发团队一种是他们自己创建了敏捷 Scrum 流程的感觉，这与流程只由负责人创造，团队仅仅执行的感觉完全不同。

在参与 SoE 信息系统的过程中，有一个极好的例子。SoE 是创建人机界面的信息系统。SoE 的典型用途是电子商务，其中松散耦合（自由自主）的前端应用程序允许用户输入交易或提供信息。鉴于前端（接口逻辑）与后端（事务处理）的松散耦合，DevOps 团队在对前端进行更改时有相当大的自主权。DevOps 团队也可以根据需要选择 CI/CD 安全流水线。这也使得 DevOps 的成熟度可以自主控制。

然而，如果数十个 DevOps 团队都在开发前端应用程序，那么采用团队间相互协调的 DevOps WoW 将更加高效。这更适用于 SoR 系统。SoR 是处理事务的信息系统。典型的例子是 ERP 或财务报告系统。这些信息系统通常包含在一系列信息处理系统中。因此，SoR 通常基于业务或技术划分成更多的 DevOps 团队设计。

在这两种情况下，这些 DevOps 团队相互依赖，共同执行 DevOps 评估并共同改进是非常重要的。因此，由多个 DevOps 团队共同分担持续评估的所有权是明智的。这也使得设计适用于所有 DevOps 团队的 DevOps 路线图成为可能。但是，要让 DevOps 工程师决定改进的优先级以及选择解决方案。

（2）目标

持续评估的负责人确保制定出持续评估路线图，指出要达成的 DevOps 的成熟度。

目标包括开展评估的时间计划、与人力资源管理合作共同促进个人发展、与人力资源管理合作定义 DevOps 档案、设计开发知识学院等。根据设置的持续评估能力，为 DevOps WoW 进行评估并设定改进目标。因此，有持续评估的目标，也有针对发现的缺陷进行改进的目标。

目标必须由所有参与的 DevOps 团队来实现，这可以通过多种方式进行组织。在 Spotify 模型中，使用了术语"公会"。公会是一种临时的组织形式，用于更深入地探索某个主题。例如，可以建立一个"公会"，由每个 DevOps 团队出一名代表参与持续评估。Safe® 中还有标准机制，如 CoP。必要时，持续评估的改进也可以通过 PI 规划中的敏捷发布火车来确定。

（3）RASCI

RASCI 代表"责任、责任、支持、咨询和知情"。被分配"R"的人监控（持续评估目标）结果的实现，并向持续评估的所有者（"A"）报告。所有开发团队共同为实现持续评估目标努力。Scrum master 可以通过指导开发团队实现目标来履行"R"的责任。"S"是执行者，是指开发团队。"C"可以分配给联合公会或 CoP 中的 SME。"I"主要是指产品所有者需要了解质量检查和测试。

RASCI 优于 RACI，因为在 RACI 中，"S"会合并到"R"中。因此，在责任和执行之间没有任何区别。RASCI 通常可以更快、更明确地了解到谁在做什么。RASCI 的使用通常被看作一种过时的治理方式，因为整个控制系统随着 DevOps 的到来而发生变化。

很明显，当扩充 DevOps 团队时，肯定需要更多的角色来决定事情的安排方式。这是敏捷 Scrum 框架与 Spotify 和 SAFe 框架之间的区别的主要特征。

（4）治理

在 DevOps 内部，DevOps 工程师经常花费大量的时间和精力来创建和维护"泰迪熊"。这消耗了很多时间，但是几乎无法创造任何价值。事实上，是因为没有知识转移造成了人员依赖。因此，通过关注目标和设定清晰的 RASCI，来积极利用变革能量是很重要的。这并不会削弱改进事物的动力和热情。我们需要做的就是为创新指明方向，用优质的实践（知识共享者）取代以自我为中心的英雄主义行为（知识所有者）。

一个好的解释是确定需要改进的点，并放在产品待办事项列表中。然后，DevOps 工程师可以分配 10% 的时间，快速解决 Sprint 中的技术债务。为此，技术债务要像对待其他产品待办的事项一样来对待。在这种场景下，DevOps 工程师要优先考虑完成改进。其他 DevOps 团队也会从这些改进中受益。

（5）业务需求

成熟度提升需要企业投入时间和金钱，因此成熟度提升对业务带来的价值能得到企业认可很重要。此外，我们不应该把成熟度本身作为目的，要关注对业务成果的改善，如缩短上市时间和提高服务质量。

2. 我们不想要什么?

以下几点是持续评估中跟权力平衡相关的典型的反模式。

（1）所有权

持续评估的所有权反模式是进行临时评估，而不是持续地评估，随着时间推移，投入其中的资源也会渐渐消失。不认可标准化的必要性也是没有取得进展的原因之一。DevOps 团队自下而上地发展起来也不是一条健康的道路。DevOps 团队做的非标准化工作越多，他们就越不愿意进行标准化。

（2）目标

如果一个组织认识到成熟度评估的重要性，也认可成熟度能带来商业价值，例如成熟度在认证或投标中起到了作用，这是个很好的机会来为持续评估设定严格的目标，从而为 DevOps 团队中的 DevOps 工程师提供指导。最糟糕的是培训 DevOps 工程师如何与做评估的独立审计员达成交易。这会带来相反的影响，因为成熟度评估主要是 DevOps 工程师在思想上认可后带来行为效应，不能强制 Devops 工程师使用，否则会使其产生厌恶情绪，导致更差的结果。持续评估的目标以及 DevOps 工程师的间接成熟度必须是自下而上的。

（3）RASCI

关于 RASCI，最重要的事情是确保 DevOps 团队能行动起来。只有在组织中设计连续评估层后，才能实现这一点。因此，反模式是由 QA 部门来执行一个测量，DevOps 团队因此受到打击。要避免这种影响，目标必须由 DevOps 团队自己提出。因此，目标需要是团队自己制定和经过批准的。

（4）治理

如果不协调改进点，实现改进的工作方式将是多种多样的。这正是必须避免的。因此，必须对改进的实现措施实行治理。只须把改进进行简单分配，然后使团队之间互相学习，就可以为其他 DevOps 团队节省大量时间和精力。

（5）业务需求

信息和技术驱动的持续评估是无效的，必须为改进和业务价值流搭架一座桥梁。理想情况下，业务价值流与服务管理和安全管理一样，也是持续评估的一部分。如果将持续评估设置为一个竖井，实现结果改进的可能性要小得多。

四、组织

图 8.4.4 显示了持续评估的变更模式的组织步骤，这与愿景和权力的结构是相同的。

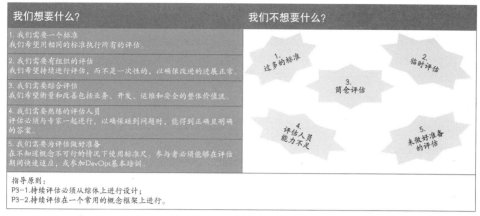

图 8.4.4 变更模式——组织

1. 我们想要什么?

持续评估的组织方面通常包括以下各点。

（1）一个标准

使用不同的标准会导致观点不一致。每个标准都是从不同的角度去看问题的。

（2）有组织的评估

执行一次评估几乎没有用处。为了实现真正的改进，需要持续关注改进的质量。

（3）综合评估

从软件开发、管理和安全，或纯粹从业务角度进行评估是没有意义的，需要解决一些接口和依赖性的问题。例如，安全度量最好自动引入到 CI/CD 安全流水线中。选择一个多维度的全面的方法，不仅可以更好地了解现状，还可以从更多标准中寻找适当的对策，解决发现的不足。这需要更多的时间和更多相关领域的专家参与，但这正是 DevOps 团队缺少的。

（4）专业能力

在评估过程中，评估人员了解问题是什么以及如何对答案进行评分是很重要的。错误的分数会让人失去动力并带来噪声，因此最好立即在网上显示分数，或者在课后公开结果。

（5）准备工作

在评估过程中，准备工作非常重要，必须事先知道评估结果的目的和用途，同时评估结果不能作为解雇员工的理由。另外，参加评估的人必须理解被问到的问题。DevOps 工程师通常不知道最佳实践的名称是什么，但他们会（部分）执行这些实践的操作。因此，评估前进行 DevOps 培训可能是一个更好的起点。

2. 我们不想要什么?

以下几点是持续评估中跟组织相关的典型的反模式。

（1）单一标准

组合不同标准需要很多技巧。不仅要充分理解这些领域，而且把标准放在一起的方

式也不可靠。评估时参与者花费时间去了解标准也不容易。标准包含的方法和技术不适合当前环境。然而，与其调整标准，不如将其评分变为灰色。在这个领域，最糟糕的反模式是让每个 DevOps 团队选择最适合他们的标准，而后团队则被标准要求的交付物紧紧约束。

（2）有组织的评估

定期对成熟度进行重新评估是显示进展的有力方法，仅依靠一次评估的结果是危险的，因为这只是一个快照。通常，DevOps 工程师自己可以完成这种评估，但会给出失实的结论。

（3）综合评估

使用单一标准评估 DevOps 团队是危险的，因为可能无法明确识别出瓶颈，另外可能被零碎的完成需要改进的点。事实上，没有改进的往往是很有必要控制的风险点。这需要恰当的利益相关者参与。

（4）专业能力

由初级 DevOps 员工作为当事人进行评估是有指导意义的，但会得出错误的见解。这就是选择合适的评估人很重要的原因，要选择能具体解释的问题，并熟悉相关最佳实践的人来评估。这样的评估可以提供更高的价值。

（5）准备工作

跳过准备过程，DevOps 工程师无法预料会发生什么事以及会导致什么后果，此时的评估可能会得出与事实不符的答案。

五、资源

在图 8.4.5 中，显示了持续评估的变更模式中资源和人力相关的步骤，这与愿景、权力和组织的结构相同。

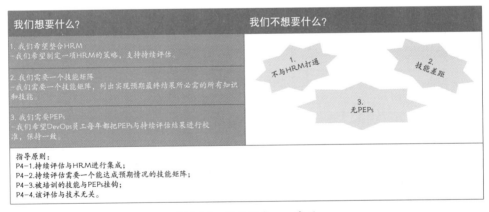

图 8.4.5　变更模式——资源

1. 我们想要什么？

持续评估中的资源和人力方面通常包括以下几个方面。

（1）整合 HRM

HRM 要支持 DevOps 工程师的能力发展，使他们能适应不断变化的环境。一项评估显示哪些能力得到了很好的开发，哪些能力没有得到开发。变更必须符合 HRM 政策和与 DevOps 员工达成的协议。

（2）能力矩阵

职能 / 角色和能力矩阵提供了现有能力的覆盖率，可以检其其与现有能力是否存在差距。评估在这里可以发挥很好的作用，因为评估出的问题可能与能力以及职能 / 角色相关。

（3）PEPs

PEPs 必须对 DevOps 工程师产生激励作用。

2. 我们不想要什么？

以下是持续评估在人员和资源方面的典型反模式。

（1）整合 HRM

不认可持续评估的人力资源管理者是变革的障碍，因此会有很多摩擦产生。首先，知识就是权力，HRM 不想让这种知识产生，以便保护员工。也有很多人反对强制要求培训和认证。最后，人力资源管理的政策与改进的内容不匹配也会产生阻力。这就是为什么必须支持这种方法，尤其是来自 DevOps 团队本身的支持。这使得 HRM 方法更加灵活。

此外，测量似乎给出了一个并非来自 HRM 的判断。对强制培训和认证也经常有抵制。最后，有时会有阻力，因为 HRM 的政策与改进点的定义不匹配。这就是为什么支持这种方法很重要，尤其是来自 DevOps 团队本身。这使得 HRM 方法更加灵活

（2）能力矩阵

许多组织没有知识和能力矩阵即使有也比较粗糙，不能作为"持续万物"的指导。在这种情况下，必须将能力矩阵的评估结果标记为非正式。

（3）PEPs

就发展道路达成具体协议首先应被视为一种奖励，而不是一种义务。通过这样的定义，PEPs 成为激励 DevOps 工程师不断提升的积极因素。

第五节　持续评估架构

提要

• DevOps 成熟度可以从六个视角（DevOps 立方体模型）定义，每个视角都有自己的附加值：工作流、反馈、持续学习和实验、治理、E2E 部署管道和 QA。

• Necker 立方体可用于对这六个视角进行可视化，因为该立方体的特点是无法判断哪一侧面应该在前面。这反映了以下事实：DevOps 立方体的每一侧面都是正确应用 DevOps 时要考虑的同样重要的问题。

- DevOps 成熟度也可以从 DevOps 八字环（DevOps CE 模型）的各个阶段定义。
- CE 模型可以表示为成熟度矩阵。DevOps 八字环的六个最重要阶段构成了竖直列：持续集成（CI）、持续部署（CD）、持续测试（CT）、持续监控（CM）、持续文档（CO）和持续学习（CL）。水平层代表了成熟度层。
- 对 CE 矩阵的单元格标注颜色，它可以用来可视化 DevOps 团队的成熟度。
- 还可以将 DevOps 八字环的一个阶段的成熟度显示为一个蛛网模型。

一、架构原则

本部分包含在变更模式的四个步骤中出现的许多架构原则。为了组织这些原则，将它们划分为 PPT 三个方面。

1. 通用

除了针对一个 PPT 具体方面的特定架构原则外，也有一些涵盖 PPT 三个方面的架构原则，见表 8.5.1。

表 8.5.1　PPT 通用的架构原则

P#	PR-PPT-001
原则	持续评估包括整个 DTAP 通路的 PPT
原因	这种方法的范围对于实现预期的测量是必要的
含义	除了实现对象（技术）的技术知识和技能外，还需要关于价值观（过程）和 DevOps 工程师（人员）的知识和技能
P#	PR-PPT-002
原则	持续评估必须设计成一种综合的方式
原因	这种整体方法是实现预期的测量所必需的
含义	除了实现对象（技术）的技术知识和技能外，还需要了解业务、服务管理、安全管理和开发（过程）的价值流方面的知识和技能

2. 人员

以下对于人员体系的架构原则将应用于持续评估，见表 8.5.2。

表 8.5.2　人员架构原则

P#	PR-People-001
原则	通过设定个人改进目标来确保持续评估
原因	流程的运行取决于 DevOps 工程师的绩效
含义	持续评估必须转化为个人级别的改进，如培训、认证等
P#	PR-People-002
原则	持续评估基于一个共同的概念框架

原因	评估者和被评估者必须就要使用的条款达成一致。在线术语表在这里非常有用
含义	必须协调已确定的同音词和同义词
P#	PR-People-003 占比
原则	持续评估与人力资源管理相结合
原因	评估所产生的改进必须以 HRM 方法为基础,以便 DevOps 工程师能够发展工作能力、进行个人培训等
含义	
P#	PR-Process-002
P#	PR-People-004
原则	持续评估反映了理想情况下的能力矩阵
原因	评估问题旨在衡量 DevOps 最佳实践。这些最佳实践由 DevOps 工程师应用,并需要一定的能力
含义	为了衡量能力的完整性,需要清查每个职能 / 角色的必要能力
P#	PR-People-005
原则	能力需要经过培训并与个人培训计划挂钩
原因	实践一个职能或角色需要基本知识和具体能力,这些必须接受培训。就此达成协议有助于加快对这些能力的使用
含义	有关于绩效和奖励的协议必须存在或必须正在制定中

3. 过程

以下对于过程的体系架构原则将应用于持续评估,见表 8.5.3。

表 8.5.3 流程架构原则

P#	PR-Process-001
原则	强调成熟度的可追溯性
原因	成熟度分数显示了组织的现状。为了将这些分数转换为改进点,必须知道与之关联的缺陷。同时这也会帮助获得审计需要的证据。为此,必须有可追踪性
含义	评估问题的答案必须有准确的记录
P#	PR-Process-002
原则	持续评估的改进点是通过与产品积压的整合来确保的
原因	改进通常必须由 DevOps 工程师执行。必须规划这些改进点。通过将产品积压用于改进点,可以创建综合的产品视图
含义	改进是以牺牲速度为代价的。因此,业务案例必须明确,最好是在结果改进方面
P#	PR-Process-003
原则	持续评估必须持续进行,且需要所有权
原因	有效地组织和协调评估需要自上而下的集中化和自下而上的分散化。为了避免改进中的冗余,需要进行协调,但实现过程必须由员工自己来完成

含义	
P#	PR-Process-004
原则	持续评估基于纯粹的 RASCI 任务分配
原因	无论持续评估的总时间对 DevOps 工程师的总工作小时数来说可能是有限的，但达成协议非常重要，这样才能实现最好的成绩
含义	需要定义和分配几个角色。对于规模较小的组织，可以非正式安排
P#	PR-Process-005
原则	持续评估会产生成果改进
原因	必须在改进和业务结果之间建立关系
含义	必须了解业务价值流和 ICT 服务之间的依赖性

4. 技术

技术架构原则将应用于持续评估，见表 8.5.4。

表 8.5.4　技术架构原则

P#	PR-Technology-001
原则	评估与技术无关
原因	产品具有强大的演进能力，并且可以有一个短暂的生命周期，因此关于产品功能的问题是无关的，更多的是机制问题
含义	评估问题不受工具限制，因此能力也不受约束。必须通过对这些产品的专门培训来满足这方面的知识和技能要求

二、架构模型

本书使用了两个用于 DevOps 评估的架构模型，即 DevOps 立方体评估和 DevOps CE 评估。

1. DevOps 立方体评估

快速筛选 DevOps 组织的最佳方式是从不同的角度查看组织。为此，可以用立方体进行比喻。立方体的六个表面各自代表对组织的独特视角。

本部分首先介绍 DevOps 立方体的构成方式，然后提供立方体各侧面可以提出的问题，以便评估 DevOps 组织。

图 8.5.1 显示了这种立方体的示例，即 Necker 立方体。这是一个线框立方，没有深度指示（深度线）。这个立方体被用于心理研究。Necker 立方体是等距错觉的一个例子。无法判断立方的哪一侧在前面。

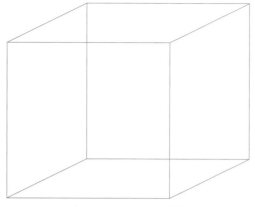

图 8.5.1　Necker 立方体

　　这个比喻也可以用于 DevOps 组织，每位专家从不同的角度审视 DevOps。所有专家从他们的角度来看都需要改进。为了能够在研究 DevOps 组织时使用这个概念，每个表面都必须有一个主题。为了找到这些主题，所有可能的 DevOps 术语都在头脑风暴会议中放在白板上，然后词的群集被检索出来。已确定以下群集：工作流、反馈、持续学习和实验、治理、端到端部署管道和 QA。前三面都是根据吉恩·金的《三步工作法》选择的。这些群集被分配到第 1 到第 6 个面。结果如下。

正面：

- 第 1 面——工作流
- 第 2 侧——反馈
- 第 3 侧——持续学习和实验

后侧：

- 第 4 侧——治理
- 第 5 侧——端到端部署管道
- 第 6 侧——QA

　　然后将术语放在属于集群的立方体各面上，得到 DevOps 立方体，如图 8.5.2 和图 8.5.3 所示。

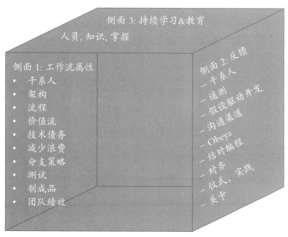

图 8.5.2　DevOps 立方体之一

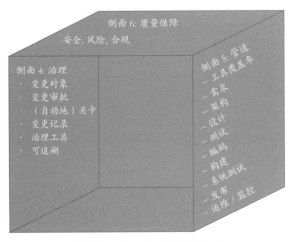

图 8.5.3　DevOps 立方体之二

以下段落的问卷中包含了 DevOps 立方体六面的解释。以下段落包含立方体每一侧的问题，还对每一侧给出了一个简短的解释。

2. DevOps CE 评估

DevOps CE 成熟度模型基于 CMMI 成熟度模型。其模板如表 8.5.6 所示。

表 8.5.6　CE 成熟度模型

	CE	CP	CN	CI	CD	CT	CM	CL	CO
L#		Plan	Design	Code	Deploy	Test	Monitor	Learn	Doc.
5	Optimizing								
4	Quantitatively								
	CE	CP	CN	CI	CD	CT	CM	CL	CO
3	持续的								
2	可重复的								
1	临时的								

颜色用于指示哪些方面成熟（浅蓝色）、部分成熟（白色）和不成熟（深灰色）。表 8.5.7 定义了 DevOps 成熟度矩阵的水平轴。

表 8.5.7　持续万物

CE	描述	特征
CP	根据组织的使命和愿景规划变革，在价值链和价值流层面设定目标，并确定实现这些目标的战略。然后，持续规划包括从架构和规划实施路径、发布计划和迭代计划各方面	平衡计分卡、Ist, Soll 和迁移路线、产品愿景、路线图、单页史诗故事、产品积压、发布计划、迭代计划、改进

CE	描述	特征
CN	持续设计旨在确定变更需求并将其记录到敏捷设计对象中，这些对象从第一个需求到相关的迭代或调整都是可跟踪的	系统上下文图、价值流画布、用例图、系统构建块、价值流映射、用例说明、用例场景、行为驱动开发、测试驱动开发、注释
CI	以基于需求的方式创建解决方案（信息、应用和基础设施），使每个签入都生成一个新版本的解决方案，在不影响业务流程的前提下，该解决方案可以在生产中实施	需求、用户体验设计（UX）、假设驱动的开发、源代码、标准、规则和指南（SRG）、共享源代码库、所有权、基线、构建、损坏构建、绿色构建、配置管理、版本控制、签入、签出、分支、合并和可跟踪性
CD	提供包括环境、工具和技术的部署管道，以部署创建和维护的解决方案，无须手动交互（持续部署）或使用（持续交付）	对象存储库、部署、发布、金丝雀发布、环境、蓝绿环境、推进、可追溯性、发布就绪审核（LRR）、上线就绪审核（HRR）、前向修正、回滚技术和特征切换
CT	在构建解决方案之前通过定义"什么"和"如何"的问题提供快速反馈，并集成测试管理的步骤到需求和开发管理的步骤中	理想测试金字塔、测试驱动开发、行为驱动开发、结对编程、第三人检查、邮件传递、工具辅助代码评审、A/B 测试和拉请求流程
CM	对解决方案的人员、流程和技术方面进行全生命周期监控，以实现快速反馈	监控体系结构、遥测、事件、日志和指标
CL	确保创建和维护解决方案的技能处于最高水平，从而培养出 E 型专业人士	I 形、T 形、E 形、猿猴军团（可靠性监控服务）、免责事后分析和内建故障处理
CO	根据解决方案源代码中的注释（文本）生成文档	源代码和注释

该矩阵中的每个单元（表 8.5.6）定义了多个问题，我们从而能够对每个单元评分。用"否"或"部分"回答的每个问题都是需要改进的领域。这些单元根据答案进行染色。如果所有问题都用"是"回答，则单元格为浅蓝色。如果所有问题都用"否"回答，则单元格为深灰色。在"部分"的情况下，单元格是白色的。由于并非每个人都能区分这些颜色，该百分比也会显示在单元格中。

表 8.5.8 持续万物的 CMMI 级别

L#	级别	描述	特征
5	优化的	工作流集成在业务流程和链中外部的流程中。改进在整个价值流中得到认可和实施	业务 DevOps、审计和合规。修改流水线很容易。问题可以讨论和解决。可见度和周期时间是受控的
4	量化的	管道中的工作流根据预定的质量标准测量。提供管理信息以在必要时调整管道中的工作流	缺陷跟踪、服务级别协议（SLA）、集成合规性、风险和渠道安全、质量保证（QA）员工、对完整渠道的监控（包括安全、风险和合规性）、价值流映射（VSM）

L#	级别	描述	特征
3	一致的	整个工作流由集成式自动化 E2E 管道支持。 有反馈和前馈环路以实现实施目标并满足功能需求	DoR，DoD，基于需求的产品采用，用于监控和调整管道。 SRG 按产品监控检查日志文件以验证每个步骤的有效性
2	可重复的	工作流定义为支持固定工序中的价值流。 某些 DevOps 最佳实践已经到位并实现自动化，但不是针对完整流程	政策、目标、渠道、标准、规则和指南用于以相同的顺序交付相同的产品。 定义并实施工作模式，制定并遵守敏捷流程
1	临时的	工作流未定义，但已具备执行基本操作的最低 DevOps 功能	手动工作、存储库，每个团队都有自己的工具或相同的工具，但它们没有连接，也没有以相同的方式执行。主题、史诗、特点和故事的定义各有不同，没有敏捷过程

CE 成熟度检查点摘要如图 8.5.4 所示。同心圆代表成熟度。这些轴线把检查点分开了。如表 8.5.6 所示，这个数字可以用图形表示成熟度。以下段落对所有维度的检查点进行了命名。图 8.5.4 所示的持续万物蛛网模型可用于对任意维度进行染色。

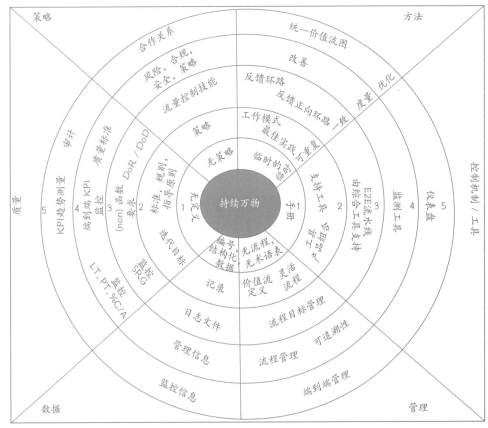

图 8.5.4 持续万物蛛网模型

表 8.5.9 说明了成熟度的原则。基于各维度（CI、CD 等）和成熟层级（1—5）标准化每个方面区域，可以优先处理需要处理的事项，也可以指明重点是什么。这些问题是基于维度和成熟度级别的组合来定义的。

表 8.5.9 成熟度原则

P#	PR-Process-006
原则	每个持续万物的领域都按维度和成熟度级别进行了补充，以确定 DevOps 能力中的差距
原因	持续万物包括被公认为宝贵的 DevOps 最佳实践。这些内容分为多个方面，如持续集成和持续部署。 维度是战略、方法、控制、管理、数据和质量。这些维度在能力成熟度模型集成（CMMI）的五层中分层。这使得 DevOps 团队可以轻松识别低挂果
含义	深入了解 DevOps 能力中的差距，可为技术债务积压提供改进点。应朝着这个方向努力，以便在软件开发过程中实现改进

第六节 持续评估设计

提要

（1）价值流是一种可视化持续评估的很好的方法。

（2）要显示角色和用例之间的关系，最好使用用例图。

（3）最详细的描述是用例。此描述可分为两个级别显示。

持续评估设计旨在快速了解应执行的步骤。开始时可以用只有步骤的理想工作流来定义价值流。细节以用例图的形式给出。最后，用例说明是更详细地描述步骤的理想方法。

一、持续评估价值流

图 8.6.1 显示了持续评估的价值流。

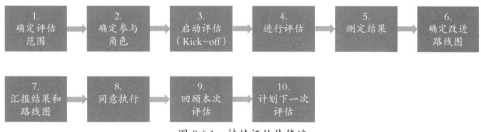

图 8.6.1 持续评估价值流

二、持续评估用例图

在图 8.6.2 中，持续评估的价值流已转换为用例图，已将角色、制品和仓库添加到其中。此视图的优点是可以显示更多详细信息，帮助我们了解流程过程。

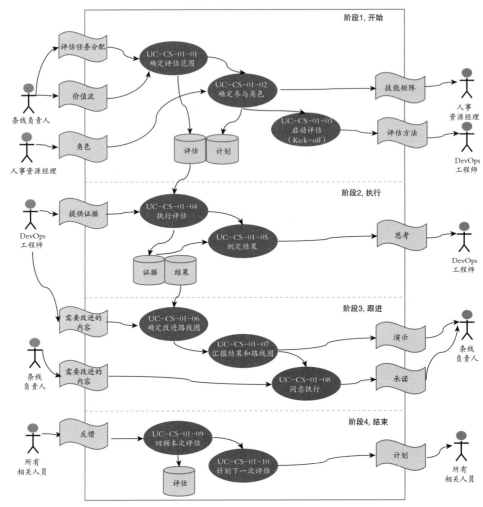

图 8.6.2　持续评估用例图

三、持续评估用例

表 8.6.1 显示了一个用例的模板。左列是属性。中间列指示是否必须输入属性。右列是对属性的简要说明。

表 8.6.1　用例模板

属性	√	描述
ID	√	<Name>-UC<Nr>
姓名	√	用例名称
目标	√	用例目标
摘要	√	用例的简要说明

属性	√	描述			
前提条件		必须在用例执行之前满足的条件			
成功时的结果	√	用例执行成功时的结果			
失败时的结果		用例执行失败时的结果			
性能		适用于此用例的性能标准			
频率		用例的执行频率，以选择的时间单位表示			
参与者	√	在此用例中扮演角色的参与者			
触发	√	触发执行此用例的事件是什么			
场景（文本）	√	S#	参与者	步骤	描述
		1.	执行此步骤的人员	步骤	关于如何执行步骤的简要说明
场景的变量		S#	变量	步骤	描述
		1.	步骤的偏差	步骤	与场景的偏差
开放式问题		设计阶段的开放式问题			
规划	√	此用例的交付截止日期是什么？			
优先级	√	用例的优先级			
超级用例		用例可以形成一个层次结构。为此用例执行的所提前执行的用例称为超级用例或基本用例			
接口		用户界面的描述、图片或模拟			
关系		流程	……		
		系统构建模块	……		
		……	……		

可以为持续评估的用例图的每个用例填写此模板，也可以为用例图的所有用例只填写一次模板。选择取决于想要描述的详细程度。这本书在用例图层上使用了一个用例。用例模板的实施示例如表 8.6.2 所示。

表 8.6.2　持续评估使用案例

属性	√	描述
ID	√	UCD-CS-01 循环
姓名	√	UCD 持续评估
目标	√	本用例的目的是确定 DevOps 方法的成熟度，以便得出改进点的路线图。基本目标是增加业务成果

属性	√	描述
摘要	√	根据评估任务分配确定评估范围和角色。在启动后，执行评估并将结果处理成路线图。在提交处理后，评估结束，并计划下一次评估
前提条件	√	提供评估任务分配。涉及 HRM
成功时的结果	√	如果评估成功，将提供以下结果： • 能力矩阵或其更新 • 评估问题的证据 • 考核得分 • 分数的可视化 • 改进路线图 • 参与路线图的人员承诺 • 评估的改进 • 计划下一次评估
失败时的结果	√	下列原因可能导致评估无法成功完成： • 在阶段 1 中始终达到有效的启动阶段 2 的位置 • 由于缺乏时间、重组、预算削减、缺乏跟踪评估的知识等许多可能的原因而停止评估 • 结果不被接受为真实的或相关的 • 未就路线图达成一致 • 未承诺相应变更
性能	√	评估的持续时间由范围决定，并包括几个讲习班。一次培训不超过 1 小时，参加者 4 至 5 人，还有一名评估员。对于拥有 1 个 DevOps 团队的小型组织，参考交付周期为 1 周
频率	√	每年至少进行一次评估
参与者	√	业务主管、DevOps 工程师、HRM 经理。
触发	√	有一个评估任务

场景（文本）06	√	停止	演员	步骤	描述
		1	评估者和业务主管	确定范围	评估范围必须由评估者根据评估任务分配和可用的价值流来确定。可以选择 DevOps 立方体评估和 / 或 DevOps CE 评估。在两种评估中，都可以选择在业务、开发、运营和安全方面或者在价值流的意义上限制范围。
		2	评估者和人力资源经理	确定角色	会有许多角色参与评估。首先，必须确定对评估感兴趣的利益相关方。有两种角色。一方面，相关的 DevOps 团队以及他们中的员工都要参与。另一方面，从成熟度中获益的利益相关方，如业务主管和 HRM。 最好是所涉及的 DevOps 团队的所有成员都参加评估。 如果多个 DevOps 团队以统一的方式在同一个应用程序中工作，可以选择为这些员工设定一个评估代表

属性	√				描述
		3	全员	启动评估	在评估的一开始必须谨慎。下列考虑因素是相关的： • DevOps 团队有哪些基本知识？ • 在资源利用和周转时间方面允许多少时间？ • 是否已考虑改进点数的跟进？ • 大家都明白评估的目的吗？
		4	评估和 DevOps 团队	执行评估	要求 DevOps 团队逐个参与评估
		5	评估者	确定结果	评估结果已在第 4 步中登记。在此基础上，为每个 DevOps 团队或每组 DevOps 团队提供可视化效果
		6	评估和 DevOps 团队	确定路线图	在此步骤中，发现的缺陷被转换为对技术债务积压的改进。此积压用于编写路线图。通过对改进的智能规划，DevOps 团队可以独立实施改进并相互学习，从而缩短改进的准备时间
		7	评估和 DevOps 团队	演示文稿	理想情况下，DevOps 会根据路线图提出改进点，以便获得改进实施的确认
		8	评估者和业务经理	承诺	实施工作方法的改变是必须做的投资。投资是指实施改进后的生产速度的降低
		9	全员	评估	持续评估本身也可以改进。改进可涉及许多方面，包括组织评估和对评估提出实质性意见
		10	全员	计划	应定期重复评估，以衡量进度。成熟度应至少每年确定一次
场景的变量		步骤	变量	步骤	描述
开放式问题					
规划	积				
优先级	积				
超级用例					
接口					
关系					……
					……

第七节　DevOps 立方体评估模型

提要

立方体的每一面都提供了大部分开放式问题，这些问题结合起来可以很好地了解 DevOps 成熟度。

一、第 1 面——工作流

DevOps 优化生产力的最佳实践是吉恩·金的"三步工作法"。第 1 步是定义一个工作流。本部分介绍如何改进工作流的问题。工作流是一组将需求转换为在生产环境中为业务增加价值的操作。工作流是 Scrum 的 4 个规程，从愿景陈述开始，确定利益相关方，定义路线图，然后向用户（最终用户）进行部署和发布。

表 8.7.1　第 1 面问题

PPT	主题	问题
工作流中的"人员"方面是什么?		
Q1.1	角色	DevOps 团队中涉及哪些角色?
Q1.2	角色	DevOps 团队之外涉及哪些角色?
Q1.3	利益相关者	DevOps 团队的利益相关者是谁?
工作流中有哪些流程方面?		
Q2.1	业务	持哪些业务部分?
Q2.2	服务管理	哪些服务管理流程对 DevOps 团队有影响? 如何定义此界面?
Q2.3	基础设施管理	基础设施管理团队有哪些依赖关系是在 DevOps 团队之外的，如管道和云服务?
Q2.4	供应商	DevOps 团队直接接触哪些供应商?
Q2.5	生命周期管理（LCM）	• 该 DevOps 团队执行应用和工具生命周期管理的哪个部分（发布、版本、补丁）? • 执行哪种类型的管理? • 附加变更（时间百分比） • 适应性变更（时间百分比） • 修正变更（时间百分比） • 预防性变更（时间百分比） • 改进性变更（时间百分比）

PPT	主题	问题
Q 2.6	CEMLI	应用管理的哪些方面被执行？ • 配置（调整设置） • 扩展（数据模型的附加元素） • 修改（编程） • 本地化（对时间、货币等的调整） • 集成（提取、转换和加载以构建接口）。
Q2.7	流程步骤	工作流中从愿景到价值有哪些步骤？
Q2.8	流程 KPI	哪些流程 KPI 得到认可，如速率等？ 哪些风险和对策受这些 KPI 的控制？
工作流中的技术方面是什么？		
Q3.1	应用程序	涉及哪些应用？
Q3.2	工具	涉及哪些工具？
Q3.3	最佳实践	使用哪些最佳实践？ • 持续集成 • 持续交付 / 部署 • 持续监控 • 持续测试 • 持续文档 • 持续学习

二、第 2 面——反馈

反馈是优化生产率的第二步。本部分在第二个面内定义寻求改进的问题。反馈定义为确认流程执行正确的任何操作。功能性和定性反馈都是必需的。反馈环路应尽早启动，并应尽可能实现自动化。反馈高度依赖于部署管道。

表 8.7.2　第 2 面问题

步骤	主题	问题
计划的反馈？		
Q1.1	敏捷 Scrum 事件中的反馈	是否有每日站会？
Q1.2	敏捷 Scrum 事件中的反馈	迭代目标是否应用在每日站会中？
Q1.3	敏捷 Scrum 事件中的反馈	是否对产品积压的内容测量了速率趋势？
Q1.4	敏捷 Scrum 事件中的反馈	是否用速率趋势来预测产品积压史诗故事的实现？
Q1.5	计划反馈	是否有其他关于敏捷计划的反馈？
Q1.6	计划反馈	是否使用作战室来获取关于 DevOps 团队绩效的反馈？

步骤	主题	问题
设计的反馈?		
Q2.1	一致性检查的反馈	架构与敏捷设计之间的偏差是否被测量并用作校正反馈?
Q 2.2	可跟踪性反馈	软件开发流程中是否有架构构建模块并重复使用?
Q2.3	来自 DoR 的反馈	是否使用 DoR 来获得关于用户故事的反馈?
Q2.4	来自 DoD 的反馈	是否使用 DoD 来获得交付物的反馈?
Q2.5	设计反馈	是否有其他关于敏捷设计的反馈?
测试的反馈?		
Q3.1	BDD 的反馈	BDD 特性是否用于获得用户的反馈?
Q3.2	TDD 的反馈	TDD 测试用例是否用于在编码期间获得反馈?
Q3.3	UAT 的反馈	在 DTAP 的哪个阶段获得用户的反馈?
Q3.4	测试的反馈	是否有其他关于敏捷测试的反馈?
编码的反馈?		
Q4.1	编码的反馈	是否使用电子邮件批复?
Q4.2	编码的反馈	是否使用工具辅助的代码评审?
Q4.3	编码的反馈	是否有其他关于敏捷编码的反馈?
Q4.4	编码的反馈	是否有通过测量重做工作的反馈?
构建的反馈?		
Q5.1	构建的反馈	是否使用绿色构建策略来获取关于代码质量的反馈?
Q5.2	构建的反馈	是否使用工具辅助的代码评审?
Q5.3	构建的反馈	是否有其他关于敏捷构建的反馈?
部署和发布的反馈?		
Q6.1	系统测试反馈	系统测试是否自动化并用于获得关于需求的反馈?
Q6.2	系统集成测试反馈	SIT 是否自动化并用于获得对需求的反馈?
Q6.3	部署的反馈	是否正在自动进行部署测试,以获得部署成功率的反馈?
Q6.4	部署的反馈	是否使用发布要求来获得反馈?
Q6.5	发布的反馈	是否使用 A/B 测试来获得反馈?
Q6.6	发布的反馈	是否使用假设驱动开发来获得反馈?
Q6.7	发布的反馈	是否使用内容调查来获得反馈?
运维的反馈?		
Q7.1	运维的反馈	是否有反馈机制来学习发布的解决方案在生产环境中的行为?
Q7.2	监控的反馈	生产过程中的监控结果是否用于学习如何开发更好的解决方案? 事件管理是否到位? 事件相关性是否到位? 是否根据事件自动生成事故工单? DTAP 通路上每个阶段是否使用相同的遥测工具?

三、第 3 面——持续学习和实践

持续学习和实践是优化工作效率的第三步。本部分在立方体的第三个面内定义要进行改进的问题。这一步是通过免责事后分析、游戏日、猿猴军团（可靠性监控服务）等等来增加 DevOps 团队的知识。对于找到的解决问题的办法，这一步骤寻求有效的途径来传播经验教训。此外，这个阶段还包括在运维和开发之间寻求合作，以整合这两个领域。例如，可以通过了解和分享运维案例来做到这一点。

表 8.7.3　第 3 面问题

方面	主题	问题
学习目标是什么？		
Q1.1	知识目标	是否有达到更高水平的运维模式和计划？
Q1.2	知识目标	是否有达到更高水平的开发模式和计划？
Q1.3	知识目标	是否对知识和技术进行过遥测？
Q1.4	知识目标	是否有其他学习目标？
如何利用经验教训？		
Q2.1	实践	是否了解系统在失效模式下的行为？
Q2.2	实践	在 Scrum 回顾性期间，是否使用对敏捷 Scrum 流程的学习来调整流程？
Q2.3	实践	是否识别出浪费来优化工作流？
生产中使用哪些实践？		
Q3.1	生产实践	是否使用了猿猴军团？
Q3.2	生产实践	是否使用了游戏日？
Q3.3	生产实践	是否使用了注入？
Q3.4	生产实践	是否使用了免责事后分析？

四、第四面——治理

治理是证明产品已经按照相关主管部门的授权构建和发布的控制机制。这包括合规、安全措施等。

表 8.7.4　第 4 面问题

方面	主题	问题
使用哪些变更对象？		
Q1.1	用途	是否使用了主题？
Q1.2	用途	是否使用了史诗故事？
Q1.3	用途	是否使用了哪些特性？
Q1.4	用途	是否使用用户故事？
Q1.5	用途	是否使用了任务？

方面	主题	问题
Q1.6	用途	是否使用了运维故事？
Q1.7	用途	是否使用测试故事（Given-When-Then）？
Q1.8	用途	是否使用 MVP？
Q1.9	用途	使用了哪些其他变更对象？
使用哪些变更权限？		
Q2.1	控制	是否有变更咨询委员会（CAB）？
Q2.2	控制	是否指定了变更经理？
Q2.3	控制	是否指定了业务线经理？
Q2.4	控制	是否指定了主要产品负责人？
Q2.5	控制	是否指定了产品所有者？
Q 2.6	控制	有哪些其他变更权限？
哪些卡点被识别？		
Q3.1	卡点	是否衡量了 PAT 的有效性？
Q3.2	卡点	是否测量了 DoR 的有效性？
Q3.3	卡点	是否衡量了 DoD 的有效性？
Q3.4	卡点	是否检查每个用户故事的验收标准以了解有效性？
Q3.5	卡点	是否检查端到端 SIT 测试用例和 / 或端到端 UAT 测试用例的有效性？
Q3.6	卡点	是否检查协议或 FAT 测试案例的有效性？
Q3.7	卡点	是否有其他有效的卡点？
使用哪些记录？		
Q4.1	记录	是否记录了产品积压工具（如 JRA）中的变更对象状态？
Q4.2	记录	是否记录测试用例的状态（如 HP ALM、MSExcel）？
Q4.3	记录	是否记录缺陷状态（如 HP ALM、MSExcel）？
Q4.4	记录	跨越多个 DevOps 团队的特性是如何注册和接受的？
使用哪些管理工具？		
Q5.1	工具	使用哪些产品积压工具？
Q5.2	工具	使用哪些迭代积压工具？
Q5.3	工具	使用哪些测试管理工具？
如何管理流水线的追踪性？		
Q6.1	追踪性	从架构到设计？
Q6.2	追踪性	从设计到开发（代码）？
Q6.3	追踪性	从开发到构建（exe）？
Q6.4	追踪性	从构建到测试？
Q6.5	追踪性	从测试到部署？
Q6.6	追踪性	从部署到监控？

五、第 5 面——端到端部署管道

管道如同是火车的轨道。管道包含愿景描述、主题、史诗、特性、故事、测试用例、软件配置项（S-CI）、基线、可部署单元、部署对象所使用的所有工具。管道是工作流和反馈的基础。管道用于实现持续集成、持续部署、持续监控、持续测试等。在表 8.7.5 中列出了对象的每个阶段，包括工具、对象识别（ID）以及对象与管道中的上一个对象之间的链接。

表 8.7.5　第 5 面问题

方面	主题	问题			
工具支持价值流的哪些步骤？					
		对象	工具	对象 ID	链接
Q1.1	需求	哪一个需求对象？	哪种需求工具？	哪个需求 ID？	—
Q1.2	架构链接到需求	哪个架构对象？	哪种架构工具？	哪个架构 ID？	哪个链接到需求 ID？
Q1.3	规划链接到架构	哪个规划对象？	哪种规划工具？	哪个规划 ID？	哪个链接到架构 ID？
Q1.4	敏捷设计链接到规划	哪一个敏捷设计对象？	哪一个敏捷设计工具？	哪种敏捷设计 ID？	哪个链接到规划 ID？
Q1.5	测试链接到敏捷设计	哪一个 BDD/TDD 对象？	哪一个 BDD/TDD 工具？	哪个 BDD/TDD ID？	哪个链接到敏捷设计 ID？
Q1.6	编码链接到 BDD/TDD	哪个编码对象？	哪个编码工具？	哪个编码 ID？	哪个链接到 BDD/TDD ID？
Q1.7	构建链接到编码	哪一个构建对象？	哪一个构建工具？	哪个构建 ID？	哪个链接到编码 ID？
Q 1.8	系统测试链接到构建	哪一个 ST/SIT/FAT 对象？	哪一个测试工具？	哪一个 ST/SIT/FAT ID？	哪个链接到构建 ID？
Q1.9	部署链接到系统测试	哪一个包对象？	哪一个部署工具？	哪个包 ID？	哪个链接到 ST/ST/FAT ID？
Q1.10	发布链接到部署	哪一个发布对象？	哪一个发布工具？	哪个发布 ID？	哪个链接到部署 ID？
Q1.11	运维链接到发布	哪个事故对象？	哪一个事故工具？	哪个事故 ID？	哪个链接到发布 ID？
Q1.12	监视链接到运维	哪些事件对象？	哪种事件工具？	哪个事件 ID？	哪个链接到事故 ID？

六、第 6 面——质量保证

QA 负责确保存在反馈环路，以便业务按要求运行。QA 包含在从需求到部署的 DevOps 团队中，并确保工作流、反馈以及持续学习和实践中的质量。

表 8.7.6　第 6 面问题

P#	原理	问题
如何向每位员工解释敏捷原则?		
P1	我们的最高优先级是通过尽早和持续部署有价值的软件来满足客户	软件何时有价值?
P2	欢迎变更需求,甚至在开发后期。敏捷流程利用变更获得客户的竞争优势	什么是后期? 哪些敏捷流程?
P3	频繁地提供可工作软件,从几周到几个月,最好选择较短的时间刻度	软件何时可工作?
P4	在整个项目中,业务人员和开发人员必须每天一起工作	在 I 型、T 型、E 型方面,协同工作意味着什么?
P5	围绕有动力的个体建立项目。给他们提供所需的环境和支持,并信任他们完成工作	有什么动力的标志? 信任是什么意思?
P6	最有效的信息传递方式,是与开发团队内部或外部进行面对面交流	哪些其他方式用于交流?
P7	可工作软件是衡量进度的主要手段	如何测量可工作软件?
P8	敏捷流程促进可持续发展。发起人、开发人员和用户应该能够无限期地保持不变的节奏	什么是可持续的? 什么是保持不变的节奏?
P9	持续关注技术优势和良好的设计提高了敏捷性	什么时候人员有技术优势? 什么时候设计敏捷?
P10	简单——最大化未完成的工作的艺术——是必不可少的	不应该做哪些工作?

第八节　DevOps CE 评估模型

提要

（1）为 DevOps 八字环的每个阶段提供问题,以确定该阶段 DevOps 实践的成熟度。

一、CP

CP 的成熟度定义使用 CMMI 的级别定义,如表 8.8.1 所示。

表 8.8.1 CP 成熟度特征

#	主题	特征
第 1 级：临时的		
01	手动规划	是否有规划活动？
02	自有的工具	是否每个团队使用自己工具来管理迭代待办列表或产品待办列表？
03	排定优先级	是否有产品负责人为迭代设定优先级？
04	手动记录	是否至少手动计划记录，例如使用白板作为来维护看板？
05	延迟反馈	是否至少在回顾活动中对计划进行评估，以便改善下一个迭代的计划周期？
06	迭代目标	是否为即将到来的迭代设定了目标，迭代中的工作是否以此目标为重点？
第 2 级：可重复的		
01	迭代计划	如果是一个月的迭代计划，迭代计划是否定义了未来迭代的工作内容和未来两天的具体任务？
02	发布计划	发布计划是否用来预测下一季度将在特性和史诗方面发布的内容？
03	规划管理工具	规划的记录是否在规划管理工具中登记？
04	产品待办事项管理	产品待办事项是否用于管理规划对象？
05	本地存储库	规划记录是否在规划工具中登记？
06	定义的规划对象	是否使用主题、史诗、特性和故事来规划要完成的工作？
07	DoR 和 DoD	在规划过程中是否考虑了就绪和完成的定义？
08	综合发布计划	是否是 DevOps 团队的发布计划？
第 3 级：一致的		
01	单页史诗故事	为每个史诗创建一个单页史诗故事吗？
02	规划的节奏	DevOps 团队的规划节奏是否一致？
03	设计工具集成	规划是否以设计对象为基础，并将规划和设计工具连接起来？
04	存储库工具集成	DevOps 团队是否使用同一个规划库？
05	开发工具集成	基于增量的规划是否要构建，并连接到规划和开发存储库？
06	版本规划管理	是否在发布计划中定义并规划了产品的版本？
07	共享规划存储库	规划对象是否在一个在更多的 DevOps 团队之间共享的工具中进行管理，以便在存在依赖关系时执行交叉规划？
08	规划元数据	每个规划对象的元数据是否被有效地定义？
09	有效验收	一个规划对象的是否完成有验收标准吗？

#	主题	特征
10	审计	规划是否可以通过目标设定和有记录的证据进行审核?
11	产品愿景	是否为每个敏捷项目定义了生产愿景?
12	产品路线图	是否为每个产品构建了一个路线图?
第 4 级: 可量化的		
01	系统构建块当前状态(Ist)、期望状态(Soll)、迁移路径	改善是否用来持续改进系统监控?
02	跨链式 DevOps 团队同步规划	工具是否支持在最大延迟阈值内收集事件?
03	路线图管理	高级管理层是否定期管理路线图?
04	MVP 管理	MVP 的定义是为了在季度基础上管理增量范围吗?
05	计划偏差记录	是否登记了规划偏差并对其根本原因进行分析,以提高 DevOps 团队的规划能力?
06	燃尽 / 燃起图	项目是否在迭代期间有项目管理进度雷达?
07	可靠的预测	规划的预测是否可靠?
08	可测量的速度	DevOps 团队的速度是按故事点衡量还是按理想时间计算?
09	规划监控	迭代、发布计划和路线图的规划是否被监视和可视化?
10	规划符合定义的架构方向	产品增量规划是否符合架构设定的方向?
5 级: 可优化的		
01	平衡计分卡	是否使用平衡计分卡为价值链和价值流设定目标?
02	集成仪表板	DevOps 团队的仪表板是否集成?
03	战略规划委员会	是否有符合产品愿景和路线图规划的 C 级董事会?
04	CP 监控信息	是否有持续的规划监控信息?
05	KPI 趋势测量	是否定义了 KPI 并衡量了趋势?
06	规划符合平衡计分卡	产品愿景和路线图的规划是否与平衡计分卡保持一致?

　　CP 的成熟度检查点总结如图 8.8.1 所示。同心圆代表成熟度。这些轴线把检查站分开了。如表 8.5.1 所示,这个数字可以用图形表示成熟度。

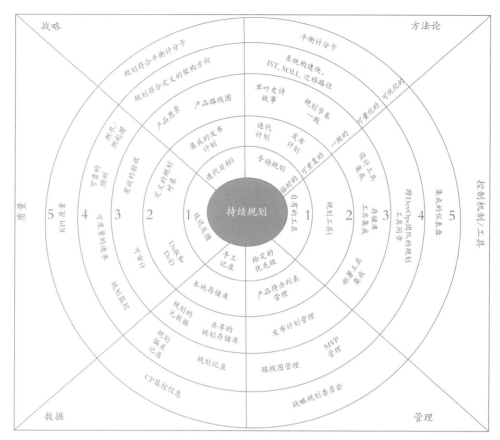

图 8.8.1 DevOps CP 蜘蛛图模型

二、CN

CN 特性使用 CMMI 级别定义，如表 8.8.2 所示。

表 8.8.2 CN 成熟度特征

#	主题	特征
第 1 级：临时的		
01	注释	用来解释源代码中的困难部分的注释是否不超过源代码注释的 50%？
02	自有的工具	是否使用了设计工具？
03	设计评审	设计是否经过审核？
04	源代码标签	源代码是否包含支持设计自动化的标签？
05	延迟反馈	缺陷和逃逸事件是否与设计相关联，以纠正设计缺陷？
06	新型设计	每个迭代中的设计有没有进行调整去反映实际情况？
第 2 级：可重复的		
01	TDD	在源代码编写之前，是否使用测试驱动开发来定义应用的技术设计？
02	BDD	行为驱动开发是否有用于定义应用的需求？

#	主题	特征
03	设计工具	设计工具是否像数据模型工具一样用于加快设计并提升一致性?
04	设计所有权	是否有一个所有者来维护设计?
05	单元测试用例	单元测试用例是否有用于建立 TDD?
06	Given-When-Then	Given-When-Then 是否有用于建立 BDD?
07	DoD 和 DoR	定义完成和定义就绪是否有用来控制设计质量?
08	定义的设计对象	类似系统上下文图、价值流画布、使用案例图、系统构建块、价值流映射、使用案例说明、使用案例情景、行为驱动开发、测试驱动开发、注释等对象是否有用于改进设计质量?
09	设计使适合使用和适应目的成为可能	在适合使用和适应目的方面,设计是否与需求相关?
第 3 级:一致的		
01	用例	是否使用用例?
02	用例图	是否使用用例图?
03	价值流映射	是否使用了价值流映射?
04	规划工具集成	设计工具是否与规划工具集成?
05	仓库工具集成	设计工具是否集成到一个仓库?
06	部署工具集成	设计工具是否与部署工具集成?
07	领域设计审批	是否对设计进行分析以确定设计对领域水平的影响?
08	用例自动化	是否通过工具自动创建用例?
09	共享设计库	DevOps 团队是否使用一个共享仓库创建和维护设计?
10	设计可追溯性	是否可以通过设计制品从代码回溯到需求?
11	审计	设计是否以组织的战略为基础,是否有证据表明达成了这种一致性?
12	版本控制	设计对象是否有版本控制?
第 4 级:可量化的		
01	系统构建块	架构系统构建块是否用于对设计制品进行分类?
02	价值流画布	是否使用价值流画布模型来寻找价值流设计中的边界和限制?
03	设计在链式DevOps团队之间同步	是否在 DevOps 团队之间共享设计,以确定 DevOps 团队之间的相互影响?
04	链式设计机构	是否有一个治理机构来批准链式设计?
05	构建块元数据	设计对象中是否使用构建模块作为元数据?
06	设计记录	是否保留了关于设计对象的记录以注册它们和它们的状态?
07	集成设计	设计是否已集成以确保一致性?
08	可衡量的设计质量	设计的质量是否可以衡量?
09	设计完整性监控	是否对设计的完整性进行了监控调配?

DevOps 持续万物

#	主题	特征
10	设计合规解决方案架构	是否对设计与解决方案架构的一致性进行了控制？
第 5 级：可优化的		
01	系统上下文图	是否使用系统上下文图检查设计的产品／服务与利益相关者的信息流的一致性？
02	集成仪表板	是否有一个集成仪表盘来显示设计对象的状态？
03	战略设计审批委员会	是否有战略级别的设计审批委员会？
04	CN 监控信息	是否有关于设计质量和进度的监控信息？
05	KPI 趋势衡量	是否定义并衡量设计趋势的 KPI？
06	设计合规一致性参考架构	是否有控制措施来验证设计是否符合参考架构的要求？

CN 成熟度检查点的总结如图 8.8.2 所示。同心圆代表成熟度等级。轴线将检查点安排在不同的方面。和表 8.5.1 一样，这个图可以用颜色来表示成熟度。

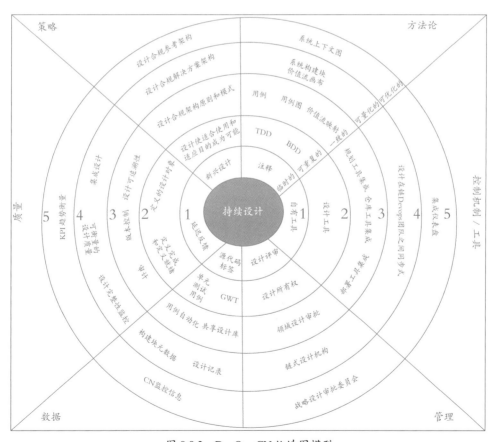

图 8.8.2　DevOps CN 蜘蛛图模型

三、CT

CT 特性是基于 CMMI 等级定义的，如表 8.8.3 所示。

表 8.8.3　CT 成熟度特征

#	主题	特征
第 1 级：临时的		
01	手动测试	是否记录测试用例？
02	自有测试工具	DevOps 工程师是否使用工具进行测试管理，如记录测试用例（自有的或共享的工具）？
03	随机测试	是否使用测试管理术语？（暂不考虑术语是否一致）
04	本地测试用例	是否存储和使用测试用例（本地管理还是集中式管理）？
05	延迟反馈	是否有关于测试用例输出的反馈，比如缺陷？（无论是否快速反馈）
06	自有测试策略	是否使用测试策略（无论是否一致）？
第 2 级：可重复		
01	测试驱动开发	是否仅基于 TDD 定义测试用例，先编写测试用例，然后再编写源代码？
02	测试驱动开发	是否在开发软件之前构建测试用例？
03	测试模式	是否每个对象都有一个测试模式，用于描述包含测试技术的测试对象模板？
04	准入准出	测试模式是否包括进入和退出测试用例？
05	版本	测试用例是否有版本管理？
06	测试工具	是否使用测试工具执行测试用例？
07	测试用例库	测试用例是否与源代码存储在同一个存储库中？
08	安全	测试用例是否仅由认证和授权的人执行？
09	测试脚本	是否为测试用例编写脚本以支持测试自动化？
10	共享存储库	是否与所有其他 DevOps 团队共享测试用例？
11	结对编程	是否仅根据结对编程进行编码？
12	同行评审	是否每次合并代码都做同行评审？
13	测试策略	是否使用理想测试金字塔实现快速反馈？这是否意味着至少 80% 的测试用例是基于在开发环境中执行的单元测试用例？
14	单元测试用例	单元测试案例是否不涉及编程对象范围之外的对象（网络、打印机、调度程序、数据库管理系统等）？
第 3 级：一致		
01	行为驱动开发	功能级别的测试用例是否按照给定的格式（Given-When-Then）编写？
02	A/B 测试	生产平台是否允许 A/B 测试？
03	自动 sign off	故事的验收是否基于测试用例 100% 通过？
04	统一测试工具	是否所有部落和小组都使用相同的工具来定义测试用例？

#	主题	特征
05	测试自动化	是否自动执行测试用例？
06	测试生成	是否可以根据测试模式和测试对象生成测试用例？
07	自动化回归测试	回归测试是否基于自动化测试用例？
08	测试数据生成工具	是否使用工具创建基于生产数据的测试数据，并且创建的测试数据和输入的数据的差值在要求的范围内？
09	生产数据	是否不用生产数据进行测试？
10	测试数据	测试用例是否抓取测试数据？数据使用后，数据是否被（内置）机制删除？
11	集成测试工具	是否集成测试工具？（例如，部署流水线的所有阶段，测试所需的多个工具一起工作，以使软件过程的整体状态可见）
12	统一测试术语	DevOps 团队是否使用相同的测试管理术语？
13	统一测试流程	DevOps 团队是否使用相同的测试管理流程来描述在部署管道阶段执行的测试活动？
14	流水线阶段	测试过程是否定义了每个流水线阶段的测试类型？
15	测试生命周期	测试用例是否有与测试对象生命周期相关的生命周期？
16	测试类型	部署流水线中每个阶段都使用的测试类型是否已知？
17	测试步骤	测试流程中的每个测试步骤是否都制定初始标准和退出标准？
18	基于升级的测试	软件的升级是否基于发布策略和自动化测试用例的执行结果？
19	测试对象	是否基于产品、服务及他们的组件进行定义的？（例如，如何确定已实现测试覆盖？）
20	统一元数据	是否在所有部分的测试用例有统一的元数据。
21	最小可用元数据	所有测试用例是否都定义在相关软件配置项、相关变更对象（史诗、特性、故事等）、软件基线中的最小元数据中？
22	数据驱动测试	是否基于生产数据创建测试数据，并且创建的测试数据和输入的数据的差值在要求的范围内。
23	数据脱敏	是否仅在数据脱敏之后才使用生产数据？
24	快乐（Happy）、悲伤（Sad）和错误（Bad）路径	是否为每个故事定义并使用了快乐路径（成功＋同类项路径）、悲伤路径（错误路径）、错误路径（安全/合规错误）？
25	SRG 自动测试	签入代码时是否测试标准（Standard）、规则（Rules）和指南（Guidelines）？
26	端到端测试	端到端测试用例是否用于测试完整链路？
第 4 级：按数量计算		
01	改善	是否使用改善持续提升 DevOps 工程师的个人效能？
02	单元测试最长持续时间（UT）	当中央构建失败时，是否所有团队成员一起解决缺陷或发现的问题？
03	测试管理	是否基于 KPI 来控制测试管理任务？
04	缺陷记录	当本地构建失败时，是否立即修复缺陷或者发现的问题？
05	基于测试的反馈	端到端部署流水线中的反馈是否基于自动化测试（组间自动反馈）？

#	主题	特征
06	安全代码审查	是否独立于部署流水线，定期执行渗透测试？
07	安全代码审查	是否定期执行安全代码审查？
08	基于风险的测试策略	是否是基于风险的测试策略，并在批准路线图计划之前定义此策略？
5 级：最佳化		
01	集成价值流	是否集成链路上多个环节的价值流，并用于保持链路上的（端到端）测试用例一致？
02	持续测试质量仪表板	是否在仪表板上可视化持续测试质量？
03	互联测试环境	链路中的所有 DTAP 环境是否均可连接以保持部署一致？
04	全链路测试管理	多个参与方的 DevOps 团队是否在全链路测试上保持一致？
05	持续测试监控信息	是否度量持续测试的质量并收集信息以管理测试过程？
06	持续测试监控信息	测试执行结果是否会通过使用监控设备使结果对所有参与的人可视化？
07	KPI 趋势测量	是否使用持续测试的 KPI 进行趋势分析？

CT 的成熟度总结见图 8.8.3。同心圆代表成熟度。这些轴线把检查站分开了。如表 8.5.1 所示，这个数字可以用图形表示成熟度。

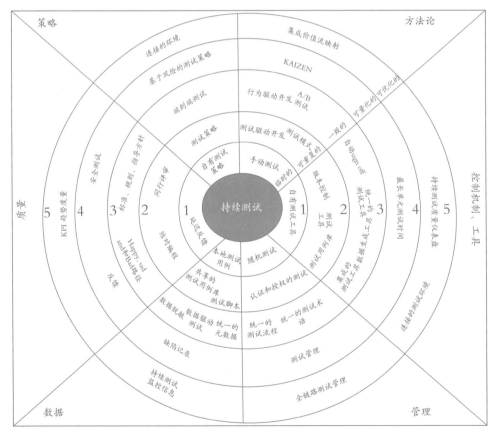

图 8.8.3　DevOps CT 蜘蛛图模型

四、CI

CI 的特性是基于 CMMI 级别定义的，如表 8.8.4 所示。

表 8.8.4　CI 成熟度特征

#	主题	特征
第 1 级：临时的		
01	分支	分支是注册的吗（长期还是短期分支）？
02	存储库工具	开发人员是使用存储库工具（本地还是共享）？
03	备份和恢复	是否执行源代码的备份（本地或集中式）？
04	源代码	是否存储和维护源代码（本地或中央）？
05	反馈	是否有关于集成缺陷（延迟或延迟）的反馈？
06	版本	是否使用分支策略（自己的还是共同的）？
07	质量	是否定义了 SRG（是否有保护）？
第 2 级：可重复的		
01	分支	是否使用短期分支？
02	基线	每个源代码 ID 是否映射到基线？
03	签入	是否频繁签入源代码？
04	签出	是否管理源代码？
05	版本控制	是否应用了版本策略？
06	版本控制系统	是否实现了版本自动化？
07	存储库	是否使用了中心源代码库？
08	安全	源代码是否仅由认证和授权人签入？
09	标识	源代码是否由 ID 唯一标识？
10	对象代码	目标代码是否可基于相同版本的源代码和所用工具的相同版本进行复制（二进制兼容）？
11	SRG 定义	是否定义了标准、规则和指南？
12	对象代码版本	是否可以引用基准？
13	对象代码存储库	目标代码是否存储在制品库中？
14	分支	是否定义了分支和合并策略？
第 3 级：一致的		
01	快速反馈	是否利用快速反馈发现开发环境中的大部分缺陷？
02	价值流图	价值流中的源代码的使用是否已知并用于优化解决方案？
03	构建自动化	是否为每次签入都会触发构建？
04	SRG 的监控	签入时是否自动检查标准 SRG？
05	所有权	是否采用源代码共享所有权的原则？
06	可追查性	是否对源代码库的所有更改都与迭代的代办事项列表中的故事相关？

#	主题	特征
07	重构	开发过程中是否重构了新的源代码?
08	技术债务任务列表	是否将不符合最新 SRG 的现有源代码视为技术债务,并将源代码重构从而解决此技术债务?
09	生成元数据	是否针对每个生成元数据进行创建,以便追溯基线和相关的变更对象?
10	IaC	是否使用 IaC 开发应用所需的基础设施服务?
11	构建失败标准	是否定义并遵守了使构建失败的质量标准?
12	DoR	DoR 是否包含支持独立、可协商、有价值的、可估计的、小型和可测试的等快速反馈的质量标准,以及接受的故事的标准?
13	DoD	DoD 是否用于检查 SRG 和日志文件的合规?
14	可追查性	生产中的所有对象是否都可以从价值回溯到愿景?
15	共享代码库	是否使用一组共享代码存储库?
16	主干分支开发	是否使用基于主干的开发(没有长期分支)?
第 4 级:量化的		
01	改善	改善是在不断改善开发者的个人表现吗?
02	构建时长	构建的持续时间加上静态测试和单元测试的总时长是否为 5 分钟以内?
03	价值流图	VSM 是否用于优化流程,包括 LT、PT 和 %C/A?
04	运营需求管理	是否分析了像安全、合规性、风险、连续性、可用性、性能、容量等源代码的运营需求?
05	缺陷管理	是否对缺陷进行分析以防止它们再次发生?
06	浪费记录	在 VSM 中发现的浪费是否经过分析并置于技术债务代办事项表中?
07	缺陷记录	缺陷是否会在出现时得到纠正,并调查如何预防这些缺陷?缺陷是否被直接解决,注册和分析?
08	失败的构建	每个开发人员是否会在自己的私有开发环境中主动解决已中断的构建(绿色构建)?
09	破坏构建共享环境	对比检查失败的构建,是否有人更倾向于修复失败的构建(绿色构建)?
10	构建失败模式	软件是否为处理异常情况而构建,以便继续提供服务预置?
11	零缺陷	是否仅对源代码保证零缺陷的基线?
5 级:优化的		
01	集成 VSM	多个连锁方的价值流是否集成并用于协调链路中解决方案的实现?
02	CI 仪表板	是否在仪表板上可视化 CI 的质量?
03	集成流水线	是否集成了流水线?
04	链路管理	多个参与方的 DevOps 团队是否符合质量和功能要求?
05	CI 监控信息	是否测量 CI 的质量并收集信息用于管理 CI?
06	趋势分析	CI KPI 的测量是否用于趋势分析?

CI 的成熟度检查点的总结如图 8.8.4 所示。同心圆代表成熟度等级。这些轴线把检查点分开了。如表 8.5.1 所示，这个表可以用不同的颜色在图中表示不同的成熟度。

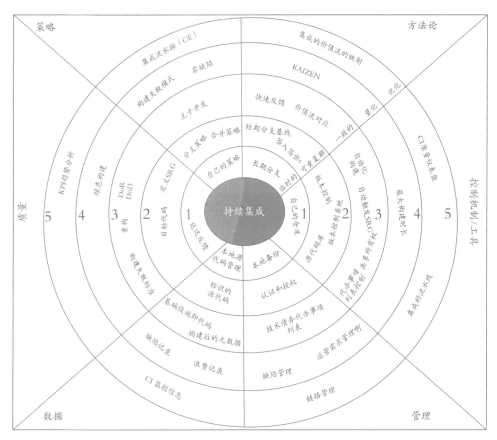

图 8.8.4　DevOps CI 蜘蛛图模型

五、CD

CD 特性使用 CMMI 级别定义，如表 8.8.5 所示。

表 8.8.5　CD 成熟度特征

#	主题	特征
第 1 级：临时		
01	部署	部署是否由 DevOps 团队执行（手动还是自动）？
02	自己的工具	是否用工具进行部署（自己的或共享的工具）？
03	环境	是否管理环境（同步或不同步）？
04	临时部署	是否采用部署策略（是否保持或不保持部署节奏）？
05	本地的二进制文件	晋升到生产环境之前（本地或中心）是否保存二进制文件？
06	延迟反馈	是否发现部署流水线中的缺陷（延迟或快速）？
07	自己的战略	每个 DevOps 团队是否有部署和发布策略（本地或中央）？

#	主题	特征
第 2 级：可重复		
01	脚本	基于脚本的部署是否适用于所有环境？
02	CMDB 控制	部署是否基于配置管理数据库（CMDB）中注册的 CI？
03	CDAAS.	是否使用持续部署即服务来确保重复使用部署流水线工具？
04	二进制存储库	是否所有用于部署的二进制文件都存储在一个共享二进制文件库中？
05	四眼原则	是否所有部署都基于自动授权和身份验证？
06	共享部署脚本	部署脚本是否共享并存储在共享代码库中？
07	IaC 脚本	是否所有基础设施都基于基础设施代码进行变更(无需手动配置)？
08	环境稳定性	环境是否可以基于制品（而不是基于备份）进行重建？
09	制品的稳定性	所有环境晋升是否会导致相同的执行对象（没有来自开发环境的调整）？
10	部署策略	是否定义并遵守了部署策略？
11	发布策略	是否定义并遵守发布策略？
第 3 级：一致		
01	暗部署	部署可以通过分离部署和发布的方案来判断其在生产中是否为可测试的？
02	蓝绿发布	能否通过使用两个可切换的生产环境（蓝色和绿色）使得发布快速恢复，以便立即回滚环境？
03	金丝雀发布	是否可以在需要时进行金丝雀部署？
04	向后追溯	DTAP 回溯中的所有对象是否都可以基于底层工程的元数据进行追踪？
05	自动触发的门控	是否通过在部署流水线中触发门控来自动执行部署检查？
06	明确媒体库（DML）控制	执行部署时，二进制文件的存档是否自动执行？
07	技术债务代办事项列表	是否将部署和发布管理所需的所有手动操作都登记为技术债务代办事项列表的浪费，以便逐条减少或消除？
08	部署元数据	部署是否丰富元数据以确定相关基线？
09	基础设施即代码	是否所有环境多只是由 IaC 进行更改？
10	LLR/HRR	发布就绪性审核和处理就绪性审核是否用于确保生产环境的稳定性？
11	SRG	每个章节的负责人是否跟踪 SRG 和《标准规则和准则》（不可理解）的有效性？
12	节奏	是否所有 DevOps 团队都以相同的节奏 / 节奏工作，以便于集成和部署并保持一致？
13	审计	是否记录了对环境的所有变更，包括谁执行了该操作以及何时执行该操作？
14	单条流水线	是否有一条针对所有应用的 DTAP 流水线？
第 4 级：按数量计算		
01	改善	改善是否在不断改善运维人员的个人表现吗？

D e v O p s 持 续 万 物

CD 的成熟度检查点的总结如图 8.8.5 所示。同心圆代表成熟度等级。这些轴线把检查点分开了。如表 8.8.5 所示，这个表可以用不同的颜色在图中表示不同的成熟度。

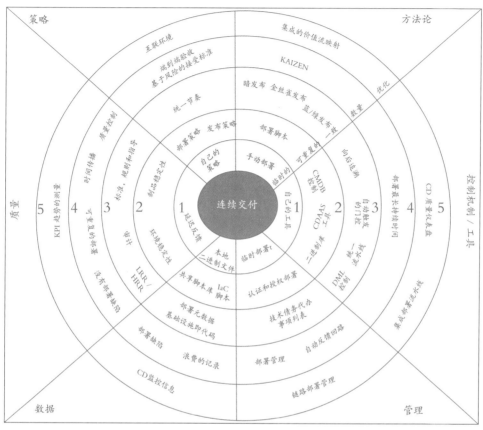

图 8.8.5　DevOps CD 蜘蛛图模型

六、CM

基于 CMMI 级别定义 CM 特性，表 8.8.6 所示。

表 8.8.6　持续监控成熟度的特征

#	主题	特征
第 1 级：临时的		
01	手动监控	采取监控活动（手动或自动）。例如针对中央处理单元（CPU）、内存和网络带宽利用率等不同情况时，该采取哪种监控？
02	监控工具	是否针对不同的对象类型都建立了合适的监控方法？
03	集成监控	是否无论 DTAP 环境是否不同，都会进行监控？
04	临时监控	监控是否持续进行？
05	基本事件	事件是否都受到了监控（所有事件或仅监控某些异常事件）？
06	被动监控	事件的监控是发生在哪种情况下（被动、主动或预测）？
07	多项策略	是否使用了适当的监控策略（已集成或未集成）？

#	主题	特征
第2级：可重复的		
01	服务监控	是否基于基础组件监控每个服务？
02	PPT	监控是否包括了PPT？
03	监控工具	监控工具是否可重复使用？
04	事件目录	每个团队是否为其交付的产品维护事件目录？
05	事件记录	事件记录是否保留一年？
06	事件相关性	与相同或类似的异常事件是否可以通过适当的事件规则集来进行自动的相互关联？
07	产品日志文件	每个产品是否有一个事件目录来定义监视日志文件的黑名单和白名单？
08	日志聚合	日志文件是定期被拉取存入还是通过组件自动推送进中央存储位置？
09	知识	人员是否受过基于对各种复杂情况的认识而制定异事件常培训计划？
10	DTAP	DTAP中的流程是否可监控？
11	主动监控	是否使用监控来警告在没有执行任何操作时会发生的异常事件？
12	监控框架	是否定义了涵盖信息、应用和基础设施监控（包括相关性）的监控框架？
第3级：一致性		
01	端到端监控	监控体系是否仅使用了中心化的工具？
02	端到端	每个服务的端到端监控是否符合可用性、容量、性能和安全性的SLA规范？
03	监测覆盖面	是否基于基础组件监控每个服务？
04	安全监控	工具是否应用于应用安全监控？
05	本地化	端到端监控中存在的偏差是否可以通过组件监控进行本地化？
06	持续DTAP监控	DTAP的所有阶段是否都有相同的监控配置？
07	监控级别	是否监控服务或组件的每个状态的变更情况？
08	健康度模型定义	是否为每个产品预设了一个健康度模型，同时考虑到了各种事件的最坏情况？
09	健康度模型的使用情况	人员是否接受过识别健康度模型中描述的各类情况的培训？
10	事件分析	监控是否包括知识水平和专有技术？
11	高斯数据	能否对于高斯数据和非高斯数据的大量监测信息进行统计分析？
12	异常分析	是否有用于异常管理的SRG？
13	工具架构	对于监控服务，是否只使用一个监控解决方案？
第4级：量化管理		
01	持续改进	改善是否用于持续改进监监控的配置？
02	最大延迟	工具是否能够在最大延迟阈值内收集事件？
03	监控管理	是否有一个流程来优化监控配置，以实现SLA中规定的操作需求？
04	回溯事件	所有导致事故的事件是否都会在监控配置中进行记录并进行分析？

#	主题	特征
05	SLA 监控	监控调配是否基于 SLA 的内容(产品规范、服务规范、端到端规范等)?
06	安全监控	安全监控是否是开发运维的组成部分?
07	基于风险	是否设计了基于风险的监控配置?
08	生命周期管理	监控的生命周期是否是产品生命周期的组成部分?
5 级:优化		
01	集成 VSM	多个链路的价值流是否被集成并用于协调链路中的端到端监控?
02	CM 质量面板	面板上是否能可视化 CM 的质量?
03	监控工具互联	是否所有监控工具都可被连接以交换服务和组件的事件和状态信息?
04	链路监控	多个参与方的 DevOps 团队是否在监控整个链路?
05	CM 监控信息	是否通过度量 CM 的质量并收集信息以管理监控配置?
06	质量可视化	监控是否可以实现质量目标的可视化?
07	预测性监控	可以根据趋势分析和人工智能预测事件吗?
08	KPI 趋势测量	是否使用 CM KPI 进行趋势分析?

CM 的成熟度检查点总结如图 8.8.6 所示。同心圆代表成熟度,轴线把检查站分开了。如表 8.5.1 所示,这个数字可以用图形表示成熟度。

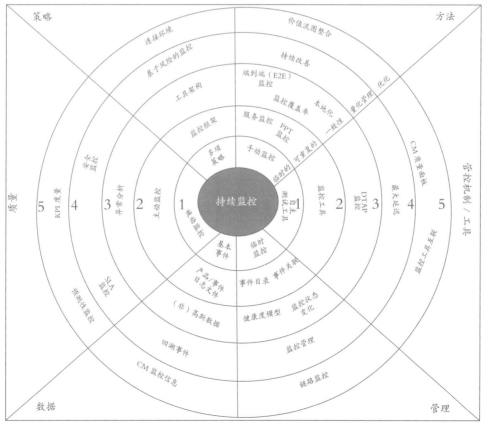

图 8.8.6　DevOps CM 蜘蛛模型

七、CO

CO 的特性基于 CMMI 级别定义，如表 8.8.7 所示。

表 8.8.7　CO 成熟度特征

#	主题	特征
第 1 级：临时		
01	手工编写文档	文档是否保存，是否在 MS Office 文档中使用，是否集成？
02	个人的工具	是否使用工具创建文档（标准化或非标准化）？
03	非结构化文档	每个文档是否有框架，是否与其他文档对齐？
04	文档	文档是否交付（作为结构化文本或非结构化文本）？
05	模板	是否有文档模板（有或没有模板）？
06	频率	是否管理文档（是否完全更新）？
07	无策略	是否对文档有选择（无论是否基于策略）？
第 2 级：可重复		
01	注解	源代码中的注解是否被用来生成文档？
02	自动化	是否自动生成文档而不是手动编写？
03	协作工具	除了基于源代码生成的文档外，是否使用了其他设计？它们是否由 DevOps 团队共同创建（例如 Confluence）？
04	文档生成工具	是否根据源代码中的标记生成文档？
05	文档标准化	设计文档的步骤是否定义并标准化？
06	文档标签	标签是否定义为结构文档？
07	文档内容	文档是否作为内容存储在协作工具中，并可按所需格式进行转换？
08	生成文档	公司是否制定了生成文档而不是编写文档的策略？
第 3 级：一致		
01	文档覆盖范围	对记录的内容和如何记录是否有一个明确的定义，以创建一个满足 DevOps 团队和所创建解决方案用户的需求的文档覆盖范围？
02	用户支持	用户能否在线获得与上下文功能相关的帮助、人工智能问答机器人等方式的帮助，而不是纸质手册？
03	存储库驱动的文档	文档是否基于存储库中的可用数据（需求、源代码、测试用例等）创建，并且存储在同一个存储库中？
04	文档生命周期管理	文档更新的速度是否与源代码一致？
05	元数据	描述文档的信息是否标准化？
06	定义就绪	是否把文档中用于定义功能和使用质量的要求进行检查，将其作为定义就绪的一部分？

#	主题	特征
07	定义完成	完成的定义中是否定义了文档的质量标准？
08	标准，规则，指导原则	对文档的详细程度的管理是否有明确的策略？
09	度量	在签入源代码时，是否会自动检查源代码对文档标签的使用是否正确？
10	重构	重构时是否检查文档的一致性？
11	文档架构	是否需要对信息进行分析，并起草文档架构以满足整个生命周期的解决方案信息需求？
第 4 级：按数量计算		
01	改善	持续改善是否对文档的持续改进？
02	生成文档的最长持续时间	文档是否快速生成？
03	文档管理	文档的生命周期是否作为一个流程进行管理？
04	文档差距	生成的文档中未提供的信息需求是否被视为技术债务？
05	文档监控	是否根据 DoR 和 DoD 以提高文档的质量和数量？
06	基于风险的文档	文档的目的是及时传递知识。假定没有某些信息时进行风险评估，或者要从源代码进行逆向工程需要哪些信息这两种方式来定义哪些知识是有意义的？
5 级：优化		
01	集成 VSM	多个流水线的价值流是否已集成，并用于保持更新流水线中的文档？
02	持续文档质量仪表盘	持续文档的质量是否在仪表板上可视化？
03	关联文档的工具	是否把所有文档通过工具进行关联，便于在文档生成时根据需要交换所需的信息？
04	文档链	文档是否描述了解决方案的整个环节？
05	持续文档监控信息	是否对持续文档的质量进行度量，并通过监控配置收集文档质量度量指标？
06	关联文档	文档的目的是否旨能够涵盖服务机构提供的完整服务？
07	端到端追踪性	持续文档是否用来检查追溯从需求到在生产环境中发布到生产环境中的不一致？
08	KPI 趋势测量	是否使用 CM KPI 进行趋势分析？
09	指标（KPI）	是否对源代码中注释行数的百分比进行定义并度量？

CO 成熟度检查点总结如图 8.8.7 所示。同心圆代表成熟度。这些轴将检查点所在的区域分开了。如表 8.6.1 所示，该图可以用颜色表示成熟度。

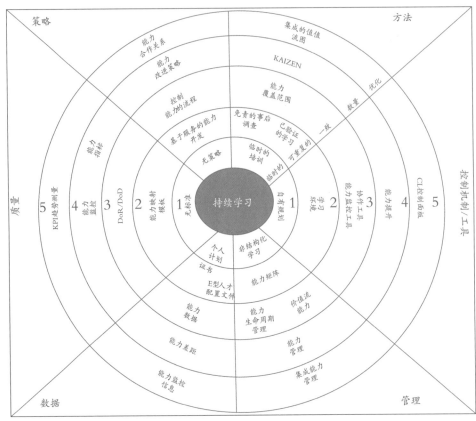

图 8.8.7　Devops 持续文档蜘蛛图模型

八、CL

CL 的特性是基于 CMMI 水平定义的，如表 8.8.8 所示。

表 8.8.8　CL 成熟度特性

#	主题	特征
第 1 级：临时		
01	临时培训	无论是否界定了所需的能力，人们是否接受过提高能力的培训？
02	偶然听说的知识	是否有知识转移？不论该知识是否是道听途说得来的。
03	非结构化学习	DevOps 团队是否从活动中学习了知识？不论该学习是否有学习目标。
04	个人计划	是否有基于配置文件的培训计划？
05	无标准	是否有标准来衡量知识和专长？
06	无策略	是否有知识共享的战略？
第 2 级：可重复		
01	免责的事后调查	发生重大事故后，在查找根本原因时能否做到不责备当事人？当事人是否能够自由分享他们的经历，而不必担心他们的错误会被责备？
02	经验证的学习	是否记录了经验教训？以便在下一个冲刺的回顾会中验证其有效性？

D
e
v
O
p
s
持
续
万
物

#	主题	特征
03	学习环境	用户和 DevOps 工程师是否都可以访问学习环境,在那里他们可以尝试新的创意而不用担心造成损失的危险?
04	能力矩阵	是否所有服务及其组件都列在能力矩阵中?该矩阵是否为每个服务指明在什么级别需要哪些能力?
05	证书	是否定义了所需的证书,DevOps 团队是否主动监控这些证书?
06	E 型人才配置文件	是否至少为开发和运营角色定义了明确的配置文件?个人资料是否标明了需要每个人要掌握的多种专业知识?
07	能力映射模板	是否为每一能力提供了一个模板,其中描述了五级知识和技能?
08	基于服务的能力发展	是否定义了每个服务需要获得的能力?这些服务是否分配给了 DevOps 团队? DevOps 团队是否已经知道他们需要具备的能力?以及是否可以衡量和改进这些能力?

第 3 级:一致

#	主题	特征
01	能力覆盖	是否定义了需要在一个 DevOps 团队中提供的能力,并确定了差距?是否计划培训以消除差距?
02	协作工具	DevOps 团队在工作中是否使用了支持知识共享的工具(例如 Confluence)?
03	能力生命周期管理	能力的发展是否作为一个过程进行管理?是否对新服务所需要的能力进行了调查?终止服务是否作为删除能力的依据?
04	价值流能力	使用相同产品在相同价值流中工作的 DevOps 团队成员是否具有相同的配置文件?
05	能力数据	为了更容易地共享知识和技巧,是否对每个人的能力进行了集中登记?
06	DoR/DoD	DoR 用于确定下一个迭代的能力是否在 DevOps 团队中可用? DoD 是否用来更新能力数据和经验教训?
07	控制能力的流程	能力管理是否嵌入 DevOps 团队的流程?是否调整工作方式来管理能力?
08	能力监控工具	每个 DevOps 团队的能力是否都在"作战室"中被监控?

第 4 级:按数量计算

#	主题	特征
01	改善	改善是用来持续提高能力的吗?
02	能力提升	是否对每个人和每个 DevOps 团队的能力发展进行了衡量?能力提升方法是免费的吗?能力是以一个总数来衡量的,并且不可能减少吗?
03	能力管理	能力是否基于已定义的目标来衡量和管理?
04	能力差距	是否确定能力矩阵中的差距并登记为技术债务?
05	能力监控	是否在以下几个级别监控能力:个人级别、团队级别和服务级别?
06	能力提升策略	服务组织是否建立了获取新知识的策略列表,如黑客马拉松、培训、研讨会、技术讲座等,是否通过 DevOps 团队成员的反馈跟踪其带来的价值?

#	主题	特征
07	能力 KPI	人们是否基于简单的指标来衡量自己的绩效？
5 级：优化		
01	集成 VSM	价值链上各方的价值流是否被整合？各方是否交流有关所提供服务的知识和技巧？
02	CL 控制面板	是否在仪表板上可视化 CL 进度？
03	集成能力管理	同一价值流中的各方是否共享他们的知识以改进提供的服务？
04	能力监控信息	是否定期测量能力并收集和监测证据？
05	KPI 趋势测量	衡量的能力 KPI 是否用于趋势分析？
06	能力伙伴关系	服务组织是否认识到与外部各方合作共享知识和技能并不是一种威胁，而是一种生存策略？

CL 的成熟度检查点总结如图 8.8.8 所示。同心圆代表成熟度。这些轴线把检查内容分为多个领域。如表 8.5.1 所示，这个数字可以用图形表示成熟度。

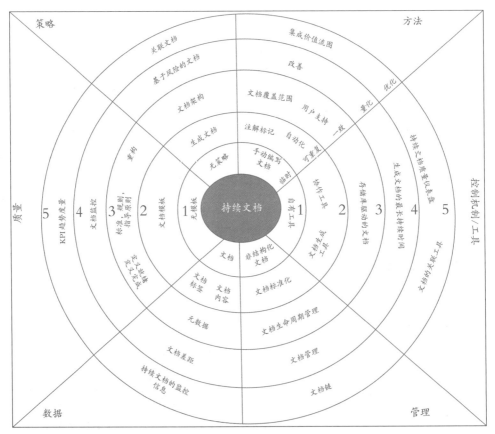

图 8.8.8　DevOps CL 蜘蛛图模型

九、各方面的概览

表 8.8.9 到 8.8.14 显示哪些主题包含在 CE 蜘蛛模型的哪个方面。

表 8.8.9 "方法"方面的主题

#	1. 个临时标记	2. 可重复	3. 一致性	4. 数量	5. 优化
方法					
CT	手动测试	TDD 测试模式	BDD A/B 测试	Kaizan	集成值流表映射
CI	长寿分行	建立短期分支机构的基准 退房	快速反馈 价值流 映射	Kaizan	集成值流表映射
CD	手动部署	基于脚本的部署	深色启动金丝雀 发布 / 蓝绿发布	Kaizan	集成值流表映射
CM	手动监控	服务监控 PPT 监控	端到端监控 监控覆盖 本地化	Kaizan	集成值流表映射
CL	临时培训	无与伦比的事后验证学习	能力覆盖	Kaizan	集成值流表映射
CO	手动文档	注释标记自动化	文档覆盖用户支持	Kaizan	集成值流表映射

表 8.8.10 "控制机制 / 工具"方面的主题

#	1. 个临时标记	2. 可重复	3. 一致性	4. 数量	5. 优化
管理					
CT	临时测试	经过身份验证和授权的测试	统一测试流程统一测试术语	测试 管理	路由链测试管理
CI	本地备份	经过身份验证和授权的签入	技术债务积压管理	缺陷管理 运营需求管理	链条管理
控制机制 / 工具					
CT	自制测试工装	版本控制测试工具 测试存储库	自动标识 灭 统一测试工具 数据生成工具 集成测试工具	最大持续时间 单位测试时间	CT 质量仪表板
CI	自己的存储库	版本控制版本控制系统源代码储存库	自动构建 自动触发 SRG 共享所有权	最大持续时间 生成时间	CI 质量仪表板
CD	我自己的工具	CMDB 控制 CDAAS 工具二进制存储库	后退 可追溯性自动触发 门控 1 条管道 DML 控制	最大持续时间 部署时间	CD 质量信息显示板

#	1. 个临时标记	2. 可重复	3. 一致性	4. 数量	5. 优化
CM	手动监控	监测工具	持续 DTAP 监控	最大延迟	CM 质量仪表板互联监控工具
CL	自我规划	学习环境	协作工具 能力监控工具	能力提升	CL 控制面板
CO	我自己的工具	协作工具 文档 生成工具	存储库驱动器文档	最长持续时间 文档生成时间	CO 质量仪表板接通 文档工具

表 8.8.11 "管理"方面的主题

#	1. 个临时标记	2. 可重复	3. 一致性	4. 数量	5. 优化
CD	临时部署	经过身份验证和授权的部署	技术债务积压管理	部署管理 自动反馈环路	路由链部署管理
CM	临时监控	活动目录 事件相关性	运行状况模型监视器状态更改	监控管理	链条监控
CL	非结构化学习	能力矩阵	能力认证周期 管理价值流能力	能力管理	综合能力管理
CO	非结构化文档	文档标准化	文档 生命周期 管理	文档管理	链条文档

表 8.8.12 "数据"方面的主题

#	1. 个临时标记	2. 可重复	3. 一致性	4. 数量	5. 优化
数据					
CT	本地测试用例	共享测试用例存储库 测试脚本	数据屏蔽数据驱动的测试 统一元数据	缺陷记录	CT 监控信息
CI	本地源代码	标识的源代码	基础架构作为代码生成元数据	缺陷记录浪费记录	CI 监控信息
CD	本地二进制	共享脚本存储库 IaC 脚本	部署元数据 基础设施代码	浪费记录	CD 监控信息
CM	基本事件	事件日志 文件	（非）高斯数据	回避事件	CM 监控信息
CL	个人计划	证书 E 型型型	能力数据	能力差距	能力监控信息
CO	文档	文档标签，文档内容	元数据	文件差距	CO 监控信息

表 8.8.13 "质量"方面的主题

#	1. 个临时标记	2. 可重复	3. 一致性	4. 数量	5. 优化
质量					
CT	延迟反馈	同侪审查 一对 编程	SRG 快乐、悲伤和 糟糕的路	安全测试反馈	KPI 趋势测量
CI	延迟反馈	可复制 目标代码	可追查性 DoR/DoD 重构损坏的 生成条件 SRG	绿色构建	KPI 趋势测量
CD	延迟反馈	手工稳定性环境 稳定性	SRG 审计 LRR/HRR	质量控制 实时传输可复制 部署无部署缺陷	KPI 趋势测量
CM	反应监测	主动监控	异常 SRG	安全监控 SLA 监控	KPI 趋势测量
CL	无标准	能力映射模板	DoR/DoD	能力监控能力	KPI 趋势测量
CO	无模板	文档模板	重构 SRG DoR/DoD	文档监控	KPI 趋势测量

表 8.8.14 "战略"方面的主题

#	1. 个临时标记	2. 可重复	3. 一致性	4. 数量	5. 优化
策略					
CT	自选测试策略	测试策略	端到端测试	基于风险的测试策略	互联环境
CI	自我战略	分行策略	基于 Trunk 的开发	失败建立模式	集成流水线（CE）
CD	自我战略	部署策略 发布策略	一节课	基于风险的接受标准 端到端验收	互联环境
CM	多项策略	监测框架	监视体系结构	基于风险的监测	互联环境
CL	无策略	基于服务的能力发展	能力的流量控制	能力提升策略	能力合作
CO	无策略	生成文档	有记录的体系结构	基于风险的文档	互联文档

附录一　术语表

术语	释义
A/B 测试	A/B 测试是指将应用程序或网页的两个版本投入生产，以查看哪个版本的性能更好。可以使用金丝雀释放，但也有其他方法来执行 A/B、空中考试
验收测试	对于 DevOps 工程师来说，验收测试用例给出了"我怎么知道何时完成？"的答案。对于用户来说，验收测试用例给出的答案是"我得到了我想要的吗？"。验收测试用例的示例包括功能验收测试用例（FAT）、用户验收测试用例（UAT）和生产验收测试用例（PAT）。FAT 和 UAT 应该用业务语言表示
替代路径	查看快乐路径
异常检测技术	并非所有需要监控的数据都有高斯（正常）的 ×× 分布。异常检测技术使得使用各种方法对没有高斯分布的数据找到值得注意的方差成为可能。这些技术要么用于监测工具，要么需要具备统计技能的人员
抗脆弱性	这是施加压力以提高恢复能力的过程。此术语由作者和风险分析师约西姆·尼古拉斯·塔勒布（Nassim Nicholas Taleb）引入
反模式	反模式是对模式的错误解释的示例。 反模式通常用于解释模式的值
项目	人工制品是制造出来的产品。在 DevOps 中，提交阶段的输出是二进制文件、报告和元数据。 这些产品也被称为伪品
人工制品存储库	人工制品的中心存储称为人工制品存储库。人工制品存储库用于管理人工制品及其依赖性
错误路径	错误路径是指应用程序未遵循"快乐路径"或"替代路径"的情况。换句话说，某件事出了问题。必须处理此异常，且应可监控
行为驱动开发	软件开发要求用户定义（非）函数要求。行为驱动开发是基于这个概念的。但区别在于，这些要求的验收标准应该写在客户对应用程序行为的期望中。这可以通过在 Given - When - Then 格式中制定接受标准来完成
二进制	编译器用于将源代码转换为目标代码。目标代码也称为二进制值。源码对人类来说是可读的，目标码只对计算机来说是可读的，因为它们是用十六进制编写的
无障碍性	这种方法是学习，而不是惩罚。在 DevOps 内部，这是学习错误的基本概念之一。DevOps 团队的精力投入在从错误中吸取教训上，而不是去找一个应该负责的人
无故障后死亡	无故障后死亡是约翰·艾尔斯福创造的一个名词。它有助于检验"以关注失败机制的情境方面和接近失败的个人的决策过程的方式"
蓝绿部署模式	蓝色和绿色是指两种相同的生产系统。一种用于最终接受新版本。如果此验收成功，则此环境成为新的生产环境。在生产系统故障时，另一个系统可以替代使用。这降低了停机风险，因为切换可能不到 1 秒

术语	释义
损坏的构建	由于应用程序源代码错误而失败的生成
棕色域	DevOps 最佳实践的应用场景有两种：绿色场和棕色场。如果是绿场场景，整个 DevOps 组织必须从头开始建立。相反的情况是已经有一个 DevOps 组织，但还需要改进。 绿色是指工厂建在干净草地上的情况。棕色是指工厂要建在一个已经有毒害地面的工厂的地方。为了建立在棕色的田野上，需要清除毒物
业务价值	应用 DevOps 最佳实践可提高业务价值。Pupbe Labs（DevOps 状态报告）研究证明，使用 DevOps 操作的高性能组织在以下许多领域的表现优于其非高性能同行
金丝雀发布模式	通常一次向每个用户提供一个版本。金丝雀发布是一组小用户接受新版本的方法。如果这个小范围的发布工作良好，就可以将发布部署到所有用户。使用"金丝雀"一词是指在煤矿里有一种用金丝雀来检测有毒气体的方法
集群免疫系统发布模式	集群免疫系统扩展了金丝雀释放模式，将生产监控系统与我们的释放流程联系起来，并在生产系统面向用户的性能偏离预定义范围之外（例如新用户的转化率低于我们 15%‑20% 的历史规范时）时自动回滚代码
代码分支	见分支
代码评审表	代码审核可以通过多种方式进行，如"肩上"、配对编程、电子邮件传递和工具辅助的代码审核
编码化的 NFR	按可用性、容量、安全性、连续性等类别分类的非功能性需求（NFR）列表。
协作	DevOps 的四大支柱之一是协作。协作是指 DevOps 团队中的个人为实现共同目标而协作的方式。这种合作有很多表现形式，例如： • 对等编程 • 每周演示一次 • 文档等
提交代码	提交代码是 DevOps 工程师将更改后的源代码添加到存储库的操作，使这些更改成为存储库标题修订的一部分
提交阶段	这是 CI/CD 安全管道中将源代码编译为目标代码的阶段，且为"×"。这包括单元测试用例的性能
合规检查	安全官员的手动操作，以确保按照商定的标准构建系统。这与安全工程相反，DevOps 团队与安全干事合作，将商定的标准嵌入交付成果，并在产品的整个生命周期持续监控标准
合规官	合规官员是 DevOps 角色。合规官员负责确保在产品的整个生命周期遵守商定的标准
配置管理	配置管理是指所有物品及其之间关系的存储、检索、唯一标识和修改过程
容器	容器是一个隔离的结构，DevOps 工程师使用它来独立于底层操作系统或硬件构建其应用。这是通过 DevOps 工程师使用的容器中接口实现的。不在环境中安装应用，而是部署完整的容器。这样可节省大量依赖关系，并防止发生配置错误
康威定律	梅尔文·康威的以下声明被称为康威定律："设计系统的架构受制于产生这些设计的组织的沟通结构。"

术语	释义
文化债务	有三种形式的债务。文化债务、技术债务和信息债务。这种形式的债务是指决定在组织结构、招聘策略、价值观等方面保留缺陷。这笔债务需要支付利息，并将降低DevOps团队的成熟度。文化债务可以通过大量的孤岛、工作流程限制、误导、浪费等来确认
文化、自动化、测量、共享（CAMS）	CAMS是"文化、自动化、测量和共享"的缩写。 文化： • 文化与DevOps的人和过程相关。 • 没有正确的文化，自动化尝试就会徒劳无益。 自动化： • 发布管理、配置管理以及监控和控制工具应实现自动化。 测量： • "如果无法测量，您将无法管理它。"与"如果你不能测量，你就不能改进它"。 共享： • 分享思想和问题的文化对于帮助组织改进至关重要。创建反馈环路
周期时间（流动时间）	周期时间衡量系统整体完成率或工作能力的程度更高，而周期时间越短，则表示请求而未完成进度或工作时浪费的时间越少
周期时间（稀）	连续两个单元之间离开工作或制造过程的平均时间
声明性编程	这是一个编程范例，在不描述其控制流的情况下表示计算的逻辑。例如TSQL和PSQL等数据库查询语言
缺陷跟踪	缺陷跟踪是跟踪产品中从开始到关闭以及制作修复缺陷的产品的新版本的过程
发展礼仪	开发的敏捷Scrum规程是迭代计划、日常准备、迭代执行、回顾和回顾
开发	开发是由DevOps角色"DevOps工程师"执行的一项活动。DevOps工程师负责配置项的完整生命周期。在DevOps中，设计者、构建者或测试者之间不再存在差异
向下螺旋	吉姆在他的书中解释说，信息技术（IT）的螺旋式下降有三种行为。 • 第一项行动始于IT运营部门，其中技术债务会危及我们最重要的组织承诺。 • 第二场比赛的开始是对最新的违约承诺的补偿。因此，发展部门被赋予了另一个紧急项目的任务，导致更多的技术债务。 • 第三阶段是部署速度变慢，而且中断次数不断增加。业务价值不断降低
邮件传递	电子邮件传递是一种审查技术，其中源代码管理系统将代码通过邮件发送给审查者，然后检查代码
快速反馈	快速反馈指的是金基因的三种途径中的第二种。第二种方法是尽快反馈创建或修改的产品的功能和质量，以便最大限度地实现业务价值
功能切换	功能切换是一种机制，可以启用或禁用生产中发布的应用的部分功能。功能切换可测试生产中更改对用户的影响。功能切换也称为功能标志、功能位或功能翻转器
前馈	DevOps环境下的前馈是利用当前价值流中的经验改进未来价值流的机制。反馈是相反的，因为反馈关注的是过去，并且是对未来的反馈
反馈	DevOps环境中的反馈是尽快检测价值流中的错误的机制，用于改进产品，并在必要时用于改善价值流
前馈	DevOps环境下的前馈是利用当前价值流中的经验改进未来价值流的机制。反馈是相反的，因为反馈关注的是过去，并且是对未来的反馈

DevOps 持 续 万 物

术语	释义
什么时候开始?	Given-When-After 格式用于定义接受标准,使利益相关方了解该功能的实际工作原理。获得——实际情况是……什么时候我做这个……然后发生这种情况
绿场	参见棕色字段
快乐路径	应用程序通过接收、编辑、存储和提供信息来支持业务流程。执行信息处理的假定步骤称为快乐路径。替代方式中的步骤称为"替代路径"。在这种情况下,将通过另一条导航路径实现相同的结果。导致错误的应用程序爬网称为错误路径
功能的水平分割	一个功能可以分为多个案例。水平拆分是指功能拆分的结果,其中更多的 DevOps 团队必须紧密协作。他们必须持续调整自己的工作,以实现该功能
函数	连续部署要求无论组件的初始状态如何,无论组件被配置多少次,组件都能自动完全进入所需状态。一个总是能够回到欲望中的部件的特征叫做异能
强制编程	这是一个编程范例,使用改变程序状态的语句。必须的编程关注程序应该如何运行,并包含用于计算机执行的命令。例如 COBOL、C++、BASIC 等。与声明式编程相比,该术语通常用于关注程序应该完成的内容,而不指定程序应该如何实现结果
基础设施代码(IaC)	通常必须配置基础设施组件以执行所请求的功能和质量,例如防火墙的规则集或网络的允许 IP 地址。这些配置通常存储在配置文件中,使操作员能够管理基础架构组件的功能和质量。 IaC 可以通过使用机器可读定义文件,而不是物理硬件配置或交互式配置工具,对这些基础设施组件设置进行编程并通过 CI/CD 安全管道部署这些设置
基础设施管理	基础架构管理包括对所有基础架构产品和服务的生命周期管理,以支持在基础架构之上运行的应用程序的正确运行
独立、可协商、有价值、可估算、小型和可测试(INVEST)	独立、可协商、有价值、可估计、小和可测试。 • 独立:产品积压项目应该是自包含的,在一定程度上不存在对其他产品积压项目的固有依赖性。 • 可协商:产品积压项目,直到它们是迭代的一部分,始终可以更改、重写或甚至丢弃。 • 有价值:产品积压项目必须向利益相关者提供价值。 • 可估计:产品积压项目的大小必须始终可估计。 • 小型:产品积压项目不应该太大,以至于无法以一定程度的确定性规划 / 任务 / 优先顺序。 • 可测试:产品的积压项或其相关说明必须提供必要的信息,才能使测试开发成为可能
基础设施管理	基础架构管理包括对所有基础架构产品和服务的生命周期管理,以支持在基础架构之上运行的应用程序的正确运行
基础设施代码	IaC 是一种以软件为基础的信息和通信技术基础设施方法,通过模板可以以一致的方式推出和调整系统。如果必须进行更改,则在模板中实施,然后再次推出
I 型、T 型、E 型	I 型、T 型、E 型是用来表示人的知识和特殊技能的分类。一个 I 形的人是一个领域的纯粹专家。 T 形的人具有一个领域的特殊技能和广泛的一般知识。E 字形的人具有一个以上领域的特殊技能和广泛的一般知识

术语	释义
改善（Kaizen）	是日语的"改进"。改善用于改进生产系统。改善的目标是： • 消除垃圾（泥浆） • JIT • 生产标准化持续改进的周期。 • 持续改进意味着每周定期分发计划－做－检查－法案（PDCA）周期。这可以通过询问 5 次"为什么"来找到失败的根本原因。以下步骤可以执行： • 确定支持数据的问题 • 确保每个人都清楚地认识到问题 • 对发现的问题进行假设 • 定义对策以验证假设 • 定义对策行动应在日常活动中进行 • 每周测量一次 KPI，让人有一种成就感
持续改善闪电战 （Kaizen Bletz， 或改进突破口）	持续改善闪电战是一个快速改进研讨会，旨在几天内针对离散过程问题生成结果／方法。这是团队在车间环境中，在短时间内进行结构化但创造性的问题解决和过程改进的一种方式
先开化，再开化	改善先行比改善更一步。不仅改进了自身的活动，还改进了上游执行的导致下游问题的活动。这样就形成了一个问题反馈环路，对整个系统进行了改进
看板	这是系统在需要时发出的信号。看板是一个管理物流生产链的系统。看板是由丰田公司的大野耐一开发的，旨在找到一种能够实现高水平生产的系统。 看板通常用于应用管理。看板的特点之一是它是拉向的，这意味着在生产过程中没有材料库存可用。 可以使用看板在生产系统中实现 JIT
套路（Kata）	套路是任何结构化的思维和行为方式（行为模式），直到模式成为第二个本质。可以识别四个步骤来实现第二个特性： • 方向（目标） • 当前条件（第一情况） • 目标条件（SSL 情况）； • PDCA（Deming 车轮）。 从架构角度来看，迁移路径也可能添加到套路。迁移路径显示了实现 Soll 的路径
潜在缺陷	暂时不可见的问题。通过向系统注入故障，可以使潜在的缺陷变得可见
启动引导	为了防止问题的发生，自行管理的服务进入生产并产生组织风险，可以定义必须满足的启动要求，以便服务与实际客户交互并暴露在实际的生产流量中
提前期（LT）	提前期是指从提出请求到交付最终结果或客户对完成某件工作所需时间的看法
精益工具	• A3 思维（问题解决） • 持续流动（消除浪费） • 卡赞 • 看板 • 关键绩效指标 • 计划做检查操作（PDCA） • 根本原因分析 • 具体、可衡量、可问责、现实、及时（SMART） • 值数据流映射（描述流） • JKK（无缺陷传递到下一个流程）

DevOps 持 续 万 物

术语	释义
学习文化	学习文化是组织惯例、价值观、实践和流程的集合。这些惯例鼓励员工和组织发展知识和能力。 具有学习文化的组织鼓励持续学习，并认为系统会相互影响。 由于持续学习提升作为工作者或个人的单体，它为这个机构打开了不断转型的机会
轻量级 ITSM	信息技术（IT）服务管理（ITSM）的这一变体严格侧重于业务连续性以及一组最低限度所需信息（MRI）。为每个组织设置的 MRI 取决于他们的业务
日志级别	在监控系统中，识别出多个级别的日志： • 调试级别：此级别的信息涉及程序中发生的任何事件，最常用于调试期间 • 信息级别：此级别的信息包括用户驱动或系统特定的操作 • 警告级别：此级别的信息告诉我们可能成为错误的状态 • 错误级别：此级别的信息侧重于错误状态 • 致命级别：此级别的信息告知我们何时必须终止
松耦合架构	松散耦合的架构可安全地进行更改，并具有更多的自主权，从而提高开发人员的工作效率
微服务	微服务是面向服务架构（SOA）架构风格的变体，将应用结构化为松耦合的服务集合。 在微服务架构中，服务应该是精细粒度的，协议应该是轻量级的
微服务架构	此架构包含一组服务，其中每个服务提供少量功能，并且系统的总功能来自于同时构成生产中的多个服务版本并相对轻松地回滚到之前的版本
迷你管道	在极少数情况下，需要多个部署管道来生产整个应用。这可以通过使用每个应用组件的管道来实现。然后将所有这些组件组装在一条中心管道中，将整个应用通过验收测试、非功能性测试，然后将整个应用部署到测试、临时和生产环境
监控框架	一个组件框架，这些组件共同组成一个能够监控业务逻辑、应用和操作系统的监控设施。事件、日志和措施由事件路由器路由到目的地
单体	单体架构是传统的编程模型，即软件程序的各个部分相互交织、相互依赖。该模型与最新的模块化方法（例如微服务架构）形成对比
MTTR	MTTR（Mean Time To Repair，平均修复时间）是衡量可修复项目维修性的基本指标。它表示修复故障组件或器件所需的平均时间
Muda	这是一个用日语来形容浪费的词。它被用在与生产系统相关的方面
非功能性需求（NFR）	NFR 测试是定义产品质量的需求，如可维护性、可管理性、可扩展性、可靠性、可测试性、可部署性、安全等。NFR 也称为运维要求
NFR 测试	NFR 测试是关注产品质量方面的测试
Obeya	Obeya 是一个作战室，服务于两个目的： • 信息管理 • 以及现场决策
单件工作流	精益方法意味着 DevOps 团队一次只处理一个项目，就像快速流畅的团队一样。这也是吉恩·金的第一种方法
运维接口人	运维接口人是为满足开发团队基础设施需求而指派给开发团队的运维员工
运维	运维团队通常负责维护生产环境并帮助确保达到所需的服务水平

术语	释义
运维故事	必须由运维完成的工作可以写在故事中。这样就可以优先处理和管理
组织原型	组织的原型有三种：职能、矩阵和市场。它们由罗伯特·费尔南德斯博士定义如下： • 职能：职能型组织优化专业知识、分工或降低成本 • 矩阵：面向矩阵的组织试图将职能和市场定位结合起来 • 市场：以市场为导向的组织优化，以快速响应客户需求
组织类型模型	这是一种罗恩·韦斯特伦博士定义的三种文化："失控的""官僚的""生成的"。这些组织类型可通过以下特征进行识别： • 失控的组织的特点是大量的恐惧和威胁 • 官僚的组织的特点是规则和过程 • 生成的组织的特点是积极寻求和分享信息，使组织能够更好地完成其任务 罗恩·韦斯特伦博士观察到，在医疗机构中，"生成的"文化存在是患者安全的首要预测因素之一
越肩视角	这是一种审阅技术，作者通读的代码同时另一个开发者给出反馈
包	一个单独的文件或资源集合，这些文件或资源组合在一起作为一个软件集合，作为较大系统的一部分提供某些功能
结对编程	这是一种审阅技术，两个开发人员使用一台计算机一起工作。其中一个开发者编写代码时，另一个开发者会对其进行审查。一小时后，他们交换他们的角色
同行审查	这是一种开发人员相互审阅代码的审阅技术
事后分析	在发生重大事件后，可以组织一次事后分析会议，以确定事件的根本原因是什么，以及如何在未来预防
产品负责人	产品负责人是 DevOps 的角色。产品负责人是业务的内部代言人 产品负责人是产品积压的所有者，并确定产品积压项目的优先级，以便定义服务中的下一组功能
编程范例	建立计算机程序结构和元素的风格
拉请求进程	这是一种跨开发和运营的同行评审形式。这是一种让工程师告诉其他人他们已推送到存储库的变更的机制
质量保证（QA）	质量保证是一个团队，负责确保存在反馈环路以保障所需服务的功能性
减少批次大小	批次的大小对流速有影响。小的批次尺寸会导致流畅而快速的工作流。较大的批次大小导致较高的在制品（WIP）数量，并增加工作流的变化率
减少交接次数	在软件过程中，交接是指停止为生产软件而执行的工作并将其交给另一个团队。每次工作从一个团队转移到另一个团队时，都需要使用不同的工具和填充工作队列来进行各种沟通。越少交接越好
发布经理	这是一个 DevOps 角色。发布经理负责管理和协调生产部署和发布流程
发布模式	有两种发布模式可以被识别出来： • 基于环境的发布模式——在此模式下，有两个或多个环境接收部署，但只有一个环境接收实时客户流量 • 基于应用的发布模式——在此模式下，应用会被修改，以使选择性发布成为可能，并通过小的配置变更来公开特定的应用功能

术语	释义
悲伤路径	一种特定类型的"不良路径"称为"悲伤路径"。如果"不良路径"导致与安全相关的错误条件，则会出现这种情况
安全检查	安全检查在产品发布期间执行。它们是 LRR 的 HRR 的典型部分
SBAR	这项技术提供了一些指导原则，确保以高效的方式表达顾虑或批评。 在这种情况下，关心它的人必须遵循以下步骤： • 用于描述正在发生的事件的情境信息（Situational） • 背景资料或上下文（Background） • 认为问题的评估（Assessment） • 关于如何进行的建议（Recommendations）
安全测试	安全测试是多种测试中的一种。在 DevOps 内部，安全测试通过在流程中尽早使用自动化测试集成到部署管道中
自助服务能力	将运维集成到开发中的一种方法是使用基础架构自助服务
共享目标	为客户提供价值需要开发人员和运维人员在价值流中协同工作，并共享目标和实践
共享运营团队（SOT）	SOT 是一个团队，负责管理在这些开发和测试环境中执行日常部署的所有 DTAP 环境，并定期进行生产部署。使用 SOT 的原因是该团队只专注于部署。这导致可重复工作的自动化，并学习如何非常快速地修复发生的问题
共享版本控制存储库	为了能够使用基于主干的开发，DevOps 工程师需要共享他们的源代码。必须将源代码提交到也支持版本控制的单个存储库。 这样的存储库称为共享版本控制存储库
猿猴军团	猿猴军团由各种服务（猴子）组成，产生各种故障，检测异常状况，并测试其生存的能力。 目标是确保云服务可靠、安全和高可用。目前猿猴军团中有 3 只猴子： • 巡视猴子（未使用的资源） • 混乱猴子（试图关闭一个服务） • 巡视猴子（不符合规则）
单存储库	单存储库用于促进基于主干的开发
冒烟测试	冒烟测试是用来确定新服务或调整后的服务是否有效的测试类型之一。只需要少量的测试用例来指示至少最重要的功能是否正常工作。 此测试类型源自硬件制造商，工程师通过接通系统电源和检查烟雾来测试电路，烟雾是硬件故障的报警
标准偏差	在统计中，标准偏差（SD，也用希腊字母西格玛 σ 或拉丁字母 s 表示）是用于量化一组数据的变化量或分散量的度量。 低标准偏差表示数据点趋于接近集合的平均值（也称为预期值），而高标准偏差表示数据点分布在更宽的值范围
标准作业	标准作业是系统按设计执行的情况。需要尽早检测标准作业的偏差
静态分析	静态分析是在非运行时环境中执行的一种测试，最好是在部署管道中执行。通常，静态分析工具会检查程序代码是否存在所有可能的运行时行为，并找出编码缺陷、后门以及潜在的恶意软件
合作系统（SoE）	SoE 是分散化的信息和通信技术（ICT）组件，其包含社交媒体等通信技术，以鼓励和支持互动

术语	释义
信息系统（SoI）	术语 SOI 包括用于处理和可视化 SoR 系统信息的所有工具。通常，示例是商业智能（BI）系统
记录系统（SoR）	SoR 是 ISRS（信息存储和检索系统），是包含相同元素的多个源的系统中的特定数据元素的权威来源。 为了确保数据完整性，必须有一个——并且只有一个——特定信息的记录系统
聚集	戴维·伯恩斯坦解释如何帮助建立一支能够集中精力解决复杂问题的有效团队。聚集有助于相互了解，并能很好地互相配合。一般而言，团队需要经历形成（相互了解）和风暴（有冲突并解决冲突）的阶段，然后才能开展工作（作为一个高度有效的团队），因此需要为每个人提供空间来打造团队。" 根据斯皮尔博士的意见，聚集的目标是在问题有机会传播之前控制好问题，诊断和治疗问题，使之不能再发生。他说："在这样做的过程中，他们建立了越来越深层次的知识，了解如何管理我们的工作系统，将不可避免的正面无知转化为知识。"
技术适应曲线	新技术需要时间来适应市场。技术适应曲线反映了市场的及时性阶段
技术主管	这是一个 DevOps 角色，也称为"价值流经理"。价值流经理是负责"确保价值流从开始到完成时满足或超过客户（和组织）对整个价值流的要求"的人员
测试驱动开发	测试驱动开发是在完成测试用例定义和执行之后编写源代码的方法。编写并调整源代码，直到满足测试用例条件
测试套件	方便集成测试的软件。在开发应用程序时（自上而下集成测试），测试终端通常是指正在开发中的应用程序的组件，并之后由开发完成可工作的组件取代，测试套件是正在测试的应用程序的外部组件，模拟测试环境中不可用的服务或功能
理想的自动金字塔测试	理想的测试自动化金字塔是一种测试方式，其特点如下： • 大多数的错误是通过尽早进行单元测试发现的 • 在较慢的自动化测试(例如，验收和集成测试)之前运行较快的自动化测试(例如，单元测试)，两者都在任何手动测试之前运行 • 任何错误都应该用最快的测试类别来发现
非理想的测试自动化倒金字塔	非理想的测试自动化金字塔是一种测试方式，其特点如下： • 大部分投入用于手动和集成测试 • 测试中发现的错误滞后 • 先执行慢速运行的自动测试
测试驱动开发	测试驱动开发是在完成测试用例定义和执行之后编写源代码的方法。编写并调整源代码，直到满足测试用例条件
测试套件	方便集成测试的软件。在开发应用程序时（自上而下集成测试），测试终端通常是指正在开发中的应用程序的组件，并之后由开发完成可工作的组件取代，测试套件是正在测试的应用程序的外部组件，模拟测试环境中不可用的服务或功能
敏捷宣言	Agile Manifesto 敏捷宣言（适用于敏捷软件开发的宣言）是在 17 位软件 DevOps 工程师的非正式会议期间建立的。这次会议于 2001 年 2 月 11 日至 13 日在犹他州斯诺伯德的"小屋"举行。 章程和各项原则阐述了 90 年代中期产生的想法，以回应传统上被归类为瀑布开发模式的方法。这些模型经历了官僚主义的、缓慢的和狭隘的，并将阻碍 DevOps 工程师的创造力和有效性。共同起草敏捷宣言的十七个人代表了各种敏捷运动。 该章程公布后，多个签署方成立了"敏捷联盟"，进一步将这些原则转化为方法

术语	释义
精益运动	强调倾听客户、管理人员与生产人员紧密协作、消除浪费和促进生产流程的运营理念。精益常常被称为制造商削减成本并重新获得创新优势的最佳希望
猿猴军团	猿猴军团是由在线视频流公司 Netflix 开发的开源云测试工具集。 借助该工具，工程师可以测试 Netflix 在 AWS 基础设施上运行的云服务的可靠性、安全性、恢复能力和可维护性。 在这支猿猴军团内部，可识别出的猴子有：混沌大猩猩、混沌金刚、一致性猴子、博士猴子、巡视猴子、延迟猴子和安全猴子
约束理论	这是一种确定最重要的、妨碍实现目标的限制因素的方法，然后再系统性地改进这些约束，直到它们不再是妨碍目标的因素
三步工作法	三步工作法是由金、凯文·贝尔和乔治·斯费共同撰写的《凤凰项目：关于 IT、DevOps、以及如何帮助您的企业成功的故事》中介绍的。"三步工作法"是构建 DevOps 流程、程序和实践以及规范步骤的有效途径。 • 第一种方法：工作流——理解和增加工作流程（从左到右）。 • 第二种方法：反馈——建立简短的反馈环路，能够持续改进（从右到左）。 • 第三种方式：持续验证和学习（持续学习）
工具辅助代码审核	这是一种审校技术，作者和审校人员可使用专为同行代码审查设计的工具或源代码库提供的工具
丰田套路（Toyota Kata）	丰田套路是迈克·雷森（McRother）的管理书籍。该书介绍了改进套路和辅导套路的方法，这是实现在丰田生产系统上观察到的持续改进过程的一种手段
转型团队	引入 DevOps 需要一个明确的转型策略。根据戈文达拉杨博士和特林布尔博士的研究，他们断定组织需要创建一个专门的转型团队，该团队能够在负责日常运营的组织的其余部分之外运作（分别称为"专项团队"和"绩效引擎"）。 从这一转型团队吸取的经验教训可用于组织的其他部分
价值流	将业务假设转换为技术赋能的服务的流程，从而为客户提供价值
价值流映射(VSM)	价值流映射是一种精益工具，它描述信息、材料和工作在各个功能井之间的流动，重点是量化浪费，包括时间和质量
特征的垂直分割	一个功能可以分为多个案例。垂直拆分是指功能拆分的结果，其中更多的 DevOps 团队可以在自己的故事中独立工作。他们共同实现某些特性。 另请参阅功能的水平分割
虚拟化环境	一种基于硬件平台、存储设备和网络资源虚拟化的环境。为了创建虚拟环境，通常使用 VMware
虚拟化	在计算中，虚拟化是指创建虚拟（而不是实际）版本的事物，包括虚拟计算机硬件平台、存储设备和计算机网络资源。 虚拟化始于 20 世纪 60 年代，是一种在逻辑上划分主机计算机提供的系统资源的方法。从那时起，这个词的含义就扩大了
步行骨架	步行骨架意味着做尽可能小的工作，并使所有的关键元素到位
浪费	浪费包括在制造过程中进行的没有为客户增加价值的活动。DevOps 环境中的一些例子： • 不必要的软件功能 • 沟通延迟 • 应用响应时间过慢 • 专横的官僚程序

术语	释义
减少浪费	将浪费的来源最小化，从而尽量减少处理和处置的数量，通常是通过更好的产品设计和／或过程管理来实现。也称为最小化浪费
在制品（WIP）	已进入生产过程但尚未完成的工作物品。因此，在制品是指处于生产过程不同阶段的所有材料和部分成品
WIP 限制	这是一个关键性能指标（KPI），用于看板过程，以最大限度地增加已启动但未完成的项数。限制 WIP 数量是提高软件开发流水线吞吐量的绝佳方法

附录二　缩写

缩写	意思
%C/A	完成百分比／准确率
AWS	Amazon Web Services
BDD	行为驱动的开发
BI	商业智能
BOK	知识体
CA	竞争优势
CAB	变更咨询委员会
CD	持续部署
CEM	中央事件监控器
CEMLI	Configuration（配置）、Extension（扩展）、Modification（修改）、Localisation（本地化）、Integration（集成）
CI	持续集成
CI	配置项
CIA	保密性、完整性和可访问性（或可用性）
CIO	首席信息官
CL	持续学习
CM	持续监控
CMDB	配置管理数据库
CMMI	能力成熟度模型集成
CMS	配置管理系统
CO	持续文档

DevOps 持续万物

缩写	意思
CoP	实践社区
CR	竞争应对
CSF	关键成功因素
CT	持续测试
CTO	首席技术官
DevOps	开发和运营
DML	最终介质库
DoD	完成定义
DoR	就绪定义
DTAP	开发、测试、验收和生产
DU	定义不确定性
E2E	端到端
ERD	实体联系图
ERP	企业资源规划
ESA	史诗方案方法
ESB	企业服务总线
ETL	提取转换和加载
EUX	最终用户体验监控
FAT	功能性接受测试
FSA	功能方案方法
GCC	计算机常规控件
GDPR	通用数据保护条例
Git	全局信息追踪
GSA	一般和特殊接受标准
GUI	图形用户界面
GWT	Given-When-Then
HRM	人力资源管理
IaC	基础设施即代码
ICT	信息通信技术
ID	标识符

缩写	意思
INVEST	Independent（独立）、Negotiable（可协商）、Valuable（有价值）、Estimatable（可估计）、Small（小型）和 Testable（可测试）
IR	基础设施风险
ISMS	信息安全管理系统
ISVS	信息安全价值体系
IT	信息技术
ITIL	信息技术基础设施库
ITSM	信息技术服务管理
JIT	准时制
JVM	Java 虚拟机
KPI	关键绩效指标
LAN	局域网
LCM	生命周期管理
LDAP	轻量级目录访问协议
LT	前置时间
MI	管理信息
MRI	最小必要信息
MT	模块测试
MTBF	平均故障间隔时间
MTBSI	平均系统事件间隔时间
MTTR	平均修复时间
MVP	最小化可行产品
NFR	非功能性需求
OAWOW	一种敏捷的工作方式
OLA	运营级别协议
PaaS	平台即服务
PAT	生产验收测试
PBI	产品积压条目
PDCA	Plan（计划）、Do（执行）、Check（检查）、Adjust（调整）
POR	项目或组织风险
PPT	人员、流程与技术
PST	性能压力测试
PT	处理时间
QA	质量保证

缩写	意思
QC	质量控制
RACI	Responsibility（执行方）、Accountable（责任方）、Consulted（咨询方）、Informed（通知方）
RASCI	Responsibility（执行方）、Accountable（责任方）、Supporting（支持方）、Consulted（咨询方）、Informed（通知方）
RBAC	基于角色的访问控制
REST API	基于 REST 规范的 API REST：REpresentational State Transfer（表述层状态转移） API：Application Programming Interface（应用程序编程接口）
ROI	投资回报率
RUM	实时用户监控
S-CI	软件配置项
SA	战略 IS 体系结构
SAFe	Scaled Agile Framework（规模化敏捷框架）
SAT	安全验收测试
SBB	系统构建模块
SBB-A	系统构建模块 - 应用
SBB-I	系统构建模块 - 信息
SBB-T	系统构建模块 - 技术
SIT	系统集成测试
SLA	服务级别协议
SM	战略匹配
SMART	Specific（具体）、Measurable（可计量）、Acountable（可问责）、Realistic（可实现）、Timely（及时）
SME	领域专家
SNMP	简单网络管理协议
SoE	交互系统
SoI	信息系统
SoR	记录系统
SQL	结构化查询语言
SRG	标准规则和指南
ST	系统测试
SVS	服务价值体系
TCO	总拥有成本
TDD	测试驱动开发

缩写	意思
TFS	Team Foundation 服务器
TPS	丰田生产系统
TTM	上市时间
TU	技术不确定性
UAT	用户接受测试
UML	统一建模语言
UT	单元测试
UX design	用户体验设计
VOIP	基于网际协议的语言传输
VSM	价值流映射
WAN	广域网
WIP	在制品
WoW	工作方式
XP	极限编程

DevOps 持续万物